Automatisierungstechnik 3

Springer

Berlin
Heidelberg
New York
Barcelona
Hongkong
London
Mailand
Paris
Singapur
Tokio

HANS-JÜRGEN GEVATTER (Hrsg.)

Automatisierungstechnik 3

Aktoren

mit 144 Abbildungen und 25 Tabellen

 Springer

Professor Dr.-Ing. **Hans-Jürgen Gevatter**
Technische Universität Berlin
Institut für Mikrotechnik und Medizintechnik
Keplerstraße 4
D-10589 Berlin

Die Deutsche Bibliothek – CIP-Einheitsaufnahme

Automatisierungstechnik / Hrsg.: Hans-Jürgen Gevatter. - Berlin ; Heidelberg ; New York ; Barcelona ; Hongkong ;
London ; Mailand ; Paris ; Singapur ; Tokio : Springer
 (VDI-Buch)
Bd. 2. Aktoren. - 2000
ISBN 978-3-540-67086-5

ISBN 978-3-540-67086-5   ISBN 978-3-642-59750-3 (eBook)
DOI 10.1007/978-3-642-59750-3
ISBN 978-3-540-67086-5 Springer-Verlag Berlin Heidelberg New York

Springer-Verlag ist ein Unternehmen der Fachverlagsgruppe BertelsmannSpringer
© Springer-Verlag Berlin Heidelberg 2000
Reprint of the original edition 2000

Einbandgestaltung: Struwe & Partner, Ilvesheim
Satz: MEDIO, Berlin
Gedruckt auf säurefreiem Papier   SPIN: 10756425   68/3020   5 4 3 2 1 0

Vorwort

Das Handbuch Automatisierungstechnik 3 ist ein auszugsweiser und inhaltlich unveränderter Nachdruck aus dem *Handbuch der Meß- und Automatisierungstechnik*, das 1998 im Springer-Verlag erschienen ist. Es beinhaltet die Teile der Aktoren.

Um dem Leser, der sich nur über Teilgebiete informieren möchte, einen kostengünstigen Zugriff zu bieten, wurde das Handbuch in drei Teilbände mit den Themen

1. Meß- und Sensortechnik
2. Geräte
3. Aktoren

gegliedert.

Das Buch soll dem Leser bei der Lösung von Aufgaben auf dem Gebiet der Entwicklung, der Planung und des technischen Vertriebes von Geräten und Anlagen der Meß- und Automatisierungstechnik helfen. Der heutige Stand der Technik bietet ein sehr umfangreiches Sortiment gerätetechnischer Mittel, gekennzeichnet durch zahreiche Technologien und unterschiedliche Komplexität. Es ist daher einem einschlägigen Fachmann kaum möglich, alle anfallenden Fragestellungen aus seinem naturgemäß begrenzten Kenntnisstand heraus zu beantworten.

Daher geht die Gliederung dieses Buches von den sich ergebenden Problemstellungen aus und gibt dem Leser zahlreiche Antworten und Hinweise, welches Bauelement für die jeweilige Fragestellung die optimale Lösung bietet.

Der hier verwendete Begriff des Bauelementes ist sehr weit gefaßt und steht für

- die am Meßort einzusetzenden Meßumformer und Sensoren,
- die zur Signalverarbeitung dienenden Bauelemente und Geräte,
- die Stellglieder und Stellantriebe,
- die elektromechanischen Schaltgeräte,
- die Hilfsenergiequellen.

Die Kapitel für die Signalverarbeitung, für die Stellantriebe und für die Hilfsenergiequellen sind in die drei gängigen Hilfsenergiearten (elektrisch, pneumatisch, hydraulisch) unterteilt. Für den oftmals erforderlichen Wechsel der Hilfsenergieart dienen die entsprechenden Schnittstellen-Bauelemente (z.B. elektro-hydraulische Umformer).

Alle Kapitel sind mit einem ausführlichen Literaturverzeichnis ausgestattet, das dem Leser den Weg zu weiterführenden Detailinformationen aufzeigt.

Der Umfang der heute sehr zahlreich zur Verfügung stehenden Komponenten machte eine Auswahl und Beschränkung auf die wesentlichen am Markt erhältlichen Bauelemente erforderlich, um den Umfang dieses Buches in handhabbaren Grenzen zu halten. Daher wurden die systemtechnischen Grundlagen nur sehr knapp behandelt. Die gesamte Mikrocomputertechnik wurde vollständig ausgeklammert, da für dieses Gebiet eine umfangreiche, einschlägige Literatur zur Verfügung steht. Den Schluß des Buches bildet ein ausführliches Abkürzungsverzeichnis.

Hans-Jürgen GevatterBerlin, im März 2000

Hinweise zur Benutzung

Die in diesem Buch aufgenommenen Abschnitte sind mit denen des Gesamtwerks *Handbuch der Meß- und Automatisierungstechnik* identisch. Die Abschnittsnumerierung wie auch die Querverweise im Text auf andere Abschnitte, auch wenn diese nicht in diesem Einzelband enthalten sind, wurden beibehalten. Dem interessierten Leser helfen diese Strukturmerkmale. Es sind ergänzende, aber für das Grundverständnis des Einzelbandes nicht notwendige Hinweise zu weiteren interessierenden Ausführungen.

Zur Information und besseren Orientierung wurde das vollständige Autorenverzeichnis aus dem Gesamtwerk übernommen. Aus denselben Gründen folgt im Anschluß an das Inhaltsverzeichnis dieses Teilbandes eine Inhaltsübersicht über das Gesamtwerk.

Autoren

Prof. Dr.-Ing. habil. HELMUT BEIKIRCH
Universität Rostock

Doz. Dr.-Ing. PETER BESCH
01279 Dresden

Prof. Dr.-Ing. KLAUS BETHE
Technische Universität Braunschweig

Prof. Dr.-Ing. GERHARD DUELEN
03044 Cottbus

Dipl.-Phys. FRANK EDLER
Physikalisch-Technische Bundesanstalt
Berlin

Prof. Dr.-Ing. DIETMAR FINDEISEN
Bundesanstalt für Materialforschung
Berlin

Prof. Dr.-Ing. HANS-JÜRGEN GEVATTER
Technische Universität Berlin

Dipl.-Ing. HELMUT GRÖSCH
72459 Albstadt

Prof. Dr.-Ing. ROLF HANITSCH
Technische Universität Berlin

Dr.-Ing. EDGAR VON HINÜBER
IMAR GMBH, 66386 St. Ingbert

Prof. Dr.-Ing. habil. HARTMUT JANOCHA
Universität des Saarlandes,
Saarbrücken

Dipl.-Phys. ROLF-DIETER KIMPEL
SIEMENS Electromechanical Components,
Inc.
Princeton, Indiana 47671

Prof. Dr.-Ing. habil. LADISLAUS KOLLAR (†)
Fachhochschule Lausitz
01968 Senftenberg

Prof. Dr. sc. phil. WERNER KRIESEL
Fachhochschule Merseburg

DIPL.-ING. MATHIAS MARTIN
Brandenburgische Technische Universität
Cottbus

Prof. Dr.-Ing. habil. JÜRGEN PETZOLDT
Universität Rostock

Dr.-Ing. TOBIAS REIMANN
Technische Universität Ilmenau

LUDWIG SCHICK
91091 Großenseebach

Dr. rer. nat. GÜNTER SCHOLZ
Physikalisch-Technische Bundesanstalt
Berlin

Dipl.-Ing. GERHARD SCHRÖTHER
SIEMENS AG

Prof. Dr.-Ing. habil. MANFRED SEIFART
Otto-von-Guericke Universität Magdeburg

Prof. Dr.-Ing. HELMUT E. SIEKMANN
Technische Universität Berlin

Dr. DIETER STUCK
Physikalisch-Technische Bundesanstalt,
Berlin

Prof. Dr.-Ing. HANS-DIETER STÖLTING
Universität Hannover

Dipl.-Ing. DIETMAR TELSCHOW
Hochschule für Technik, Wirtschaft und
Kultur
Leipzig

Prof. Dr.-Ing. habil. HEINZ TÖPFER
01277 Dresden

MICHAEL ULONSKA
Fa. Knick
Berlin

Prof. Dr. rer. nat. GERHARD WIEGLEB
Fachhochschule Dortmund

Inhalt

A	**Begriffe, Benennungen, Definitionen**	**1**

1	**Begriffe, Definitionen**	3
1.1	Aufgabe der Automatisierung	3
1.2	Methoden der Automatisierung	4
1.3	Information, Signal	4
1.4	Signalarten	5
1.4.1	Amplitudenanaloge Signale	6
1.4.2	Frequenzanaloge Signale	6
1.4.3	Digitale Signale	6
1.4.4	Zyklisch-absolute Signale	7
1.4.5	Einheitssignale	7
1.5	Hilfsenergie	7
2	**Grundlagen der Systembeschreibung**	9
2.1	Glieder in Steuerungen und Regelungen – Darstellung im Blockschaltbild	9
2.2	Kennfunktion und Kenngrößen von Gliedern	11
2.3	Untersuchung und Beschreibung von Systemen	13
2.3.1	Experimentelle Untersuchung	13
2.3.2	Mathematische Beschreibung	16
3	**Umgebungsbedingungen**	19
3.1	Gehäusesysteme	19
3.1.1	Aufgabe und Arten	19
3.1.2	Konstruktionsmäßiger Aufbau	19
3.2	Einbauorte	21
3.3	Schutzarten	22
3.3.1	Einteilung und Einsatzbereiche	22
3.3.2	Fremdkörperschutz	23
3.3.3	Explosionsschutz	24
3.4	Elektromagnetische Verträglichkeit	28

H	**Stelleinrichtungen**	**31**

1	**Aufgabe und Aufbau von Stelleinrichtungen für Stoffströme**	33
1.1	Aufgabe und Wirkprinzip	33
1.2	Aufgaben und Einteilung von drosselnden Stelleinrichtungen für Stoffströme	35
1.3	Grundbegriffe [EN 60534-1]	36
1.3.1	Begriffe für Bauteile und Funktionseinheiten	36
1.3.2	Funktionsbezeichnungen	37
1.3.3	Konstruktionsanforderungen	40
1.3.4	Prüfanforderungen	40
1.3.5	Berechnungen	40

2   Arten und Eigenschaften von Stellgliedern mit Hubbewegung 43
2.1   Stellventile mit Hubbewegung des Drosselkörpers 43
2.1.1   Einsatzparameter 43
2.1.2   Stellventilkörper und Stellventilbauformen 44
2.1.3   Stellventilgarnitur 45
2.1.4   Abdichtung Drosselkörper – Ventilstellantrieb 48
2.2   Membranventil 48
2.3   Schlauch- oder Quetschventil 49
2.4   Gleitschieber-Stellventil 49
2.4.1   Wirkungsweise und Einsatzparameter 49
2.4.2   Körper und Bauform 51
2.4.3   Drosselelemente 51
2.4.4   Abdichtung Drosselkörper – Ventilstellantrieb 51
2.5   Vor- und Nachteile ausgewählter Hubventile 51

3   Arten und Eigenschaften von Stellgliedern mit Drehbewegung 55
3.1   Drehkegelstellventil 55
3.1.1   Drehkegelstellventil mit zylindrischem oder kegeligem Drosselkörper 55
3.1.2   Drehkegelstellventil mit kugelförmigem Drosselkörper 56
3.1.3   Drehkegelstellventil mit kugelsegmentförmigem Drosselkörper 59
3.1.4   Stellklappe 61
3.2   Vor- und Nachteile ausgewählter Stellglieder mit Dreh-
(Schwenk-)Bewegung des Drosselkörpers 63

4   Bemessungsgleichungen für Stellglieder nach DIN/IEC 534 67
4.1   Berechnungsziele und Gültigkeitsbereiche der Bemessungsgleichungen 67
4.2   Ausgewählte Grundbegriffe zur Kennzeichnung der Strömung bei Fluiden 67
4.3   Zur Auswahl eines Stellgliedes 70
4.3.1   Berechnung des Durchflusses bei inkompressiblen Fluiden
[DIN/IEC 534-2-1] 70
4.3.2   Berechnung des Durchflusses bei kompressiblen Fluiden
[DIN/IEC 534-2-2] 76
4.3.3   Korrekturfaktoren für Rohrleitungen mit Fittings 78
4.3.4   Kennlinien von Stellgliedern 79
4.3.5   Schallemission bei drosselnden Stellgliedern 82
4.4   Werkstoffe für Stellglieder 83

I   Stellantriebe   85

1   Stellantriebe mit elektrischer Hilfsenergie 87
1.1   Allgemeines 87
1.2   Stetig rotierende Motoren 87
1.2.1   Gleichstrommotor 87
1.2.2   Elektronikmotor 96
1.2.3   Drehstrom-Asynchronmotor 103
1.3   Schrittmotoren 111
1.3.1   Allgemeines 111
1.3.2   Ausführungen 112
1.3.3   Ansteuerung 114
1.3.4   Betriebsverhalten 114
1.4   Anpassungsgetriebe 116
1.4.1   Allgemeines 116
1.4.2   Zahnradgetriebe 117
1.4.3   Reibgetriebe 119

1.4.4   Zugmittelgetriebe 119
1.4.5   Lineargetriebe 120
1.5   Direktantriebe 121
1.5.1   Elektromagnete 122
1.5.2   Thermobimetalle 125
1.5.3   Formgedächtnis-Legierungen 126
1.5.4   Dehnstoff-Elemente 127
1.5.5   Elektrochemischer Aktor 128
1.5.6   Piezoelektrische Aktoren 129
1.5.7   Magnetostriktive Aktoren 134
1.5.8   Mikroaktoren 135

2   Stellantriebe mit pneumatischer Hilfsenergie 139
2.1   Wirkungsweise, Arten und ausgewählte Eigenschaften 139
2.2   Bewegungsgrößen 140
2.3   Konstruktionsausführung 142
2.3.1   Membranantriebe 142
2.3.2   Kolbenantrieb 144
2.3.3   Anpassung 144
2.4   Stellungsregler und Zusatzausrüstungen 145
2.4.1   Stellungsregler 145
2.4.2   Zusatzeinrichtungen 145
2.5   Hinweise zur Dimensionierung eines pneumatischen Stellantriebes 145

3   Stellantriebe mit hydraulischer Hilfsenergie 149
3.1   Hydraulische Schwenkmotoren 149
3.2   Hydrozylinder 152

K   Schaltgeräte   159

1   Elektromechanische Relais 161
1.1   Übersicht 161
1.2   Relaismarkt 161
1.3   Einsatzbereiche 162
1.4   Relaistypen nach DIN 163

2   Relaisausführungen 165
2.1   Elektromagnetischer Antrieb 165
2.2   Weitere Antriebe 165
2.3   Lötrelais 165
2.4   Steckrelais 166

3   Elektromagnetische Relais 167
3.1   Die Antriebseite elektromagnetischer Relais. 167
3.1.1   Typ 1 – neutrale monostabile Relais 167
3.1.2   Typ 2 – neutrale bistabile Relais 168
3.1.3   Typ 3 – Remanenzrelais 168
3.1.4   Typ 4 – gepolte bistabile Relais 169
3.1.5   Typ 5 – gepolte monostabile Relais 169
3.1.6   Schutzbeschaltung der Erregerseite 169
3.2   Kontaktseite eines elektromagnetischen Relais 170
3.2.1   Kontaktmaterialien 170
3.2.2   Lichtbogengrenzspannung 170
3.2.3   Kontaktaufbau 171
3.2.4   Schließer 171

3.2.5   Wechsler 173
3.2.6   Sonstige 174
3.2.7   Optimale Betriebsbedingungen der Lastseite 174
3.2.8   Schutzbeschaltung der Lastseite 174
3.3   Leistungsgrenzen 174
3.3.1   Erwärmung 175
3.3.2   Betriebsspannungsbereich 175
3.3.3   Schaltzeiten 175
3.3.4   Grenzdauerstrom und maximaler Spannungsabfall 176

4   **Alternativen zu Relais** 179
4.1   Halbleiterrelais 179
4.2   Hybridrelais 180

5   **Qualität und Entsorgung** 181
5.1   Qualität 181
5.2   Entsorgung 181

6   **Niederspannungsschaltgeräte** 183
6.1   Überblick über Funktionen 183
6.2   Geräte für Hilfsstromkreise 184
6.2.1   Geräte für Signaleingabe 184
6.2.2   Geräte für Signalverknüpfung und -ausgabe 186
6.3   Geräte für Hauptstromkreise 188
6.3.1   Trennen und Schützen 188
6.3.2   Schalten 189
6.3.3   Überwachen 191
6.3.4   Gerätekombinationen 192
6.4   IEC-, DIN EN- und DIN VDE-Bestimmungen 193

Abkürzungsverzeichnis 195

Sachverzeichnis 261

Inhaltsübersicht über das Gesamtwerk

A   **Begriffe, Benennungen, Definitionen**

1   Begriffe, Definitionen 3
2   Grundlagen der Systembeschreibung
3   Umgebungsbedingungen

B   **Meßumformer, Sensoren**

1   Kraft, Masse, Drehmoment
2   Druck, Druckdifferenz
3   Beschleunigung
4   Winkelgeschwindigkeits- und Geschwindigkeitsmessung
5   Längen-/Winkelmessung
6   Temperatur
7   Durchfluß
8   pH-Wert, Redoxspannung, Leitfähigkeit
9   Gasfeuchte
10   Gasanalyse

C   **Bauelemente für die Signalverarbeitung mit elektrischer Hilfsenergie**

1   Regler
2   Schaltende Regler
3   Elektrische Signalverstärker
4   Elektrische Leistungsverstärker
5   Analogschalter und Multiplexer
6   Spannnungs-Frequenz-Wandler (U/f, f/U)
7   Funktionsgruppen für analoge Rechenfunktionen. Oszillatoren
8   Digital-Resolver- und Resolver-Digital-Umsetzer
9   Modulatoren und Demodulatoren
10   Sample and Hold-Verstärker
11   Analog-Digital-Umsetzer
12   Digital-Analog-Umsetzer
13   Referenzspannungsquellen

14   Nichtlineare Funktionseinheiten

15   Filter

16   Pneumatisch-elektrische Umformer

17   Digitale Grundschaltungen

D   Bus-Systeme

1   Überblick und Wirkprinzipien

2   Parallele Busse

3   Serielle Busse

E   Bauelemente für die Signalverarbeitung mit pneumatischer Hilfsenergie

1   Grundelemente der Pneumatik

2   Analoge pneumatische Signalverarbeitung

3   Pneumatische Schaltelemente

4   Elektrisch-pneumatische Umformer

F   Elektronische Steuerungen

1   Speicherprogrammierbare Steuerung

2   Numerische Steuerungen

G   Bauelemente für die Signalverarbeitung mit hydraulischer Hilfsenergie

1   Hydraulische Signal- und Leistungsverstärker

2   Elektrohydraulische Umformer

3   Arten und Eigenschaften von Stellgliedern mit Drehbewegung

4   Bemessungsgleichungen für Stellglieder nach DIN/IEC 534

H   Stelleinrichtungen

1   Aufgabe und Aufbau von Stelleinrichtungen für Stoffströme

2   Arten und Eigenschaften von Stellgliedern mit Hubbewegung

3   Arten und Eigenschaften von Stellgliedern mit Drehbewegung

4   Bemessungsgleichungen für Stellglieder nach DIN/IEC 534

I   Stellantriebe

1   Stellantriebe mit elektrischer Hilfsenergie

2   Stellantriebe mit pneumatischer Hilfsenergie

3   Stellantriebe mit hydraulischer Hilfsenergie

K   Schaltgeräte

1   Elektromechanische Relais

2   Relaisausführungen

3   Elektromagnetische Relais

4   Alternativen zu Relais

5   Qualität und Entsorgung

6   Niederspannungsschaltgeräte

L   Hilfsenergiequellen

1   Netzgeräte

2   Druckluftversorgung

3   Druckflüssigkeitsquellen

Abkürzungsverzeichnis

Sachverzeichnis

Teil A

Begriffe, Benennungen, Definitionen

1 Begriffe, Definitionen

2 Grundlagen der Systembeschreibung

3 Umgebungsbedingungen

1 Begriffe, Definitionen

L. Kollar (Abschn. 1.1, 1.2)
H.-J. Gevatter (Abschn. 1.3–1.5)

1.1 Aufgabe der Automatisierung

Mit Hilfe der Automatisierung werden menschliche Leistungen auf Automaten übertragen. Dazu ordnet der Mensch zwischen sich und einem Prozeß (z.B. technologischen Prozeß) Automaten und weitere technische Mittel (z.B. Einrichtung zur Hilfsenergieversorgung) an (Bild 1.1).

Ein *Automat* ist ein technisches System, das *selbsttätig* ein Programm befolgt. Auf Grund des Programms trifft das System Entscheidungen, die auf der Verknüpfung von Eingaben mit den jeweiligen Zuständen des Systems beruhen und Ausgaben zur Folge haben [DIN 19223].

Zur Realisierung der Funktion eines Automaten ist das Zusammenwirken verschiedener Automatisierungsmittel erforderlich. Sie erstrecken sich auf die

- Informationsgewinnung (Meßmittel),
- Informationsverarbeitung (z.B. Steuereinrichtung, Regler),
- Informationsausgabe (z.B. Sichtgerät),
- Informationseingabe (Tastatur, Schalter),
- Informationsnutzung (Stelleinrichtung) und
- Informationsübertragung (z.B. elektrische oder pneumatische Leitungen).

Die zur Informationsübertragung und zum Betrieb der Automatisierungsmittel benötigte *Hilfsenergie* (s. Abschn. 1.5) kann elektrisch, pneumatisch oder hydraulisch sein. Im Bereich nichtelektrischer Automatisierungsmittel ist oft keine Hilfsenergie erforderlich, weil diese dem zu automatisierenden Prozeß entnommen werden kann (Geräte *ohne* Hilfsenergie). Um die Informationsübertragung zwischen den verschiedenen Funktionseinheiten zu gewährleisten, wurden Einheitssignale und Einheitssignalbereiche festgelegt [VDI/VDE 2188] (s. Abschn. 1.4).

Die Einbeziehung von Mikrokontrollern und Mikrorechnern in die Informationsverarbeitung hat zur Entwicklung von Bus-Verbindungen geführt [VDI/VDE 3689] (s. Teil D).

Ein Bus ist eine mehradrige Leitung, durch die der Aufwand bei der Verkabelung verringert wird.

In Verbindung mit einer entsprechenden Steuerung des Informationsflusses kann eine bestimmte Nachricht allen Teilnehmern (Funktionseinheiten) gleichzeitig angeboten werden. Auf diese Weise ist die Kopplung von verschiedenen Automatisierungsmitteln, z.B. für die Informationsgewinnung über intelligente Meßeinrichtungen mit mikrorechnergestützten Reglern zur Informationsverarbeitung besonders effektiv möglich [1.1].

Von besonderer Bedeutung sind die Koppelstellen (Bild 1.1)

Mensch – Automat
Mensch – Prozeß und
Automat – Prozeß.

Über die Koppelstellen Mensch – Automat sowie Mensch – Prozeß wird dem Menschen die Möglichkeit eingeräumt, auf einen Automaten oder Prozeß entsprechend festgelegter Vorgehensweisen Einfluß zu nehmen (Informationseingabe) oder sich über Aktivitäten des Automaten oder über Parameter einer Prozeßgröße zu informieren (Informationsausgabe). Die u.a. auch dafür entwickelte Leittechnik [DIN 19222] und die Besonderheiten der *Mensch-Maschine-Kommunikation* [1.2] sollen im folgenden nicht näher erörtert werden.

Die von Automaten zu lösenden Aufgaben sind unterschiedlich. Sie werden u.a. wesentlich bestimmt durch die Anforderungen der Automatisierung [1.1], die technische Entwicklung der Geräte und Softwaresysteme [1.3, 1.4] sowie die Einsatz- und Umgebungsbedingungen (s. Kap. 3). Umgebungsbedingungen sind die Gesamtheit einzeln oder kombiniert auftretender Einflußgrößen, die auf Erzeugnisse einwirken und zusammen mit den Erzeugnisei-

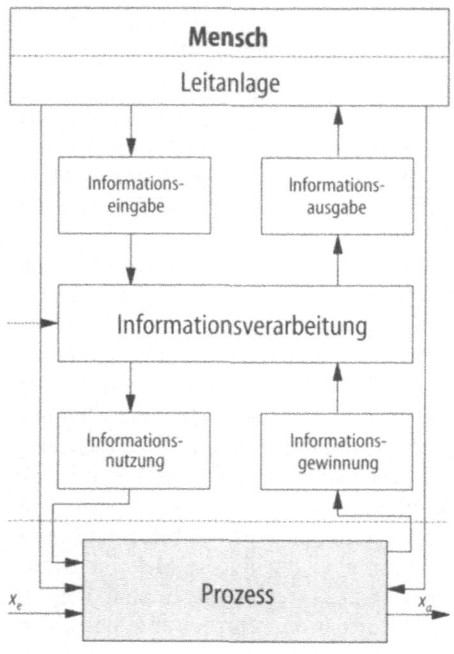

Bild 1.1. Kopplungen im Bereich des Informationsflusses zwischen Mensch und Prozeß

genschaften zu Beanspruchungen und in deren Folge zu Erzeugnisdegradation und Ausfällen führen. Umgebungsbedingungen natürlichen Ursprungs sind statistisch erfaßbar und territorial klassifizierbar [VDI/VDE 3540].

Technische Bauten und Einrichtungen bewirken Veränderungen, die durch Einflüsse aus dem Zusammenwirken von Geräte- und Anlagenfunktionen überlagert werden und die technoklimatischen Umgebungsbedingungen verursachen. Diese sind mit statistischen Verfahren gegenwärtig nicht erfaßbar.

1.2
Methoden der Automatisierung

Im Rahmen der Automatisierung werden automatische Steuerungen mit

- offenem Wirkungsablauf (Steuerungen) und
- geschlossenem Wirkungsablauf (Regelungen) sowie
- Kombinationen aus beiden

eingesetzt [DIN 19226 T.1].

Automatische Steuerungen sind *dynamische Systeme*. Entsprechend der Definition [DIN 19222] gilt dafür: Ein dynamisches System ist eine Funktionseinheit zur Verarbeitung und Übertragung von Signalen (z.B. in Form von Energie, Material, Information, Kapital und anderen Größen), wobei die Systemeingangsgrößen als *Ursache* und die Systemausgangsgrößen als deren zeitliche *Wirkung* zueinander in Relation gebracht werden.

Dynamische Systeme können Wechselwirkungen zwischen einer Ein- und Ausgangsgröße, zwischen mehreren Ein- und Ausgangsgrößen oder auch zwischen mehrstufig hierarchisch gegliederten Mehrgrößensystemen darstellen [DIN 19226 T.1, DIN 19222, 1.5].

Der Anwendungsbereich von Steuerungen und Regelungen ist sehr vielfältig. Zumeist wird die Entscheidung für eine Steuerung oder Regelung von dem Einfluß der *Störgrößen* getroffen, die das Einhalten geforderter Ausgangsgrößen eines dynamischen Systems erschweren.

1.3
Information, Signal

In einer offenen Steuerkette bzw. in einer geschlossenen Regelschleife werden Signale von einem Übertragungsglied zum nächsten Übertragungsglied weitergegeben. Die Signalflußrichtung ist durch die im Idealfall volle *Rückwirkungsfreiheit* des Übertragungsgliedes gegeben. Das heißt, das Ausgangssignal des vorgeschalteten Übertragungsgliedes ist gleich dem Eingangssignal des nachgeschalteten Übertragungsgliedes (Verzweigungs- und Summationsfreiheit vorausgesetzt).

Signale sind ausgewählte physikalische Größen, die sich aus gerätetechnischer Sicht vorteilhaft verarbeiten lassen (s. Abschn. 1.4). Jedoch sind Signale nur Mittel zum Zweck der *Informationsübertragung*. Eine Information, d.h. das Wissen um einen bestimmten Zusammenhang („Know-how") ist ein immaterieller, energieloser Zustand (Negativdefinition: „Information ist weder Materie noch Energie"). Um jedoch Informationen weitergeben zu können, muß ein Signal, ausgestattet mit einem gewissen

Energiepegel, zu Hilfe genommen werden. Die Höhe des erforderlichen Energiepegels richtet sich nach der Höhe des zu beachtenden Störpegels des Übertragungsweges und muß einen hinreichend hohen Störabstand (signal-to-noise ratio, in dB gemessen) haben, um eine sichere Informationsübertragung (d.h. ohne Informationsverlust) zu gewährleisten.

Damit der Empfänger eines Signales die Information entschlüsseln kann, muß zwischen Sender und Empfänger vorher eine Vereinbarung getroffen werden. Dabei kann ein und dasselbe Signal je nach Vereinbarung verschiedenen Informationsinhalt haben. Umgekehrt kann ein und dieselbe Information mit Hilfe unterschiedlicher Signale transportiert werden. So hat z.B. ein elektrischer Temperatur-Meßumformer mit einem Meßbereich von 0/100 °C als Ausgangssignal 4/20 mA, während ein pneumatischer Temperatur-Meßumformer für den gleichen Meßbereich ein Ausgangssignal von 0,2/1,0 bar liefert (s. Abschn. 1.4).

Der für die Signalübertragung erforderliche Energiepegel wird entweder dem Meßort entnommen oder mit Hilfe eines Leistungsverstärkers aus einer *Hilfsenergiequelle* (s. Abschn. 1.5) geliefert. Ein Thermoelement (als Beispiel eines Meßumformers/Sensors ohne Hilfsenergie) entnimmt dem Meßort durch Abkühlung (Temperaturmeßfehler) die Energie, die am Ausgang abgenommen wird.

Mit Hilfe eines als Impedanzwandler geschalteten Operationsverstärkers, der aus einer Hilfsenergiequelle (Netzgerät) gespeist wird, kann dieser Meßfehler vermieden werden.

Somit wird deutlich, daß im allgemeinen Fall ein Übertragungsglied sowohl hinsichtlich der Qualität des Signalflusses als auch der Qualität des Energieflusses beurteilt werden muß (Bild 1.2).

Für Signalumformer am Meßort steht die Qualität des Signalflusses (Meßwertgenauigkeit) im Vordergrund, während der Energiefluß lediglich einen Ausgangsenergiepegel liefern muß, der der Anforderung nach einem hinreichenden Störabstand genügt.

Am Stellort steht die Qualität des Energieflusses (Energiewirkungsgrad) im Vor-

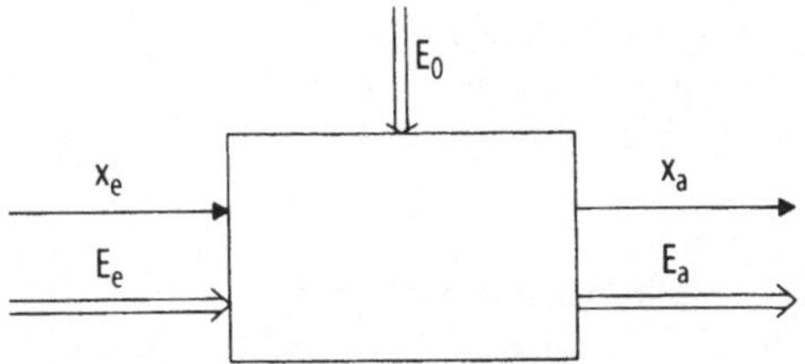

Bild 1.2. Allgemeines Übertragungsglied
x_e Eingangssignal, x_a Ausgangssignal, E_e Eingangsenergie, E_a Ausgangsenergie, E_0 Hilfsenergie

dergrund, insbesondere wenn eine hohe Stellenergie für große Stellantriebe erforderlich ist. Die Qualität des Signalflusses ist am Stellort in einer Regelschleife von untergeordneter Bedeutung. Es muß lediglich die Erhaltung des Signalvorzeichens gewährleistet sein. Kleine Abweichungen von der Signalübertragungsgenauigkeit (z.B. Nullpunktfehler, Nichtlinearitätsfehler) werden in der Regelschleife ausgeregelt.

1.4
Signalarten

Grundsätzlich ist jede physikalische Größe als Signal verwendbar. Es wurden jedoch als Ergebnis der langjährigen Erfahrungen aus der meß- und automatisierungstechnischen Praxis die physikalischen Größen

- pneumatischer Druck,
- elektrische Spannung,
- elektrischer Strom,
- Weg/Winkel,
- Kraft/Drehmoment

bevorzugt. Während die ersten drei Größen für die signalmäßige Verbindung zwischen den Übertragungsgliedern (Geräte) einer Signalflußkette eingesetzt werden, werden die letzten beiden Größen vorzugsweise als geräteinterne Signale verwendet (z.B. wegkompensierende bzw. kraftkompensierende Systeme).

In den primären Sensorelementen (Meßelementen, Meßumformern) werden für die Signalumformung (z.B. mechanische Größe/elektrische Größe) sehr zahlreiche verschiedene physikalische Effekte genutzt, die unterschiedliche Signalarten am Ausgang haben;

- amplitudenanaloge Signale,
- frequenzanaloge Signale,
- digitale Signale.

1.4.1
Amplitudenanaloge Signale

Bei dieser Signalart wird die Information in eine analoge *Amplitudenmodulation* der als Signal verwendeten physikalischen Größe umgeformt. Dabei unterscheidet man vorzeichenerhaltende Amplitudenmodulationen (z.B. −5 V/+5 V Gleichspannung) und nicht vorzeichenerhaltende (nur in einem Quadranten) modulierbare Signale (z.B. 0,2/1,0 bar).

Eine besondere Art der Amplitudenmodulation ist die amplitudenmodulierte *Wechselspannungs-Nullspannung*. Mit dieser Bezeichnung soll zum Ausdruck kommen, daß die ausgangsseitig amplitudenmodulierte Wechselspannung Null ist, wenn das Eingangssignal Null ist. Diese Signalart tritt bei zahlreichen Meßumformer-Bauformen auf, die die eingangssignalabhängige transformatorische Kopplung zwischen einer Primärspule und einer Sekundärspule verwenden (z.B. Differentialtransformator, s. Abschn. B 5.1). Das Ausgangssignal hat den zeitlichen Verlauf

$$u_a(t) = \hat{u}_a \sin(\omega_T t) x_e(t) \qquad (1.1)$$

mit $x_e(t)$ als (normiertes) Eingangssignal, $\hat{u}_a$ als Amplitude der Ausgangswechselspannung und $f_T = \omega_T/2\pi$ als Trägerfrequenz (Bild 1.3).

Das Vorzeichen des Eingangssignals wird auf die Phasenlage des Trägers abgebildet. Positives Vorzeichen bildet die Phasenlage Null des Trägers, negatives Vorzeichen bildet die Phasenlage $\pm\pi$ des Trägers (wegen $-\sin \omega_T t = \sin(\omega_T t \pm \pi)$). Die Rückgewinnung der Einhüllenden $x_e(t)$ erfolgt durch eine phasenempfindliche (vorzeichenerhaltende) Gleichrichtung (Synchrongleichrichtung).

1.4.2
Frequenzanaloge Signale

Bei dieser Signalart wird die *Frequenz* des Ausgangssignales in Abhängigkeit des Eingangssignals moduliert. Der Vorteil dieser Signalart ist die sehr störsichere Übertra-

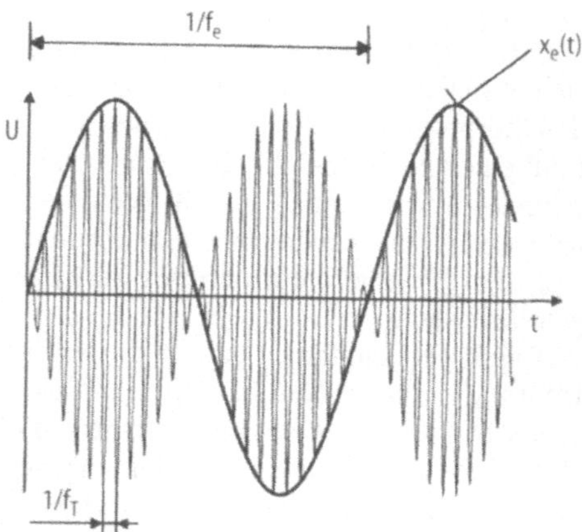

Bild 1.3. Amplitudenmodulierte Wechselspannungs-Nullspannung. Zeitlicher Verlauf des amplitudenmodulierten Ausgangssignals

gung über große Entfernungen (drahtgebunden oder drahtlos). Nachteilig ist jedoch, daß kein Vorzeichenwechsel des Eingangssignales zulässig ist und daß es nur wenige physikalische Effekte gibt, die ein primäres Sensorelement mit frequenzanalogem Ausgang ermöglichen.

1.4.3
Digitale Signale

Das Ausgangssignal ist digital codiert:

- binär 0/1 bzw. Low (L)/High (H),
- inkremental,
- absolut.

Binäre Signale können nur den Zustand Ja/Nein übertragen (z.B. Näherungsschalter). Inkremental codierte Signale bilden eine Impulsfolge. Jeder Übergang von L auf H bzw. von H auf L kennzeichnet einen inkrementalen Schritt des Eingangssignals. Zum Erkennen der Änderungsrichtung des Eingangssignales ist es erforderlich, eine um 1/4 Schritt versetzte zweite Spur einzusetzen.

Außerdem wird die absolute Größe des Eingangssignales nicht übertragen. Jedoch ist es möglich, nach einem „Reset" die Impulsfolge störsicher in einen Zähler zu geben, so daß der jeweilige Zählerinhalt ein pseudo-absolutes Abbild des Eingangssignales ist.

Signalumformer mit einem absolut codiertem Ausgangssignal formen das Eingangssignal entsprechend um, wobei der oben genannte Nachteil des inkrementalen Signales nicht mehr auftritt. Entsprechend größer ist der gerätetechnische Aufwand, um z.B. einen Drehwinkel als Eingangssignal mittels einer n-spurigen optischen Codierscheibe in ein n-bit breites, absolut codiertes Digitalsignal (z.B. in einschrittigen Gray-Code) umzusetzen.

1.4.4
Zyklisch-absolute Signale

Diese Signalart setzt sich aus einem absoluten und einem zyklischen Anteil zusammen (Bild 1.4).

Ein Resolver (Abschn. B 5.1) liefert mit dem Sinus des Eingangssignales α_e zyklisch verlaufende Wechselspannungs-Nullspannungen (Kurve 1). Die Impulsformung der Nulldurchgänge liefert eine inkrementale Impulsfolge (Kurve 2). Innerhalb des Eingangssignalbereiches $\pm\pi/2$ ist das Ausgangssignal eindeutig und absolut/analog interpolierbar. Durch Verwendung von Grob/Fein-Resolverpaaren oder Grob/Mittel/Fein-Resolverdrillingen kann der abso-

lute Eindeutigkeitsbereich wesentlich erweitert werden [1.6].

1.4.5
Einheitssignale

Um die Zusammenschaltung und Austauschbarkeit von Geräten verschiedener Hersteller ohne Anpassungsmaßnahmen funktionssicher vornehmen zu können, wurden verschiedene Einheitssignale vereinbart (Bild 1.5). Daraus folgt, daß ein Einheitssignal-Meßumformer verschiedene Meßgrößen in das gleiche Einheitssignal umformt. Auch innerhalb eines (Einheits-) Gerätesystems werden für die Hintereinanderschaltung innerhalb einer Steuerkette oder Regelschleife dieselben Einheitssignale verwendet. Bei manchen Geräten ist die wahlweise Anwendung verschiedener Einheitssignale eingangs- und/oder ausgangsseitig möglich.

1.5
Hilfsenergie

Man unterscheidet Übertragungsglieder *mit* und *ohne* Hilfsenergie (s. Bild 1.2). Ein Übertragungsglied ohne Hilfsenergie entnimmt die mit dem Ausgangssignal gelieferte Ausgangsenergie dem Eingangssignalpegel. Es hat damit zwangsläufig einen Leistungsverstärkungsfaktor < 1.

Ein Übertragungsglied mit Hilfsenergie entnimmt die Ausgangsenergie zum größten Teil einer Hilfsenergiequelle. Es hat somit einen Leistungsverstärkungsfaktor > 1.

Ein historischer Rückblick zeigt, daß am Anfang die mechanische Hilfsenergie stand (z.B. Wasserkraft, Windkraft, Transmissionswelle). Heute sind die drei typischen Hilfsenergiearten der Automatisierungstechnik

– pneumatische Hilfsenergie,
– elektrische Hilfsenergie,
– hydraulische Hilfsenergie.

Die in die Übertragungsglieder eingespeiste Hilfsenergie wird der jeweiligen Hilfsenergiequelle [s. Teil L] entnommen.

Welche Hilfsenergieart für eine gegebene Automatisierungsaufgabe zu bevorzugen ist, um zu einer gerätetechnisch optimalen Lösung zu kommen, hängt von zahlreichen, unterschiedlich zu gewichtenden

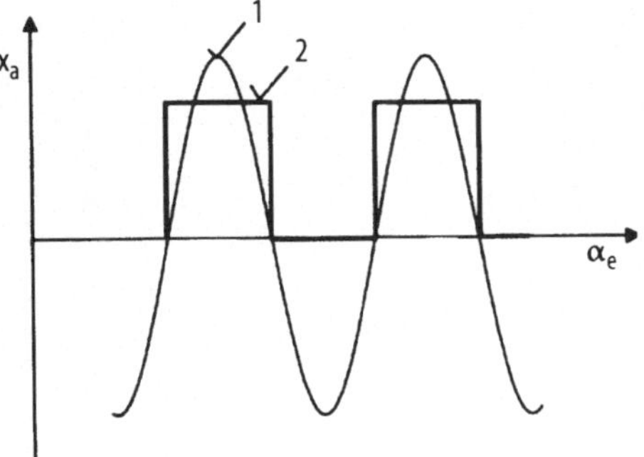

Bild 1.4. Zyklisch-absolutes Signal
Kurve 1: $x_a = \hat{x}_a \sin(\alpha_e + 2n\pi)$; Kurve 2: Impulsfolge der Nulldurchgänge

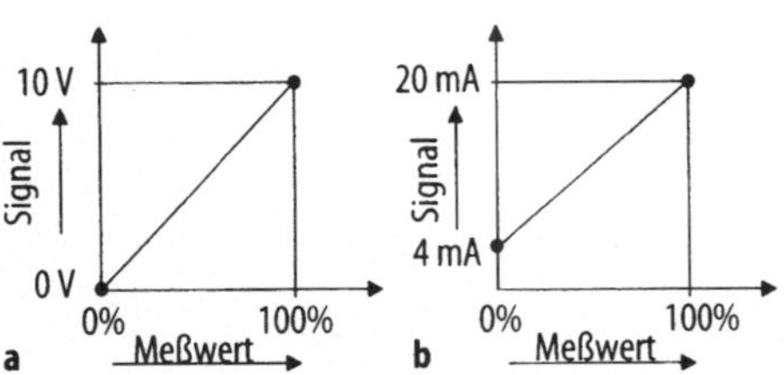

Bild 1.5. Ausgewählte Einheitssignale. **a** 0/10 V eingeprägte Spannung („Dead-Zero"), **b** 4/10 mA eingeprägter Strom („Life-Zero")

Kriterien ab. Ein wesentliches Kriterium ist z.B. der Explosionsschutz (s. Abschn. 3.3), der bei durchgängiger Verwendung der pneumatischen Hilfsenergie problemlos ist. Wenn z.B. hohe Leistungen bei kleinem Gerätevolumen und -gewicht gefordert sind, wird die hydraulische Hilfsenergie bevorzugt. Ist eine anspruchsvolle Signalverarbeitung und/oder eine Signalübertragung über große Entfernungen gefordert, dann ist die elektrische Hilfsenergie zu bevorzugen. Typische *Mischformen* sind z.B. elektrische Hilfsenergie am Meßort und pneumatische oder hydraulische Hilfsenergie am Stellort unter Verwendung elektro-pneumatischer bzw. elektro-hydraulischer Umformer (s. Kap. E 5 bzw. Kap. G 2).

Literatur

1.1 Toepfer H, Kriesel W (1993) Funktionseinheiten der Automatisierungstechnik. 5., überarb. Aufl. Verlag Technik, Berlin. S 19–31

1.2 Johannsen G (1993) Mensch-Maschine-Systeme. Springer, Berlin Heidelberg New York

1.3 Schuler H (1993) Was behindert den praktischen Einsatz moderner regelungstechnischer Methoden in der Prozeßindustrie. atp Sonderheft NAMUR Statusbericht '93. S 14–21

1.4 Schuler H, Giles ED (1993) Systemtechnische Methoden in der Prozeß- und Betriebsführung. atp Sonderheft NAMUR Statusbericht '93. S 22–30

1.5 Unbehauen H (1992) Regelungstechnik, 1. Klassische Verfahren zur Analyse und Synthese linearer kontinuierlicher Regelungen. 7., überarb. u. erw. Aufl. Vieweg, Braunschweig Wiesbaden

1.6 IMAS Induktives Multiturn Absolut-Meßsystem. Firmenprospekt. Baumer Electric

2 Grundlagen der Systembeschreibung

L. Kollar

2.1 Glieder in Steuerungen und Regelungen – Darstellung im Blockschaltbild

Die Aufgabe eines Automaten (Bild 2.1) besteht darin, ein dynamisches System über Eingangsgrößen $\bar{x}_e(t)$ unter Beachtung vorgegebener Führungsgrößen $\bar{w}(t)$ bei der Wirkung von Störgrößen $\bar{z}(t)$ so zu steuern, daß die Wirkung der Störgrößen auf die Ausgangsgrößen $\bar{x}_a(t)$ minimiert wird und daß das dynamische System sich ändernden Führungsgrößen unter Beachtung der Zustandsgrößen $\bar{q}(t)$ optimal folgt. Die verschiedenen Größen, z.B. $x_{e1}, x_{e2}, \dots x_{em}$ wurden zu einem Vektor $\bar{x}_e(t)$ zusammengefaßt, um die Übersichtlichkeit zu verbessern. Somit gilt:

$$\bar{x}_a(t) = f[\bar{x}_e(t); \bar{q}(t); \bar{z}(t)] \qquad (2.1)$$

für die Ausgangsgrößen .

Steuerung

Sind die Eigenschaften des dynamischen Systems bekannt, und darf der Einfluß der Störgrößen auf die Ausgangsgrößen des dynamischen Systems vernachlässigt werden oder gibt es eine dominierende und meßbare Störgröße, so daß ihre Wirkung in einer Steuervorschrift berücksichtigt werden kann, dann wird eine Steuerung angewendet (Bild 2.2a).

Regelung

Sind bei bekannten Eigenschaften des dynamischen Systems mehrere dominierende Störgrößen wirksam und auch nur eine in Abhängigkeit von der Zeit nicht bestimmbar, muß eine Regelung angewendet werden (Bild 2.2b).

Der wesentliche Vorteil einer Regelung im Vergleich zur Steuerung besteht darin, daß der Regeldifferenz (bzw. Regelabweichung) unabhängig von ihrer Entstehungsursache entgegengewirkt wird.

Bei Vergleichen mit dem Wirkungsablauf einer Steuerung zeichnet sich eine Regelung aus durch:

- ständiges Messen und Vergleichen der Regelgröße mit der Führungsgröße,
- den geschlossenen Wirkungsablauf (Regelkreis),
- die Umkehr der Vorzeichen der Signale entsprechend der jeweiligen Regeldifferenz.

Beim Einsatz von digitalen Reglern muß die zumeist analog vorliegende Regelgröße in eine digitale Größe umgesetzt werden (Bild 2.2c). Das gilt auch für die Führungsgröße.

Zur Beschreibung der Beziehung „Ursache – Wirkung" der verschiedensten Er-

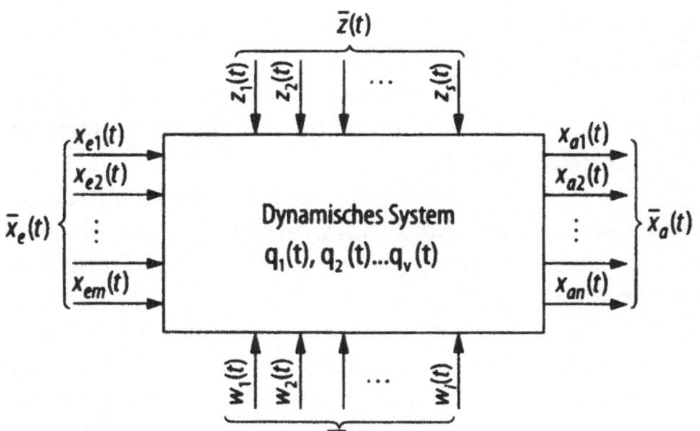

Bild 2.1. Automat als System

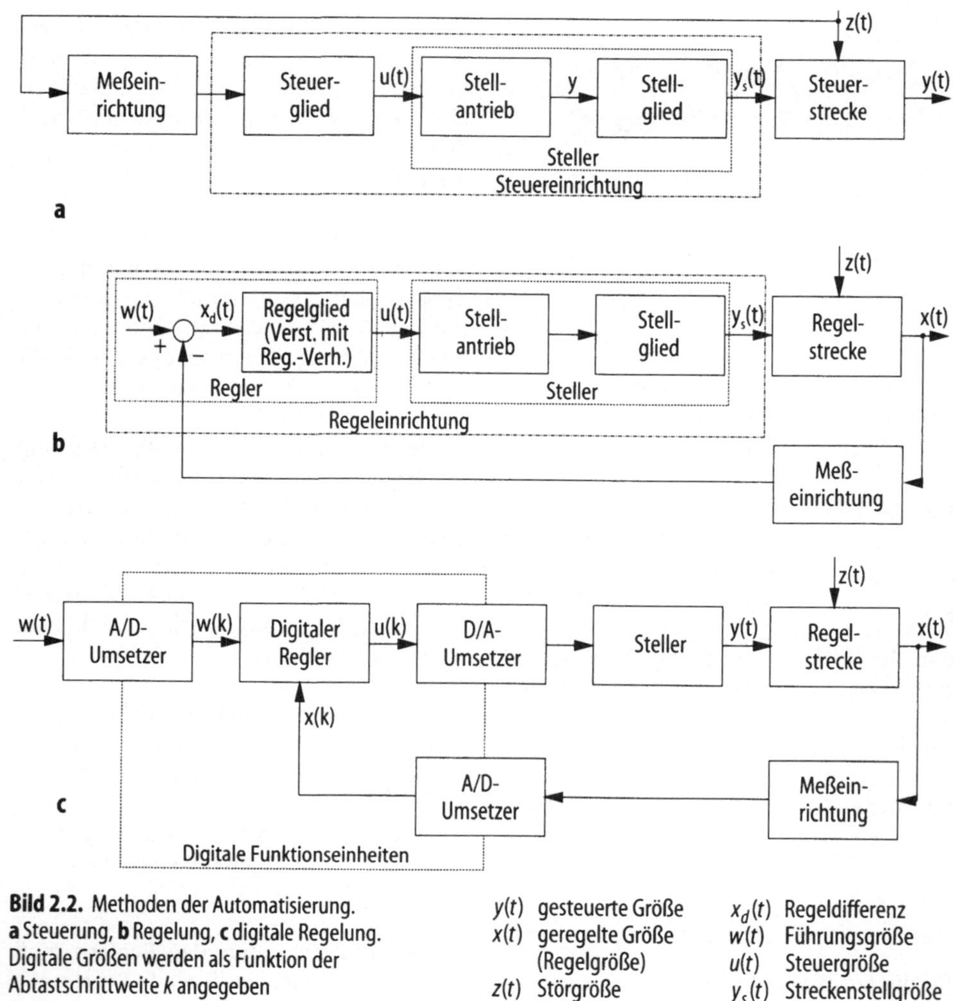

Bild 2.2. Methoden der Automatisierung.
a Steuerung, **b** Regelung, **c** digitale Regelung.
Digitale Größen werden als Funktion der
Abtastschrittweite k angegeben

$y(t)$	gesteuerte Größe	$x_d(t)$	Regeldifferenz
$x(t)$	geregelte Größe (Regelgröße)	$w(t)$	Führungsgröße
		$u(t)$	Steuergröße
$z(t)$	Störgröße	$y_s(t)$	Streckenstellgröße

scheinungsformen von Objekten und Gebilden ist es oft zweckmäßig, bestimmte Teilbereiche zu betrachten, die miteinander in Beziehung stehen.

Eine abgegrenzte Anordnung von Gebilden, die miteinander in Beziehung stehen, wird System genannt [DIN 19226 T.1].

Durch Abgrenzung treten Ein- und Ausgangsgrößen von der bzw. zu der Umwelt auf (Bild 2.3).

Nicht zum betrachteten System gehörende Glieder werden auch Umgebung eines Systems, die Grenze zwischen Systemen und Umgebung wird Systemrand genannt. Zwischen einem System und der Umgebung bestehen Wechselwirkungen. Wirkungen der Umgebung auf das System sind Ein-

gangsgrößen, Wirkungen des Systems auf die Umgebung Ausgangsgrößen (Bild 2.3a).

Die Funktion eines Systems ist dadurch gekennzeichnet, Eingangsgrößen in bestimmter Weise auf Ausgangsgrößen zu übertragen (Bild 2.3b).

Die Funktion eines Systems ist bei gliedweiser Betrachtung meistens einfach erkennbar.

Ein *Glied* ist ein Objekt in einem Abschnitt eines Wirkungsweges, bei dem Eingangsgrößen in bestimmter Weise Ausgangsgrößen beeinflussen.

Die Beschreibung des wirkungsmäßigen Zusammenhanges eines Systems wird *Übertragungsglied* genannt. Ein Übertragungsglied ist ein *rückwirkungsfreies* Glied

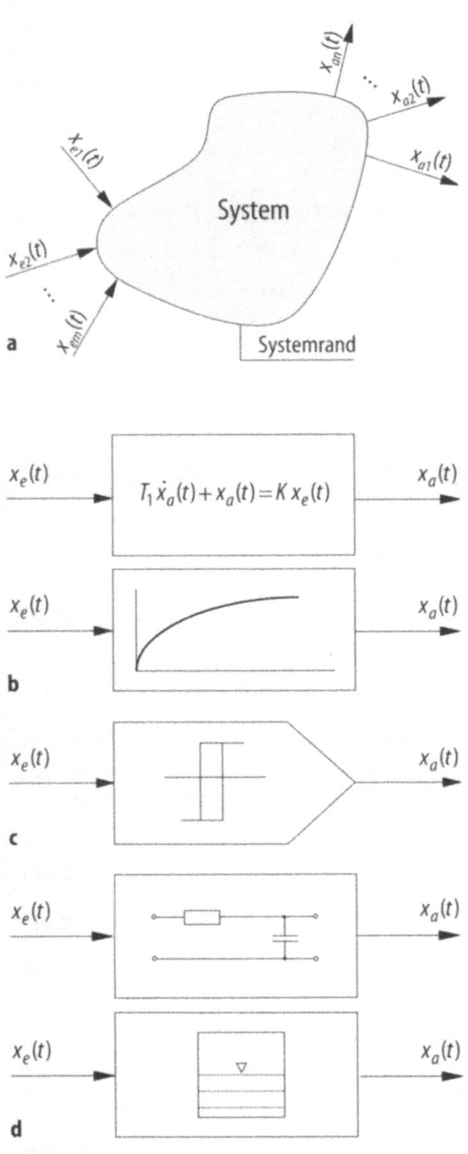

Bild 2.3. Systemkennzeichnung. **a** allgemeines System, **b** Differentialgleichung, **c** nichtlineares Übertragungsglied, **d** Glied, Funktionseinheit

bei der wirkungsmäßigen Betrachtung eines Systems.

Die *Wirkungsrichtung* eines Systems verläuft stets von der verursachenden zur beeinflussenden Größe und wird durch Pfeile entsprechend dem Richtungssinn (Ursache – Wirkung) dargestellt. Der Wirkungsweg ist der Weg, längs dem die Wirkungen in einem System verlaufen. Der Wirkungsweg

ergibt sich aus den Übertragungsgliedern und den sie verbindenden Wirkungslinien, den Pfeilen [DIN 19226, T 1].

Läßt sich der Zusammenhang durch *lineare* Gleichungen beschrieben, dann wird das Übertragungsglied durch ein Rechteck mit einem Ein- und Ausgangssignal und der Kennzeichnung des Zeitverhaltens im Block (z.B. Sprungantwort, Differentialgleichung) dargestellt (Bild 2.3b). Ist der Zusammenhang durch eine lineare Gleichung nicht beschreibbar, wird das Übertragungsglied *nichtlineares* Übertragungsglied genannt und durch ein Fünfeck mit der entsprechenden Kennzeichnung (Kennlinie) dargestellt (Bild 2.3c).

Signale sind gemäß ihrem durch die Pfeilspitze gekennzeichneten Richtungssinn wirksam.

Ein *Signal* ist die Darstellung von Informationen über physikalische Größen als Signalträger, die Parameter über Größen enthalten. Die Werte der Parameter bilden die Zeitfunktionen der Größen ab.

Rückwirkungsfreiheit ist gegeben, wenn durch die Ankopplung eines folgenden Gliedes an den Ausgang des vorangehenden Gliedes das Ausgangssignal des vorangehenden Gliedes nicht verändert wird bzw. eine von außen verursachte Änderung der Ausgangsgröße keine Rückwirkung auf die Eingangsgröße desselben Übertragungsgliedes hat.

Die Beschreibung des gerätetechnischen Aufbaus eines Systems wird Glied oder Bauglied genannt. Durch diese Darstellung wird der innere Aufbau eines Systems gekennzeichnet (Bild 2.3d).

Mehrere zu einer Einheit zusammengesetzte Bauglieder, Bauelemente oder Baugruppen mit einer abgeschlossenen Funktion zur Informationsgewinnung, -übertragung, -eingabe oder -ausgabe oder der Energieversorgung werden *Funktionseinheit* genannt.

2.2
Kennfunktion und Kenngrößen von Gliedern

Ausgewählte Eigenschaften von Systemen werden durch das Übertragungsverhalten beschrieben.

Das *Übertragungsverhalten* ist das Verhalten der Ausgangsgrößen eines Systems in Abhängigkeit von Eingangsgrößen, wobei es eine Beschreibung im Zeit- oder Frequenzbereich, eine Beschreibung von Speicher- und Verknüpfungsoperation analoger oder diskreter Größen sein kann. Das Übertragungsverhalten von Systemen kann durch das Beharrungs- und Zeitverhalten beschrieben werden.

Das *Beharrungsverhalten* (statisches Verhalten) eines Systems gibt die Abhängigkeit der Ausgangs- und/oder Zustandsgrößen von konstanten Eingangsgrößen nach Abklingen aller Übergangsvorgänge an, wobei diese Abhängigkeit für verschiedene Arbeitspunkte durch statische Kennlinien oder Kennlinienscharen darstellbar ist. Somit gilt für das Beharrungsverhalten (Bild 2.4a):

$$x_a = f(x_e). \tag{2.2a}$$

Ein Übertragungsglied wird lineares Übertragungsglied genannt, wenn es durch eine lineare Differential- oder Differenzengleichung beschrieben werden kann; hierzu

gehören auch Übertragungsglieder mit Totzeit [DIN 19227].

Eine funktionale Abhängigkeit entsprechend Gl.(2.2a) wird "lineare Kennlinie" genannt, wenn die Prinzipien
– der Additivität

$$f(x_1 + x_2) = f(x_1) + f(x_2) \tag{2.2b}$$

und
– der Homogenität

$$f(k_1 x_1 + k_2 x_2) = k_1 f(x_1) + k_2 f(x_2) \tag{2.2c}$$

gelten.

Die zumeist nichtlineare Abhängigkeit für das Beharrungsverhalten Gl. (2.2a) kann um einen Arbeitspunkt $(x_{eo};\ x_{ao})$ in eine Taylor-Reihe entwickelt werden:

$$x_a = f(x_{e0}) + \frac{\partial f}{1! \, \partial x_e}\bigg|_{x_e = x_{e0}} (x_e - x_{e0})$$
$$+ \frac{\partial^2 f}{2! \, \partial x_e^2}\bigg|_{x_e = x_{e0}} (x_e - x_{e0})^2 + \dots + . \tag{2.2d}$$

Bei kleinen Abweichungen $x_e - x_{eo}$ um den Arbeitspunkt und Vernachlässigung der Terme höherer Ordnung folgt unter Beachtung von

$$x_{a0} = f(x_{e0}) \tag{2.2e}$$

$$x_a \approx x_{a0} + K(x_e - x_{e0}) \tag{2.2f}$$

$$\Delta x_a \approx K \Delta x_e \tag{2.2g}$$

mit

$$\Delta x_a = (x_a - x_{a0}); \Delta x_e = (x_e - x_{e0});$$

$$K = \frac{\partial f}{\partial x_e}\bigg|_{x_e = x_{e0}}. \tag{2.2h}$$

Danach bietet das Beharrungsverhalten eine Möglichkeit, den Zusammenhang zwischen Ursache und Wirkung zu beschreiben. Abweichungen zwischen idealem und realem Verlauf ergeben den Fehler.

Das *Zeitverhalten* (dynamisches Verhalten) eines Systems gibt das Verhalten hinsichtlich des zeitlichen Verlaufs der Ausgangs- und/oder Zustandsgrößen an. Somit gilt:

$$x_a = f(x_e, t). \tag{2.3}$$

Das Zeitverhalten eines Systems beschreibt dessen Eigenschaften, Eingangsgrößenänderungen unmittelbar zu folgen. Das Zeitverhalten ist ein Maß dafür, wie schnell ein

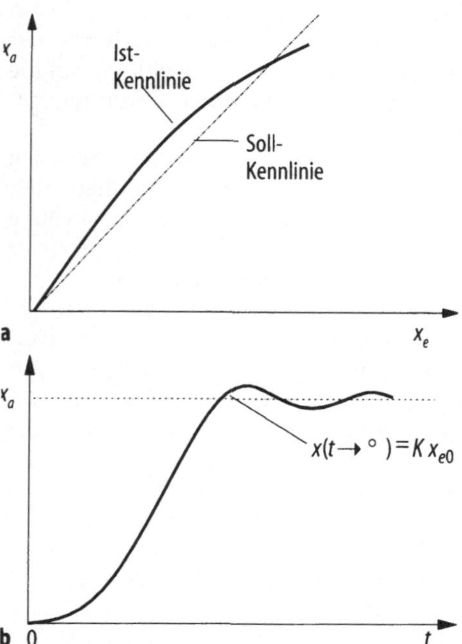

Bild 2.4. Beharrungs- und Zeitverhalten eines Systems. **a** Beharrungsverhalten in der statischen Kennlinie, **b** Zeitverhalten in der Sprungantwort

betrachtetes System auf Änderungen des Eingangssignals reagiert (Bild 2.4b).

Sind Parameter eines Übertragungsgliedes oder Systems zeitinvariant, d.h. sie ändern sich nicht in Abhängigkeit von der Zeit, wird das Glied (System) *zeitinvariantes Glied* (System) genannt.

Ändern sich die Parameter eines Gliedes oder Systems in Abhängigkeit von der Zeit, wird das Glied (System) *zeitvariantes* Glied (System) genannt.

In Abhängigkeit von den Eigenschaften, die für ein betrachtetes System typisch sind und durch das Übertragungsverhalten beschrieben werden, erfolgt die Einteilung der Übertragungsglieder.

Die zeitliche Aufeinanderfolge von verschiedenen Zuständen wird als *Prozeß* bezeichnet. Nach Art des zeitlichen Ablaufs verschiedener Zustände werden Prozesse in kontinuierliche und nichtkontinuierliche eingeteilt.

Zur Beschreibung des Übertragungsverhaltens von Systemen oder Prozessen werden meistens mathematische Modelle verwendet.

Ein *Modell* ist die Abbildung eines Systems oder Prozesses in ein anderes begriffliches oder gegenständliches System, das auf Grund der Anwendung bekannter Gesetzmäßigkeiten einer Identifikation oder auch getroffener Annahmen entspricht [DIN 19226].

2.3
Untersuchung und Beschreibung von Systemen

2.3.1
Experimentelle Untersuchung

2.3.1.1
Voraussetzungen und Testsignale

Eine wesentliche Grundlage zur Untersuchung und Beschreibung von Gliedern ergibt sich aus der Eigenschaft linearer Systeme, Eingangsgrößen in bestimmter Weise auf Ausgangsgrößen zu übertragen. Dadurch ist es möglich, ein lineares Übertragungsglied mit einem definierten Eingangssignal zu beaufschlagen und aus dem gemessenen Ausgangssignal mit Hilfe entsprechender Verfahren [2.1, 2.2] die Kennwerte und Eigenschaften eines Gliedes zu ermitteln.

Voraussetzungen einer experimentellen Untersuchung sind:

- das zu untersuchende System (Glied) befindet sich ursprünglich im Beharrungszustand,
- er wirkt nur das aufgeschaltete Testsignal, alle weiteren Signale sind konstant oder haben den Wert Null,
- die erzwungene Abweichung durch das *Testsignal* von einem Arbeitspunkt ist so klein, daß lineare Verhältnisse zutreffen.

Häufig angewendete Eingangsgrößen zur Untersuchung von Systemen sind die Testsignale:

- Sprungfunktion,
- Impulsfunktion,
- Rampenfunktion und
- Harmonische Funktion.

Mit Hilfe dieser Testsignale lassen sich das Übergangsverhalten (s.a. Abschn. 2.2) und daraus die Parameter zur Systemidentifikation bestimmen.

Systemidentifikationen mit statistischen Methoden [2.3] werden im folgenden nicht behandelt.

2.3.1.2
Sprungantwort, Übergangsfunktion

Die Sprungantwort ergibt sich als Reaktion eines linearen Übertragungsgliedes in Abhängigkeit von der Zeit auf eine sprungförmige Änderung des Eingangssignals (Bild 2.5a). Die Sprungantwort hat die Maßeinheit des Ausgangssignals. Wird das Ausgangssignal auf die Amplitude des Eingangssignals bezogen, entsteht die *Übergangsfunktion h(t)* (Bild 2.5b).

$$h(t) = \frac{x_a(t)}{x_{e0}} \quad \text{für} \quad t \geq 0 \qquad (2.4a)$$

mit

$$x_e(t) = \begin{cases} 0 & \text{für} \quad t < 0 \\ x_{e0} & \text{für} \quad t \geq 0 \end{cases} \qquad (2.4b)$$

Aus Zweckmäßigkeit wird die Höhe des Eingangssignals Gl. (2.4b) auf den Wert Eins normiert und als *Einheitssprungfunktion* definiert:

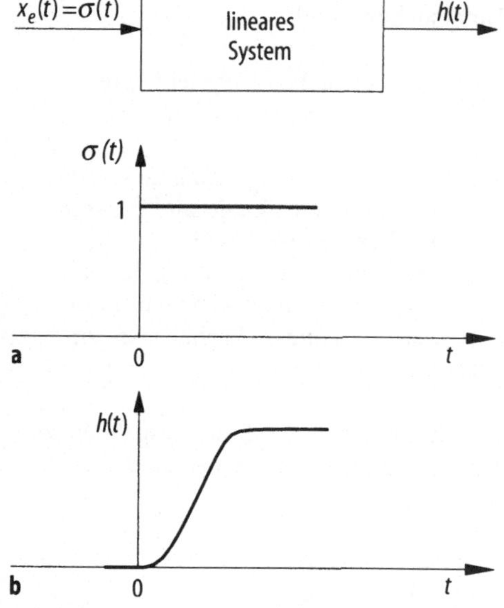

Bild 2.5. Sprungfunktion. **a** Einheitssprung, **b** Übergangsfunktion

$$\sigma(t) = \begin{cases} 0 & \text{für } t < 0 \\ 1 & \text{für } t \geq 0 \ . \end{cases} \qquad (2.4c)$$

Daraus folgt:

$$x_e(t) = x_{e0}\sigma(t) \ . \qquad (2.4d)$$

Die Sprungfunktion Gln. (2.4b, 2.4c) kann experimentell nur näherungsweise realisiert werden. Elektrische Systeme lassen Anstiegszeiten im Nanosekundenbereich zu. Pneumatische, hydraulische oder mechanische Systeme liegen um Größenordnungen (0,1 ... 0,15 s) darüber. Mit Hilfe der Einheitssprungfunktion können Systeme verglichen werden.

2.3.1.3
Impulsantwort, Gewichtsfunktion

Die Impulsantwort ergibt sich als Reaktion eines linearen Übertragungsgliedes in Abhängigkeit von der Zeit auf eine rechteckimpulsförmige Änderung des Eingangssignals. Eine vor allem für theoretische Untersuchungen häufig angewendete Testfunktion ist die δ-Funktion (Bild 2.6a). Die δ-Funktion geht für $t = o$ gegen Unendlich. Außerhalb des Zeitpunktes $t = o$ ist ihr Wert Null. Die durch den Impuls eingeschlossene Fläche hat den Wert 1.

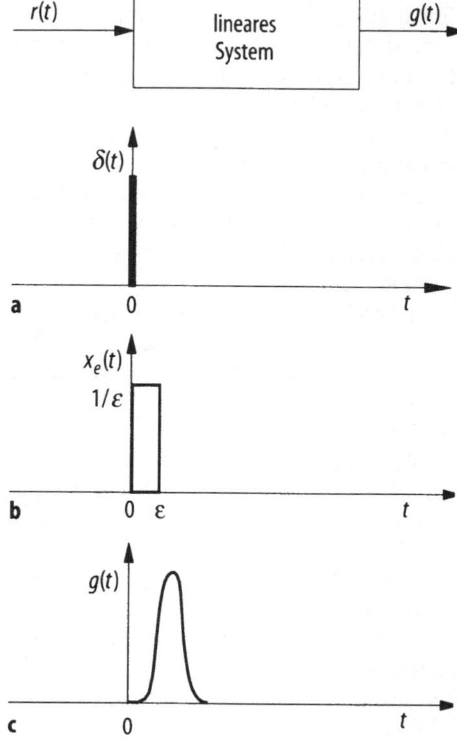

Bild 2.6. Impulsfunktion. **a** δ-Funktion, **b** Rechteckimpuls, **c** Gewichtsfunktion

Es gilt:

$$\int_{-\infty}^{+\infty} \delta(t)dt = 1 \ . \qquad (2.5)$$

Für die δ-Funktion folgt daraus die Maßeinheit 1/sec.

Zur experimentellen Untersuchung wird die δ-Funktion als rechteckförmiger Impuls mit der Breite ε und der Höhe 1/ε aus Sprungfunktionen realisiert (Bild 2.6b):

$$\delta(t) = \lim_{\varepsilon \to 0} \frac{1}{\varepsilon}\left[\sigma(t) - \sigma(t-\varepsilon)\right] \ . \qquad (2.6)$$

Zwischen der δ-Funktion und der Einheitssprungfunktion besteht für $t \geq o$ folgender Zusammenhang:

$$\delta(t) = \frac{d\sigma(t)}{dt} \ . \qquad (2.7)$$

Wird das Ausgangssignal eines linearen Übertragungsgliedes auf die Fläche der Impulsfunktion (Breite des Impulses ε, Höhe 1/ε) für den Grenzfall Gl. (2.6) bezogen, ergibt sich die Gewichtsfunktion (Bild 2.6c). Die Gewichtsfunktion $g(t)$ folgt aus der Übergangsfunktion für $t \geq o$ zu:

$$g(t) = \frac{dh(t)}{dt} \qquad (2.8a)$$

sowie

$$h(t) = \int_0^\infty g(t)\,dt . \qquad (2.8b)$$

Bei der Auswahl der Impulsfunktion ist eine annähernde Übereinstimmung der Impulsbreite ε (Impulsdauer) mit der Reaktionszeit des untersuchten Systems zu vermeiden, da es in diesem Falle zu unrichtigen Aussagen kommt [2.4]. Aus diesen Gründen wird eine Impulsdauer von rd. 20% der Reaktionszeit des zu untersuchenden Systems empfohlen.

2.3.1.4
Anstiegsantwort, Anstiegsfunktion

Die Anstiegsantwort ergibt sich als Reaktion eines linearen Übertragungsgliedes in Abhängigkeit von der Zeit auf eine mit konstanter Geschwindigkeit sich ändernde Eingangsfunktion [2.4] (Bild 2.7a).
Für die Eingangsfunktion gilt:

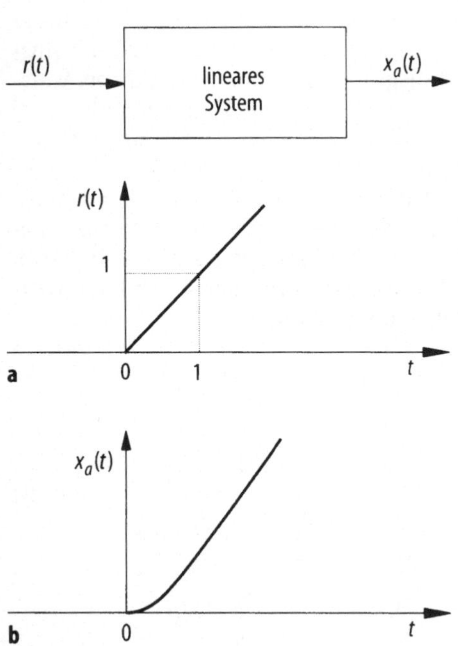

Bild 2.7. Ausstiegsfunktion. **a** Einheitsanstiegsfunktion, **b** Anstiegsantwort

$$x_e(t) = K_I t\,\sigma(t) = \begin{cases} 0 & \text{für } t < 0 \\ K_I t & \text{für } t \geq 0 \end{cases} . \quad (2.9a)$$

Für die Anstiegsgeschwindigkeit

$$K_I = \frac{dx_e}{dt} = 1 \qquad (2.9b)$$

ergibt sich die Einheitsanstiegsfunktion:

$$r(t) = t\,\sigma(t) \qquad (2.9c)$$

mit $\sigma(t)$ als Einheitssprungfunktion.

2.3.1.5
Sinusfunktion, Frequenzgang

Der Frequenzgang beschreibt das Übertragungsverhalten linearer Systeme bei harmonischer Erregung (Bild 2.8a) für den Beharrungszustand

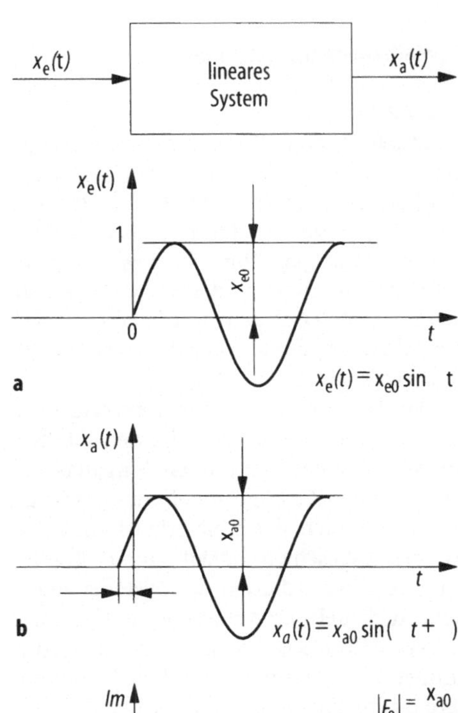

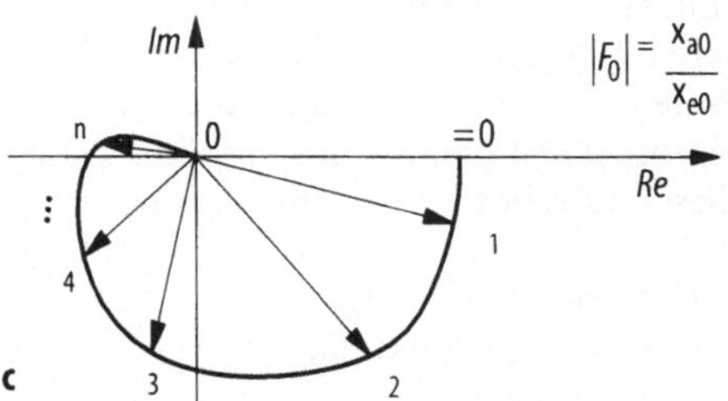

Bild 2.8. Harmonische Funktion. **a** Sinusfunktion, **b** Sinusantwort, **c** Ortskurve

$$F(j\omega) = \frac{X_a(j\omega)}{X_e(j\omega)} = \frac{x_{ai}(j\omega)}{x_{e0}(j\omega)}\, e^{j\varphi i(\omega)} \quad (2.10a)$$

mit

$$x_e(t) = x_{e0}\sin\omega t$$
$$x_a(t) = x_{a0}\sin(\omega t + \varphi)\,. \quad (2.10b)$$

Infolge der Systemträgheit ergibt sich die Phasenverschiebung $\varphi(\omega)$ zu (Bild 2.8b):

$$\varphi(\omega) = \varphi_\alpha - \varphi_e\,. \quad (2.10c)$$

Die Auswertung des Frequenzganges ist die Frequenzgangortskurve (Bild 2.8c). Die Frequenzgangortskurve ist der geometrische Ort eines Zeigers $|F(j\omega)|$, der mit der Kreisfrequenz von $\omega = 0$ bis $\omega \to \infty$ umläuft. Die Ortskurve ergibt sich als Verbindung aller Zeigerspitzen in Abhängigkeit von der Kreisfrequenz ω.

2.3.2
Mathematische Beschreibung

2.3.2.1
Gründe für die mathematische Beschreibung

Die experimentellen Verfahren (Abschn. 2.3.1) beschreiben Prozesse und Glieder eindeutig. Sie lassen in den häufigsten Fällen sichere Aussagen über die Systemeigenschaften zu. Obwohl derartige Aussagen nicht parametrisch sind, werden die experimentellen Verfahren in der Praxis mit guten Erfolgen angewandt [1.5, 2.1].

Der Entwurf von Automaten erfordert darüber hinaus Aussagen, die den Funktionsverlauf eines steuernden Eingangssignals in seiner Wirkung auf ein Ausgangssignal hinsichtlich des Zeitverlaufs und der Änderungsgeschwindigkeit unter Beachtung der Eigenschaften des Systems angeben. Auch bei der Analyse eines Systems, z.B. einer Regelung, kommt es darauf an, die Größen und Parameter zwischen Ausgangssignal und Eingangssignal zu bestimmten Zeiten zu kennen, um die Systemeigenschaften zu quantifizieren. Zur Lösung dieser Aufgaben werden angewendet:

- Differentialgleichung,
- Übertragungsfunktion,
- Frequenzgang,
- Zustandsraumbeschreibung.

2.3.2.2
Differentialgleichung

Mit Hilfe von Differentialgleichungen (Dgln.) läßt sich das Übertragungsverhalten von Systemen rechnerisch bestimmen. Die Differentialgleichungen werden durch Anwendung physikalischer Beziehungen auf die zu beschreibenden Systeme bestimmt. Dabei können sich ergeben:

1. *gewöhnliche* Differentialgleichungen mit konzentrierten Parametern (dynamisches Verhalten wird in einem „Punkt" oder in „Punkten" konzentriert angenommen),
2. *partielle* Differentialgleichungen mit verteilten Parametern (dynamisches Verhalten muß verteilt angenommen werden).

Lineare Übertragungsglieder mit konzentrierten Parametern werden durch Differentialgleichungen der Form

$$\begin{aligned}
&a_n x_a^{(n)}(t) + a_{n-1}x_a^{(n-1)}(t) + \dots \\
&+ a_2\ddot{x}_a(t) + a_1\dot{x}_a(t) + a_0 x_a(t) \\
&= b_0 x_e(t) + b_1\dot{x}_e(t) + b_2\ddot{x}_e(t) + \dots \\
&+ b_{m-1}x_e^{(m-1)}(t) + b_m x_e^{(m)}(t)
\end{aligned} \quad (2.11a)$$

im Zeitbereich beschrieben. In dieser Gleichung n-ter Ordnung wird die Ausgangsgröße $x_a(t)$ und ihre zeitliche Änderung $\dot{x}_a(t)$ mit der Eingangsgröße $x_e(t)$ und deren zeitlicher Änderung $\dot{x}_e(t)$ verknüpft.

Die Koeffizienten a_i und b_i (i = 1, 2, ..., Zählindex) bestimmen die Systemparameter. Einzelne Parameter können Null sein. Wird die Dgl. (2.11a) durch den Koeffizienten a_0 dividiert, ergibt sich:

$$\begin{aligned}
&\frac{a_n}{a_0}x_a^{(n)}(t) + \frac{a_{n-1}}{a_0}x_a^{(n-1)}(t) + \dots \\
&+ \frac{a_2}{a_0}\ddot{x}_a(t) + \frac{a_1}{a_0}\dot{x}_a(t) + x_a(t) \\
&= \frac{b_0}{a_0}x_e(t) + \frac{b_1}{a_0}\dot{x}_e(t) + \frac{b_2}{a_0}\ddot{x}_e(t) + \dots \\
&+ \frac{b_{m-1}}{a_0}x_e^{(m-1)}(t) + \frac{b_m}{a_0}x_e^{(m)}(t)
\end{aligned} \quad (2.11b)$$

mit

$$\frac{a_n}{a_0} = T_n^n; \frac{a_2}{a_0} = T_2^2; \frac{a_1}{a_0} = T_1 \qquad (2.11c)$$

Zeitkonstanten (Verzögerungsanteile),

$$\frac{b_m}{a_0} = T_{Dm}^m; \frac{b_2}{a_0} = T_{D2}^2; \frac{b_1}{a_0} = T_{D1} \qquad (2.11d)$$

Zeitkonstanten (differenzierte Anteile),

$$\frac{b_0}{a_0} = K \qquad (2.11e)$$

Übertragungsfaktor.

In der Form Gl. (2.11b) werden Differentialgleichungen zur Systembeschreibung zumeist benutzt, weil sich durch die Zeitkonstanten gut vorstellbare Reaktionen ergeben und der Übertragungsfaktor das Beharrungsverhalten beschreibt.

Bei technischen Systemen ist allgemein die Ordnungszahl n größer oder mindestens gleich der Ordnungszahl m der höchsten Ableitung der Eingangsgröße.

Somit ergibt sich aus der Lösung der ein betrachtetes System beschreibenden Differentialgleichung das Übertragungsverhalten. Die graphische Darstellung der Lösung der Differentialgleichung z.B. für ein sprungförmiges Eingangssignal ergibt die Sprungantwort bzw. für die Einheitssprungfunktion die Übergangsfunktion.

Differentialgleichungen kleiner Ordnungszahl lassen sich mit relativ geringem Aufwand lösen. Bei Differentialgleichungen ab der Ordnungszahl 3 steigt der Aufwand an. Zur Verringerung des Aufwandes wird zweckmäßigerweise die *Laplace*-Transformation angewendet [2.5].

2.3.2.3
Übertragungsfunktion

Die Übertragungsfunktion eines linearen Übertragungsgliedes ergibt sich als Quotient der Laplace-Transformierten des Ausgangssignals zur Laplace-Transformierten des Eingangssignals bei verschwindenden Anfangsbedingungen zu

$$G(s) = \frac{L\{x_a(t)\}}{L\{x_e(t)\}} = \frac{X_a(s)}{X_e(s)} \qquad (2.12a)$$

mit der komplexen Frequenz (Laplace-Operator) $s = \delta + j\omega$.

Somit folgt die Übertragungsfunktion für verschwindende Anfangsbedingungen aus der Differentialgleichung Gl. (2.11a):

$$G(s) = \frac{X_a(s)}{X_e(s)}$$

$$= \frac{b_0 + b_1 s + b_2 s^2}{a_0 + a_1 s + a_2 s^2} \cdots$$

$$\cdot \frac{b_{m-1} s^{m-1} + b_m s^m}{a_{n-1} s^{n-1} + a_n s^n} . \qquad (2.12b)$$

Für ein im Frequenzbereich vorliegendes Eingangssignal ergibt sich bei bekannter Übertragungsfunktion Gl. (2.12b) die einfache Beziehung für das Ausgangssignal im Frequenzbereich:

$$X_a(s) = G(s)X_e(s) . \qquad (2.12c)$$

Da der Aufbau von Funktionseinheiten der Automatisierungstechnik aus Gliedern in

– Reihenschaltungen,
– Parallelschaltungen und
– Rückführschaltungen

realisiert wird, lassen sich die entsprechenden Systemübertragungsfunktionen aus den Übertragungsfunktionen der einzelnen Glieder berechnen (Tabelle 2.1).

Mit Hilfe der über das Laplace-Integral vorgenommenen Transformation der Differentialgleichung aus dem Zeitbereich in den Frequenzbereich wird

– die Differentiation bzw. Integration im Zeitbereich durch die algebraische Operation Multiplikation und Division mit dem Laplace-Operator $s = \delta + j\omega$ ersetzt,
– die Differentialgleichung in ein Polynom der komplexen Frequenz s überführt, wobei die Anfangswerte über den Differentiationssatz der Laplace-Transformation zu berücksichtigen sind.

Größerer rechnerischer Aufwand entsteht jedoch bei der Rücktransformation in den Zeitbereich über das Umkehr-Integral der Laplace-Transformation, der durch Anwendung entsprechender Tabellen [2.5] vereinfacht wird.

Tabelle 2.1. Grundschaltungen von Übertragungsgliedern und dazugehörenden Übertragungsfunktionen

Grundschaltung/Signalflußbild	Übertragungsfunktion

Reihenschaltung

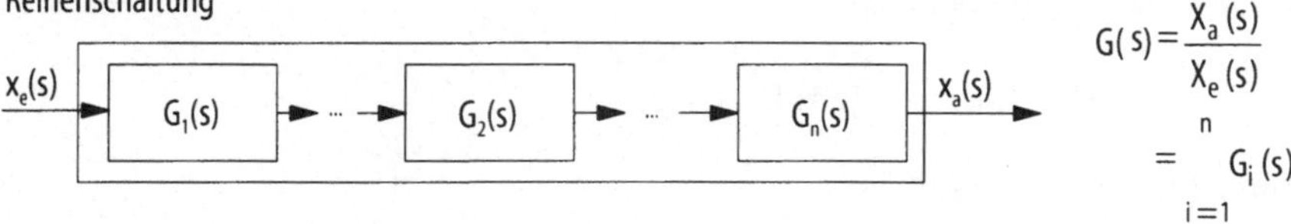

$$G(s) = \frac{X_a(s)}{X_e(s)} = \sum_{i=1}^{n} G_i(s)$$

Parallelschaltung

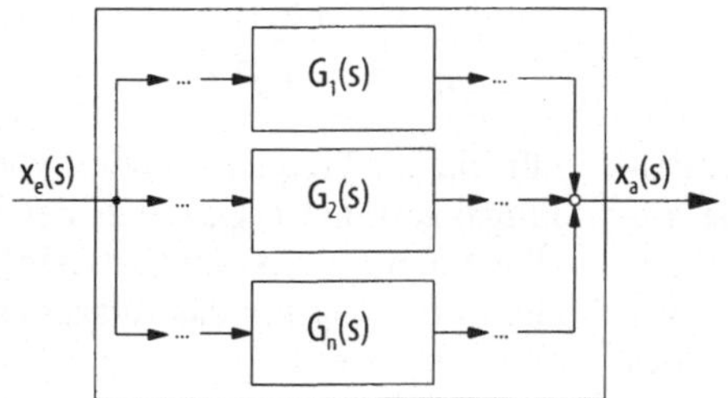

$$G(s) = \frac{X_a(s)}{X_e(s)} = G_1(s) + G_2(s) + \cdots = \sum_{i=1}^{n} G_i(s)$$

Rückführschaltung

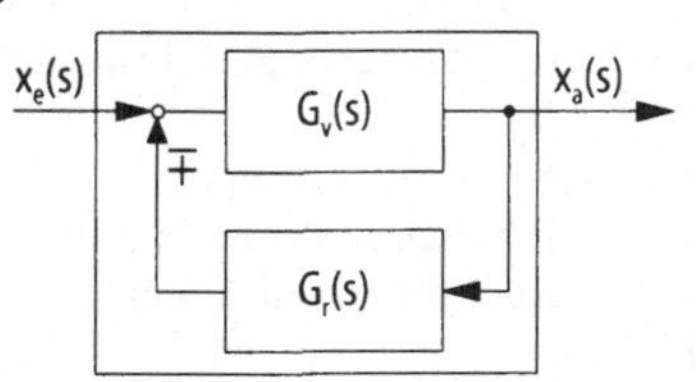

$$G(s) = \frac{X_a(s)}{X_e(s)} = \frac{G_v(s)}{1 \pm G_v(s) G_r(s)}$$

2.3.2.4
Frequenzgang

Der Frequenzgang läßt sich aus der Übertragungsfunktion für

$$s = j\omega \tag{2.13a}$$

mit $\delta = 0$ herleiten.

Aus Gl. (2.12b) ergibt sich für den Frequenzgang:

$$F(j\omega) = \frac{X_a(j\omega)}{X_e(j\omega)}$$

$$= \frac{b_0 + b_1 j\omega + b_2(j\omega)^2}{a_0 + a_1 j\omega + a_2(j\omega)^2} \cdots \tag{2.13b}$$

$$\cdot \frac{b_{m-1}(j\omega)^{m-1} + b_m(j\omega)^m}{a_{n-1}(j\omega)^{n-1} + a_n(j\omega)^n} \cdot$$

Die auf der Grundlage der Übertragungsfunktion geltenden Grundschaltungen (Tabelle 2.1) können formal auf den Frequenzgang übertragen werden.

Somit lassen sich Funktionseinheiten und Systeme hinsichtlich ihrer Eigenschaften experimentell und rechnerisch untersuchen, sowohl bzgl. ihres Einschaltverhaltens (Zeitbereich) als auch ihres Frequenzgangs (Frequenzbereich).

Literatur

2.1 Unbehauen H (1992) Regelungstechnik, 3. Identifikation, Adaption, Optimierung. 6., durchges. Aufl. Vieweg Braunschweig Wiesbaden

2.2 Reinisch K (1974) Kybernetische Grundlagen und Beschreibung kontinuierlicher Systeme. Verlag Technik, Berlin. S 252–216

2.3 Schlitt H (1992) Systemtheorie für Stochastische Prozesse: Statistische Grundlagen, Systemdynamik, Kalman-Filter. Springer, Berlin Heidelberg New York

2.4 Oppelt W (1964) Kleines Handbuch technischer Regelvorgänge. 4., neubearb. u. erw. Aufl. Verlag Technik, Berlin. S 39–125

2.5 Doetsch G (1967) Anleitung zum praktischen Gebrauch der Laplace-Transformation und der Z-Transformation. 3., neubearb. Aufl. Oldenbourg, München Wien. S 23–81

3 Umgebungs- bedingungen

L. KOLLAR (Abschn. 3.1, 3.3)
H.-J. GEVATTER (Abschn. 3.2, 3.4)

3.1
Gehäusesysteme

3.1.1
Aufgabe und Arten

Gehäuse und Gehäusesysteme (z.B. Schrank, Gestell, Kassette, Steckblock) haben die Aufgabe, Bauelemente, Funktionseinheiten und Geräte aufzunehmen und sie vor Belastungen von außen (z.B. Feuchtigkeit, elektromagnetische Strahlung, s. Abschn. 3.4) zu schützen. Gleichzeitig muß über Gehäuse und Gehäusesysteme eine Belastung der Umwelt durch Strahlung und Felder, die infolge des Betriebes von Funktionseinheiten (z.B. freiwerdende Wärme, elektrische und magnetische Energie) vermieden werden [3.1–3.3].

Gehäuse und Gehäusesysteme werden entsprechend den Abmessungen in

- 19 Zoll-Systeme mit 482,6 mm Bauweise [IEC 297] und
- Metrische-Systeme mit 25 mm Bauweise [IEC 917] als ganzzahlige Vielfache/Teile der angegebenen Längen
  sowie entsprechend der Gestaltung in
- universelle Systeme [Beiblatt 1 zu DIN 41454] und
- individuelle Systeme [3.4, 3.5]
eingeteilt.

3.1.2
Konstruktionsmäßiger Aufbau

Bei den universellen Systemen besteht ein modularer Aufbau (Bild 3.1), der in ähnlicher Weise zumeist auch bei individuellen Systemen weitgehend eingehalten wird [3.6–3.9].

Durch die modulare Struktur ergeben sich Lösungen, die hinsichtlich des Einsatzes funktionsoffen sind und von den Anforderungen einer konkreten Anwendung bestimmt werden.

In der Ebene 1 sind Leiterplatte, Frontplatte und Steckverbinder zu einer Baugruppe, z.B. Steckplatte, zusammengefügt.

Die Ebene 2 enthält Baugruppe, Steckplatte, Steckblock und Kassette.

Die Ebene 3 beinhaltet Baugruppenträger, die zur Aufnahme der Baugruppe dienen. Dabei entsprechen die mit Baugruppen bestückten Bauträger einschließlich deren seitliche Befestigungsflansche den Frontplattenmaßen nach DIN 41494 Teil 1.

Die Ebene 4 besteht aus Gehäuse, Gestell und Schrank [Beiblatt 1 zu DIN 41494]. Die Maße zwischen den einzelnen Ebenen korrespondieren. Je nach Konstruktionsart können Gestelle allein oder durch Verkleidungsteile, aufgerüstet zu Schränken, für den Aufbau elektronischer Anlagen verwendet werden. Bei selbsttragenden Schränken sind die Gestellholme mit ihren Einbaumaßen Bestandteil der Schrankkonstruktion. In DIN 41494 Teil 7 sind die Teilungsmaße für Schrank- und Gestellreihen genormt.

Weitere Zusammenhänge hinsichtlich der Konstruktion in den 4 Ebenen sind in entsprechenden Standards genormt (Tabelle 3.1).

Die von Gehäusesystemen zu realisierenden Schutzarten (s. Abschn. 3.3) enthält IEC 529.

Im Zusammenhang mit dem Betrieb von Gehäusen und Gehäusesystemen zu beachtende Sicherheitsanforderungen für die Anwendung im Bereich der Meß- und Regelungstechnik sowie in Laboren gilt IEC 1010-1.

Gehäuse werden aus Metall (z.B. verzinkter Stahl, nichtrostender Stahl verschiedener Legierungen, Aluminium, Monelmetall), Verbundwerkstoff (z.B. formgepreßtes glasfaserverstärktes Polyester, pultrudierte Glasfaser ABS-Blend) und Kunststoff (z.B. Polycarbonat, PVC) hergestellt [3.7, 3.10].

Bezüglich der Einhaltung vorgegebener Temperaturen im Gehäuse oder Schranksystem werden statische Belüftung, dynamische Belüftung und aktive Kühlung angewendet. Dementsprechende überschlägliche Berechnungen der Temperaturverhältnisse sind zumeist ausreichend [3.1, 3.6, 3.9].

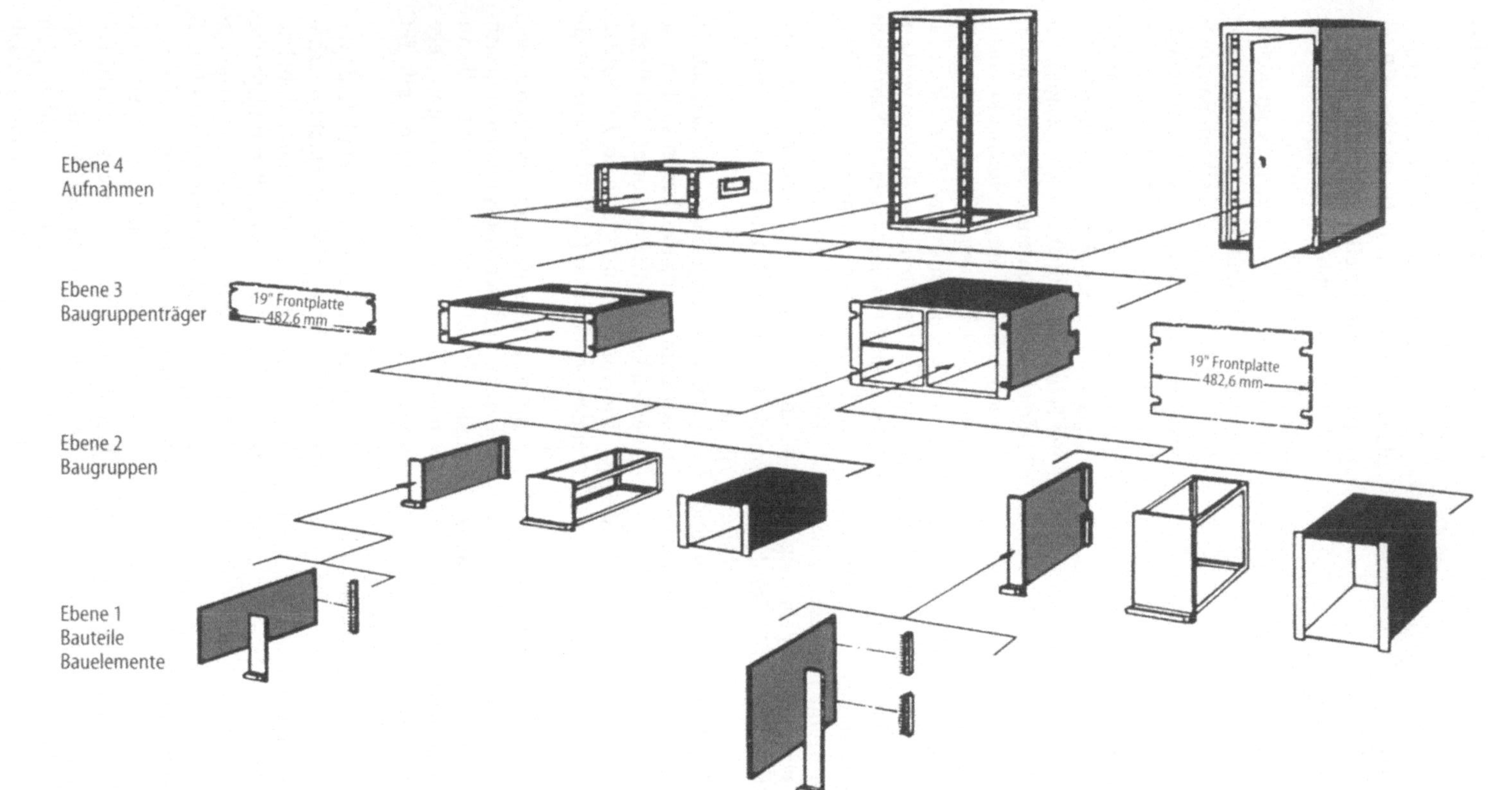

Bild 3.1. Modulare Struktur der Bauweise nach den Normen der Reihe DIN 41494 [Beiblatt 1 DIN 41494]

Tabelle 3.1. Inhalt der Ebenen 1 bis 4 sowie Normen für den modularen Aufbau von Gehäusen und Gehäusesystemen [Beiblatt 1 DIN 41 494]

Nationale Normen		Inhalt	Korrespondierende internationale Normen
1. Ebene Bauteile, Bauelemente	Leiterplatte DIN IEC 97	Rastersysteme für gedruckte Schaltungen	IEC 97 : 1991
	Normen der Reihe DIN IEC 249 Teil 2 DIN IEC 326 Teil 3	Gedruckte Schaltungen; Grundlagen, Löcher, Nenndicken	Publikationen der Reihe IEC 249-2 IEC 326-3 : 1980
	DIN 41 494 Teil 2 DIN IEC 326 Teil 3	Leiterplattenmaße Entwurf und Anwendung von Leiterplatten	IEC 297-3 : 1984[1] IEC 326-3 : 1980
	Frontplatte der Baugruppe DIN 41 494 Teil 5 (z.Z. Entwurf)	Baugruppenträger und Bauträger	IEC 297-3 : 1984[1]
	Bauelemente DIN 41 494 Teil 8	482,6-mm-Bauweise, Bauelemente an der Frontplatte	
	Steckverbinder nach Normen der Reihe DIN 41 612	Steckverbinder für gedruckte Schaltungen; indirektes Stecken, Rastermaß 2,45 mm	IEC 603-2 : 1988
2. Ebene Baugruppen	Steckplatte DIN 41 494 Teil 5 (z.Z. Entwurf)	Baugruppenträger und Baugruppen	IEC 297-3 : 1984[1]
	Steckblock DIN 41 494 Teil 5 (z.Z. Entwurf)		
	Kassette DIN 41 494 Teil 5 (z.Z. Entwurf)		
3. Ebene Baugruppenträger	Frontplatte DIN 41 494 Teil 1	Frontplatten und Gestelle; Maße	IEC 297-1 : 1986[2]
	Baugruppenträger DIN 41 494 Teil 5 (z.Z. Entwurf)	Baugruppenträger und Baugruppen	IEC 297-3 : 1984[1]
4. Ebene Aufnahmen	Gehäuse DIN 41 494 Teil 3	Gerätestapelung ; Maße	
	Gestelle DIN 41 494 Teil 1	Frontplatten und Gestelle; Maße	IEC 297-1 : 1986[2]
	Schrank DIN 41 488 Teil 1	Teilungsmaße für Schränke; Nachrichtentechnik und Elektronik	
	DIN 41 494 Teil 7	Schrankabmessungen und Gestellreihenteilungen der 482,6-mm-Bauweise	IEC 297-2 : 1982[3]

[1] Entspricht mit gemeinsamen CENELEC-Abänderungen dem Harmonisierungsdokument (HD) 493.3 S 1
[2] Identisch mit CENELEC-Harmonisierungsdokument (HD) 493.1 S 1
[3] Identisch mit CENELEC-Harmonisierungsdokument (HD) 493.2 S 1

3.2 Einbauorte

Neben der Beanspruchung durch Transport und Lagerung sind die Umgebungsbedingungen eines Gerätes im wesentlichen durch dessen Einbauort geprägt. Entsprechend sind für jedes Gerät die Schutzarten (s. Abschn. 3.3) auszulegen.

Die Einbauorte kann man durch folgende Gliederung klassifizieren:

– Einbau am Meßort,
– Einbau am Stellort,
– Einbau in der Zentrale.

Die beiden erstgenannten Orte sind im Feld, d.h. z.B. in der Anlage oder im Maschinenraum. Die dadurch verursachten rauhen Umgebungsbedingungen erfordern eine relativ hohe Schutzart. Manchmal liegen Meßort und Stellort nahe beieinander (z.B. Gasdruckregler in einer Unterstation für die Stadtgasversorgung). Dadurch werden besonders kompakte Konstruktionen (z.B. messender Regler ohne Hilfsenergie) ermöglicht.

In umfangreichen Automatisierungssystemen mit zahlreichen im Feld verteilten Meß- und Stellorten werden alle nicht notwendigerweise im Feld anzuordnenden Geräte in der Zentrale zusammengefaßt. Das bietet den Vorteil, alle wesentlichen Funktionen überwachen, steuern und regeln zu können (Prozeßrechner). Außerdem erfordern die Geräte in der Zentrale nur eine relativ niedrige Schutzart.

3.3
Schutzarten

3.3.1
Einteilung und Einsatzbereiche

Meß-, Steuerungs- und Regelungseinrichtungen werden nach DIN/VDE 2180 T. 3 in Betriebs- und Sicherheitseinrichtungen eingeteilt.

Betriebseinrichtungen dienen dem bestimmungsgemäßen Betrieb der Anlage. Der bestimmungsgemäße Betrieb der Anlage umfaßt insbesondere den

– Normalbetrieb,
– An- und Abfahrbetrieb,
– Probebetrieb, sowie
– Informations-, Wartungs- und Inspektionsvorgänge.

Sicherheitseinrichtungen werden in Überwachungseinrichtungen und Schutzeinrichtungen eingeteilt.

Überwachungseinrichtungen signalisieren solche Zustände der Anlage, die einer Fortführung des Betriebs aus Gründen der Sicherheit nicht entgegenstehen, jedoch erhöhte Aufmerksamkeit erfordern. Überwachungseinrichtugen sprechen an, wenn Prozeßgrößen oder Prozeßparameter Werte zwischen „Gutbereich" und „zulässigem Fehlerbereich" annehmen.

Schutzeinrichtungen verhindern vorrangig Personenschäden, Schäden an Maschinen oder Apparaten oder größere Produktionsschäden (Bild 3.2). Schutzeinrichtungen sollen danach das Überschreiten der Grenze zwischen zulässigem und unzulässigem Fehlbereich verhindern.

Da die sicherheitstechnischen Anforderungen sehr unterschiedlich sind, ergeben sich zwangsweise verschiedene Sicherheitsaufgaben für zu realisierende Schutzfunktionen mit dem Ziel, das Risiko hinsichtlich

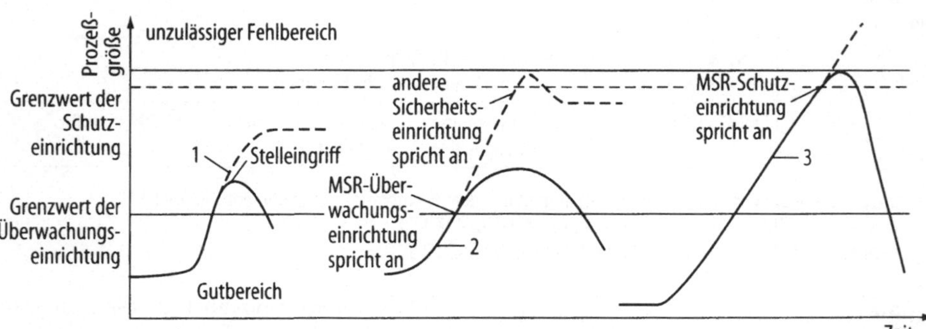

Bild 3.2. Schematische Darstellung der Wirkungsweise von Sicherheitseinrichtungen [nach VDI/VDE 2180]. *Kurvenverlauf 1*: Unzulässiger Bereich wird nicht erreicht. Überwachung mit Stelleingriff ausreichend; *Kurvenverlauf 2*: Gefahr für das Erreichen des unzulässigen Bereichs besteht. Kombination von Überwachungs- und Sicherheitseinrichtung erforderlich; *Kurvenverlauf 3*: Gefahr für das Erreichen des unzulässigen Bereichs besteht. MSR-Schutzeinrichtung erforderlich

Personenschäden stets unter dem Grenzrisiko zu halten.

Das Risiko [DIN V 19250], das mit einem bestimmten technischen Vorgang oder Zustand verbunden ist, wird zusammenfassend durch eine Wahrscheinlichkeitsaussage beschrieben, die

– die zu erwartende Häufigkeit des Eintritts eines zum Schaden führenden Ereignisses und
– das beim Ereigniseintritt zu erwartende Schadensmaß berücksichtigt.

Das *Grenzrisiko* (Bild 3.3) ist das größte noch vertretbare Risiko eines bestimmten technischen Vorganges oder Zustandes. Zumeist läßt sich das Grenzrisiko quantitativ erfassen (Bild 3.2). Es wird durch subjektive und objektive Einflüsse bestimmt und durch Maßnahmen technischer und/oder nichttechnischer Art reduziert, so daß ein Schutz vor Schäden geschaffen wird [DIN V 19250].

Schutz ist die Verringerung des Risikos durch Maßnahmen, die entweder die Eintrittshäufigkeit oder das Ausmaß des Schadens oder beides einschränkt.

Die einzelnen einzuleitenden Schutzmaßnahmen beziehen sich z.B. auf Umgebungsbedingungen (Staub und Feuchtigkeit), mechanische Beanspruchungen, elektrische und elektromagnetische Felder und den Explosionsschutz.

3.3.2
Fremdkörperschutz

Der Schutz vor Fremdkörpern (Staub) und Feuchtigkeit (Wasser) wird den verschiedenen Einsatzbedingungen entsprechend in IP-Kennziffern angegeben [DIN 4050].

Die erste Kennziffer (x = 0 ... 6) gibt den Schutz vor Fremdkörpern an, die zweite Kennziffer (y = 0 ... 8) den Schutz vor Feuchtigkeit (Tabelle 3.2).

Mit IP 68 wird z.B. ausgewiesen:
– staubdicht
– Schutz gegen Untertauchen.

Danach ist ein mit diesen Kennziffern bewertetes Gerät staubdicht und es kann auch eine bestimmte Zeit unter Wasser genutzt werden.

Die für das Eintauchen geltenden Vorschriften werden von den Geräteherstellern ausgewiesen [3.12].

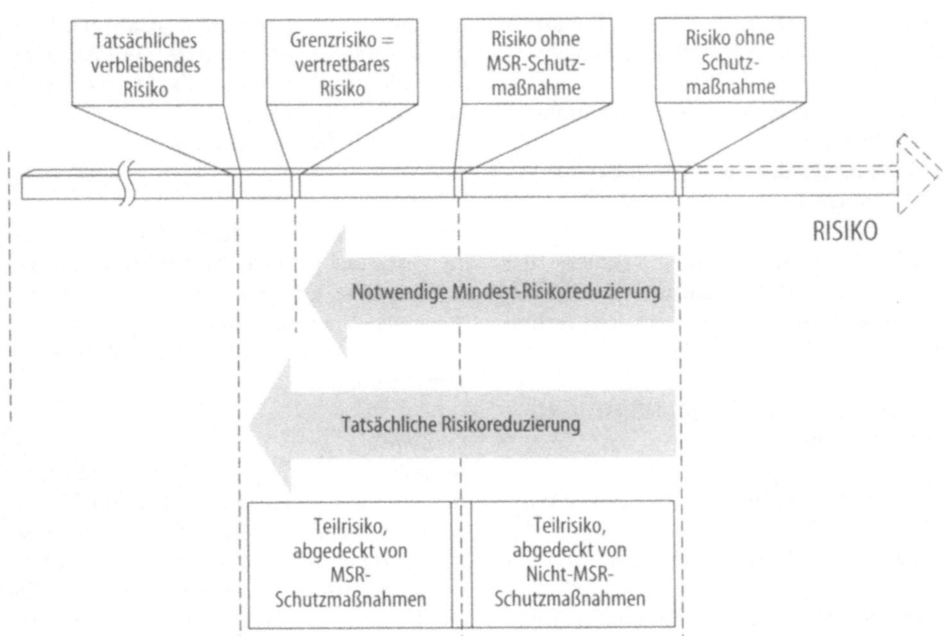

Bild 3.3. Risikoreduzierung durch Nicht-MSR- und MSR-Maßnahmen einer Betrachtungseinheit [VDI/VDE 2180]

Tabelle 3.2. Schutzarten gegen Fremdkörper und Feuchtigkeit [DIN 40050]

x = erste Ziffer für Berührung, Fremdkörperschutz	**y** = zweite Ziffer für Wasserschutz
0 = kein besonderer Schutz	0 = kein besonderer Schutz
1 = Schutz gegen Körper > 50 mm	1 = Schutz gegen senkrechtes Tropfwasser
2 = Schutz gegen Körper > 12 mm	2 = Schutz gegen schräges Tropfwasser
3 = Schutz gegen Körper > 2,5 mm	3 = Schutz gegen Sprühwasser
4 = Schutz gegen Körper > 1 mm	4 = Schutz gegen Spritzwasser
5 = Staubgeschützt	5 = Schutz gegen Strahlwasser
6 = Staubdicht	6 = Schutz gegen Überflutung+ (siehe S. 13)
	7 = Schutz gegen Eintauchen++ (siehe S. 13)
	8 = Schutz gegen Untertauchen+++ (siehe S. 13)

3.3.3
Explosionsschutz

3.3.3.1
Zoneneinteilung

Ein zündfähiges Gemisch (z.B. Gas, Staub-Luft) kann explodieren, wenn

- eine bestimmte Konzentration der einzelnen Anteile und
- die Zündenergie (Zündtemperatur) erreicht sind [VDE 0165].

Um Explosionen zu vermeiden, werden durch entsprechende Schutzmaßnahmen diese Voraussetzungen für eine Explosion unterbunden. Zur Anwendung gelangen

- Maßnahmen des primären Explosionsschutzes und
- Maßnahmen des sekundären Explosionsschutzes.

Durch Maßnahmen im Rahmen des primären Explosionsschutzes wird die Entstehung explosionsfähiger Gemische verhindert oder eingeschränkt. Dazu zählen z.B.:

- Ersatz leicht brennbarer Medien durch nichtbrennbare,
- Befüllen von Apparaten mit nichtreaktionsfähigem, (inerten) Gasen (N_2 oder CO_2),
- Begrenzung der Konzentration.

Kann durch primäre Schutzmaßnahmen das Risiko einer Explosion nicht unter dem Grenzrisiko gehalten werden, sind Maß-

nahmen des sekundären Explosionsschutzes erforderlich.

Durch Maßnahmen des sekundären Explosionsschutzes ist die Entzündung explosionsfähiger Gemische zu vermeiden. Da die Entzündung explosionsfähiger Gemische von verschiedenen Bedingungen abhängt, wird diesem Sachverhalt durch eine entsprechende Zoneneinteilung Rechnung getragen.

Durch Gase, Dämpfe oder Nebel explosionsgefährdete Bereiche werden mit einer *einstelligen Ziffer* gekennzeichnet:

Zone 0
umfaßt Bereiche, in denen gefährliche explosionsfähige Atmosphäre ständig oder langzeitig vorhanden ist. Sie erstreckt sich nur auf das Innere von Behältern und Anlagen mit zündfähigem Gemisch.

Zone 1
umfaßt Bereiche, in denen damit zu rechnen ist, daß gefährliche explosionsfähige Atmosphäre gelegentlich auftritt. Sie erstreckt sich auf die nähere Umgebung von Zone 0, z.B. auf Einfüll- oder Entleerungseinrichtungen.

Zone 2
umfaßt Bereiche, in denen damit zu rechnen ist, daß gefährliche explosionsfähige Atmosphäre nur selten und dann auch nur kurzzeitig auftritt. Sie erstreckt sich auf Bereiche, die die Zone 0 oder 1 umgeben sowie auf Bereiche um Flanschverbindungen mit Flanschdichtungen üblicher Bauart bei Rohrleitungen in geschlossenen Räumen.

Durch brennbare Stäube explosionsgefährdete Zonen werden durch *zwei Ziffern* gekennzeichnet:

Zone 10
umfaßt Bereiche, in denen gefährliche explosionsfähige Staubatmosphäre langzeitig oder häufig vorhanden ist. Sie erstreckt sich auf das Innere von Behältern, Anlagen, Apparaturen und Röhren.

Zone 11
umfaßt Bereiche, in denen damit zu rechnen ist, daß gelegentlich durch Aufwirbeln abgelagerten Staubes gefährliche explosionsfähige Atmosphäre kurzzeitig auftritt. Sie erstreckt sich auf Bereiche in der Umgebung staubenthaltender Apparaturen, wenn Staub aus Undichtigkeiten austreten kann und sich Staubablagerungen in gefahrendrohender Menge bilden können.

Zur Kennzeichnung der Zonen von medizinisch genutzten Räumen werden die *Buchstaben G* und *M* verwendet:

Zone G – umschlossene medizinische Gassysteme
umfaßt nicht unbedingt allseitig umschlossene Hohlräume, in denen dauernd oder zeitweise explosionsfähige Gemische in geringen Mengen erzeugt, geführt oder angewendet werden.

Zone M – medizinische Umgebung
umfaßt den Teil eines Raumes, in dem eine explosionsfähige Atmosphäre durch Anwendung von Analgesiemitteln oder medizinischen Hautreinigungs- oder Desinfektionsmitteln nur in geringen Mengen und nur für kurze Zeit auftreten kann.

Zur Kennzeichnung der Gemische dient die *maximale Arbeitplatzkonzentration* als MAK-Wert. Der MAK-Wert liegt z.B. für Dampf-Luft-Gemische bei 0,1 ... 0,2 der unteren Explosionsgrenze.

An Hand des MAK-Wertes kann nicht auf eine Explosionsgefahr geschlossen werden.

3.3.3.2
Eigensicherheit, Zündschutzarten
Eigensicherheit elektrischer Systeme erfordert den Betrieb von Stromkreisen, in denen die freiwerdende gespeicherte Energie kleiner ist als die Zündenergie der die Stromkreise umgebenden Gas- oder Staub-Gemische. Eigensichere elektrische Betriebsmittel müssen demnach so dimensioniert sein, daß die in Induktivitäten und Kapazitäten gespeicherte Energie beim Öffnen oder Schließen eines Kreises nicht so groß wird, daß sie die sie umgebende explosionsfähige Atmosphäre zünden kann.

In eigensicheren Stromkreisen können somit an jeder Stelle zu beliebigen Zeiten Fehler entstehen, ohne daß es zur Zündung des die Stromkreise umgebenden Gas- oder Staub-Gemisches führt.

Eigensichere elektrische Systeme bestehen zumeist aus:

- eigensicheren elektrischen Betriebsmitteln und
- elektrischen Betriebsmitteln.

Die Anforderungen an die Auslegung eigensicherer elektrischer Betriebsmittel wird durch Sicherheitsfaktoren der Kategorien „ia" und „ib" festgelegt [3.3]:

Kategorie ia
Betriebsmittel der Kategorie ia sind auf Grund ihrer hohen Sicherheit grundsätzlich für den Einsatz in Zone 0 geeignet.

Sie sind eigensicher beim Auftreten von zwei unabhängigen Fehlern. Der gesamte Steuerkreis muß für diesen Einsatz behördlich bescheinigt sein (Konformitätsbescheinigung, Abschn. 3.3.3.4). Damit erfüllen in dieser Kategorie eingeordnete Betriebsmittel auch die sicherheitstechnischen Anforderungen eines Einsatzes in Zone 1 und 2.

Kategorie ib
Im Normalbetrieb und bei Auftreten eines Fehlers darf keine Zündung verursacht werden. Betriebsmittel der Kategorie ib sind für den Einsatz in Zone 1 und 2 zugelassen.

Da elektrische Systeme verschiedenen Einsatzbedingungen ausgesetzt sind, können die sie umgebenden Gas- oder Staub-Luft-Gemische unterschiedliche Mindestzündenergien und Mindestzündtemperaturen haben. Diesem Sachverhalt wird durch

Tabelle 3.3. Temperaturklassen [DIN/VDE 0165]

Temperaturklasse	Höchstzulässige Oberflächen-temperatur der Betriebsmittel	Zündtemperatur der brennbaren Stoffe
T1	450° C	> 450° C
T2	300° C	> 300° C
T3	200° C	> 200° C
T4	135° C	> 135° C
T5	100° C	> 100° C
T6	85° C	> 85° C

die Unterteilung der Zündschutzart Eigensicherheit in Explosionsgruppen Rechnung getragen [3.13].

Explosionsgruppe I

Betriebsmittel der Explosionsgruppe I dürfen in schlagwettergefährdeten Grubenbauten errichtet werden. Methan ist das repräsentative Gas für diese Explosionsgruppe.

Explosionsgruppe II

Betriebsmittel der Gruppe II dürfen in allen anderen explosionsgefährdeten Bereichen eingesetzt werden.

In Abhängigkeit von der unterschiedlichen Zündenergie der verschiedenen Gase wird die Gruppe weiter in die Explosionsgruppe II A, II B sowie II C unterteilt. Repräsentative Gase dieser Explosionsgruppen sind:

- Propan in der Gruppe II A,
- Äthylen in der Gruppe II B und
- Wasserstoff in der Gruppe II C.

Außer der Zündung einer entsprechenden Atmosphäre durch Funken, wie in den Explosionsgruppen I und II erfaßt, kann die Zündtemperatur auch durch eine erhitzte Oberfläche (Wand, Gerät) erreicht werden

und eine Explosion verursachen. Die Zündtemperatur eines brennbaren Stoffes ist die in einem Prüfgerät ermittelte niedrigste Temperatur einer erhitzten Wand, an der sich der brennende Stoff im Gemisch mit Luft gerade noch entzündet [DIN/VDE 0165].

Die maximale Oberflächentemperatur ergibt sich aus der höchsten zulässigen Umgebungstemperatur zuzüglich der z.B. in einem Gerät auftretenden maximalen Eigenerwärmung (Tabelle 3.3).

3.3.3.3
Zündschutz durch Kapselung

Mit Hilfe des Einschlusses einer möglichen Zündquelle wird eine räumliche Trennung von der explosionsfähigen Atmosphäre erreicht.
Angewendet werden:
- Ölkapselung „o" [DIN EN 50015]
- Überdruckkapselung „p" [DIN EN 50016]
- Sandkapselung „q" [DIN EN 50017]
- Druckfeste Kapselung „d"[DIN EN 50018]
- Erhöhte Sicherheit „e" [DIN EN 50019]
- Eigensicherheit „i" [DIN EN 50020].

3.3.3.4
Konformitätsbescheinigung

Geräte, die für den Einsatz in explosionsgefährdeter Atmosphäre die sicherheitstechnischen Anforderungen erfüllen, sind an gut sichtbaren Stellen besonders zu kennzeichnen (Bild 3.4).

Die für ein Gerät in Frage kommenden Einsatzbedingungen werden in der behördlich ausgestellten Konformitätsbescheinigung durch die Physikalisch-Technische Bundesanstalt fixiert (Tabelle 3.4).

Bild 3.4. Kennzeichnung für Schlagwetter- und explosionsgeschützte elektrische Betriebsmittel

Tabelle 3.4. Kennzeichnung explosionsgeschützter Betriebsmittel [3.13]. **a)** Elektrische Betriebsmittel, **b)** Konformitäts-bescheinigungsnummer, **c)** Konformitätskennzeichen und Bezeichnung für Betriebsmittel, die EG-Richtlinien entsprechen

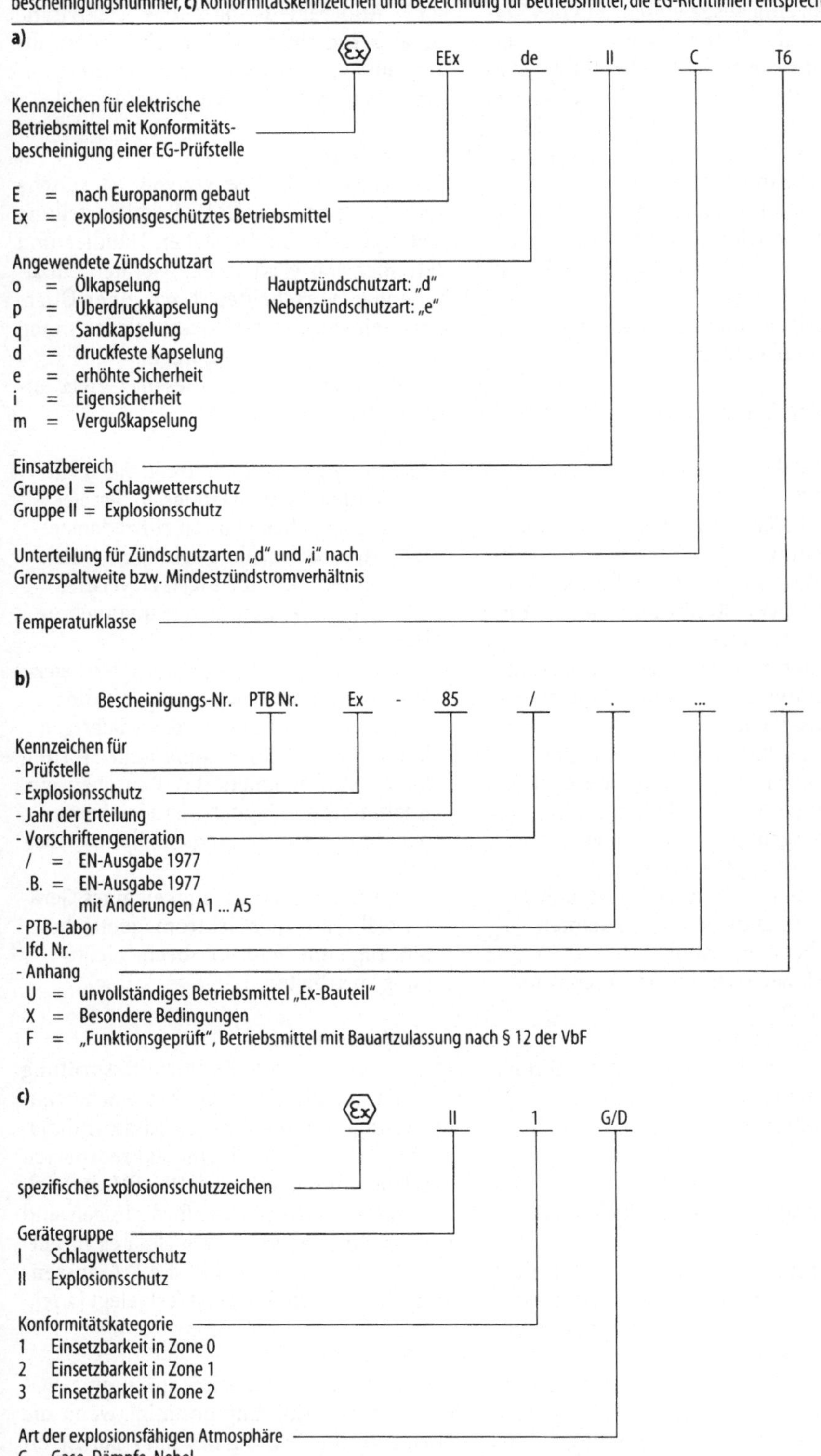

Durch die Konformitätsbescheinigung wird gleichzeitig ausgewiesen, daß das Zertifikat auch der Europanorm – EN – entspricht. Autorisierte Prüfstellen für explosionsgeschützte elektrische Betriebsmittel gibt es außerhalb der Bundesrepublik in Belgien, Dänemark England, Frankreich, Italien und Spanien. Allgemein gilt, daß Europanormen ohne jede Änderung den Status einer nationalen Norm für die angegebenen Länder annehmen, z.B. DIN EN ... in der Bundesrepublik.

Die Kennzeichnung explosionsgeschützter Geräte muß enthalten:

1. Name oder Warenzeichen des Herstellers.
2. Vom Hersteller festgelegte Typenbezeichnung.
3. Daten, z.B. Nennspannung, Nennstrom, Nennleistung.
4. Symbol nach Bild 3.4, wenn für das Betriebsmittel eine Konformitätsbescheinigung ausgestellt wurde.
5. Das Zeichen EEx, wenn das Betriebsmittel den Euronormen für den Explosionsschutz entspricht.
6. Die Kurzzeichen aller angewendeten Zündschutzarten; dabei ist die Hauptschutzart an erster Stelle anzugeben.
7. Explosionsgruppe (I für Schlagwetterschutz, II für Explosionsschutz).
8. Bei Explosionsschutz die eingehaltene Temperaturklasse oder die maximale Oberflächentemperatur.
9. Zusätzlich nach den Euronormen geforderte Angaben.
10. Fertigungsnummer.
11. Angabe der Prüfstelle, Jahr der Prüfung, Bescheinigungsnummer und Hinweise auf besondere Bedingungen.

3.4
Elektromagnetische Verträglichkeit

Die elektromagnetische Verträglichkeit (EMV) ist ein spezielles *Qualitätsmerkmal* elektrischer Geräte. Durch geeignete Maßnahmen bei der Konstruktion eines elektrischen Gerätes muß gewährleistet werden, daß es einerseits gegenüber definierten elektromagnetischen Beeinflussungen aus der Umgebung so unempfindlich ist, daß die zugesagten Eigenschaften gewährleistet sind. Andererseits darf das elektrische Gerät keine solche elektrische Störstrahlung aussenden, daß die Funktion eines anderen Gerätes beeinträchtigt wird [3.14].

EMV-Gesetz

Das deutsche EMV-Gesetz vom 09. 11. 1992 befaßt sich mit der EMV-Problemstellung und regelt die für Hersteller, Händler und Betreiber von elektrischen Geräten einzuhaltenden Vorschriften. Nach einer Übergangszeit wurde dieses Gesetz ab 01.01.1996 für alle Beteiligten verbindlich.

Die wesentlichen, in diesem Gesetz angewandten Begriffe sind:

- *Elektromagnetische Verträglichkeit* ist die Fähigkeit eines Gerätes, in der elektromagnetischen Umwelt zufriedenstellend zu arbeiten, ohne dabei selbst elektromagnetische Störungen zu verursachen, die für andere Geräte unannehmbar wären;
- *Elektromagnetische Störung* ist jede elektromagnetische Erscheinung, die die Funktion eines Gerätes beeinträchtigen könnte. Eine elektromagnetische Störung kann elektromagnetisches Rauschen, ein unerwünschtes Signal oder eine Veränderung des Ausbreitungsmediums selbst sein;
- *Störfestigkeit* ist die Fähigkeit eines Gerätes, während einer elektromagnetischen Störung ohne Funktionsbeeinträchtigung zu arbeiten.

Konformitätstest

Mittels einer EMV-Konformitätsprüfung wird festgestellt, ob ein Gerät die Schutzanforderungen einhält. Diese Konformitätsprüfung wird in einem akkreditierten Prüflabor durchgeführt [DIN EN 45 001]. Die umfangreichen Prüfanforderungen sind je nach Einsatzbereich des Gerätes in entsprechenden Normen für die Störaussendung und die Störfestigkeit festgelegt [3.15].

EG-Konformität

Die EG-Konformität wird durch eine EG-Konformitätserklärung bestätigt, wenn die normgerechte Prüfung der EMV zur Erfüllung des EMVG bestanden wird. Damit wird insoweit das CE-Kennzeichen (Konformitätszeichen) erlangt. In Zukunft dürfen nur noch Geräte mit *CE-Kennzeichen* in Verkehr gebracht werden.

Literatur

3.1 Schroff, Normenübersicht. Prospekt. D 9 CH 11/95 8/10 (39600-205). Schroff, Feldrennach-Straubenhardt

3.2 em shield, Sicherheit durch EMV: Neuheiten '92. Prospekt. 9.997.1229 5'11/92 AWI. Knürr, München

3.3 Heidenreich Gehäuse. Prospekt. Heidenreich, Straßberg (über Albstadt)

3.4 Schroff, propac – das individuelle Systemgehäuse. Prospekt. D 7.5 CH 7.7 3/95 2/15.2 (39600-067). Schroff, Feldrennach-Straubenhardt

3.5 Heidenreich varidesign Elektronik, Gehäuse Bausystem. Prospekt. Heidenreich, Straßberg (über Albstadt)

3.6 Knürr direct, Jahrbuch 96/97. 9.997.232.9 20'PA 3/96 Knürr, München

3.7 Schroff, Katalog für die Elektrotechnik 96/97. D 4/96 1/8 (39600-821). Schroff, Feldrennach-Straubenhardt.

3.8 Schroff, Schränke für die Vernetzungstechnik. Katalog. D(13.5)CH(0.5) 9/95 14/14 (39600-110). Schroff, Feldrennach-Straubenhardt

3.9 19"-Gehäusetechnik: So ordnet man Elektrik und Elektronik. Katalog, 1.9.1994. Heidenreich, Straßberg (über Albstadt)

3.10 Kunststoffgehäuse: So ordnet man Elektrik und Elektronik. Katalog, 1.1.1996. Heidenreich, Straßberg (über Albstadt)

3.11 Polke M (Hrsg.), Epple U (1994) Prozeßleittechnik. 2., völlig überarb. U. Stark erw. Aufl. Oldenbourg, München Wien. S 237–254

3.12 Elektrisches Messen mechanischer Größen: Auswahlkriterien für Druckaufnehmer. Sonderdruck MD 9302. Hottinger Baldwin, Darmstadt

3.13 Kleinert S, Krübel G (1993) Sicherheitstechnik: Elektrische Anlagen im explosionsgefährdeten Bereich. Hrsg. FB Elektrotechnik/Elektronik an der FH Mittweida

3.14 AVT Report Heft 6, April 1993. VDI/VDE-Technologiezentrum Informationstechnik, Teltow

3.15 Altmaier H (1995) EMV-Konformitätsprüfung elektrischer Geräte. Feinwerktechnik, Mikrotechnik, Meßtechnik 103, C. Hanser Verlag, München. S. 388–393

Teil H

Stelleinrichtungen

1 Aufgabe und Aufbau von Stelleinrichtungen für Stoffströme

2 Arten und Eigenschaften von Stellgliedern mit Hubbewegung

3 Arten und Eigenschaften von Stellgliedern mit Drehbewegung

4 Bemessungsgleichungen für Stellglieder nach DIN/IEC 534

1 Aufgabe und Aufbau von Stelleinrichtungen für Stoffströme

L. KOLLAR

1.1 Aufgabe und Wirkprinzip

In technischen Systemen sind Ausgangsgrößen mit Hilfe automatischer Steuerungen für vorgegebene Führungsgrößen bei Einwirkung von Störgrößen zu steuern (Abschn. 1.2). Dazu wird der Wert einer Stellgröße zum Eingriff in Energie- und/oder Stoffströme zielgerichtet verändert und die beabsichtigte Prozeßbeeinflussung herbeigeführt (Bild 1.1).

Eine Stelleinrichtung verbindet z.B. den Reglerausgang mit dem Eingang der Regelstrecke (Bild 1.1).

Eine Stelleinrichtung besteht aus Steller (Stellantrieb) und Stellglied [DIN 15926]. Eingangsgröße des Stellantriebes ist das Reglerausgangssignal. Ausgangsgröße des Stellantriebes und damit Eingangsgröße des Stellgliedes ist hier eine mechanische Wirkung. Im Vergleich z.B. mit Meßwandlern und Reglern, bei denen nachträglich Parameter eingestellt werden können, muß das Stellglied den Aufgaben entsprechend ausgewählt werden. Für die zu beeinflussenden verschiedenen Fluide (Gase, Dämpfe, Flüssigkeiten) und dominierenden spezifischen Betriebsbedingungen verfügen die Stellglieder über entsprechende Eigenschaften (Tabelle 1.1). Bei geradliniger Bewegung des Stellgliedes wird eine Kraft und bei drehender Bewegung des Stellgliedes ein Moment wirksam. Stelleinrichtungen können als Strömungswiderstand [1.1–1.25] über das Stellglied (z.B. Ventil, Schieber) oder als Energiequelle (z.B. Pumpe, Gebläse) [1.19, 1.25–1.29] auf einen Massestrom einwirken.

Ob für die Beeinflussung eines Förderstromes mit Hilfe einer Stelleinrichtung ein den Förderstrom drosselndes Stellglied (z.B. Stellventil) oder ein den Förderstrom beschleunigendes Stellglied (z.B. Förderpumpe) in Frage kommen kann, hängt von der Kennlinie des jeweiligen Kreises ab [1.19], der vereinfacht aus zwei Gliedern angenommen werden soll (Bild 1.2b).

Im ersten Falle wirkt das Stellglied als zusätzlicher Widerstand im Kreis. Hiermit ist eine Beeinflussung eines Förderstromes theoretisch im Bereich $\phi < \phi_0$ gegeben (Bild 1.2–1.4). Jedem Wert des Stromes ϕ entspricht eine Potentialdifferenz ΔU (z.B. Druck) am Stellglied (Bild 1.3 u. 1.4).

Im zweiten Falle muß das Stellglied eine Energiequelle sein. Eine Beeinflussung eines Förderstromes ist mit einer Energiequelle $\phi < \phi_0$ möglich (Bild 1.2).

Soll ein Strom ϕ_0 gefördert werden, muß das Potential ΔU_2 zunächst erzeugt werden (Bild 1.2a). Außer der Veränderung des Durchflusses durch Stellen muß eine Stelleinrichtung folgenden über das Stellen hinausgehenden Anforderungen genügen [1.1, 1.8, 1.11, 1.30]:

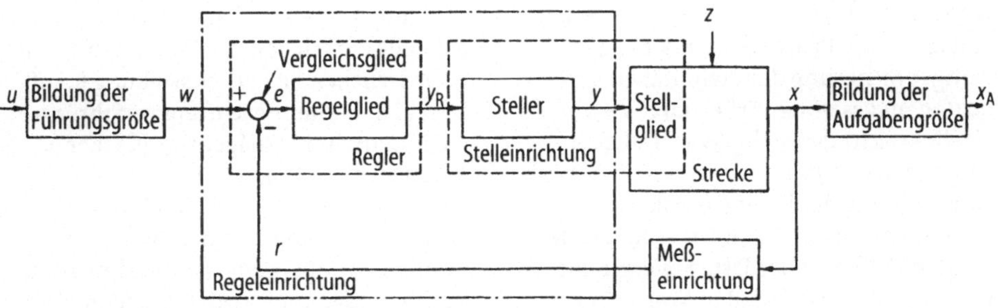

Bild 1.1. Einordnung einer Stelleinrichtung im Regelkreis [DIN 1926 T.4]

Tabelle 1.1. Übersicht zu Bauformen und Anwendungsbereichen von Stellgliedern [1.24]

Art des Stoffstromes	Art des Stellgliedes	Nennweite d_n min. mm	Nennweite d_n max. mm	Nenndruck P_n kPa	Temperatur °C	Anwendungstechnische Vorteile/Probleme
Gase / Flüssigkeiten / Dämpfe bzw. Gase bei hohen Temperaturen	Klappe	50	1500 (größer möglich)	10...160	−60...+600 (spezielle Ausführungen darüber)	• einfacher robuster Aufbau • hohe Durchflüsse, geringe Druckverluste • Differenzdruck begrenzt • gegenüber Stellventil geringe Dichtwirkung und keine Variabilität im k_{vs}-Wert
	Schieber	15	1000	640	−60...+550	• vorwiegend für Auf-/Zu-Betrieb • Betätigungskraft hoch • Ausführung der Dichtkontur problematisch, da die Reibungskräfte sehr hoch sind
	Stellventil	(5, 10) 15	400	640	−200...+550	• 70...85% der Stellglieder sind Stellventile • leichte Anpassung an Betriebsverhältnisse (Sitz/Kegel sehr variabel) • absolute Abdichtung der Ventilspindel durch Metallfaltenbalg möglich (wichtig für giftige Medien) • Verschleißteile sind leicht austauschbar • k_{vs}-Wert, bezogen auf Nennweite, ist geringer als bei Stellgliedern ohne Umlenkung des Stoffstromes
	Drehkegelventil	40	400	40	−60...+400	• keine Umlenkung des Stoffstromes, einfache Auskleidung des Ventilkörpers möglich • k_{vs}-Werte sind nicht variabel • relativ hohe Fertigungsanforderungen
	Kugelventil	25	400	100	−60...+400	• bei maximalem Drehwinkel wird der Leitungsquerschnitt völlig freigegeben und durchgängig für Reinigungsmolche • extrem dichter Abschluß ist möglich • k_{vs}-Werte sind nicht variabel

– Anpassung des Durchflusses, z.B. in einer Anlage an die Prozeßdynamik bei gleichzeitiger Sicherung der Stabilität einer Regelung im gesamten Arbeitsbereich (Stellbereich) des Stellgliedes [1.8, 1.12, 1.19, 1.22, 1.31–1.39];

– Umwandlung der in einem Volumen- oder Massenstrom beim Drosseln entstehenden Differenz der Druckenergie vor und nach dem Stellglied in Wärmeenergie bei kleinstmöglicher Geräuschentwicklung [1.20–1.23, 1.40–1.51];

– Schnelles Erreichen der für einen Prozeß erforderlichen Sicherheitsstellung („auf" oder „zu") unter Beachtung verfahrenstechnischer und anlagenspezifischer Möglichkeiten [1.9, 1.25, 1.52–1.67];

– Lange zulässige Betriebsdauer unter allen in Frage kommenden Betriebszuständen auch bei aggressiven, abrasiven, kavitierenden und ausdampfenden Fluiden [1.9, 1.18, 1.60–1.62];

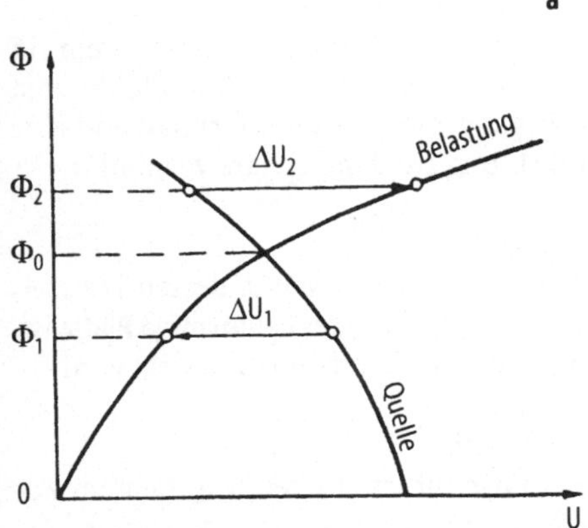

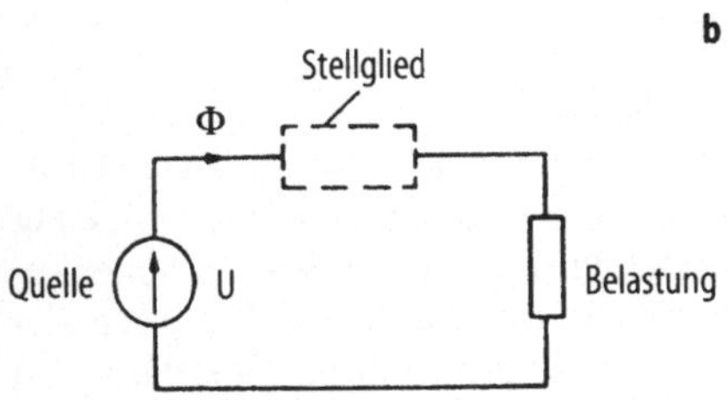

Bild 1.2. Kennlinie und Belastung eines Kreises [1.19].
a Kennlinie, **b** Belastung

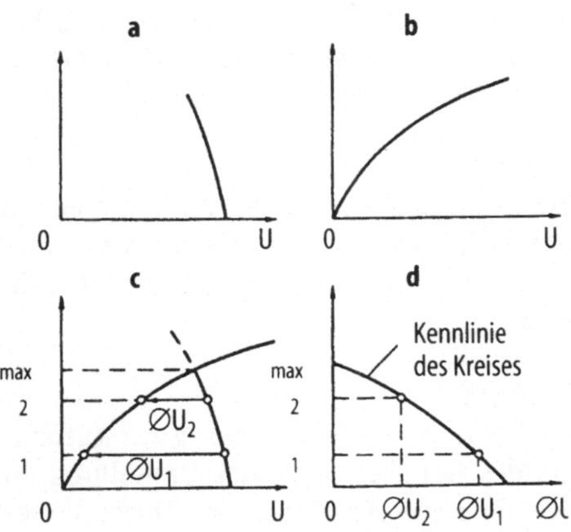

Bild 1.3. Prinzip zur Ermittlung der Kennlinie eines Kreises aus der Kennlinie der Quelle und Belastung [1.19]. **a** Kennlinie einer Pumpe, **b** Kennlinie einer Rohrleitung, **c** grafische Ermittlung von $_{max}$, **d** Kennlinie $_{(AU)}$

– Dichtigkeit des Stellgliedes gegen die Umgebung, um personen- und umweltgefährdende Stoffe im Innern eines Stellgliedes zu belassen, damit diese planmäßig entsorgt werden können [1.62, 1.68– 1.81].

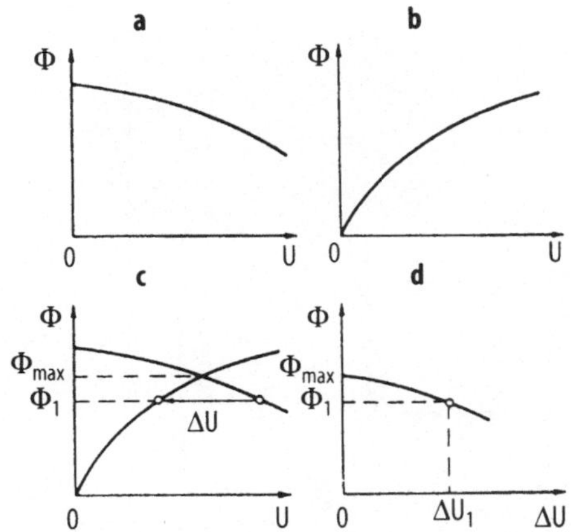

Bild 1.4. Prinzip zur Ermittlung der Kennlinie eines Kreises aus der Kennlinie der Quelle und Belastung [1.19]. **a** Kennlinie einer Pumpe, **b** Kennlinie einer Rohrleitung, **c** grafische Ermittlung von ϕ_{max}, **d** Kennlinie $\phi_{(AU)}$

1.2 Aufgaben und Einteilung von drosselnden Stelleinrichtungen für Stoffströme

Stelleinrichtungen (Bild 1.1) bestehen aus [DIN 19226]:

– Stellglied und
– Steller mit Stellantrieb.

Das Stellen kann durch eine lineare Bewegung erfolgen. Mittels linearer Bewegung des Stellgliedes greifen in einen Stoffstrom ein [1.2-1.10]:

– Ventil (Standardform),
– Membranventil,
– Schieber,
– Schlauchventil.

Ventile können als Durchgangsventil (Bild 1.5, 2.4a–b), Eckventil (Bild 2,4e) oder Dreiwegeventil (Bild 2.4f) aufgebaut sein.
Schieber werden als Einfach- oder Schlitzschieber gebaut [1.5–1.7].
Mittels Drehbewegung (Schwenkbewegung) des Stellgliedes greifen in einen Stoffstrom ein [1.2-1.10]:

– Drosselklappe,
– Kugelventil und
– Drehkegelventil.

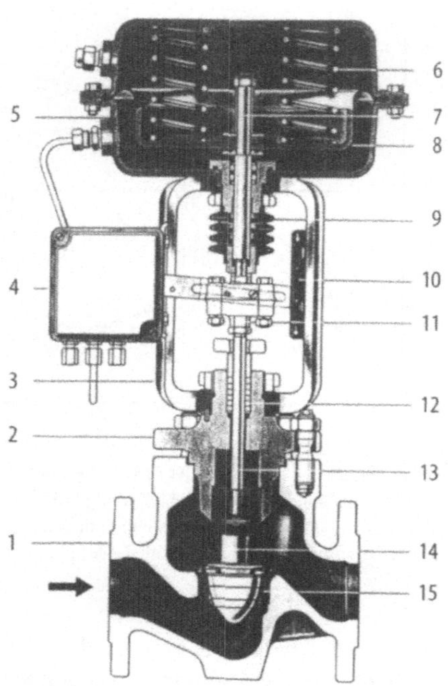

Bild 1.5. Schnitt durch das Ventil V 713 [1.30]. *1* Ventil-gehäuse, *2* Spindeldurchführung, *3* Laterne, *4* Stellungs-regler, *5* Antrieb, *6* Antriebsfeder, *7* Antriebsspindel, *8* Membran, *9* Gummimanschette, *10* Hubanzeige, *11* Kupplung, *12* Packung, *13* Ventilspindel, *14* Drosselkörper mit Schaft, *15* Sitzbuchse

Kugelventile können mit vollem Kugelquerschnitt oder einem Kugelsegment ausgestattet sein [1.6].

Drehventile werden mit zylindrischem Küken, konischem Küken oder exzentrischem Kugelsegment angeboten [1.8, 1.74–1.77).

1.3
Grundbegriffe [EN 60534-1]

1.3.1
Begriffe für Bauteile und Funktionseinheiten

Stellventil
Ein Stellventil ist eine mit Hilfsenergie arbeitende Vorrichtung, die den Durchfluß im Prozeßsystem verändert. Es besteht aus einer Armatur verbunden mit dem Antrieb, der in der Lage ist, die Stellung des Drosselkörpers im Ventil in Abhängigkeit vom Reglersignal zu verändern.

Membranventil
Ein Membranventil ist ein Ventil, in dem ein flexibler Drosselkörper das Fluid vom Betätigungsmechanismus fernhält und eine Abdichtung zur Atmosphäre vornimmt.

Schieber
Ein Schieber ist ein Ventil, dessen Drosselkörper eine flache oder keilförmige Platte ist, die geradlinig über dem Sitz bewegt wird.

Hubventil
Ein Hubventil ist ein Ventil mit einem kugelförmigen Gehäuse, dessen Drosselkörper sich in senkrechter Richtung zur Sichtebene bewegt.

Kugelhahn
Ein Kugelhahn ist ein Ventil mit einem Drosselkörper, der entweder eine Kugel mit einer inneren Bohrung oder ein Segment einer kugelförmigen Oberfläche ist. Die Lage der Achse der kugelförmigen Oberfläche ist identisch mit der Achse des Schaftes.

Klappe
Eine Klappe ist ein Ventil mit einem kreisförmigen Gehäuse und einer drehend bewegten Scheibe als Drosselkörper, die an der Welle befestigt ist.

Drehkegelventil
Ein Drehkegelventil ist ein Ventil mit einem Drosselkörper, der zylindrisch oder ein exzentrisches kugelförmiges Segment sein kann.

Ventil
Ein Ventil ist eine Vorrichtung zur Aufnahme des Druckes mit einer Umhüllung, in der Teile zur Änderung des Durchflusses eines Prozeßmediums enthalten sind.

Ventilkörper
Ein Ventilkörper ist der Teil des Ventils, der einen Großteil des Druckes aufnimmt. In ihm sind die Durchflußwege für das Fluid und die Rohranschlüsse vorgegeben.

Oberteil
Das Oberteil ist der Teil eines Ventils, der die Spindelabdichtung enthält. Es darf im Ventilkörper integriert oder davon getrennt sein.

Ventil-Garnitur
Mit Ventil-Garnitur werden die Innenteile eines Ventils, die der Strömung ausgesetzt sind, bezeichnet. Dazu zählen: Drosselkörper, Sitzring, Käfig, Spindel und die Verbindungsteile zum Drosselkörper.

Das Gehäuse, das Oberteil, der Bodenflansch und die Dichtungen sind nicht Teil der Garnitur (Bild 1.5).

Antrieb
Der Antrieb ist die Vorrichtung, die ein Signal in eine entsprechende Bewegung umformt. Dabei wird die Stellung der inneren Stelleinheit des Ventils (des Drosselkörpers) geregelt. Das Signal oder die Hilfsenergie kann pneumatisch, elektrisch, hydraulisch oder eine Kombination von diesen sein.

Antriebskrafteinheit
Die Antriebskrafteinheit ist der Teil des Antriebes, der die elektrische, thermische oder mechanische Energie in eine Bewegung der Antriebsspindel umformt, um einen Schub oder eine Drehung zu erzeugen.

Nennweite (ND)
Die Nennweite ist eine numerische Festlegung der Größe, die für alle Komponenten eines Rohrleitungssystems gleich ist, im Unterschied zu Komponenten, die durch einen Außendurchmesser festgelegt sind oder durch eine Gewindegröße. Sie ist eine runde Zahl (ungefähr der innere Durchmesser des Rohrleitungsanschlusses gemessen in Millimeter). Sie ist gekennzeichnet durch die Buchstaben ND, gefolgt von einer Zahl aus der Reihe: 10, 15, 20, 25, 32, 40, 50, 65, 80, 100, 125, 150, 200, 250, 300, 350, 400, …

Die Nennweite kann zur Messung und für Berechnungen nicht verwendet werden.

Im folgenden werden Nennweite und Nenndurchmesser als identische Begriffe verwendet.

Nenndruckstufe (PN)
Die Nenndruckstufe ist eine numerische Bezeichnung, eine runde Zahl, die als Referenz verwendet wird. Alle Teile mit der gleichen Nennweite (ND) und der gleichen Nenndruckstufe (PN-Zahl) haben die gleichen Anschlußmaße.

Die Nenndruckstufe wird durch die Buchstaben PN gekennzeichnet, gefolgt von einer entsprechenden Zahl aus der Reihe: 2, 5, 6, 10, 16, 20, 25, 40, 50, 100, 150, 250, 420 (gemessen in bar).

Der maximal zulässige Druck ist abhängig von den Einsatzbedingungen und dem ausgewählten Material und wird aus Druck-Temperatur-Tabellen entnommen.

Anschluß
Der Anschluß ist der Teil eines Ventilgehäuses, der eine dichte Verbindung mit der Rohrleitung des zu regelnden Stoffstromes bewirkt.

1.3.2
Funktionsbezeichnungen

Zu-Stellung
Die Zu-Stellung ist die Stellung des Drosselkörpers, bei der der Drosselkörper den Ventilsitz in einer geschlossenen Oberfläche oder Linie berührt. Für sitzlose Ventile ist die Zu-Stellung erreicht, wenn der Durchfluß ein Minimum ist.

Nennhub
Der Weg des Drosselkörpers, gemessen ab Zu-Stellung bis zur angegebenen Auf-Stellung, ist der Nennhub.

Überhub
Der Weg der Antriebsspindel oder des Schaftes nach der Zu-Stellung ist der Überhub. Für einige Ventilarten ist der Überhub notwendig, um die vorgegebene Sitzleckrate (Sitzleckage) zu erreichen.

Durchflußkoeffizient
Ein Koeffizient, der die Durchflußkapazität eines Stellventils bei festgelegten Bedingungen (Wasser bei 5 … 40 °C Druckdifferenz vor und nach dem Drosselkörper 1 bar) angibt, ist der Durchflußkoeffizient. Angewendet werden A_v, K_v und C_v, die vom jeweiligen Einheitensystem abhängen (s. Kap. 4). Es gilt:

$$\frac{A_v}{K_v} = 2,78 \cdot 10^{-5}\;;\quad \frac{A_v}{C_v} = 2,40 \cdot 10^{-5}$$

$$\frac{K_v}{C_v} = 8,65 \cdot 10^{-1}\;.$$

(1.1)

Nenndurchflußkoeffizient $K_{v\,100}$
Der Nenndurchflußkoeffizient $K_{v\,100}$ ist der Durchflußkoeffizient, der sich beim Nennhub ergibt. Ein Wert $K_{v\,100} = 25$ gibt den Volumendurchfluß von 25 m³/h oder den Massedurchfluß von 25 kg/h bei Nennhub an.

Durchflußkoeffizient K_{vs}
Der Durchflußkoeffizient K_{vs} ($s \hat{=}$ Serie) ist der im Datenblatt eines Herstellers für eine bestimmte Ventilserie angegebene Nenndurchflußkoeffizient $K_{v\,100}$.

Relativer Durchflußkoeffizient
Der relative Durchflußkoeffizient ϕ ist der Durchflußkoeffizient, der sich bei einem Hub h bezogen auf den Nenndurchflußkoeffizienten beim Nennhub ergibt.

Nennventilkapazität
Der Durchfluß eines Mediums (kompressibel oder inkompressibel), der durch ein Ventil bei festgelegten Bedingungen durchfließt, ist die Nennventilkapazität.

Sitzleckrate (Sitzleckage)
Der Durchfluß eines Mediums (kompressibel oder inkompressibel), der durch ein Ventil in der Zu-Stellung unter festgelegten Prüfbedingungen durchfließt, ist die Sitzleckage. Die Vorgehensweise bei der Bestimmung der Sitzleckage ist genormt [DIN/IEC 534 T4].
Das Prüfmedium muß sauberes Gas (Luft oder Stickstoff) oder Wasser (5 … 40 °C) sein, das ein Korrosionsschutzmittel enthalten darf. Diese Sitzleckage-Bestimmungen gelten nicht für Stellventile mit Nenndurchflußkoeffizienten unterhalb folgender Grenzwerte:

$$A_v = 2,4 \cdot 10^{-6}; \quad K_v = 0,086;$$

$$C_v = 0,10. \tag{1.2}$$

Neuere Untersuchungen zum Verhalten von Stellventilen mit derartig kleinen Nenndurchflußkoeffizienten haben diese Festlegungen bestätigt [1.23].

Inhärente Durchflußkennlinie
Die Beziehung zwischen dem relativen Durchflußkoeffizienten ϕ und dem dazu-

gehörigen Hub h ergibt die inhärente Durchflußkennlinie $\phi = f(h)$. Sie ist unabhängig vom Antrieb.

Ideale lineare inhärente Durchflußkennlinie
Bei der idealen inhärenten Durchflußkennlinie ergeben gleiche Hubänderungen h die gleiche Änderung des relativen Durchflußkoeffizienten ϕ. Für sie gilt:

$$\phi = \phi_0 + mh \tag{1.3a}$$

mit

ϕ_0 relativer Durchflußkoeffizient für $h = 0$,
m Neigung der Geraden.

Ideale gleichprozentige inhärente Durchflußkennlinie
Bei der idealen gleichprozentigen inhärenten Durchflußkennlinie ergeben gleiche relative Hubänderungen h gleiche prozentuale Änderungen des relativen Durchflußkoeffizienten ϕ. Für sie gilt:

$$\phi = \phi_0 e^{nh} \tag{1.4a}$$

mit

ϕ_0 relativer Durchflußkoeffizient für $h = 0$,
n Neigung der inhärenten gleichprozentigen Kennlinie, wenn $\ln \phi$ über h aufgetragen wird.

Die typische inhärente Durchflußkennlinie für eine spezifische Größe, Type oder Garnitur eines Stellventils muß vom Hersteller entweder in grafischer (Bild 1.6) oder tabellarischer Form angegeben werden.

Bei tabellarischer Angabe müssen die spezifischen Duchflußkoeffizienten für folgende Hübe angegeben sein: 5%, 10%, 20% und jede weitere 10% bis zum Erreichen des Nennhubes von 100%.

Außer den hier angegebenen Durchflußkoeffizienten darf ein Hersteller weitere Wertepaare angeben.

Ist der Nenndurchflußkoeffizient nicht der größtmögliche, so muß der Hersteller den größtmöglichen Durchflußkoeffizienten angeben (Bild 1.6).

Bei der Ermittlung der Durchflußkoeffizienten sind die entsprechenden Vorgaben [IEC 534-2-3], z.B. bezüglich Druck, Tempe-

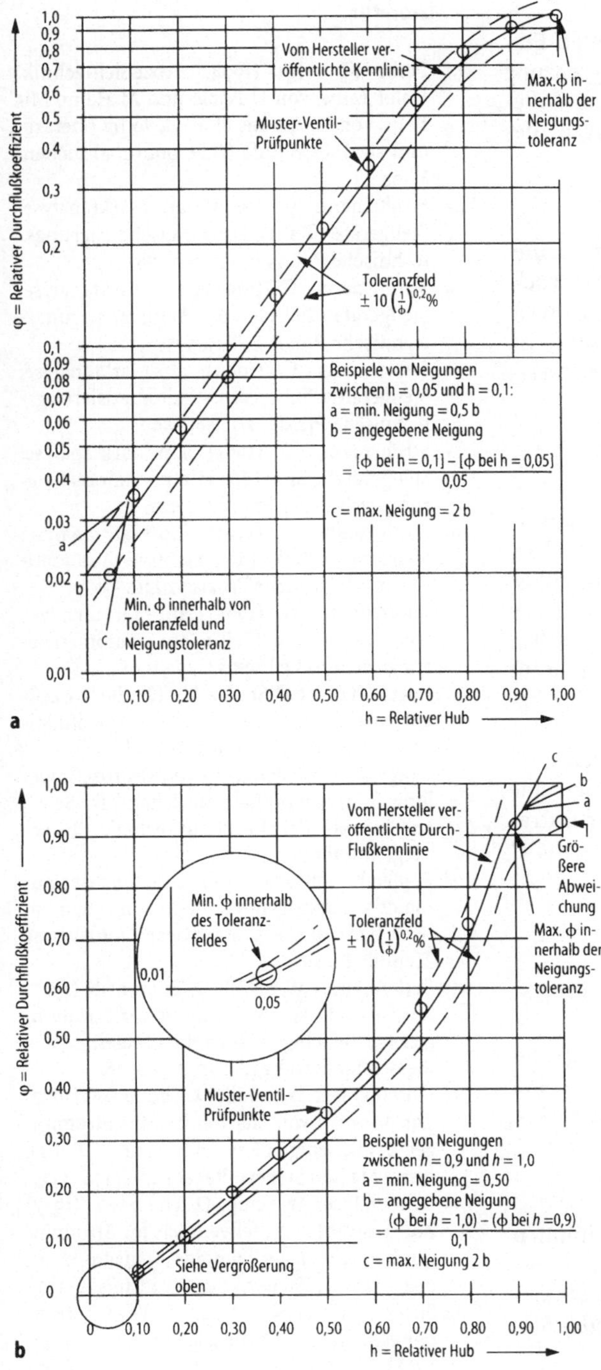

Bild 1.6. Vergleich der von einem Hersteller angegebenen Kennlinien mit ausgewählten Prüfpunkten [DIN IEC 534 T 2-4]
a Hubventil $\phi_{max}/\phi_{min} = 1{,}000/0{,}021 = 47{,}6$ (gleichprozentig),
b Drehkegelventil $\phi_{max}/\phi_{min} = 0{,}91/0{,}01 = 91$ (linear)

ratur, Ventilhub zu beachten. Die einzelnen ermittelten Durchflußkoeffizienten dürfen nicht mehr als $\pm 10\,(1/\phi)^{0,2}$ Prozent von den Werten gemäß Durchflußkennlinie des Herstellers abweichen.

Inhärentes Stellverhältnis
Das ist das Verhältnis des größten zum kleinsten Durchflußkoeffizienten bei festgelegten Abweichungen.

Durchflußbegrenzung

Für jedes Medium ist bei konstanten Einlaufbedingungen die Durchflußbegrenzung feststellbar, wenn bei ansteigendem Differenzdruck kein weiteres Ansteigen des Durchflusses erfolgt.

Kritisches Druckverhältnis

Das ist das maximale Verhältnis von Differenzdruck zum absoluten Eingangsdruck, das in allen Ventilbemessungsgleichungen für kompressible Medien wirksam ist. Durchflußbegrenzung tritt auf, wenn dieses Maximum erreicht ist.

1.3.3
Konstruktionsanforderungen

Die Anforderungen an die Konstruktion erstrecken sich auf die Druckfestigkeit, Durchflußkennlinie, Rohrleitungsanschlüsse (Abschn. 1.3.2) und Kennzeichnung von Ventilen. Damit sind der gestalterischen Vielfalt Möglichkeiten gegeben, Ventile für die jeweiligen Einsatzfälle optimal zu bemessen [1.5].

Zum Nachweis der Druckfestigkeit muß eine systematische Berechnung oder eine Druckprobe oder beides für alle drucktragenden Teile des Stellventils durchgeführt werden.

1.3.4
Prüfanforderungen

Minimale Anforderungen für den Prüfablauf einer Serie enthält [IEC 534-4].

Wichtige Kenngrößen der Prüfung sind Durchflußkapazität [IEC 534-2-3] und Geräuschpegel [IEC 534-8-1, IEC 534-8-2].

1.3.5
Berechnungen

Die Ventilgröße wird für einen bestimmten Durchfluß bei festgelegtem Druck und festgelegter Temperatur für *inkompressible* Medien [IEC 534-2-1] und für *kompressible* Medien [IEC 534-2-2] berechnet.

Der *Schalldruckpegel* an einen zum Ventil benachbarten Punkt, der bei gegebenem Druck und gegebener Temperatur ansteht, muß für kompressible Medien nach IEC 534-8-3 und für inkompressible Medien nach IEC 534-8-4 ermittelt werden.

Literatur

1.1 Polke M (Hg) (1994) Prozeßleittechnik. Unter Mitw. von U Epple und M Heim. Mit Beitr. von W Ahrens et al. 2., völlig überarb. und stark erw. Aufl. Oldenbourg, München, Wien

1.2 Strohrmann G (1990) atp-Marktanalyse: Stellgeräte (Teil 1). atp – Automatisierungstechnische Praxis 32/10:479–488

1.3 Strohrmann G (1990) atp-Marktanalyse: Stellgeräte (Teil 2). atp – Automatisierungstechnische Praxis 32/11:545–556, 571

1.4 Strohrmann G (1990) atp-Marktanalyse: Stellgeräte (Teil 3). atp – Automatisierungstechnische Praxis 32/12:589–599

1.5 Strohrmann G (1995) atp-Marktanalyse: Stellgerätetechnik (Teil 1). atp – Automatisierungstechnische Praxis 37/7:22–41

1.6 Strohrmann G (1995) atp-Marktanalyse: Stellgerätetechnik (Teil 2). atp – Automatisierungstechnische Praxis 37/8:12–30

1.7 Strohrmann G (1995) atp-Marktanalyse: Stellgerätetechnik (Teil 3). atp – Automatisierungstechnische Praxis 37/9:51–68

1.8 Engel HO (1994) Stellgeräte für die Prozeßautomatisierung: Berechnung – Spezifikation – Auswahl. VDI-Verlag, Düsseldorf

1.9 Lange R (1995) Stellgeräte in der Prozeßregelung. Beitrag zum halbjährlichen VDI-Seminar „Praxis der Regelungstechnik", Nürnberg, Juni 1965

1.10 Töpfer H (1988) Funktionseinheiten der Automatisierungstechnik: elektrisch, pneumatisch, hydraulisch. 5., stark bearb. Aufl. Verlag Technik, Berlin

1.11 Bettenhäuser W, Schilk D, Thomas K (1977) Zur Auswahl von Stellventilen für Strömungen bei beliebigen Reynolds-Zahlen. msr – Messen Steuern Regeln 20/7: 380–384

1.12 Bettenhäuser W, Schilk D, Thomas K (1977) Zur Auswahl von Stellventilen für Strömungen bei beliebigen Reynolds-Zahlen (Teil 2). msr – Messen Steuern Regeln 20/8:432–437

1.13 Bettenhäuser W, Schilk D, Thomas K (1977) Zur Auswahl von Stellventilen für Strömungen bei beliebigen Reynolds-Zahlen (Teil 3). msr – Messen Steuern Regeln 20/10:575–577

1.14 Siemers H (1980) Neue K-Wert-Berechnungsmethoden für flüssige und kompressible Fluide. Sonderdruck 3320-15 aus: JCE-Berichte VII. Eckardt AG, Stuttgart

1.15 Ehrhardt G (1993) Messung hydrodynamischer Beiwerte von Rohreinbauten mit atmosphärischer Luft. 3R international 329:517–520

1.16 Nendzig G (1993) Strömungskennwerte von Armaturen – Bedeutung, Erfassung, Anwendung. In: Industriearmaturen: Bauelemente der Rohrleitungstechnik. 4. Aufl. Zus.stell. und Bearb. B Thier. Vulkan-Verlag, Essen. S 46–51

1.17 Prost J (1993) Versuche an Drosselklappen unter dynamischen Betriebsbedingungen. In: Industriearmaturen: Bauelemente der Rohrleitungstechnik. 4. Aufl. Zus.stell. und Bearb. B Thier. Vulkan-Verlag, Essen. S 5–11

1.18 Kecke HJ, Kleinschmidt P (1994) Industrie-Rohrleitungsarmaturen. VDI-Verlag, Düsseldorf. S 225–245

1.19 Findeisen W (1973) Grundlagen des Entwurfs von Regelungssystemen. Verlag Technik, Berlin

1.20 Becks H (1981) Stellglieder. In: Messen, Steuern und Regeln in der Chemischen Technik. Hrsg. von J. Hengstenberg et al. Bd. 3. Meßwertverarbeitung zur Prozeßführung 1: Analoge und binäre Verfahren. 3., neubearb. Aufl. Springer, Berlin Heidelberg New York. S 149–193

1.21 Piwinger F (Hg) (1971) Stellgeräte und Armaturen für strömende Stoffe. Mit Beitr. von J Dannenfeld et al. VDI-Verlag, Düsseldorf

1.22 Baumann HD (1995) Neues in der Berechnungsweise von Regelventil-Durchflußkapazitäten. atp – Automatisierungstechnische Praxis 373:25–29

1.23 Kiesbauer J (1995) Berechnung des Durchflußverhaltens von Mikrostellventilen. atp – Automatisierungstechnische Praxis. 373: 30–38

1.24 Töpfer H, Schwarz A (Hg) (1988) Wissensspeicher Fluidtechnik: Hydraulische und pneumatische Antriebs- und Steuerungstechnik. Fachbuchverlag, Leipzig

1.25 Müller R, Bettenhäuser W (1995) Stelltechnik für die Anlagenautomatisierung. Oldenbourg, München Wien

1.26 Dorn HJ, Engelter E (1987) Drehzahlveränderbare Pumpenantriebe: Eine Alternative zu Stellventilen? atp – Automatisierungstechnische Praxis. 296:259–262

1.27 Schicketanz W (1986) Zur Drosselung bei der Flüssigkeitsförderung mit Kreiselpumpen. atp – Automatisierungstechnische Praxis. 2812:571–576

1.28 Göb R (1983) Dynamisches Verhalten drehzahlgeregelter Kreiselpumpen. rtp – Regelungstechnische Praxis. 259:356–364

1.29 Kuchler G (1982) Energieeinsparung bei der Regelung von Kreiselpumpen. rtp – Regelungstechnische Praxis. 248:264–269

1.30 Stellgeräte. B112/989/Abt. VI. Eckardt AG, Stuttgart

1.31 Manns W (1989) Rohrleitungsarmaturen. In: Handbuch für den Rohrleitungsbau. Hrsg. von G Wossog et al. 9., stark bearb. Aufl. Verlag Technik, Berlin. S 194–233

1.32 Roth P (1972) Zum dynamischen Verhalten des Stellungsregelkreises. Sonderdruck aus: Regelungstechnik. 20/3:101–108

1.33 Schilk D, Thomas K (1978) Beitrag zur Stellventilauslegung für nicht-Newtonsche Flüssigkeiten. msr – Messen Steuern Regeln. 21/9:511–515

1.34 Dannemann W (1980) Über die Anwendung von Stellgeräten mit Stellklappen. rtp – Regelungstechnische Praxis 2210:353–363

1.35 Meffle K (1987) Grundlagen zur optimalen Auslegung von Stellventilen. atp -Automatisierungstechnische Praxis. 296:248–252

1.36 Vogel U (1993) Stellgeräte für die Verfahrenstechnik. In: Industriearmaturen: Bauelemente der Rohrleitungstechnik. – 4. Aufl. Zus.stell. und Bearb. B Thier. Vulkan-Verlag, Essen. S 227–237

1.37 VDMA 24 422 01.89. Armaturen: Richtlinien für die Geräuschberechnung: Regel- und Absperrarmaturen

1.38 Strömung in Stellventilen als Geräuschursache. Sonderdruck 3320-12d. Eckardt AG, Stuttgart

1.39 Siemers H Optimierungsverfahren zur Reduzierung von Kavitation bei Berücksichtigung regelungstechnischer Parameter von verfahrenstechnischen Anlagen. Sonderdruck 3320-23 aus: Handbuch Industriearmaturen, 3. Ausg. Eckardt AG, Stuttgart

1.40 Zusätzliche Maßnahmen zur Geräuschminderung an Stellventilen für geräuscharme und konventionelle Innengarnituren. Sonderdruck 3320-10. Eckardt AG, Stuttgart

1.41 N.N. (1979) Geräuschberechnung bei Regel- und Absperrarmaturen. Sonderdruck 3320-14 aus: Regelungstechnische Praxis 216:169–176. Eckardt AG, Stuttgart

1.42 Siemers H (1985) Das „Akustische Feld" von Regelarmaturen und Auswirkungen von integrierten bzw. nachgeschalteten Widerstandsstrukturen auf die regelungstechnischen Parameter. Sonderdruck 3320-18 aus: Technische Mitteilungen 78/6-7:304–314. Eckardt AG, Stuttgart

1.43 Siemers H Geräuschminderung von Regelventilen durch Strömungsteiler sowie durch nachgeschaltete Widerstandsstrukturen, vorwiegend Viellochplatten einzeln und in Reihenschaltung: Eckardt Silent Pack und Eckardt Silencer. Sonderdruck 3320-24. Eckardt AG, Stuttgart

1.44 Siemers H (1987) Entwicklung geräuscharmer Stellventile. Sonderdruck 3320-19 aus: Technische Überwachung 4. Eckardt AG, Stuttgart

1.45 Engel HO Maßnahmen zur Geräuschminderung bei Regelventilen/Honeywell GmbH, Werke Dörningheim. – Maintal, 1975

1.46 Engel HO Geräuschminderung durch Schalldämpfer/ Honeywell GmbH, Werke Dörningheim. – Maintal, 1978

1.47 Kretzschmar H (1989) Armaturengeräusche, abgestrahlt von der Rohrleitung. atp – Automatisierungstechnische Praxis 31/ 12:573–579

1.48 Baumann HD, Dannemann W (1985) Kavitation bei Stellklappen. atp – Automatisierungstechnische Praxis 27/7:325–330

1.49 Meffle K (1987) Grundlagen zur optimalen Auslegung von Stellventilen. atp – Automatisierungstechnische Praxis 29/6:248– 252

1.50 Hoffmann H (1987) Neuere Entwicklungen bei geräuscharmen Stellventilen. atp – Automatisierungstechnische Praxis 29/6:253–259

1.51 Bauer P (1984) Lärm und Lärmminderung bei Regelventilen. rtp – Regelungstechnische Praxis 26/12:534–539

1.52 Stichler V (1992) Sicherheitsarmaturen. In: Sicherheit in der Rohrleitungstechnik. Zus.stell. und Bearb. B Thier. Wiss.-techn. Beratung: H Thielen. Vulkan-Verlag, Essen. S 378–407

1.53 Siemers H (1976) Regelungstechnische Gesichtspunkte bei der Auswahl und Dimensionierung von Stellklappen mit pneumatischen Membranantrieben. Sonderdruck 3320-9. Eckardt AG, Stuttgart

1.54 Siemers H (1987) Bedeutung der Stellgeräteauslegung bei der Anlagenplanung. Sonderdruck 3320-16 aus: chemie – anlagen + verfahren 11/82. Eckardt AG, Stuttgart,

1.55 Siemers H (1991) Wahl der zweckmäßigen Durchflußkennlinie. Sonderdruck 3320-22 aus: 3R international 3,4,5. Eckardt AG, Stuttgart

1.56 Siemers, H (1986) Die Wahl des KVS-Wertes bei Berücksichtigung optimaler Zuschlagsfaktoren: Berechnung der Betriebskennlinie und einer Kennlinie aller auftretenden Schalldruckpegel nach VDMA 24 422 bei zwei gegebenen Betriebspunkten. Sonderdruck 3320-7. Eckardt AG, Stuttgart

1.57 Siemers H (1977) Regelverhalten von Stellgliedern, die in Schließrichtung angeströmt werden. Sonderdruck 3320-6 aus: JCE-Berichte V (1974). Eckardt AG, Stuttgart

1.58 Siemers, H (1976) Funktion und Auswahl pneumatischer Stellantriebe für Regelventile. Sonderdruck 3320-8. Eckardt AG, Stuttgart

1.59 Bender E, Kotschenreuther P (1980) Stellungsregelkreise mit pneumatischen Stellantrieben. rtp – Regelungstechnische Praxis 22/9:326–332

1.60 Kott H, Traeger K (1993) Hochdruckarmaturen für besondere Anforderungen. Industriearmaturen 1/1:28–35

1.61 Thier B (1994) Armaturen in Energie- und Sicherheitssystemen. In: Rohrleitungstechnik. 6. Ausg. Hrsg H-J Behrens et al. Zus.stell. und Bearb. B. Thier. Vulkan-Verlag, Essen Sb. 183–192

1.62 Hein H (1993) Dichtheitsprüfung von erdverlegten Rohrleitungen mit Wasser und Luft. 3R international 32/12:693–695

1.63 Schawag W (1993) Auslegungs- und Konstruktionskonzepte für neuzeitliche Absperrschieber. 3R international 32/7:384– 389

1.64 Stichler V (1993) Sicherheitskriterien bei Armaturen in der Anlagentechnik. In: Industriearmaturen: Bauelemente der Rohrleitungstechnik. 4. Aufl. Zus.stell. und Bearb. B Thier. Vulkan-Verlag, Essen. S 14–20

1.65 Schedler J, Schmittner D (1994) Langzeitverhalten von Gasdruckregelgeräten in der Gasinstallation. 3R international 33/6: 290–295

1.66 Bozóki G (1986) Überdrucksicherungen für Behälter und Rohrleitungen. Verlag Technik, Berlin

1.67 Rautenberg B, Martens H, Etzel K-H (1994) Der Kugelhahn als Abwasser-Havariearmatur. In: Rohrleitungstechnik. 6. Ausg. Hrsg. H-J Behrens et al. Zus.stell. und Bearb. B Thier. Vulkan-Verlag, Essen. S 193–196

1.68 Mattel K et al. (1992) Dämpfungseinrichtungen für wasserbeaufschlagte Sicherheitsventile. In: Sicherheit der Rohrleitungstechnik. Zus.stell. und Bearb B. Thier. Wiss.-techn. Beratung: H Thielen. Vulkan-Verlag, Essen. S 472–477

1.69 Hatting P, Kluge M (1993) Chemie-Stellventil mit neuem Heavy-duty-PTFE-Faltenbalg. In: Industriearmaturen: Bauelemente der Rohrleitungstechnik. 4. Aufl. Zus.stell. und Bearb. B Thier. Vulkan-Verlag, Essen. S 246

1.70 Siemers H (1993) Neuartige Spindeldichtungen für Regelventile, vergleichbar mit der Dichtqualität von Faltenbälgen nach dem Bundes-Immissionsschutzgesetz, der technischen Anleitung zur Reinhaltung der Luft (TA Luft). In: Industriearmaturen: Bauelemente der Rohrleitungstechnik. 4. Aufl. Zus.stell. und Bearb. B Thier. Vulkan-Verlag, Essen. S 33–34

1.71 Fechner H (1993) Kugelhahn mit TA-Luft-Test. In: Industriearmaturen: Bauelemente der Rohrleitungstechnik. 4. Aufl. Zus.stell. und Bearb. B Thier. Vulkan-Verlag, Essen. S 21–24

1.72 Massow J (1993) Kugelhähne mit Faltenbelag nach den Bestimmungen der TA Luft. Industriearmaturen 1/1:43

1.73 N.N. (1993) Faltenbalgventile für die chemische Industrie. Industriearmaturen 1/1:45

2 Arten und Eigenschaften von Stellgliedern mit Hubbewegung

L. KOLLAR

2.1 Stellventile mit Hubbewegung des Drosselkörpers

2.1.1 Einsatzparameter

Stellventile sind universell einsetzbar [1.2, 1.5, 1.8, 2.1–2.4]. Stellventile werden als Einsitz-, Doppelsitzventile und Dreiwegeventile gebaut. Zur Realisierung der verschiedenen Anforderungen (Abschn. 1.1) wurden Grundformen für Drosselkörper entwickelt (Bild 2.1). Durchgesetzt haben sich Tellerkegel, Parabolkegel, Schlitzkegel und Lochkegel [2.4]. Mit einer speziellen Sitzcharakteristik (Bild 2.1e) werden mit Schlitzkegel ähnliche Eigenschaften wie beim Parabolkegel erreicht. Die Anströmung erfolgt jedoch von oben. Dieses Ventil ist weniger schmutzempfindlich als das Lochkegelventil (Bild 2.1) und bei Auftreten von Kavitation sowie bei der Neigung zur Ausdampfung geeignet [2.4]. Sie sind mit Nennweiten zwischen DN 10 und DN 500 zum kontinuierlichen Stellen sehr kleiner bis mittlerer Durchflüsse mit Durchflußkoeffizienten K_v von rd. 10^{-6} bis $4 \cdot 10^3$ m³/h im Einsatz [1.5, 1.23].

Stellglieder mit Nennweiten größer DN 200 und Durchflußkoeffizienten K_v >600 m³/h sind sehr kostenaufwendig und können Eigenmassen bis zu 1,5 t haben [1.5]. Sie werden aus diesen Gründen zunehmend durch Stellklappen oder Drehkegelstellventile ersetzt. Nur wenn Druckverhältnisse und Störgeräusche den Einsatz von Stellklappen oder Drehkegelventilen nicht zulassen, werden auch Stellventile mit Durchflußkoeffizienten K_v >600 m³/h eingesetzt.

Hubstellkegelventile mit großen Nennweiten sind für Absperraufgaben nur bedingt geeignet, weil zumeist die erforderliche Leckage nicht gewährleistet werden kann. Das selbständige Öffnen oder Schließen eines Stellventils beim Ausfall der Hilfsenergie oder beim Auftreten von Havarien macht es erforderlich, daß Stellventile zeitlich begrenzt auch Absperraufgaben übernehmen [1.8, 2.9]. Für Medien, die unterhalb einer bestimmten Temperatur zähflüssig werden oder auskristallisieren, besteht die Möglichkeit, Ventilkörper, Spindel und Spindellager zu beheizen [2.10].

Einsitzstellventile werden als Durchgangsventile [2.1–2.6] und als Eckventile [2.19–2.21] gefertigt. Einsitzventile lassen sich gut an die Kennlinie einer Regelstrecke anpassen. Sie gewährleisten über den gesamten Hub die gewünschten Eigenschaften der Regelung (z.B. Stabilität). Bei *nicht druckentlasteten* Drosselkörpern sind hohe Stellkräfte insbesondere bei größeren Nenndrücken erforderlich.

Doppelsitzstellventile [2.22, 2.23] werden eingesetzt, um eine wirtschaftliche Stellmöglichkeit bei größeren Nennweiten und hohem Druckabfall zu gewährleisten [2.25]. Der Drosselkörper wird durch ein strömen-

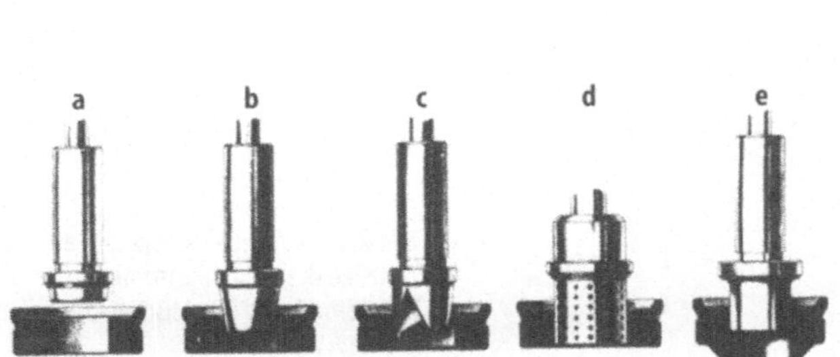

Bild 2.1. Grundformen für Drosselkörper [2.4]. **a** Tellerkegel: dichter Abschluß mit Weichdichtung bzw. eingeschliffen für metallischdichten Abschluß, **b** Parabolkegel: bestes Regelverhalten, geeignet für Stellverhältnis 1:50 (1:100), **c** Schlitzkegel: besonders für zur Ablagerung neigenden Medien mit linearer bzw. gleichprozentiger Kennlinie, **d** Lochkegel: Strömungsleiter, bei zu Kavitation neigenden Fluiden und großer Druckdifferenz, **e** Sitzcharakteristik

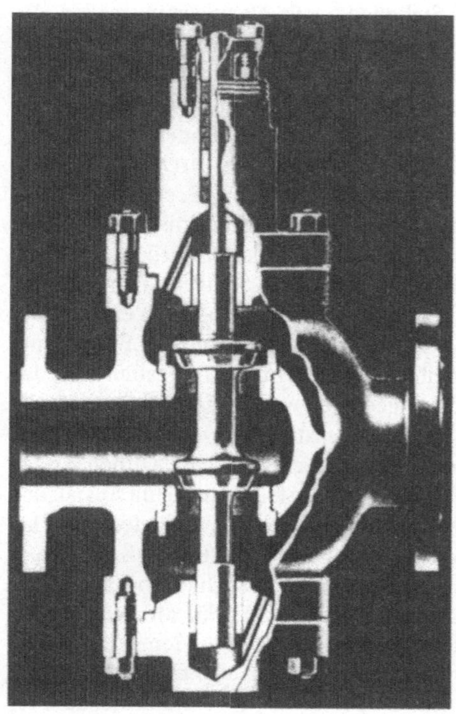

Bild 2.2. Zweisitzregelventil, Serie 1100 [2.23]

des Fluid entgegengesetzt belastet. Aus fertigungstechnischen Gründen ist der untere Drosselkörper zumeist kleiner ausgeführt (Bild 2.2). Im Vergleich mit der erreichbaren Leckage von Einsitzventilen ergeben sich für Doppelsitzventile konstruktionsbedingt ungünstigere Werte.

Dreiwegeventile [2.24–2.28] werden zum *Mischen* und *Verteilen* von Fluiden eingesetzt (Bild 2.3). Beim Verteilen wird das Fluid zugeführt und gemäß den Teilströmen A und B verteilt.

Beim Mischen werden die Komponenten bei A und B zugeführt. Der Gesamtstrom fließt ab. Der Durchfluß von A nach B bzw. von B nach A ist von der freigegebenen Fläche zwischen den Sitzen und damit vom Hub abhängig.

2.1.2
Stellventilkörper und Stellventilbauformen
Stellventilkörper werden zumeist mit Drei- oder Vierflanschen gebaut (Bild 2.4).

Mit der Gestaltung der Kanalführung im Stellventilkörper wird großer Einfluß genommen auf die strömungstechnischen Eigenschaften eines Stellventils (z.B. Durchflußkoeffizient, Schallgeräusch).

Angestrebt wird bei allen Arten von Stellventilen ein möglichst kleiner Strömungswiderstand bei gleichzeitig geringer Schallemission. Zur Verminderung der Schallemission werden Stellventilkörper mit einem verhältnismäßig großen Volumen oberhalb des Drosselkörpers ausgestattet. Dadurch ist eine bessere Entspannung des Fluids gewährleistet [2.21, 2.22].

Durch die Auswahl des Werkstoffes werden das Einsatzgebiet und zum Teil auch die statischen Belastungen und die dynamischen Kennwerte vorgegeben.

Durchgangsventilgehäuse werden bevorzugt mit drei Flanschen gebaut (Bild 2.4).

Für Doppelsitz- und Dreiwegeventilgehäuse werden zumeist vier Flansche vorgesehen (Bild 2.4b und c).

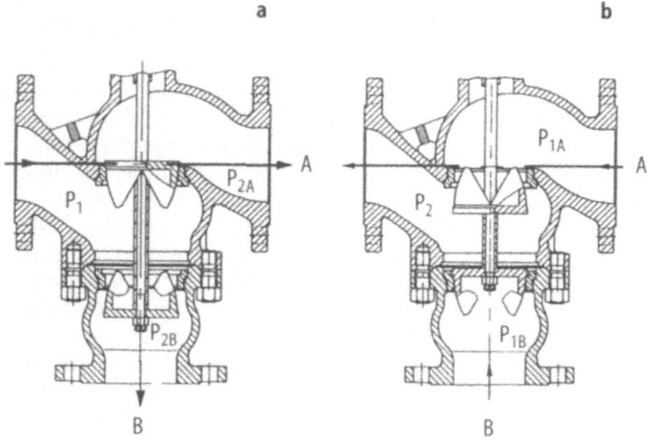

Bild 2.3. Dreiwegeventil [2.24]. **a** Verteilen des Volumenstromes in die Teilströme A und B, **b** Mischen der Teilströme A und B

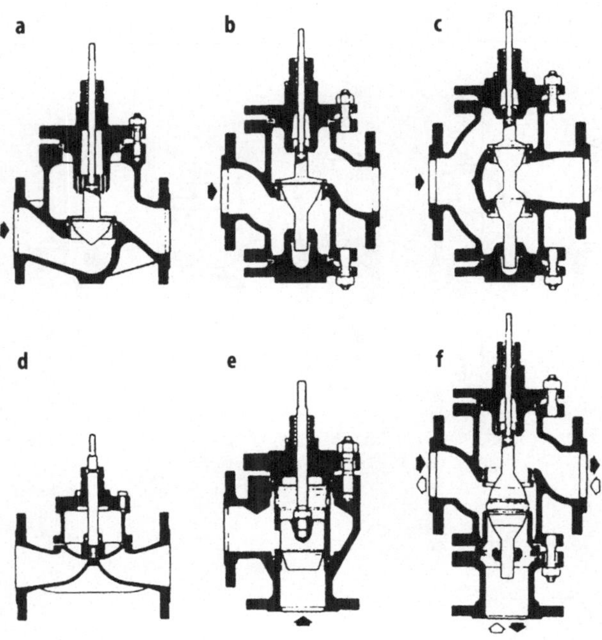

Bild 2.4. Ventilgehäuse und Stellelemente von Stellventilen nach [1.5]. **a** Einsitzstellventil mit Dreiflanschgehäuse, **b** Einsitzstellventil mit Vierflanschgehäuse, **c** Doppelsitzstellventil, **d** Membranstellventil, **e** Eckstellventil, **f** Dreiwegestellventil für Mischbetrieb

Die Stellventilgehäuse sind zumeist aus Guß. Bei Durchgangsventilen bis zu DN 80 und bei Eckventilen bis zu DN 100 werden die Stellventilgehäuse in hochwertiger Schmiedetechnik entweder spanabhebend aus einem Block oder in *Split-Body-Form* gefertigt [1.5].

Außer aus metallischen Werkstoffen werden Stellventilgehäuse auch aus Kunststoff gefertigt und metallische Teile mit Kunststoffen gegen aggressive Medien ausgekleidet [1.5, 1.8].

2.1.3
Stellventilgarnitur

Der Stellventilgarnitur werden zugeordnet (Abschn. 1.3.1):

- Drosselkörper,
- Sitzring,
- Verbindungsteile zum Drosselkörper.

Die Auswahl einer Stellgarnitur hängt ab von: Betriebsbedingungen [1.20] und Anforderungen, die sich aus der Sicherung des Stellbetriebes eines Stellventils ergeben [1.8, 1.18, 1.25].

Maßgeblich für die Auswahl einer Stellventilgarnitur sind:

- der Aggregatzustand des Fluids (z.B. flüssig, gasförmig, zähflüssig mit Granulat versetzt),
- der Betriebsdruck und der zu steuernde Massenstrom einschließlich seiner Dichte und Konsistenz,
- die Betriebstemperatur und die Grenzen der Temperaturschwankungen,
- die chemischen Eigenschaften des Massenstroms (z.B. ph-Wert, toxikologische Substanzen),
- zulässige Leckage und Möglichkeiten einer vollständigen Entleerung des Stellventils vom Fluid bei erforderlichen Maßnahmen (z.B. Wartung, Wechsel der Sitzringe).

Zur Erfüllung dieser Anforderungen werden je nach Aufgabenschwerpunkt verschiedene Drosselkörper eingesetzt (Tab. 2.1) [1.25].

Eine häufig angewendete Grundform ist der Parabolkegel (Tab. 2.1, a-c). Die Führung des Drosselkörpers richtet sich nach der Größe der auftretenden Kräfte und kann einseitig oder doppelseitig über Schaft oder einseitig über die Stellspindel vorgenommen werden.

Zum stufenweisen Abbau der Druckenergie im Drosselbereich eines Stellventils werden zwei-, drei- und fünfstufige Dros-

Tabelle 2.1. Drosselkörper-Sitzgarnituren von Hubventilen [1.25]

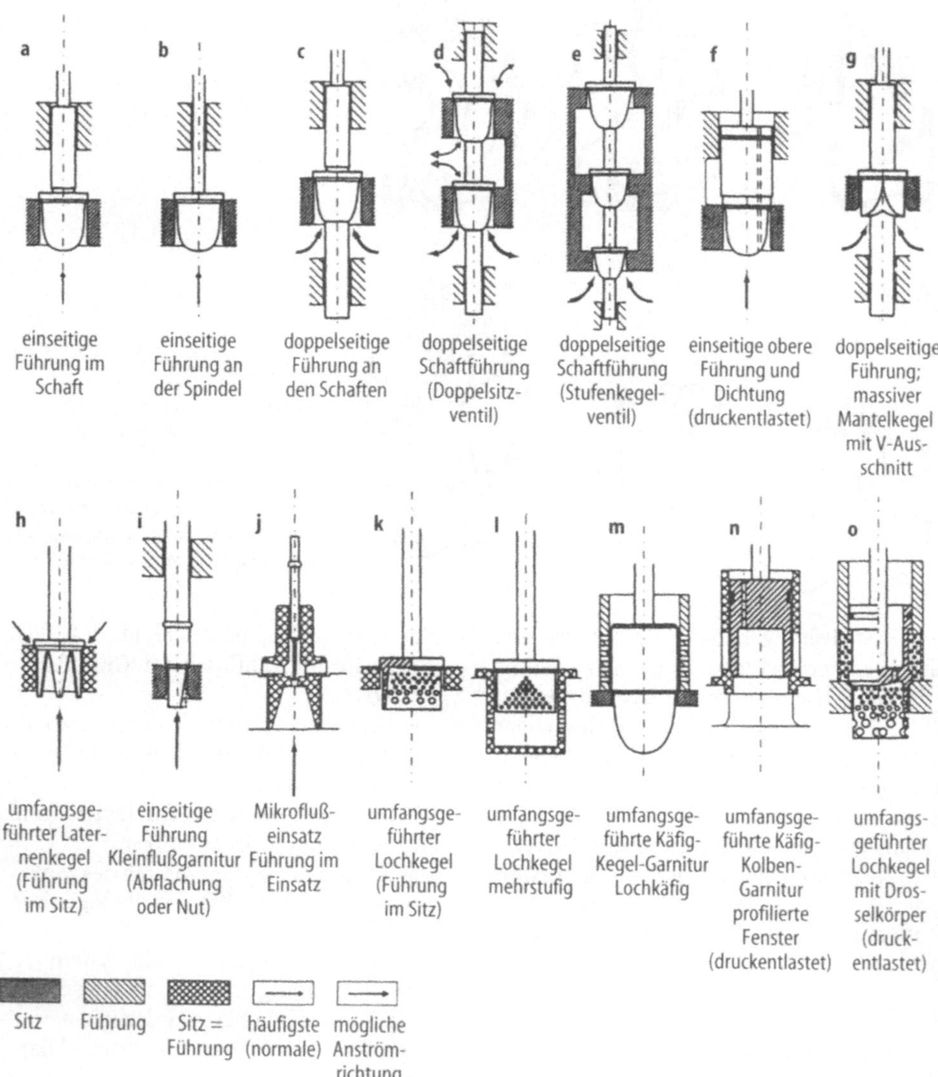

selkörper eingesetzt (Tab. 2.1, d–e) (Bild 2.5).

Drei- und fünfstufige Drosselkörper sind für Stellventile bis zu Nennweiten PN 400 und für Nenndrücke PD von 16 bis 160 lieferbar [2.29].

Durch drei- und fünfstufige Drosselkörper werden *kritische Betriebszustände* (z.B. Kavitation, vorzeitiger Verschleiß und unzulässige Schallemission) weitgehend, selbst bei großen Drücken, ausgeschaltet [2.29].

Zur Druckentlastung von Drosselkörpern in Parabolkugelform (Tab. 2.1, f) ist eine Umfangsführung und zusätzliche Abdichtung im Ventiloberteil erforderlich [1.25]. Auch Mantelkegel und Laternenkegel werden zumeist umfangsgeführt (Tab. 2.1, g–h). Bei kleinen Durchflußkoeffizienten können sich Schwierigkeiten mit der Führung des Drosselkörpers ergeben. Deshalb kann relativ weiches Material zur Führung der Spindel oder bei größeren

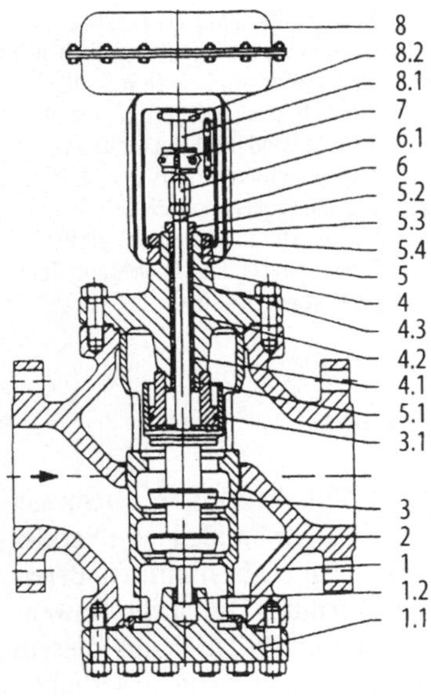

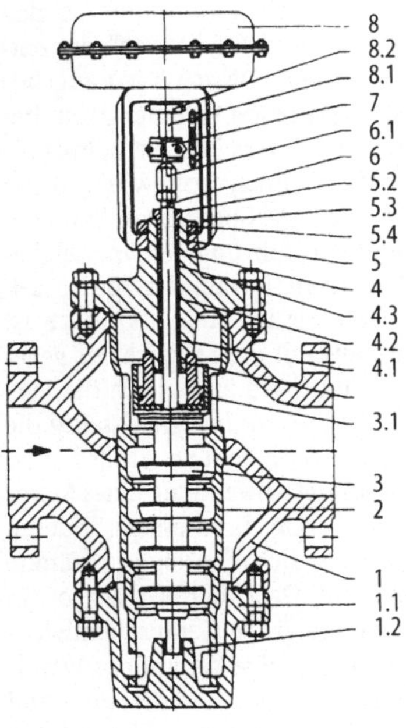

Bild 2.5. Ventil mit mehrstufigen Drosselkörpern [2.29]
a Dreistufig, **b** Fünfstufig; *1* Ventilgehäuse, *1.1* Flansch mit Kegelführung, *1.2* Führungsring; *2* Sitzkäfig; *3* Kegel, *3.1* Abdichtung; *4* Stopfbuchse, *4.1* Feder, *4.2* PTFE-V-Ring-Packung, *4.3* Zwischenring; *5* Ventiloberteil, *5.1* Führungsring, *5.2* Gewindebuchse, *5.3* Laterne, *5.4* Mutter für 5.3; *6* Kegelstange, *6.1* Kupplungs- und Kontermutter; *7* Kupplung zwischen Antriebs- und Kegelstange (zugl. Hubanzeige); *8* Stellantrieb, *8.1* Antriebsstange, *8.2* Mutter für 8

Stellventilen mit einer engen, nicht klemmenden Passung gearbeitet werden (Tab. 2.1, i–j). Damit bei größeren Druckdifferenzen kavitationsarme und geräuscharme Entspannung gewährleistet wird und im Vergleich zu Mehrsitzdrosselkörpern eine geringe Bauhöhe des Ventilkörpers eingehalten wird, werden Loch- und Käfigdrosselkörper eingesetzt (Tab. 2.1, k–o). Dazu können zwei (l) oder auch mehrere Lochdrosselkörper ineinander geführt werden. Die Kennliniengenerierung kann dabei durch die Kegelform (m), profilierte Fenster (n) oder durch entsprechende Verteilung der Bohrungen erreicht werden [1.25].

Zur stärkeren Verringerung der Schallemission werden zusätzliche Einsätze installiert (o). Dadurch wird über Interferenzen verstärkt Schallenergie abgebaut [1.25, 1.39–1.44].

Aus wirtschaftlichen Gründen ist es erforderlich, mit einem Ventilkörper im Rahmen einer Baureihe verschiedene Durchflußkoeffizienten durch Austausch von Sitzring und Drosselkörper zu realisieren [1.2, 1.8]. Auch der Einsatz eines Stellventils zur Steuerung von Masseströmen unterschiedlicher Zusammensetzung (z.B. Wasser, Wasser mit Quarzsand) machen es wünschenswert, dem Fluid mit entsprechenden Werkstoffen im Bereich der Hauptverschleißzonen – Sitzring und Drosselkörper – zu begegnen. Diese und weitere Gründe [2.30] haben dazu geführt, daß Sitzringe und Drosselkörper bei Benutzung des gleichen Stellventilkörpers aus unterschiedlichen Werkstoffen gefertigt werden. Darüber hinaus bietet diese Konstruktion die Möglichkeit einer Instandsetzung eines Stellventils durch Austausch von Sitzring und Drosselkörper ohne auch den Stellventilkörper auswechseln zu müssen.

Zum Abdichten in der Zu-Stellung haben Stellventile zumeist eine entsprechende *metallisch dichtende* Passung (Bild 2.6a) oder eine *Weichdichtung* (Bild 2.6b) im Bereich des Sitzringes oder des Drosselkörpers, z.B. bei Druckausgleich, integriert (Bild 2.6c).

Bei metallisch dichtendem Ventilsitz kann eine Leckage von ≤0,01% des Ventilkoeffizienten und bei nicht metallisch dichtendem Ventil ein *blasendichter* Ventilsitz erreicht werden.

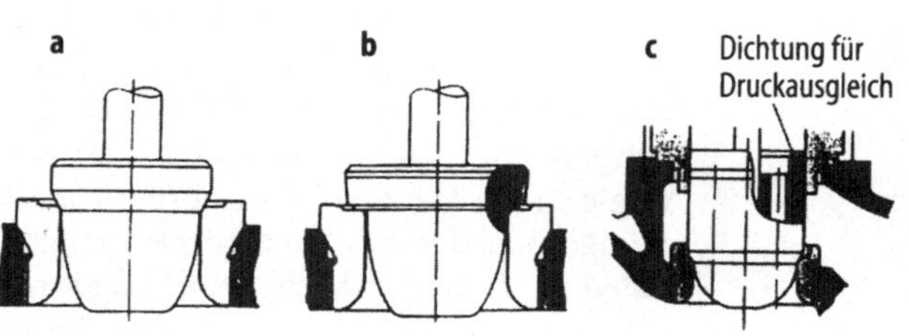

Bild 2.6. Dichtung des Ventilsitzes [2.31]. **a** Sitz und Kegel metallisch dichtend, Temperaturbereich von −10 °C … 450 °C, **b** Sitz und Kegel nicht metallisch dichtend (PTFE mit Glasfaser), Temperaturbereich −10 °C … 220 °C, **c** Sitz und Kegel metallisch dichtend, Dichtung für Druckausgleich als PTFE-Gleitring mit O-Ring-Abdichtung, Temperaturbereich −10 °C … 160 °C

Ein häufig angewendeter Dichtungswerkstoff ist Polytetrafluorethylen (PTFE), das mit Glasfasern verstärkt wird oder mit Graphitzusätzen spezielle Eigenschaften erhält [1.5, 2.31].

2.1.4
Abdichtung Drosselkörper – Ventilstellantrieb

Die Dichtheit von Stellventilen zur *Umwelt* ist von großer Bedeutung. In der Technischen Anleitung zur Reinhaltung der Luft (TA Luft vom 27. Februar 1986) wird bei der Handhabung bestimmter organischer Stoffe an Ventilen und Schiebern eine Spindelabdichtung mittels Faltenbalg und nachgeschalteter Sicherheitsstopfbuchse oder gleichwertiges gefordert [1.72, 1.73].

Zum Abdichten von Ventilspindeln werden standardmäßig meist Stopfbuchsdichtungen mit Ringen quadratischen Querschnitts oder PTFE-Dachmanschetten angeboten (Bild 2.7).

Entsprechend den Einsatzbedingungen und den daraus resultierenden Sicherheitsbestimmungen werden die Stopfbuchsen gestaltet (Bild 2.7a–e). Damit die Ventilspindel auch bei Tieftemperaturen abgedichtet wird, ist das Ventil mit einem Tieftemperaturaufsatz ausgestattet (Bild 2.7d).

Zur Sicherung der Anpreßkraft der Dichtung an die Ventilspindel über längere Zeit werden über Federspannung selbsteinstellende Stoffbuchsen mit PTFE-Graphit-Compound für einen Temperaturbereich zwischen −60 °C bis 230 °C angeboten (Bild 2.7g).

Faltenbalgdichtungen (Bild 2.7c) bieten oft eine Alternative zu den bereits beschriebenen Dichtungen [1.5], erfüllen jedoch auch höhere Anforderungen [1.72, 1.73] in Verbindung mit einer Sicherheitspackung (Bild 2.7e).

2.2
Membranventil

Ventile mit z.B. Tellerkegel oder Lochkegel neigen bei *zähflüssigen* Fluiden zum Verkleben und Verkrusten in bestimmten Bereichen der Ventilgarnitur. Durch die Anwendung von Membranventilen kann diesem strömungstechnisch ungünstigen Verhalten mit gutem Erfolg entgegengewirkt werden [1.5, 1.8, 2.32, 2.33]. Membranventile werden mit Durchmessern von 0,5" … 300", das entspricht der Nennweite DN 10 … 750, angeboten. Der dazu gehörende Volumenstrom beträgt 8 … 1200 m³/h. Das Regelverhältnis für den maximalen Volumenstrom wird mit 20 : 1 angegeben [2.33]. Darüber hinaus kann bedingt durch die Ausführung des Drosselgliedes ein Fluidstrom totraumfrei gedrosselt oder abgesperrt werden (Bild 2.8). Auch ist beim Membranventil die Möglichkeit gegeben, ohne Stopfbuchsen im Bereich der Verstellspindel zu arbeiten und gleichzeitig die Anforderungen der TA-Luft zu erfüllen [1.5].

Nachteilig auf die Anwendung eines Membranventils im Vergleich zu einem anderen Hubventil wirken sich der eingeschränkte Temperatur- und Druckbereich (<150 °C, <16 bar) sowie die große Geräuschentwicklung und der ungünstige Verlauf der Ventilkennlinie aus [1.5, 1.8]. Temperatur- und Druckgrenzen hängen hauptsächlich ab von dem Werkstoff der elastischen Membran, die vorwiegend aus synthetischem Kautschuk mit einseitiger Beschichtung von PTFE hergestellt wird [1.8]. Das aus Ober- und Unterteil bestehende Gehäuse sowie die Führungsmutter sind zumeist aus Grauguß (GG20) hergestellt, Spindel und Verbindungsschrauben aus Stahl. Mit Hilfe von Stellungsreglern zur Positionierung des Antriebes kann das Betriebsverhalten eines Membranventils verbessert werden.

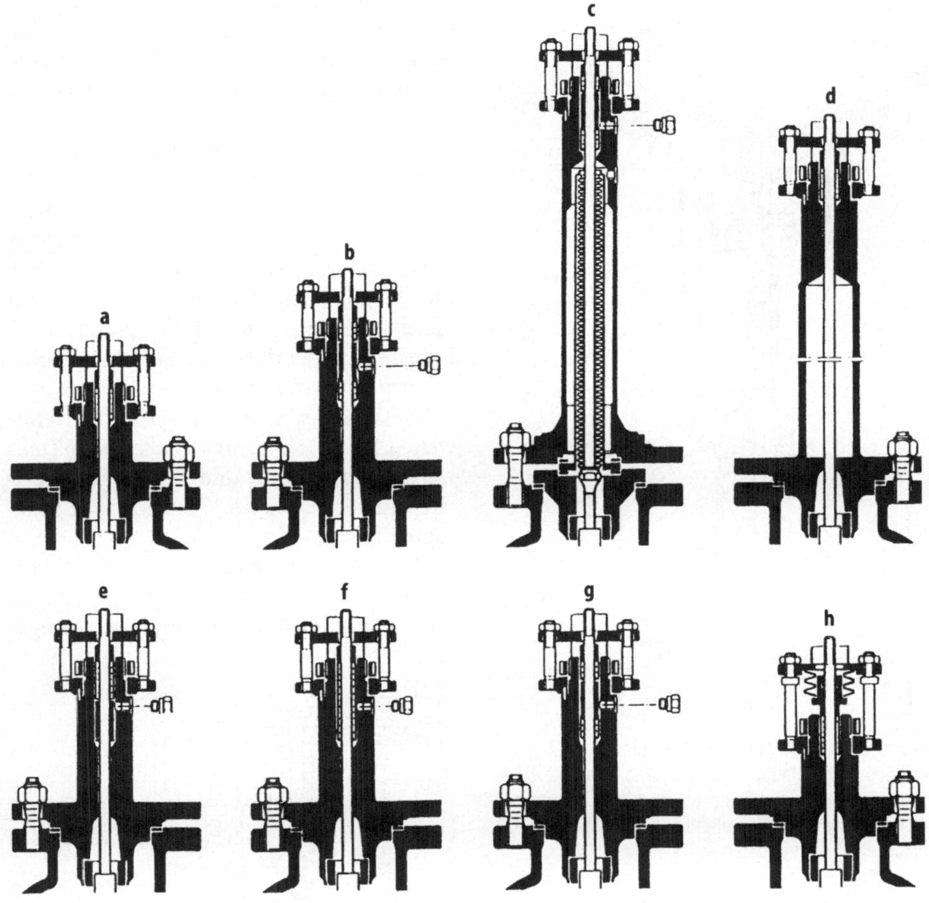

Bild 2.7. Gestaltung von Ventiloberteilen und Arten gebräuchlicher Spindelabdichtungen [2.11]. **a** Stopfbuchsenteil normal, PTFE-Graphit-Compound, Temperaturbereich –60…230 °C, **b** Stopfbuchsenteil verlängert mit Wärmeschutzteil, Graphitpackung, Temperaturbereich bis 500 °C, **c** Faltenbalgdurchführung mit Sicherheits-Stopfbuchsenpackung (auch Chlorgasausführung mit Trocknungsanschluß möglich), **d** Tieftemperaturaufsatz, PTFE-Graphit-Compound, Temperaturbereich bis –196 °C, **e** Stopfbuchsenteil verlängert mit Einspritzvorrichtung, PTFE-Graphit-Compound, Temperaturbereich –60…230 °C, **f** Stopfbuchsenteil verlängert mit doppeltem Packungsraum geeignet für dickwandige Isolierungen, PTFE-Graphit-Compound, Temperaturbereich –60…230 °C, **g** Stopfbuchsenteil verlängert, Packung 2teilig aus PTFE-Garn entsprechend TA-Luft, Temperaturbereich –60…230 °C (auch selbstnachstellend), **h** Selbstnachstellende Stopfbuchse (PTFE-Graphit-Compound), Temperaturbereich –60…230 °C, Graphitpackung Temperaturbereich bis 500 °C

2.3
Schlauch- oder Quetschventil

Die Wirkung, die Einsatzgebiete und die erreichbaren dynamischen Eigenschaften von Schlauch- oder Quetschventilen entsprechen denen von Membranventilen (Abschn. 2.2). Angebotene Ventile haben eine Nennweite von DN 15 … 200 mit K_{vs}-Werten von 5 … 1725 [2.34]. Der im Inneren des Ventilkörpers angeordnete gewebeverstärkte Schlauch aus synthetischem Kautschuk wird als verstellbarer Querschnitt und Schutz der Metallteile

vor dem Fluid genutzt (Bild 2.9). Mit Hilfe der Spindel kann über einen Antrieb der Fluidstrom gestellt werden.

2.4
Gleitschieber-Stellventil

2.4.1
Wirkungsweise und Einsatzparameter
Schieber werden überwiegend in Auf- oder Zu-Stellung betrieben.

Die Drosselwirkung eines Gleitschieber-Stellventils ergibt sich aus dem Verstellen

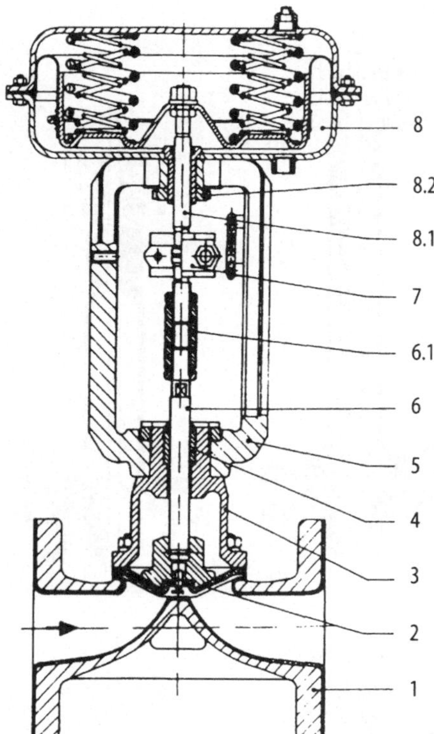

Bild 2.8. Membranventil [2.32]. *1* Ventilgehäuse; *2* Ventilmembran; *3* Haube; *4* Führungsring; *5* Laterne; *6* Kegelstange, *6.1* Kupplungs- und Kontermutter; *7* Kupplung zwischen Antriebs- und Kegelstange (zugl. Hubanzeige); *8* Stellantrieb, *8.1* Antriebsstange, *8.2* Mutter

einer mit Öffnungen (z.B. Schlitze) versehenen Scheibe parallel zu einer weiteren mit Schlitzen versehenen feststehenden, gegeneinander dichtenden Scheibe (Bild 2.10). Die Drosselscheiben sind rechtwinklig zur Strömungsrichtung eines Fluids angeordnet.

Die Kennlinie kann *linear* oder *gleichprozentig* sein [2.27]. Sie (s. Abschn. 4.34) wird durch die Form der Öffnungen in der Drosselscheibe festgelegt. Es besteht jedoch auch die Möglichkeit, von einer linearen zur gleichprozentigen Kennlinie mittels Stellungsregler oder durch Austausch des Drosselkörpers überzugehen.

Gleitschieber-Stellventile sind für Nennweiten DN 15 ...150, für Drücke PN 40 (teilweise auch PN 100) und Temperaturbereiche von –60 °C ... 350 °C (max. 530 °C) verfügbar [2.36].

Fluide können sein: Dampf, Wasser, verschiedene Gase (auch Sauerstoff), Laugen und Reinigungsflüssigkeiten. Die angege-

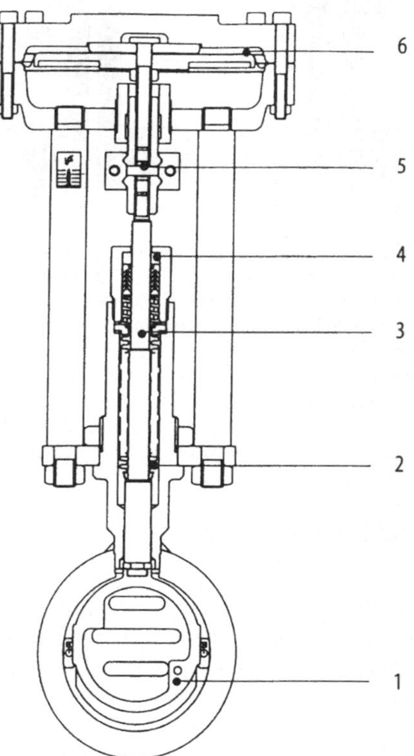

Bild 2.9. Schlauch- oder Quetschventil [2.34]. *1* Gehäuseunterteil; *2* Halteschraube; *3* Haltescheibe; *4* Verbindungsschrauben; *5* Gehäuseoberteil; *6* Schlaucheinsatz; *7* Druckstück; *8* geteilter Ring; *9* Führungsmutter; *10* Spindel

Bild 2.10. Gleitschieber-Stellventil [2.26]. *1* Mitnehmer für bewegliche Drehscheibe; *2* Metallfaltenbalgabdichtung (opt.); *3* Antriebsstange, rollpoliert; *4* Führungsring; *5* Kupplung mit Hubanzeige; *6* Membran

benen Durchflüsse erstrecken sich von K_{vs} = 4 bei DN 15 bis K_{vs} = 330 bei DN 150 .

2.4.2
Körper und Bauform

Der Körper eines Gleitschieber-Stellventils wird für Zwischenflanscheinbau aus Grauguß oder Stahlguß hergestellt. Die in Folge der Konstruktion gegebene *Baulänge* ist verglichen mit z.B. einem Kegel-Hubventil für gleichen Durchfluß wesentlich kürzer. Auch der Unterschied der Eigenmasse ist beachtlich. Ein Gleitschieber-Stellventil DN 150 hat eine Eigenmasse von 18,5 kg, ein Kegel-Hubventil gleicher Nennweite eine Eigenmasse von 150 kg.

2.4.3
Drosselelemente

Die feststehende Scheibe ist aus Edelstahl mit einer hartverchromten Gleitoberfläche gefertigt. Die bewegte Scheibe besteht zumeist aus metallischem Werkstoff mit Kohlenstoffzusätzen oder Kunstharzbeschichtung [1.5, 1.9, 2.36, 2.37]. In Folge der gewählten Stoffpaarung ergeben sich sehr geringe Reibungskräfte. Die erforderliche *Stellkraft* eines Gleitschieber-Stellventils bei gleicher Druckdifferenz und gleichem Durchfluß (K_{vs}-Wert) beträgt nur rd. 10% von der eines Hubkegel-Stellventils. Die erreichbare Leckage kann bis zu 0,0001% vom K_{vs}-Wert betragen, das Stellverhältnis wird mit 40 bis 250 angegeben .

Die verhältnismäßig gute Dichtheit wird durch die Stellbewegung der Stellscheibe mit bedingt, da das Stellen unter der Druckbeaufschlagung vom Fluid mit einem Einschleifen vergleichbar ist.

2.4.4
Abdichtung Drosselkörper –
Ventilstellantrieb

Zur Abdichtung der Verbindungsteile zwischen Drosselkörper und Ventilstellantrieb gelangen Packungen aus PTFE, die verschieden gespannt werden können (s.a. Abschn. 2.1.4).

Für besondere Einsatzfälle kann auch ein Faltenbalg vorgesehen werden.

2.5
Vor- und Nachteile ausgewählter Hubventile

Die Möglichkeiten, Stoffströme durch Querschnittsänderungen mittels Drosselkörper zu beeinflussen, sind sehr umfassend. Aus diesem Grunde müssen die für einen speziellen Anwendungsfall erforderlichen Parameter, z.B. Betriebsdruck und Durchfluß, durch ein Stellglied ebenso gewährleistet werden wie die aus dem Verfahren sich ergebenden Besonderheiten (Tabelle 2.2). Darüber hinaus ist eine Vielzahl spezifischer Eigenschaften mit zu berücksichtigen Tabelle 2.3).

Literatur

2.1 Dannemann W (1985) ACHEMA '85: Stellgeräte für verfahrenstechnische Anlagen. atp – Automatisierungstechnische Praxis 27/11:515–522

2.2 Meffle K (1989) ACHEMA '88: Stellventile für verfahrenstechnische Anlagen. atp – Automatisierungstechnische Praxis 31/1: 10–16

2.3 Mangold A (1991) ACHEMA '91: Stellgeräte für verfahrenstechnische Anlagen. atp – Automatisierungstechnische Praxis 33/11: 585–591

2.4 Schmidt Armaturen: Armaturen für die Verfahrenstechnik. Druckschrift-Nr. SC 101. 09.92. Schmidt Armaturen, Villach/ Austria

2.5 Peters H (1993) Adaption von Antrieben für Armaturen: Einheiten nach neuesten technischen Regeln und Vorschriften. In: Industriearmaturen: Bauelemente der Rohrleitungstechnik. 4. Aufl. Zus.stell. und Bearb. B Thier. Vulkan-Verlag, Essen. S 239–242

2.6 Siemers H (1993) Dreiwegeventilanwendungen ohne Kompromisse. In: Industriearmaturen: Bauelemente der Rohrleitungstechnik. 4. Aufl. Zus.stell. und Bearb. B Thier. Vulkan-Verlag, Essen. S 221–226

2.7 Müller G, Scaar G (1991) Modellierung des Verhaltens einer pneumatischen Membranstelleinrichtung. msr – Messen Steuern Regeln 34/1:22–28

2.8 Koenig B, Ohligschläger O (1989) Ein „intelligenter" elektropneumatischer Stellungsregler. atp – Automatisierungstechnische Praxis 31/8:367–373

2.9 Baureihe FQ: 90°-Federrückstellantriebe. Prospekt: Deufra Stellantriebe Profitlich-Bernard, Troisdorf

2.10 Beheizung für Stellventil V 713. Produkt-Information PRI-51. Eckardt AG, Stuttgart

Tabelle 2.2. Vor- und Nachteile gängiger Hubventile [1.8]

Ventilbauart	Typische Verfügbarkeit	Vorteile	Nachteile
Vierflansch-Einsitzventil	DN 25-150 PN 25-100 ANSI 150-600	– Robuste, langlebige Bauweise – Einfache Wartung, Ersatzteile leicht zugänglich –Gute Kennlinie, lange Hübe – Hohe Dichtheit (Klasse IV) – Reversierungsmöglichkeit	– Schwere und teure Bauweise – Hohe Verlustziffer – Relativ kleine K_{100}-Werte – Bei Ablagerung im Bodenflansch Funktionsstörungen – Potentielle Gefahr von Undichtheiten durch Bodenflansch
Vierflansch-Doppelsitzventil	DN 50-300 PN 25-100 ANSI 150-600	– Wie Vierflansch-Einsitzventil – Doppelsitzkonstruktion erfordert nur kleine Antriebskräfte	– Wie Vierflansch-Einsitzventil – Extrem teure Bauart, heute nur noch sehr selten angewendet – Geringe dynamische Stabilität – Hohe Restleckmenge (Klasse II)
Dreiflansch-Einsitzventil	DN 15-300 PN 16-100 ANSI 125-600	– Ökonomischer als Vierflansch-Einsitzventil – Zahlreiche Ausführungsvarianten verfügbar – Elimination von Leckagen durch fehlenden Bodenflansch – Druckausgleich verfügbar	– Eingeschränkte Zuverlässigkeit bei Druckausgleich (Kolbenring) – Großflächiger Drosselkörper neigt zu Schwingungen – Hohe Restleckmenge bei Druckausgleich (Klasse II) – Vergleichsweise teuer
Käfigventil	DN 25-300 PN 25-160 ANSI 150-900	– Stabile Führung, geeignet für höchste Differenzdrücke – Geräuscharme Bauart: Lochkäfig geeignet für Gase und Flüssigkeiten – Langlebig bei Kavitation – Geringe Antriebskräfte bei Doppelsitz: Zwei integrierte Sitzfasen statt Kolbenring	– Anwendung auf saubere Medien beschränkt – Hoher Fertigungsaufwand bei Doppelsitzkonstruktion – Eingeschränkte Materialauswahl für Käfig und Kolben – Vergleichsweise teuer
Leichte Baureihe	DN 15-300 PN 16-40 ANSI 125-300	– Kostengünstige Ventilbauart bei kleinen Nennweiten – Verfügbarkeit in mehreren Gehäuseformen: Eckventil, Drei-Wegeventil usw. – Hohe Flexibilität bei den üblichen Ausführungsvarianten: Oberteile, Garnituren usw. – Perfekte Anpassung an Betriebsbedingungen: K-Werte, Kennlinie usw.	– Ökonomisch nicht optimal bei Nennweiten > DN 150 – Limitierte Anwendung unter erschwerten Bedingungen: • Hohe Differenzdrücke • Hohe Schallpegel • Hohe statische Drücke usw.
Eckventil	DN 15-150 PN 40-400 ANSI 300-2500	– Strömungsgünstige Gehäuseform, hohe Durchflußkapazität – Solide, robuste Ausführung für spezielle Anwendungen – Einfache Herstellbarkeit aus einem geschmiedeten Block – Hohe Verschleißfestigkeit bei seitlicher Anströmung und gehärtetem Stecksitz	– Komplizierte Leitungsführung, keine genormten Einbaumaße – Wegen geringer Verbreitung aufwendig und teuer (Gesamtanteil < 1 %)

2.11 Stellgerät: Einsitz-Stellventil V 713 und pneumatischer Membranantrieb PM 812 mit 1500 cm² Membranfläche. Typenblatt 6713000, Ausgabe 11.90. Eckardt AG, Stuttgart

2.12 Stellgerät: Einsitz-Stellventil V 713 Nenndruck PN 10-40 und pneumatischer Mem-branantrieb PM 813. Typenblatt 6713001, Ausgabe 1.93. Eckardt AG, Stuttgart

2.13 Bauart 250: Pneumatisches Stellgerät Typ 251–1 und Typ 252–7, Einsitz-Durchgangs-ventil Typ 251. Typenblatt T 8051. In: SAMSON Katalog Stellgeräte für die Verfahrens-

Tabelle 2.2. Vor- und Nachteile gängiger Hubventile (Fortsetzung)

Ventilbauart	Typische Verfügbarkeit	Vorteile	Nachteile
Drei-Wege-ventil	DN 15-300 PN 25-40 ANSI 150-300	– Geeignet für Misch- und Verteilerbetrieb durch einfachen Umbau vor Ort – Zahlreiche Optionen verfügbar (Oberteile, Antriebe usw.) – Gleichbleibender Gesamtdurchfluß durch lineare Ventilcharakteristik	– Eingeschränkter Anwendungsbereich (niedrige Differenzdrücke) – Wegen geringer Verbreitung aufwendig und teuer (Gesamtanteil < 1 %)
Membran-ventil	DN 15-150 PN 6-16 ANSI 125	– Ideal für feststoffbeladene Medien – Nur leicht gekrümmter Strömungsweg – Ökonomische Lösung bei niedrigen Temperaturen und Drücken – Dichter Abschluß möglich	– Sehr begrenzter Anwendungsbereich in Bezug auf Temperaturen und Druck – Nur geringer Regelbereich (innerhalb des ersten Viertels des Ventilhubes)
Schieber-ventil	DN 15-100 PN 25-40 ANSI 150-300	– Sehr kompakt, Sandwichbauweise zum Einklemmen – Unabhängig von Flanschnormen (DIN oder ANSI) – Ökonomische Lösung	– Anwendung auf saubere Medien beschränkt – Keine Optionen verfügbar wie bei „leichter Baureihe" – Geringe Regelbarkeit (Kurzhub)
Schlauch-ventil	DN 15-150 PN 6-16 ANSI 125	– Ideal für Schlämme und verschmutzte Medien – Gerader Durchgang, geringe Verstopfungsgefahr – Gute Dichtheit nach außen (keine Stopfbuchse)	– Sehr begrenzter Anwendungsbereich in Bezug auf Temperaturen und Druck – Sehr geringer Regelbereich – Anwendung nicht erlaubt bei gefährlichen Stoffen

technik Ausgabe 12/92. S 61. Samson Meß- und Regeltechnik, Frankfurt a.M.

2.14 ARI-Armaturen: Pneumatisches Stellventil in Durchgangsform STEVI-P. Datenblatt 440–441 DP Ausgabe 06.91. ARI-Armaturen Albert Richter, Schloß Holte-Stukenbrock

2.15 Serie 21000 Regelventile: NW 25–40, Druckstufen ANSI 900, 1500, 2500. In: Multi-F Masoneilan: Das neue System für Regelventile. Katalog Nr. 377 (G). Masoneilan, Düsseldorf. S 12

2.16 Baureihe 2000: Obengeführte Regelventile. Geräteinformation DA-13.4, Ausgabe 07.91. Honeywell Regelsysteme, Offenbach

2.17 Stellventile aus Gußeisen mit Kugelgraphit: mit pneumatischem Antrieb, Feder schliessend. 12.2.100 Ausgabe 05/95, Blattnummer 001–1. Magdeburger Armaturenwerke, Magdeburg

2.18 MICON-Einsitz-Stellventil. Druckschrift-Nr. DS 5724 P d 04.94. Schmidt Armaturen, Villach/Austria

2.19 Stellgerät: Eck-Stellventil und pneumatischer Membranantrieb V 743. Typenblatt 6743000, Ausgabe 11.83. Eckardt AG, Stuttgart

2.20 Bauart 250: Pneumatisches Stellgerät Typ 256–1 und Typ 256–7, Eckventil Typ 256. In:

SAMSON Katalog Stellgeräte für die Verfahrenstechnik, Ausgabe 12/92. Samson Meß- und Regeltechnik, Frankfurt a.M. S. 91

2.21 Hochdruck-Eckventile: Serie II000/15000. Druckschrift Nr. 1101 D – 10.93. Kämmer Ventile, Essen

2.22 Stellgerät: Doppelsitz-Stellventil V 721 und pneumatischer Membranantrieb. Typenblatt 6720000, Ausgabe 2.84. Eckardt AG, Stuttgart

2.23 Serie 11000 Regelventile: NW 80–300, Druckstufen ANSI 150, 300, 600. In: Multi-F Masoneilan: Das neue System für Regelventile. Katalog Nr. 377 (G). Masoneilan, Düsseldorf. S 17

2.24 Dreiwege-Sellventile Baureihe VV 01, VM 01. Prospekt Ausgabe 11.94. Magdeburger Armaturenwerke, Magdeburg

2.25 Baureihe 2003/2013: Dreiweg-Regelventile. Geräteinformation DA-22.4, Ausgabe 07.91. Honeywell Regelsysteme, Offenbach

2.26 ARI-Armaturen: Pneumatisches Stellventil in Dreiwegeform. Datenblatt 423–463 DP, Ausgabe 06.91. ARI-Armaturen Albert Richter, Schloß Holte-Stukenbrock

2.27 Bauart 240: Pneumatisches Stellgerät Typ 243–1 und Typ 243–7, Dreiwegeventil Typ

Tabelle 2.3. Spezifische Eigenschaften ausgewählter Hubstellgeräte [1.8]

Bewertung der Kriterien:

++ sehr gut
+   gut
0   noch befriedigend
–   weniger gut geeignet
–– völlig ungeeignet bzw. ungenügend

	Einsitzventil (leichte Baureihe)	Einsitz-Vierflanschventil	Doppelsitz-Vierflanschventil	Drei-Wege-Misch-/Verteilerventil	Geräuscharmes Mehrstufenventil	Käfigventil mit Lochkäfig	Membran- oder Schlauchventil	Hochdruck-Eckventil	Schlitzschieber-Ventil
Kleinste verfügbare Nennweite	15	25	50	15	25	25	15	25	15
Größte verfügbare Nennweite	300	150	300	300	300	300	150	150	100
Preis/Nennweitenverhältnis	+	–	––	0	––	0	++	––	+
Preis pro K_V-Wert	+	–	––	0	––	0	++	––	+
Erreichbarer K_V-Wert pro Nennweite	0	–	0	0	––	+	+	0	–
Erreichbares Stellverhältniss K_{VS}/K_{V0}	++	+	0	+	0	0	––	+	–
Kennliniengüte linear/gleichprozentig	+	++	+	+	0	+	––	+	0
Dichtheit im Sitz	++	++	–	+	–	+	+	+	0
Eignung für Regelbetrieb	++	++	0	++	+	++	–	+	0
Reibung und Hysteresis	+	+	+	+	+	0	0	0	–
Dichtheit nach außen (Stopfbuchse)	0	0	0	0	0	0	+	0	0
Erforderliche Antriebskraft	+	0	++	0	–	+	––	–	0
Variabilität (verfügbare Optionen)	++	++	+	0	–	++	–	+	–
Anwendbarer Temperaturbereich	++	++	+	+	++	+	––	++	0
Anwendbarer Druckbereich	+	++	++	+	++	++	––	++	+
Geräuschverhalten bei Gasen/Dampf	0	0	–	0	++	+	––	0	+
Neigung zu Kavitation	0	0	––	0	++	+	––	0	–
Neigung zu Erosion	0	0	0	0	+	+	++	+	+
Totraumfreiheit im Gehäuse	–	–	–	–	–	–	+	+	+
Feuersicherheit des Ventils	0	0	–	–	0	0	––	0	–
Anwendbarkeit bei Suspensionen	–	–	–	–	––	––	++	–	0
Reparaturfreundlichkeit des Ventils	+	++	++	+	–	+	–	0	–
Durchnittliche Lebensdauer	+	++	++	+	0	++	–	+	0
Anteil in % aller Industrieventile ca.	35	10	< 1	2	< 1	5	2	< 1	< 1

243. In: SAMSON Katalog Stellgeräte für die Verfahrenstechnik Ausgabe 12/92. Samson Meß- und Regeltechnik, Frankfurt a.M. S 45

2.28 Dreiwege-Stellventil. Schmidt Armaturen, Villach/Austria

2.29 Bauart 250: Pneumatisches Stellgerät Typ 255–1, Durchgangsventil mit mehrstufigem Axialkegel Typ 255. In: SAMSON Katalog Stellgeräte für die Verfahrenstechnik Ausgabe 12/92. Samson Meß- und Regeltechnik, Frankfurt a.M. S 87

2.30 Bauart 250: Stellventil mit Keramik-Stellelementen. In: SAMSON Katalog Stellgeräte für die Verfahrenstechnik, Ausgabe 12/92. Samson Meß- und Regeltechnik, Frankfurt a.M. S 105

2.31 Gulde Einsitz-Stellventil Baureihe 1018. Prospekt Ausgabe 01.94 Fisher-Gulde, Ludwigshafen a.Rh.

2.32 Bauart 240: Pneumatisches Stellgerät Typ 245–1, Membran-Ventil Typ 245. In: Samson Katalog Stellgeräte für die Verfahrenstechnik Ausgabe 12/92. Samson Meß- und Regeltechnik, Frankfurt a.M. S 49

2.33 Vorgesteuertes Membran-Regelventil für Flüssigkeiten mit und ohne Hilfsenergie. STOLCO Typen MAXOMATIC, Ausgabe 10.95. Stoltenberg-Lerche, Düsseldorf

2.34 Schlauch-Membranventile mit Anschlußflansch und -stutzen für Stellantriebe. Typenblatt 100.104. Dürholdt Absperr- und Regelarmaturen, Wuppertal

2.35 Jägle B et al. (1991) Schnelle Motorantriebe für Gleitschieber-Stellventile. Verfahrenstechnik 25/6:99–100

2.36 GS-Stellventil Typ 8020 DN 15 bis DN 150. Arbeitsblatt 8020d-01.95. Schubert & Salzer, Ingolstadt

2.37 SLIDING GATE Regulator & Control Valves. Jordan Valve, Cincinnati OH

3 Arten und Eigenschaften von Stellgliedern mit Drehbewegung

L. Kollar

3.1 Drehkegelstellventil

3.1.1 Drehkegelstellventil mit zylindrischem oder kegeligem Drosselkörper

3.1.1.1 Wirkungsweise und Einsatzparameter

Das Prinzip des Drehkegels (Hahn) ist seit mehr als 2000 Jahren bekannt und wurde als Zapfhahn, z.B. für das Abfüllen von Getränken, bekannt [1.8].

Die Stellwirkung auf einen Fluidstrom wird mit Hilfe zweier durch Drehen des Drosselkörpers veränderlicher Querschnittsflächen erreicht (Bild 3.1). Der Drehwinkel liegt im Bereich von 0° ... 90°. Der mit einem Durchbruch verschiedener Form versehene Drosselkörper kann zylinderförmig oder kegelig sein (Bild 3.1b). Stellhähne

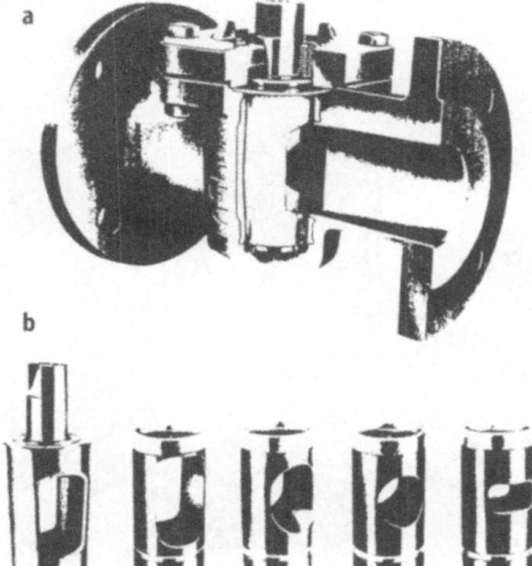

Bild 3.1. Drehkegelstellventil. **a** Hahn als Drosselkörper, **b** verschiedene Formen der Durchbrüche im Drosselkörper

sind zum Stellen mittlerer bis großer Durchflüsse bei Nennweiten DN 10 ... 300 und Nenndrücken PN 10 ...40 geeignet. Sie werden für K_{vs}-Werte von 100–4000 gebaut. Kegelige Drosselkörper sind hinsichtlich einer Abdichtung des Fluids besonders gut geeignet, weil das Nachstellen durch stärkeres Anpressen des Drosselkörpers relativ einfach möglich ist.

Für reine Regelaufgaben sind Drehkegelventile mit Hahn als Drosselkörper wenig geeignet, auch wenn durch verschiedene Form des Durchbruches besseres Stellverhalten erzwungen wird [1.8]. Die aufzuwendenden Stellkräfte sind kleiner als bei vergleichbaren Hubstellventilen. Bei feinen Hubänderungen kann es in Folge der Reibung zu *ruckartigem* Verstellen (Stick-Slip-Effekt) des Drosselkörpers kommen. Aus diesem Grunde, und um metallische Oberflächen einer Stellgarnitur vor Korrosion zu schützen, werden Hähne u.a. mit Überzügen aus PTFE ausgekleidet. Die zulässige Temperatur wird von der Art des Überzuges bestimmt. Für PER werden –40 °C ... 180 °C, für FEP –40 °C ... 160 °C und für PVDF –40 °C ... 140 °C angegeben [3.1].

3.1.1.2 Körper und Bauformen

Der Körper eines Drehkegelstellventils für zylindrische und kegelige Drosselkörper wird zumeist mit Flanschen ausgestattet. Da der Außendurchmesser des Drosselkörpers größer ist als die Nennweite des Rohres, ist eine Sandwichbauweise nicht gebräuchlich [1.5, 3.1].

Abgesehen von den Ausprägungen der Lager- und Hahnsitze sind Körper von Drehkegelstellventilen zumeist rotationssymmetrisch. Sie werden aus Guß (z.B. GS-C25) oder rostfreiem Stahl (z.B. CF 8M) gefertigt. Die Auskleidung kann aus synthetischen Stoffen oder Keramik sein.

Wenn nicht besonders vermerkt, ist der Körper des Drehkegelstellventils und der Drehkegel aus gleichem Werkstoff hergestellt.

3.1.1.3 Drosselelemente

Bei Kegelventilen mit zylinderförmigen oder konischen Drosselelementen werden

Hähne mit für den jeweiligen K_{vs}-Wert erforderlichen Durchbrüchen ausgestattet (s.a. Bild 3.1b). Durch Austausch der Drosselelemente wird der K_{vs}-Wert eines Drehkegelventils geändert. Die Kennlinien können linear oder gleichprozentig sein. Mit Hilfe von speziellen Kurvenscheiben in Verbindung mit dem Antrieb eines Drosselkörpers läßt sich die gewünschte Kennlinie erreichen [3.1]. Somit ist es auch möglich, nach Inbetriebnahme die Kennlinie z.B. durch Auswechseln der Kurvenscheiben zu verändern (Bild 3.2a). Das theoretisch sich ergebende Stellverhältnis (K_{vs}/K_{vo}, s.a. Pkt. 1.3.2. Gln. 1.3a, 1.4a) kann zwischen 25 und 50 liegen [1.5, 1.8]. Das für industriell verfügbare Drehkegelstellventile mit zylinderförmigem Drosselkörper ausgenutzte Stellverhältnis unter realen Einsatzbedingungen liegt zwischen 23 und 35 (Bild 3.2b).

3.1.1.4
Abdichtung Drosselkörper – Ventilantrieb
Ein Hahn eines Drehkegelventils hat mit dem Gegensitz flächenhaften Kontakt. Deshalb ist eine zusätzliche Abdichtung nicht erforderlich. An der Seite der herausgeführten Antriebswelle befinden sich zwischen Hahn und Druckflansch zumeist eine Formmembran und entsprechende Dichtringe, so daß die Anforderungen der TA-Luft erfüllt werden [1.8, 3.1].

3.1.2
Drehkegelstellventil mit kugelförmigem Drosselkörper
3.1.2.1
Wirkungsweise und Einsatzparameter
Beim Drehkegelstellventil mit kugelförmigem Drosselkörper wird eine durchbohrte Kugel verdreht, die an zwei gegenüberliegenden Strömungskanten den freien Querschnitt verändert, wodurch sich eine Fluiddrosselung ergibt (Bild 3.3). Mit derartigen Drosselkörpern kann ein sicheres Absperren auch bei großen Druckdifferenzen sowie ein geringer Druckverlust in der Auf-Stellung realisiert werden [1.5, 1.8, 3.3–3.7]. Aus diesen Gründen wurden Drehkugelventile in der Vergangenheit hauptsächlich für Auf-Zu-Betrieb eingesetzt, da bei kontinuierlichem Stellen durch einen Fluidstrom die Dichtheit in Zu-Stellung (Bild 3.4) – in Folge von Verschleiß nach längerer Nutzung als Stellglied – nicht für alle Anforderungen zu erfüllen ist. Erst mit dem Einsatz von z.B. Keramik oder nitrierten Oberflächen wird das Drehkugelstellventil zunehmend eingesetzt [1.5, 1.8, 3.4, 3.5]. Dreh-

Bild 3.2. Kennlinien von Drehkegeln mit zylindrischem Drosselkörper [3.1]. **a** Standardkennlinie, **b** Stellverhältnis

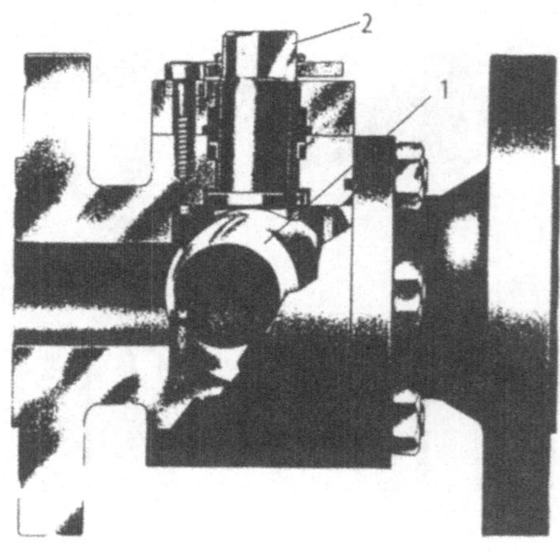

Bild 3.3. Drehkugelstellventil [3.6]. *1* Drehkugel als Drosselkörper, *2* Anti-blow-out-Schaltwelle

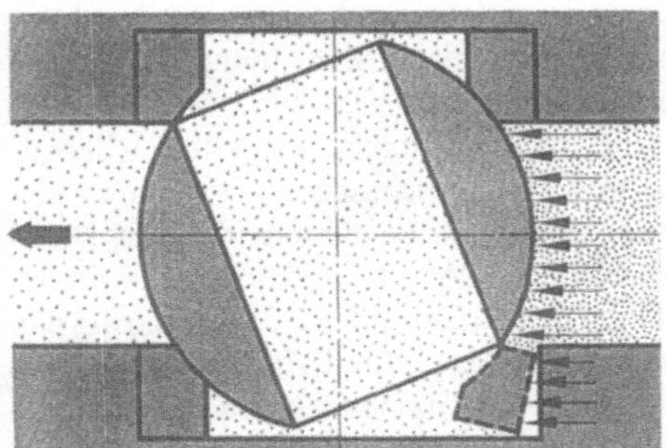

Bild 3.4. Drehkugelstellventil [3.5]. Druckwirkung in Zu-Stellung bei abgenutztem oder zu weichem Dichtring

kugelstellventile werden für Nennweiten DN 25 … 500 bei sehr kleinen Drücken (z.B. Vakuum [3.5]) bis zu Drücken PN 100 und mit K_{vs}-Werten 8 … 400 m³/h angeboten. Ein Kugelhahn (Standardausführung) mit zwei Drosselkanten hat einen großen Stellbereich mit nahezu gleichprozentiger Kennlinie und ein Stellverhältnis zwischen 100 und 300 [1.5]. Ein Einbau in Rohrleitungen gleicher Nennweite ist meistens nicht möglich, weil im Auf-Zustand der Druckabfall über dem Drosselkörper zu gering ist und eine Regelung daher erschwert wird [1.5, 1.8].

Wichtige *Vorteile* für Drehkugelstellventile zu vergleichbaren Hubventilen sind [3.4, 3.5]:

- kleinere Nennweiten mit Platz- und Gewichtsersparnissen bei gleichem $K_{v\,100}$,
- geringste Druckverluste und größter Durchfluß in Auf-Stellung,
- blasendicht in Zu-Stellung, deshalb auch als Absperrarmatur verwendbar,
- geeignet für feststoffhaltige Fluide,
- kompakte Konstruktion für die Stelleinrichtung.

3.1.2.2
Körper und Bauform

Körper für Drehkugelstellventile werden mit Flanschen oder zum Einschweißen und für kleine Nennweiten (DN <50) auch mit Rohrverschraubung gefertigt. Im allgemeinen hat das Drosselglied einen größeren Durchmesser als die Nennweite des Rohres, weshalb Sandwichausführungen nicht eingesetzt werden. Die Körper für Drehkugelstellventile sind meistens zwei- aber auch

dreiteilig (größere DN) ausgeführt. Häufig ist der Körper in Achsrichtung geteilt und durch einen Deckelflansch zur Aufnahme der Drehkugelachse und zum Abdichten gegen die Umwelt verschlossen. Bei größeren Nennweiten wird der Stellventilkörper seitlich von der Lagerung des Drosselkörpers durch einen weiteren montagebedingten Flansch ergänzt (Bild 3.3).

Drehkugelstellventilkörper werden aus hochwertigen nichtrostenden Stählen oder aus Sonderlegierungen und je nach Einsatzgebiet auch Kunststoff verkleidet gefertigt [3.3, 3.4]. Für besondere Anwendungen werden auch Hasteloy, Monel und Titan verwendet [3.2].

3.1.2.3
Drosselelemente

Da Drehkugelstellventile einen geradlinigen Strömungsdurchgang in der Auf-Stellung zulassen und der Drosselkörper sich flächenhaft an die Sitzelemente (Dichtringe) anschmiegt, werden sie auch zur Beeinflussung der Strömung *hochviskoser* Fluide eingesetzt. Die Kennlinie ist in weiten Grenzen des Stellbereichs nahezu gleichprozentig (Bild 3.5). Sie kann durch Stellungsregler in Verbindung mit Kurvenscheiben auch linear sein [3.3]. Durch Auswechseln der Stellkugel kann z.B. innerhalb einer Nenn-

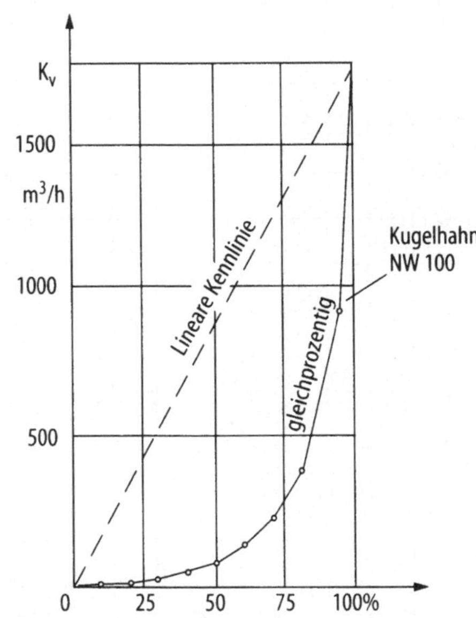

Bild 3.5. Kennlinie eines Drehkugelstellventils [3.5]

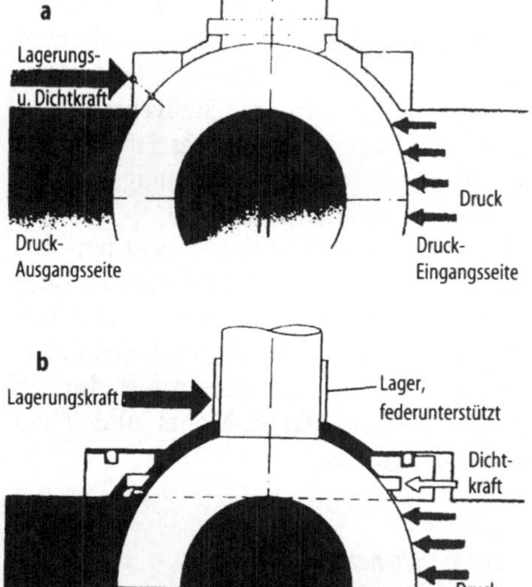

Bild 3.6. Führung des Drosselkörpers [3.8]. **a** schwimmender Drosselkörper, **b** gelagerter Drosselkörper

weite der K_{vs}-Wert in drei Größen gewählt werden. Durch spezielle Gestaltung des Durchbruches im Drosselkörper ist der Stellbereich zwischen 7% und 75% des K_{vs}-Wertes variierbar [3.3]. Die Lagerung des Drosselkörpers und das damit verbundene Prinzip der Abdichtung eines Fluids in der Strömungsrichtung hängt von der konstruktionsmäßigen Anordnung der Sitzelemente (Dichtringe) ab (Bild 3.6).

Bei der schwimmend gelagerten Stellkugel erfolgt die Abdichtung in Strömungsrichtung auf der druckentlasteten Seite des Drosselkörpers. Der Drosselkörper schwimmt durch den Fluiddruck auf den Dichtring der druckentlasteten Ventilseite auf (Bild 3.6a). Dadurch wirkt das Sitzelement als Lager und gleichzeitig als Dichtelement (Dichtung). Die vom Druck über den Sitzring erzeugte Anpresskraft der Kugel wird vom Gehäuse hinter dem Sitzring abgestützt.

Bei dem gelagerten Drosselkörper erfolgt die Abdichtung auf der dem abzudichtenden Fluid zugekehrten Seite der Kugel (Bild 3.6b). Der federunterstützte Dichtring wird durch den Druck des Fluids auf die gelagerte Kugel gepreßt. Die Lagerung der Kugel kann durch angedrehte Wellen, Zapfen oder Lagerschalen im Drehkugelstellventilkörper erfolgen. Die Stellkugel ist aus hochwertigen Stählen mit Kunststoff beschichtet oder aus einem Stahlkern mit Oxidkeramik gefertigt. Die Temperaturbereiche werden von der zulässigen thermischen Belastung der Kunststoffbeschichtung bestimmt (Bild 3.7).

3.1.2.4
Abdichtung Drosselkörper – Ventilantrieb

Ein Drehkugelstellventil ist nur in der Zustellung dicht. In jeder Zwischenstellung,

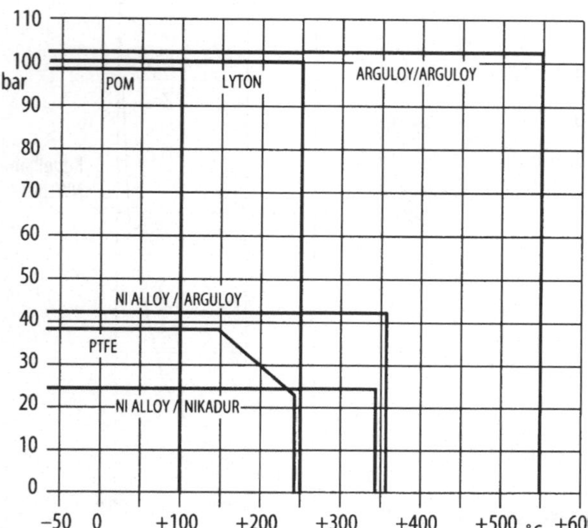

Bild 3.7. Betriebsdruck und -temperatur für eingesetzte Dichtungsmaterialien [3.2]

die beim Stellen eines Fluids auftritt, gelangt Fluid in das Gehäuse. Aus diesem Grunde ist eine *zusätzliche* Abdichtung durch Stopfbuchsen, die auch selbstspannend sein können, erforderlich.

3.1.3
Drehkegelstellventil mit kugelsegmentförmigem Drosselkörper
3.1.3.1
Wirkungsweise und Einsatzparameter

Dieses Stellprinzip hat seit seiner Einführung in den sechziger Jahren mit dem „camflex"-Stellventil durch das Unternehmen Massoneilan zunehmende Bedeutung erlangt [1.8, 3.10].

Die Drosselwirkung entsteht durch Verstellen eines schwenkbaren pilzartigen Drosselkörpers, dem Kugelsegment, senkrecht zur Fluidströmung (Bild 3.8). Dadurch gelang es, den großen K_{vs}-Wert und die kompakte Gestaltung eines Kugelventils mit ausgewählten Eigenschaften eines Standard-Hubventils (geringe Reibung, gute Regelbarkeit) zu kombinieren [1.8, 3.10–3.12]. Mit derartigen Drehkegelstellventilen werden K_{vs}-Werte zwischen 10 … 4000 erreicht. Die Nennweiten liegen im Bereich DN 25 … 300, die Nenndrücke zwischen PN 10 … 40. Die Betriebstemperatur kann zwischen –200 °C … 400 °C liegen. Der Regelbereich beträgt 100 : 1, die Kennlinie kann linear oder gleichprozentig sein.

3.1.3.2
Körper und Bauformen

Körper für Drehkugelsegmentstellventile werden mit Flanschen oder in Sandwichbauweise in eine Rohrleitung eingefügt (Bild 3.9). Sie werden zumeist mit Durchführung in einem Stück aus Stahlguß gegossen.

3.1.3.3
Drosselelement

Als Drosselelement wird ein selbstzentrierender exzentrisch gelagerter kugelsegmentförmiger Drosselkörper eingesetzt. Um die Reibungskräfte des Drosselkörpers beim Herausdrehen aus dem Sitz der Zustellung besser zu beherrschen, wird der Drehkegel *exzentrisch* zur Strömungsachse

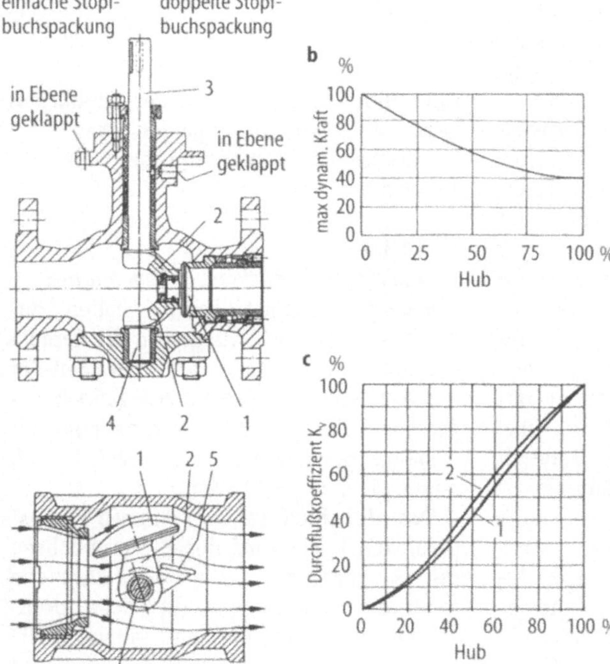

Bild 3.8. Drehkegelventil mit exzentrisch gelagertem Kugelsegment [1.18]. **a** prinzipieller Aufbau (Strömungsverlauf): *1* Kugelsegment (Drehkegel), *2* Arm, *3* Antriebswelle, *4* Gegenlager, *5* Stabilisierungsflügel, **b** Verlauf der maximalen dynamischen Kraft, **c** Durchflußkennlinie, *1* Öffnungsrichtung, *2* Schließrichtung

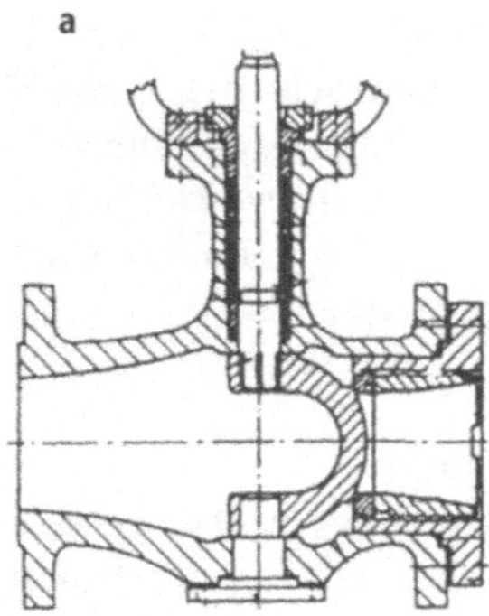
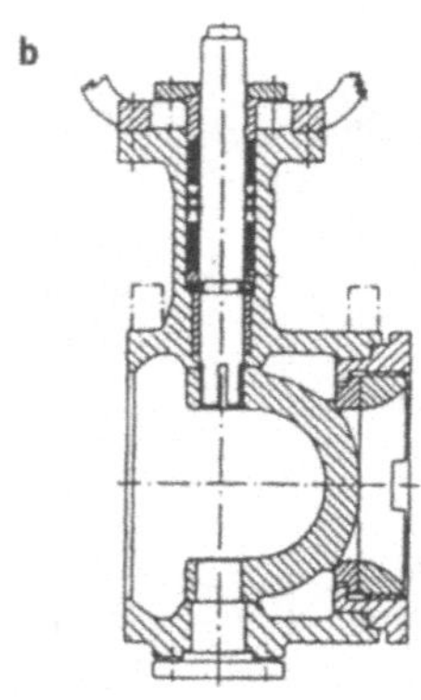

Bild 3.9. Flanschen- und Sandwich-einordnung eines Ventils in eine Rohr-leitung mit kugelsegmentförmigem Drosselkörper [3.12]. **a** Flanschbauweise **b** Sandwichbauweise

angeordnet (Bild 3.8a). Das auf den Drosselkörper drückende Fluid erzeugt über die Fläche des Kugelsegments in Verbindung mit dessen Lagerkräften ein Kräftepaar, das beim Öffnen in Richtung des Antriebsmoments und beim Schließen entgegen dem Antriebsmoment wirkt. Deshalb wird bei größeren Betriebsdrücken eine kleinere und bei kleineren Betriebsdrücken eine größere Exzentrizität für ein gleich großes Antriebsmoment vorgesehen.

Da in der Zu-Stellung der Drosselkörper in die Sitzfläche des Dichtringes gepreßt wird, ist darauf zu achten, daß die Auftreffwinkel der Sitzkugelfläche größer sind als die Haftreibungswinkel der Stoffpaarung Sitzring – Drosselkörper, anderenfalls ergibt sich Selbsthemmung durch Reibungskräfte.

Bei einem Öffnungswinkel des Drosselkörpers zwischen 65° ... 70° des möglichen Schwenkwinkels ergeben sich hohe Beanspruchungen des Antriebs in Folge der Fluidströmung, die auf den Drosselkörper einwirkt. Gleichzeitig damit verbunden ist auch eine verstärkte Geräuschentwicklung.

Zur Verringerung der Belastung eines Antriebes in Folge des Strömungswiderstandes vom Drosselkörper werden mit dem Drosselkörper fest verbundene Flügel (wing) vorgesehen (Bild 3.8a). Dadurch wird selbst beim kleinsten Strömungswiderstand des Drosselkörpers ($K_{v\,100}$) eine Umkehrung des Drehmoments ausgeschlossen [3.11]. Hinsichtlich geringer dynamischer Beanspruchungen des Antriebs und maximaler K_{vs}-Werte bei gleichzeitig minimiertem Geräuschpegel ist das Drehkegelventil nach Bild 3.10 ausgelegt. Durch

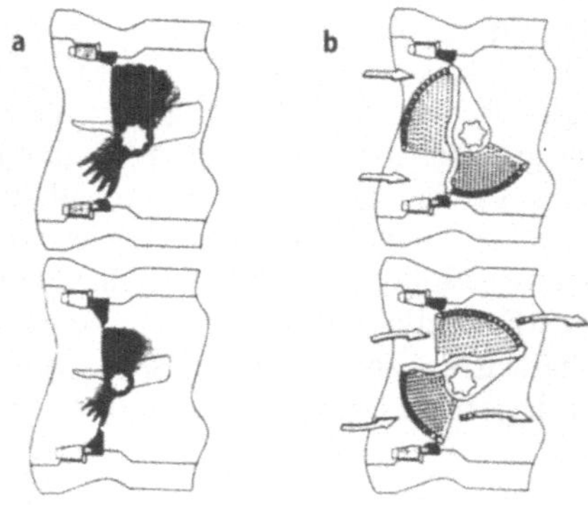

Bild 3.10. Optimierter Drehkegel [3.13]. **a** Zu-Stellung, **b** Auf-Stellung

eine andere Konstruktion des Drehkegels wird die Strömung geteilt, was eine geräuscharme Entspannung bei Gasen ermöglicht.

3.1.3.4
Abdichtung Drosselkörper – Ventilantrieb

Drehkugelsegmentstellventile haben zumeist im Inneren Gleitlager für die herausgeführte Antriebswelle. Der Zapfen auf der der Antriebswelle gegenüberliegenden Lagerseite ist entweder als Sackbohrung im Gehäuse oder durch einen Deckel nach außen dicht abgeschlossen.

Das Abdichten der zum Antrieb herausgeführten Welle wird durch Stopfbuchsen mit Ringpackung oder Dachmanschette mit und ohne Selbsteinstellung der Anpreßkraft erreicht. Um Lager und Antriebswelle vor aggressiven Fluiden zu schützen und ein Auslaufen von Fluiden sicher auszuschließen, können O-Ringe und/oder Faltenbalgabdichtungen eingesetzt werden.

3.1.4
Stellklappe
3.1.4.1
Wirkungsweise und Einsatzparameter

Die Drosselwirkung einer Stellklappe beruht darauf, daß sie in einem Fluidstrom (z.B. Gas, Dampf, Flüssigkeit) durch unterschiedliches Ausschwenken im Bereich von 0° ... 90° (oft nur bis zu rd. 65°) einen kontinuierlich verstellbaren Strömungswiderstand ergibt (Bild 3.11).

Stellklappen werden zum kontinuierlichen Verstellen großer bis sehr großer Fluidströme eingesetzt. Stellklappen haben bei gleicher Nennweite eine kürzere Baulänge als Hubstellventile und sind insbesondere bei größeren Nennweiten preisgünstiger [3.14, 3.20]. Verfügbare Nennweiten liegen im Bereich DN 8 ... 1200. Für spezielle Anwendungen werden auch Nennweiten von DN 4000 gefertigt [3.20]. Bei den kleineren Nennweiten können Nenndrücke PN 10 bis PN 100 beherrscht werden. Der Durchflußkoeffizient bei einer um 90° (Auf-Stellung) ausgeschwenkten Stellklappe kann zwischen 92 m³/h (DN 50) bis zu rd. 94 000 m³/h (DN 1200) betragen .

In der Zu-Stellung können Stellklappen als durchschlagend, anschlagend, exzentrisch und doppelexzentrisch ausgeführt sein.

3.1.4.2
Körper und Bauformen

Körper von Stellklappen werden in Sandwichbauweise, Einflansch- und Doppel-

Bild 3.11. Stellklappe mit Doppelflansch [3.14]

flanschausführung aus Stahlguß oder Edelstahl, je nach Anforderungen mit oder ohne Kunststoffauskleidung, hergestellt.

Für höhere Temperaturen (200 °C) und tiefere Temperaturen (0 °C) sind offene oder geschlossene Wellenverlängerungen lieferbar, welche die Distanz zwischen Antrieb und erwärmten Rohrwänden erhöhen bzw. die Stopfbuchsen vor Vereisung schützen.

Bei kunststoffbeschichteten Stellklappen werden zumeist auch die Innenwände des Stellklappenkörpers mit Kunststoff beschichtet.

3.1.4.3
Drosselelemente

Drosselelemente für Stellklappen werden nach verschiedenen Schwerpunkten optimiert. Daraus resultieren verschiedene Formen, die z.B. besonders günstige Strömungsverhältnisse und geringe Geräuschentwicklung ergeben oder einen günstigen Verlauf des Strömungswiderstands und damit des Stellmoments verursachen [3.19, 3.20]. Die Durchflußkennlinie einer Stellklappe ist *progressiv* ansteigend und hat bei 70° ... 75° einen Wendepunkt. Wird einem Stellbereich h von 0–100% ein Stellwinkel (Schwenkwinkel) von 0° ... 75° zugeordnet, so ergibt sich für den Durchfluß als Näherung eine vom Stellbereich quadratische Abhängigkeit (Bild 3.12). Eine Vergrößerung des Schwenkwinkels über 60° ist zumeist unzweckmäßig, weil sich bei vergrößerndem Öffnungswinkel das dynamische Drehmoment stark erhöht und dadurch Neigung zur Instabilität entsteht. Ist der zum Regeln verfügbare Differenzdruck relativ niedrig im Vergleich zu den übrigen Strömungswiderständen im Regelkreis, z.B. <20%, so wird die Durchflußkennlinie im oberen Öffnungsbereich stark abgeflacht. Eine Durchflußkennlinie wird bereits durch Anpassungsstücke beeinflußt, wenn DNA/DNP <0,7 wird [3.16] (DNA Nennweite im Auslauf, DNP Nennweite im Zulauf). Bei zentrisch gelagerter Stellklappe verläuft die Antriebswelle mittig durch das Armaturengehäuse und rechtwinklig zur Strömungsachse des Fluids. In der Zu-Stellung steht die Drosselklappe senkrecht zur Rohrwand und schließt mit einer zulässi-

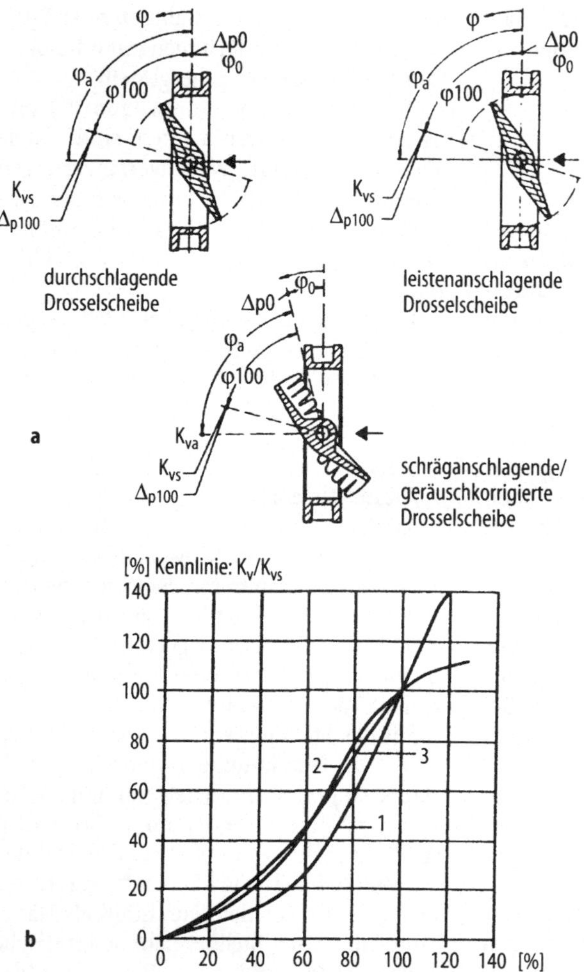

Bild 3.12. Kennlinie verschieden anschlagender Drosselkörper [3.19]. **a** Bauformen, **b** Kennlinie, *1* durchschlagender Drosselkörper, *2* leistenanschlagender Drosselkörper, *3* schräganschlagender Drosselkörper

gen Leckrate von 1% K_{vs} bei 60° Schließwinkel bzw. 0,5% K_{vs} bei 90° Schließwinkel. Zur Verbesserung der Dichtheit in der Zu-Stellung werden exzentrisch gelagerte Stellklappen mit Anschlag gefertigt. Die dabei sich ergebende Leckrate wird mit 0,1% K_{vs} bei 60° Schließwinkel und mit 0,05% K_{vs} bei 90° Schließwinkel bis zu der maximalen Betriebstemperatur angegeben.

Hinsichtlich der Realisierung regelungstechnischer Gesichtspunkte sind zentrisch gelagerte Stellklappen gut geeignet. Bei exzentrisch gelagerter Stellklappe schneiden sich Drehachse der Stellklappe und Rohrlängsachse nicht in Rohrmitte, sondern versetzt zur Klappenmittellinie.

Bei doppelexzentrisch gelagerter Stellklappe ist außer dem Versatz der Antriebswelle bezüglich der Rohrlängsachse noch eine Auslenkung des Drehpunktes der Stellklappe in Richtung der Rohrlängsachse vorhanden.

3.1.4.4
Abdichtung Drosselkörper – Antriebselement

In Abhängigkeit vom Betriebsdruck und von der Größe der Fläche ergeben sich entsprechende Belastungen der Lager und der Antriebswelle des Drosselkörpers. Diesen Belastungen angepaßt, werden die Antriebswellen innen oder zumeist außen gelagert.

Die Abdichtung des dem Antrieb abgekehrten Lagers erfolgt zumeist über dicht schließende Lagerdeckel. Zur Antriebsseite hin werden Stopfbuchsen und für Sonderanwendungen auch der Faltenbalg eingesetzt.

3.2
Vor- und Nachteile ausgewählter Stellglieder mit Dreh-(Schwenk-) Bewegung des Drosselkörpers

Wichtige *Vorteile* dieser Stellglieder ergeben sich im Vergleich zu Hubstellventilen aus dem zumeist größeren Stellverhältnis, den geringeren Baulängen, dem öffnend wirkenden dynamischen Drehmoment sowie dem geringeren Eigengewicht (Tabellen 3.1 und 3.2). *Nachteilig*, insbesondere bei größeren Stellklappen, ist die geringe Dichtheit in der Zu-Stellung für den Einsatz als Regel- und Absperrarmatur.

Tabelle 3.1. Vor- und Nachteile von Stellgeräten mit Schwenkbewegung [1.8]

Ventilbauart	Typische Verfügbarkeit	Vorteile	Nachteile
Kugelventil mit „schwimmender" Kugel	DN 15-200 PN 16-100 ANSI 125-600	– Extrem hohe K_v-Werte bei voller Bohrung = Nennweite – Robuste Konstruktion mit Selbstreinigungseffekt – Exzellente Dichtheit	– Hoher Druckrückgewinn, niedrige F_L- und X_T-Werte – Geringes Drosselvermögen – Hohe Reibung + Hysteresis – Teuer bei großen Nennweiten
Kugelventil mit „gelagerter" Kugel	DN 100-1000 PN 10-40 bis ANSI 300	– Extrem hohe K_v-Werte bei voller Bohrung = Nennweite – Robuste Konstruktion mit Selbstreinigungseffekt – Gute Dichtheit	– Hoher Druckrückgewinn, niedrige F_L- und X_T-Werte – Geringes Drosselvermögen – Beschränkter Differenzdruck – Teuer bei großen Nennweiten
Kugelsegmentventil	DN 50-400 PN 16-40 ANSI 125-300	– Hohe K_v-Werte – Gute Regelbarkeit und Charakteristik bei V-Schlitz-Segment – Ökonomische Alternative bei großen Nennweiten > DN 150	– Hoher Druckrückgewinn, niedrige F_L- und X_T-Werte im Vergleich zu Standardventilen – Geringes Drosselvermögen – Beschränkter Differenzdruck
Drosselklappen (normale Ausführung)	DN 50-1200 PN 6-25 bis ANSI 150	– Kompakt und geringes Gewicht bei Sandwich-Gehäuse – Preiswerte Alternative – Hohe K_v-Werte, gute Regelbarkeit, geringe Drehmomente – Breite Palette von Auskleidungsmaterialien verfügbar	– Hohe Restleckmenge bei durchschlagender Ausführung – Nur geringe Differenzdrücke zulässig (Lärm, Kavitation) – Begrenzte Anwendung bei ausgekleideten Klappen – Keine Optionen verfügbar
Drosselklappen (schwere Ausführung mit exzentrisch gelagerter Scheibe)	DN 100-400 PN 25-250 ANSI 150-1500	– Kompakte Ausführung bei Sandwich-Gehäuse – Hohe K_v-Werte, gute Regelbarkeit – Gute Dichtheit bei hohem statischen Differenzdruck – Ökonomische Alternative	– Nur geringe dynamische Differenzdrücke zulässig (Lärm, Kavitation usw.) – Wenige Optionen verfügbar – Relativ hohe Drehmomente im Vergleich zu einfachen Klappen
Drehkegelventil (konische Ausführung)	DN 15-200 PN 10-40 bis ANSI 300	– Preiswerte Lösung bei AUF-ZU-Betrieb und hohen Differenzdrücken – K_v-Werte – Dichter Abschluß	–Hohe Reibung und Hysteresis – Ungeeignet bei genauen Regelaufgaben – Eingeschränkte Anwendung bei Teilen aus PTFE oder PFA
Drehkegelventil (zylindrische Ausführung)	DN 25-300 PN 10-40 bis ANSI 300	– Preiswerte Lösung bei AUF-ZU-Betrieb und Regelungen mit geringen Anforderungen – Hohe K_v-Werte	– Eingeschränkte Anwendung bei Teilen aus PTFE oder PFA – Hoher Druckrückgewinn (Lärm, Kavitation usw.)
Drehkegelventil mit exzentrischer Lagerung und Kugelsegment-Oberfläche	DN 25-300 PN 25-100 ANSI 150-600	– Kompakte Ausführung bei flanschlosem Gehäuse – Hohe K_v-Werte, gute Regelbarkeit – Hohe Dichtigkeit bei moderaten Antriebskräften – Integriertes „Oberteil"	– Wenige Optionen verfügbar – Relativ hoher Druckrückgewinn (Lärm, Kavitation) – Teuer bei kleinen Nennweiten – Eingeschränkte Anwendung bei flanschloser Ausführung

Tabelle 3.2. Spezifische Eigenschaften ausgewählter Drehstellgeräte [1.8]

Bewertung der Kriterien:

++ sehr gut
+   gut
0   noch befriedigend
−   weniger gut geeignet
−− völlig ungeeignet bzw. ungenügend

	Drosselklappe (durchschlagend)	Drosselklappe (anschlagend)	Schwere doppelexzentrische Klappe	Exzentrisches Drehkegelventil	Kugelventil mit schwimmender Kugel	Kugelventil mit gelagerter Kugel	Kugelsegmentventil	Hahn mit konischen Küken	PTFE/PFA ausgekleidete Drosselklappe
Kleinste verfügbare Nennweite	50	80	100	25	15	25	50	15	80
Größte verfügbare Nennweite	1200	1200	400	300	200	1000	400	200	300
Preis-/Nennweitenverhältnis	++	+	0	0	+	0	+	0	+
Preis pro K_V-Wert	++	++	+	+	++	++	++	+	+
Preis Ventil + pneum. Antrieb	++	+	0	0	−	−	0	−	+
Erreichbares Stellverhältniss K_{VS}/K_{V0}	++	+	++	++	+	+	++	0	+
Kennliniengüte linear/gleichprozentig	0	0	0	0	−	−	+	−	0
Dichtheit im Sitz	−−	0	+	+	++	+	0	++	++
Eignung für Regelbetrieb	+	+	+	+	−	−	+	−−	+
Reibung und Hysteresis	+	+	0	+	−	0	0	−−	+
Dichtheit nach außen (Stopfbuchse)	0	0	0	0	0	0	0	0	+
Erforderliche Antriebskraft	+	+	0	+	−	0	+	−	+
Variabilität (verfügbare Optionen)	−	−	0	0	−	−	0	−	−
Anwendbarer Temperaturbereich	++	++	++	++	+	+	++	0	0
Anwendbarer Druckbereich	0	0	++	+	0	0	0	0	−
Geräuschverhalten Gase/Dampf	−−	−−	−	0	−−	−−	0	−−	−−
Neigung zu Kavitation	−−	−−	−−	0	−−	−−	0	−−	−−
Neigung zu Erosion	−	−	0	0	0	0	0	0	−
Totraumfreiheit im Gehäuse	+	+	+	0	+	+	0	+	+
Feuersicherheit des Ventils	−	−	−	−	++	+	−	+	−
Anwendbarkeit bei Suspensionen	+	−	0	+	+	+	++	+	+
Reparaturfreundlichkeit des Ventils	+	0	0	0	+	0	+	−	0
Durchnittliche Lebensdauer	0	0	+	+	+	+	0	0	0
Anteil in % aller Industrieventile ca.	9	< 1	< 2	14	13	< 1	3	< 1	< 1

Mit Hilfe der exzentrischen Lagerung wird erreicht, daß die Stellklappe auch im Bereich sehr geringer Stellwinkel einen freien Strömungsquerschnitt hat, um nach Überwindung dieses geringen Stellweges blasendicht zu schließen ohne längere reibende Berührung mit dem Dichtelement des Sitzes zu haben. Dadurch werden Verschleiß und der Bedarf an Antriebsmomenten zum Öffnen einer Stellklappe minimiert.

Literatur

3.1 TUFLIN Regelarmaturen nach DIN und ANSI. Prospekt G, Ausgabe 03.95. XOMOX International, Lindau/Bodensee

3.2 Standard-Kugelhähne FK/79 für die Chemie. Prospekt CH 02.95 3 EB. Argus, Ettlingen

3.3 Stellkugelhähne mit Regelcharakteristik: PFA, FEP, PVDF-ausgekleidet. Prospekt. ITT Richter Chemie-Technik, Kempen/ Ndrh.

3.4 RICHTER info Nr. 9, Ausgabe 05.94. ITT Richter Chemie-Technik, Kempen/Ndrh.

3.5 Fechner B Regelkugelhähne. Sonderdruck Reg. 1094 3. Argus, Ettlingen

3.6 Metallische Dichtsysteme – wie nach Maß geschneidert für extreme Einsatzfälle. Prospekt.

3.7 Kompakt-Kugelhahn aus PFA, FEP, PTFE. Prospekt. ITT Richter Chemie-Technik, Kempen/Ndrh.

3.8 DIN Kugelhähne PN 10 – PN 250 D3. Katalog. Argus, Ettlingen

3.9 MiniTork II: Stellklappe DN 50 bis DN 300. Datenblatt Nr. 352/2 (G). Masoneilan, Düsseldorf

3.10 Camflex II: Die zweite Generation des Universal-Stellventils. Katalog Nr. BF 5000 G. Masoneilan HP+HP, Frankfurt

3.11 Baureihe 2100: FloWing-Drehkegelventil. Geräte-Information DA-11.1, Ausgabe 04. 86. Honeywell Regelsysteme, Offenbach

3.12 Stellarmaturen und Zubehör für die Automation. Fertigungsprogramm Ausgabe 01. 91, VETEC Ventiltechnik, Speyer

3.13 Maxifluß-Stellventile: Maxifluß Control Valve Typ 72.21–72.26. Prospekt Ausgsabe Juli 93. VETEC Ventiltechnik, Speyer

3.14 KEYSTONE Vanessa Serie 30.000 DIN-Ausführung. Katalog. Keystone, Mönchengladbach

3.15 Ihr Klappenprogramm bei ARI: ZERI. ZESA. ZEMO. Prospekt. ARI-Armaturen Albert Richter, Schloß Holte-Stukenbrock

3.16 Stellklappen. Prospekt M/5/84/DE Ausgabe 05.95. Magdeburger Armaturenwerk, Magdeburg

3.17 PTFE/PFA Normalklappen für korrosive Medien. Prospekt Nr. 136.03.04. Richter Chemie-Technik GmbH, Kempen/Ndrh.

3.18 TUFLIN Hochleistungsabsperr- und Regelklappe Typ 800. Prospekt K Ausgabe 08.95. XOMOX International, Lindau/Bodensee

3.19 SAMSON Katalog Stellgeräte für die Verfahrenstechnik Ausgabe 12/92. Samson Meß- und Regeltechnik, Frankfurt a.M. S 111–130

3.20 Absperrklappen für die Industrie. Produktkatalog. OHL Gutermuth Industriearmaturen, Altenstadt

4 Bemessungsgleichungen für Stellglieder nach DIN/IEC 534

L. Kollar

4.1
Berechnungsziele und Gültigkeitsbereiche der Bemessungsgleichungen

Im Unterschied z.B. zum Meßumformer oder Regler, deren Parameter auch nach einer Inbetriebnahme noch eingestellt werden können, muß ein Stellglied von Beginn an den Anforderungen entsprechend einer Aufgabenstellung genügen. Deshalb ist die Auswahl eines Stellgliedes nach Größe (z.B. Nennweite, Nenndruck) und Art der Kennlinie (linear, gleichprozentig) sowie nach prozeßspezifischen und produktionstechnischen Gegebenheiten vorzunehmen (s.a. Abschn. 1.1).

Mit Hilfe verfügbarer theoretischer und empirischer Erkenntnisse können Stellglieder für den Durchfluß inkompressibler Fluide [DIN/IEC 534-2-1] und für den Durchfluß kompressibler Fluide [DIN/IEC 534-2-2] ausreichend genau bemessen werden. Das Berechnungsverfahren gilt für Newtonsche Fluide bei *turbulenter* Strömung. Gleichzeitig berücksichtigen die Gleichungen nach [DIN/IEC 534-2] den Einfluß der Druckrückgewinnung verschiedener Bauarten von Stellgliedern sowie Kavitation, Einschnürung der Fluidströmung und Viskosität.

Da diese Gleichungen nicht für Fluide mit z.B. veränderlicher Viskosität, Feststoffanteilen oder Suspensionen sowie für Kleinstellventile (hier liegt *laminare* Fluidströmung vor) gelten, werden in Überarbeitung der DIN/IEC 534-2 auch die damit im Zusammenhang stehenden Parameter künftig berücksichtigt [1.22, 1.23].

Da die Berechnung von Stellgliedern gut algorithmierbar ist und die Parameter der Stellglieder umfangreichen Standards unterliegen, wurde zumeist von Stellgliedherstellern Software entwickelt, mit deren Hilfe die Stellglied- und oft auch Stellgliedantriebsberechnung für typische Anwendungen rechnergestützt erfolgen kann [4.1–4.4].

Zur Berechnung des Durchflusses Q (Volumenstrom in m³/h) oder des Durchflusses W (Massenstrom in kg/h) sowie des Durchflußkoeffizienten K_v sind folgende Kennwerte erforderlich (Tabelle 4.1):

p_1 Druck vor dem Stellglied in Pa,
p_2 Druck nach dem Stellglied in Pa,
Δp $p_1 - p_2$ Druckverlust in Pa,
ρ Dichte vor dem Stellglied bei Flüssigkeiten in kg/m³,
ρ_1 Dichte vor dem Stellglied bei Gasen und Dämpfen,
t Temperatur vor dem Stellglied in °C.

4.2
Ausgewählte Grundbegriffe zur Kennzeichnung der Strömung bei Fluiden

Während eine Berechnung des Durchflusses durch geometrisch einfache Querschnitte (z.B. Blende, Düse) mit gutem Ergebnis möglich ist, sind rein rechnerische Ergebnisse des Durchflusses durch Querschnitte (z.B. eines Hubventils oder eines Drehkegelventils) mit Unsicherheiten behaftet [1.8, 1.11, 1.22, 1.23]. Aus diesen Gründen sind experimentelle Untersuchungen nicht zu umgehen. Diese können unter standardisierten Bedingungen [DIN/IEC 534-2-3] durchgeführt werden (Bild 4.1). Der an einer Drosselstelle eintretende spezifische Energieverlust Y_v ergibt sich für turbulente Strömung zu

$$Y_v = \frac{\Delta p}{\rho} = \xi \frac{w^2}{2} \tag{4.1}$$

Y_v spezifischer Druckenergieverlust in J/kg,
Δp statischer Druckverlust in Pa,
ρ spezifische Dichte des Fluids in kg/m³,
ξ Verlustkoeffizient mit der Dimension 1,
w mittlere Geschwindigkeit des Fluids in m/s.

Für den statischen Druckverlust bei turbulenter Strömung gilt:

Tabelle 4.1. Gleichungen zur Ventilberechnung

p_1 Druck vor dem Ventil	Dichte (allgemein
p_2 Druck nach dem Ventil	und bei Flüssigkeiten)
H Hub	Dichte vor dem Ventil
Q Durchfluß in m^3/h	(bei Gasen und Dämpfen)
W Durchfluß in kg/h	t_1 Temperatur (ΥC) vor dem Ventil

Nur für einstufige Ausführungen

Druck-gefälle	Durchfluß von Flüssigkeiten m^3/h	kg/h	Durchfluß von Gasen m^3/h	kg/h	Durchfluß von Wasserdampf kg/h
$p_2 > \dfrac{p_1}{2}$ $\Delta p < \dfrac{p_1}{2}$			$K_v = \dfrac{Q_G}{519}\sqrt{\dfrac{\rho_G\, T_1}{\Delta p\, p_2}}$	$K_v = \dfrac{W}{519}\sqrt{\dfrac{T_1}{\rho_G\, \Delta p\, p_2}}$	$K_v = \dfrac{W}{31,62}\sqrt{\dfrac{v_2}{\Delta p}}$
	$K_v = Q\sqrt{\dfrac{\rho}{1000\Delta p}}$	$K_v = \dfrac{W}{\sqrt{1000\rho\Delta p}}$			
$p_2 > \dfrac{p_1}{2}$ $\Delta p > \dfrac{p_1}{2}$			$K_v = \dfrac{Q_G}{259,5p_1}\sqrt{\rho_G\, T_1}$	$K_v = \dfrac{W}{259,5\, p_1}\sqrt{\dfrac{T_1}{\rho_G}}$	$K_v = \dfrac{W}{31,62}\sqrt{\dfrac{2v\,*}{\Delta p}}$

hierin ist:

	$Q_G\ m^3/h$	Durchfluß gasförmiger Stoffe bez. auf 0 ΥC und 1013 mbar
	kg/m^3	Dichte von Flüssigkeiten
	$_G\ kg/m^3$	Dichte gasförmiger Stoffe bei 0 ΥC und 1013 mbar
$\left.\begin{array}{l} p_1\ bar \\ p_2\ bar \\ \varnothing p\ bar \end{array}\right\}$ Absolutdruck p_{abs}	$v_1\ m^3/kg$	Spez. Volumen (aus Dampftafel) bei p_1 und t_1
	$v_2\ m^3/kg$	Spez. Volumen (aus Dampftafel) bei p_2 und t_1
T_1 in K; t_1 in ΥC; $T_1 = 273{,}15 + t_1$	$v\,*\ m^3/kg$	Spez. Volumen (aus Dampftafel) bei $\dfrac{p_1}{2}$ und t_1

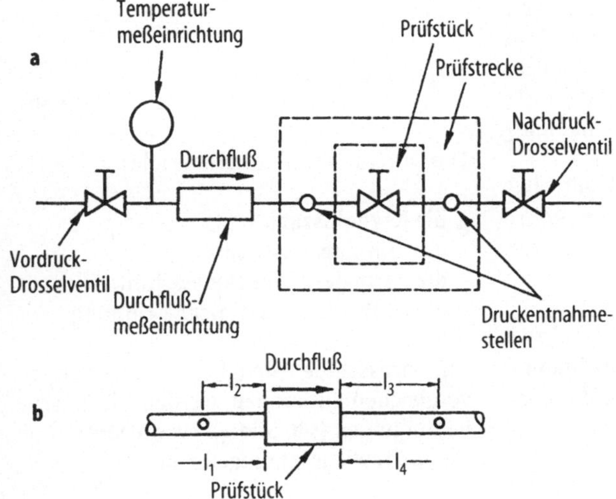

Bild 4.1. Durchflußprüfeinrichtung [FIN/IEC 534-2-3]. **a** Anordnung der Funktionseinheiten, **b** Abstände der Leitungen zum Prüfling: $l_1 \geq 20$ DN; $l_2 = 2$ DN; $l_3 = 6$ DN; $l_4 \geq 7$ DN

$$\Delta p = \zeta \frac{\varrho}{2} w^2 \qquad (4.2a)$$

und bei laminarer Strömung:

$$\Delta p = \zeta \eta Q \qquad (4.2b)$$

mit

ζ Widerstandsbeiwert mit der Dimension 1,

η dynamische Viskosität des Fluids in Pa · s,

Q Durchfluß in m³/h.

Experimentelle Aussagen über die eine Strömung kennzeichnenden Parameter können ermittelt werden, falls die verwendeten Modelle den zu untersuchenden Vorgängen mechanisch ähnlich sind. Das ist gegeben, wenn außer den geometrischen Abmaßen der eine Strömung begrenzenden Rohre und Einbauten auch die Stromlinien ineinander abbildbar sind [1.20]. Daraus folgt:

1. die untersuchten Objekte sind in ihren Formen geometrisch ähnlich,
2. Kräfte müssen in gleicher Richtung wirksam sein und in einem bestimmten Verhältnis zueinander stehen sowie an den entsprechenden geometrischen Orten der zu vergleichenden Objekte angreifen.

Für eine inkompressible Strömung mit vernachlässigbarer Schwerkraft (im System sind keine freien Oberflächen) sind Trägheitskräfte F_T, Druckkräfte F_D und Reibungskräfte F_R die eine Strömung bestimmenden Größen und über das dynamische Gleichgewicht zu

$$F_T + F_D + F_R = 0 \qquad (4.3a)$$

von einander abhängig.

Zwei Fluidströme mit der jeweiligen Trägheits-, Druck- und Reibungskraft, der Dichte ρ_1, ρ_2 der dynamischen Viskosität η_1, η_2, der Geschwindigkeit w_1, w_2 in den Rohren mit den Rohrdurchmessern d_1 und d_2 sind entsprechend den Folgerungen unter 2. mechanisch ähnlich, wenn

$$\frac{F_{T1}}{F_{T2}} = \frac{F_{D1}}{F_{D2}} = \frac{F_{R1}}{F_{R2}} = \text{const} . \qquad (4.3b)$$

gilt.
Da

$$F_T \sim \varrho w^2 \quad \text{und} \qquad (4.3c)$$

$$F_R \sim \eta \frac{w^2}{d} \qquad (4.3d)$$

ist, folgt aus Gl. (4.3b):

$$\frac{F_{T1}}{F_{R2}} = \frac{F_{T2}}{F_{R2}} = \frac{\varrho_i w_1^2 d_1}{\eta_1 w_1} = \frac{\varrho_2 w_2^2 d_2}{\eta_1 w_2}$$

$$= \frac{\varrho_1 w_1 d_1}{\eta_1} = \frac{\varrho_2 w_2 d_2}{\eta_2} \qquad (4.3e)$$

$$= \text{const} = Re,$$

die Reynoldszahl Re.

Die Reynoldszahl gibt das Verhältnis von Trägheitskraft zu Reibungskraft an. Zwei Strömungen sind mechanisch ähnlich, wenn die Reynoldszahlen gleich und die die Strömung begrenzenden Flächen ineinander abbildbar sind [1.8, 1.20].

Für ein inkompressibles Fluid gilt, daß der Fluidstrom Q unabhängig vom Rohrquerschnitt konstant ist, somit folgt für die Kontinuitätsgleichung:

$$A_1 \varrho_1 w_1 = A_2 \varrho_2 w_2 = \text{const}.\qquad(4.4)$$

Ist eine stationäre Strömung eines inkompressiblen Fluids reibungsfrei, gilt die Bernoulli-Gleichung:

$$\frac{p}{\varrho} + gh + \frac{w^2}{2} = \text{const}.\qquad(4.5a)$$

mit

p statischer Druck in Pa,
g Erdbeschleunigung in m/s^2,
h geodätische Höhe eines Ortes über einem Bezugspunkt in m,
w Strömungsgeschwindigkeit in m/s.

Daraus ergibt sich für zwei benachbarte Orte in einem strömenden Fluid:

$$\frac{p_1}{\varrho_1} + gh_1 + \frac{w_1^2}{2} = \frac{p_2}{\varrho_2} + gh_2 + \frac{w_2^2}{2}$$
$$= \text{const}.\qquad(4.5b)$$

Ist ein strömendes Fluid kompressibel mit

$$\varrho_1 \neq \varrho_2,\qquad(4.5c)$$

so folgt aus Gl. (4.5b) und Gl. (4.5c):

$$gh_1 + \frac{w_1^2}{2} = gh_2 + \frac{w_2^2}{2} + \int_{p_1}^{p_2} \frac{dp}{\varrho}.\qquad(4.5d)$$

Ausgehend von den angegebenen Grundgleichungen Gln. (4.1–4.5) ergibt sich für den durch einen Querschnitt A fließenden Fluidstrom:

$$Q = Aw = A\sqrt{2gh} = A\sqrt{\frac{2p}{\varrho}}.\qquad(4.6a)$$

Bei experimentellen (realen) Untersuchungen ergibt sich ein kleinerer Volumenstrom als mit Gl. (4.6a) berechnet. Deshalb wird ein Strömungsbeiwert, die Durchflußkennzahl α, hinzugefügt.

Für $\alpha < 1$ ergibt sich:

$$Q = Aw\alpha = A\alpha\sqrt{\frac{2p}{\varrho}}.\qquad(4.6b)$$

Die Durchflußzahl α berücksichtigt

- die Reynoldszahl,
- das Öffnungsverhältnis,
- die Form des Drosselquerschnittes,
- die Größe der Druckrückgewinnung.

Um drosselnde Stellglieder miteinander vergleichen zu können, werden die Normbedingungen (s.a. Bild 4.1) vorgegeben und Gl. (4.6b) wie folgt umgeformt:

$$Q = K_v \sqrt{\Delta p} \quad \text{oder}\qquad(4.6c)$$

$$Q = K_v \sqrt{\frac{\Delta p}{\varrho / \varrho_0}}\qquad(4.6d)$$

mit

Q Durchfluß in m^3/h,
K_v Durchflußkoeffizient in m^3/h,
Δp Druckdifferenz in Pa.

Mit dem Quotienten ϱ/ϱ_0 wird der Dichteunterschied eines von Wasser abweichenden Fluids, das durch einen Drosselquerschnitt A strömt, berücksichtigt. Ausgehend von diesen Grundgleichungen werden der Durchfluß Q in m^3/h oder W in kg/h und der Ventilkoeffizient berechnet. Die daraus resultierenden vereinfachten Gleichungen (Tabelle 4.1) werden auch gegenwärtig zur näherungsweisen Dimensionierung von drosselnden Stellgliedern angewendet.

4.3
Zur Auswahl eines Stellgliedes

4.3.1
Berechnung des Durchflusses bei inkompressiblen Fluiden [DIN/IEC 534-2-1]

4.3.1.1
Durchflußgleichung

Die Genauigkeit einer Berechnung der Abmessungen eines drosselnden Stellgliedes auf der Grundlage der Näherungen (Tabelle 4.1) kann verbessert werden, wenn der Einfluß weiterer Größen in die Berechnung einbezogen wird. Dazu werden Korrekturfaktoren [DIN/IEC 534-2-1] in die Gleichung eingefügt. Sie berücksichtigen u.a. [1.8, 1.14, 1.20]:

- Abmessungen der Rohrleitungen vor und nach dem Stellglied durch den Rohrgeometriefaktor F_P,
- Durchflußbegrenzung (choked flow) bei hohem Druckgefälle durch den Druckverhältnisfaktor F_y,
- Viskosität des Fluids durch den Reynolds-Zahl-Faktor F_R.

Unter Einbeziehung dieser Korrekturfaktoren erhält Gl. (4.6d) die folgende Form und entspricht damit DIN/IEC 534-2-1:

$$Q = N_1 F_p F_R C \sqrt{\frac{\Delta p}{\varrho / \varrho_0}}. \qquad (4.6\text{e})$$

Für den Druckabfall Δp wird der Koeffizient $N_1 = 1$ (numerische Konstante) und der allgemeine Durchflußkoeffizient C geht über in den Durchflußkoeffizienten K_v, somit gilt:

$$Q = F_p F_R K_v \sqrt{\frac{\Delta p}{\varrho / \varrho_0}}. \qquad (4.6\text{f})$$

Damit kann für einphasige Strömung eines Newtonschen Fluids der erforderliche Durchflußkoeffizient zu

$$K_v = \frac{Q}{F_p F_R} \sqrt{\frac{\varrho / \varrho_0}{\Delta p}} \qquad (4.7)$$

ermittelt werden.

4.3.1.2
Rohrgeometriefaktor F_p

Der Rohrgeometriefaktor (Rohrleitungsgeometriefaktor) F_p hat vernachlässigbaren Einfluß, wenn das Fluid gerade in das Stellglied und gerade aus dem Stellglied strömt und die Rohrdurchmesser $d_{1,2}$ gleich dem Durchmesser D des Stellgliedes sind. Da das bei Hubstellventilen zumeist gegeben ist, kann in diesem Falle $F_p = 1$ gesetzt werden.

Befinden sich Fittings vor oder hinter dem Stellglied mit von D abweichenden Durchmessern d, dann muß der berechnete K_v-Wert korrigiert werden. Das trifft im allgemeinen zu bei Stellklappen, Stellhähnen, Stellkugelventilen und Stellschieberventilen.

Der Einfluß von F_p kann wie folgt berechnet werden:

$$F_p = \frac{1}{1 + \dfrac{\zeta_{ges}}{0,0016}\left(\dfrac{K_v}{d}\right)^2} \qquad (4.8)$$

mit dem Gesamtwiderstandsbeiwert ζ_{ges}.

Dabei enthält der Widerstandsbeiwert ζ_{ges} die Summe aller durch Fittings verursachten Strömungsbeeinflussungen. Es gilt:

$$\zeta_{ges} = \zeta_1 + \zeta_2 + \zeta_{B1} - \zeta_{B2} \qquad (4.9)$$

mit

ζ_1 Widerstandsbeiwert des Fittings im Einlauf

ζ_2 Widerstandsbeiwert des Fittings im Auslauf

ζ_{B1} Bernoulli-Druckziffer im Einlauf

ζ_{B2} Bernoulli-Druckziffer im Auslauf.

Der Widerstandsbeiwert des Stellgliedes selbst ist in Gl. (4.9) nicht erfaßt.

Wenn die Durchmesser von Eingangs- und Ausgangsfittings gleich groß sind, werden die Bernoulli-Druckziffern gleich und haben keinen Einfluß auf den Widerstandsbeiwert.

Haben Fittings verschiedene Durchmesser, muß ζ_B zu

$$\zeta_B = 1 - \left(\frac{d}{D}\right)^2 \qquad (4.10\text{a})$$

berechnet werden.

Sind die Fittings genormte Reduzierstücke, so sind die Beiwerte näherungsweise zu berechnen.

Es gilt
bei Reduzierung im Eingang:

$$\zeta_1 = 0,5\left[1 - \left(\frac{d_1}{D}\right)^2\right]^2, \qquad (4.10\text{b})$$

bei Reduzierung im Ausgang:

$$\zeta_2 = 1,0\left[1 - \left(\frac{d_2}{D}\right)^2\right]^2. \qquad (4.10\text{c})$$

Eingangs- und Ausgangsreduzierung bei gleicher Nennweite:

$$\zeta_1 + \zeta_2 = 1,5\left[1 - \left(\frac{d}{D}\right)^2\right]^2. \qquad (4.10\text{d})$$

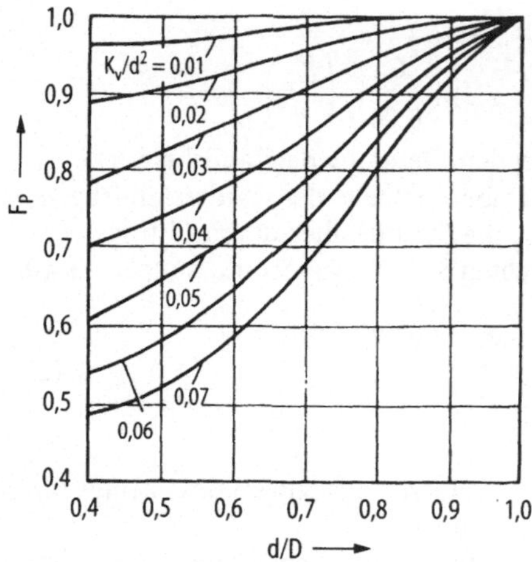

Bild 4.2. Rohrgeometriefaktor F_p in Abhängigkeit vom Durchmesserverhältnis [1.20]. d Rohrdurchmesser vor und nach dem Stellglied, D Durchmesser des Stellgliedes, K_v Durchflußkoeffizient

Der mit dem Korrekturfaktor berechnete Durchflußkoeffizient K_v eines Ventils ergibt zumeist einen etwas größeren Wert als erforderlich.

Weichen die Bedingungen hinsichtlich der Durchmesserverhältnisse sehr von den Annahmen ab, sind die Widerstandsbeiwerte zur Korrektur experimentell zu ermitteln.

Wenn der Querschnitt des Rohres vor und nach dem Stellglied mit gleicher Größe vom Querschnitt des Stellgliedes abweicht, kann der Rohrgeometriefaktor auch grafisch ermittelt werden (Bild 4.2). Der Rohrgeometriefaktor nimmt mit kleiner werdendem Verhältnis von Rohrdurchmesser zu Stellglieddurchmesser nichtlinear ab. Deutlich ist der abnehmende Einfluß des Rohrgeometriefaktors erkennbar, wenn Rohrinnendurchmesser und Stellglieddurchmesser annähernd gleich groß sind.

4.3.1.3
Kritischer Druck und Druckrückgewinnungsfaktor F_L

Wird ein Fluid durch eine Drosselstelle (z.B. Stellventil) geleitet, erhöht sich die Strömungsgeschwindigkeit, weil das Fluid durch eine kleinere Querschnittsfläche strömen muß Gl. (4.4). Unmittelbar nach der Drosselstelle entwickelt sich strömungstechnisch bedingt der engste Strahlquerschnitt (Bild 4.3), die vena contracta [1.8, 1.20]. In Folge der erhöhten Strömungsgeschwindigkeit entsteht im engsten Strahlquerschnitt ein Unterdruck p_{vc} (Bild 4.3b). Wenn im engsten Strahlquerschnitt der Dampfdruck p_v unterschritten wird kann der Durchfluß nicht erhöht werden, auch

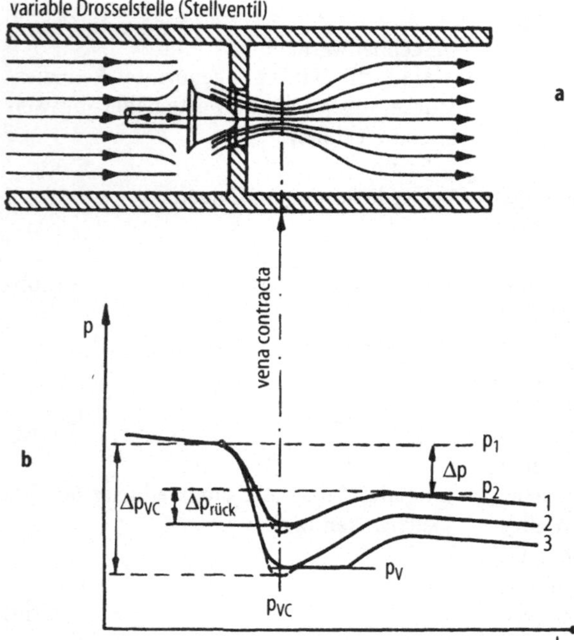

Bild 4.3. Strömungs- und Druckverlauf in Folge Drosselung einer Flüssigkeit [1.20]. **a** Strömungsverlauf (Schema), **b** Druckverlauf: p_1 Druck im Einlauf, p_2 Druck im Auslauf, p_v Dampfdruck des Fluids, $\Delta p_{VC} = p_1 - p_{VC}$ Druckabfall im engsten Strahlquerschnitt, $\Delta p = p_1 - p_2$ Druckabfall in Folge Drosselung, 1 ohne Kavitation, 2 einsetzende Kavitation, 3 Kavitation mit Durchflußbegrenzung

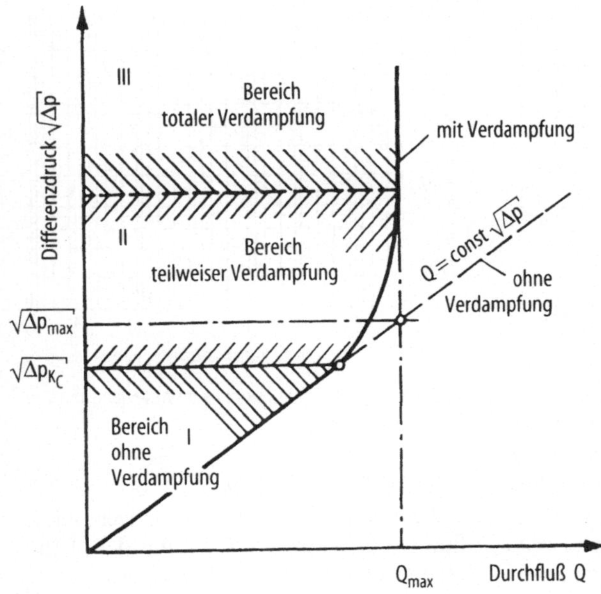

Bild 4.4. Verlauf des Durchflusses bei der Entspannung von Flüssigkeit [1.20].
Bereich I: Der Durchfluß kann durch die Funktion Q = Konstante $\sqrt{\Delta p}$ beschrieben werden;
Bereich II: Der Durchfluß verringert sich in Folge Teilverdampfung. Die im Bereich I gültige Funktion entspricht nicht mehr dem realen Verhalten;
Bereich III: Der Durchfluß kann in Folge vollständiger Verdampfung der Flüssigkeit trotz weiterer Differenzdruckerhöhung nicht größer werden als Q_{max}

wenn der Druck p_2 auf der Abströmseite weiter gesenkt wird, weil das Fluid verdampft (Bild 4.4). Diese Verringerung des Durchflusses wird durch den Korrekturfaktor F_y erfaßt [1.8]. Die Verdampfung ist mit einer Volumenerweiterung und Rückverflüssigung verbunden, weil der Druck hinter dem engsten Strahlquerschnitt steil ansteigt. Dieser Vorgang der Rückverflüssigung wird Kavitation genannt. Der Druck, bei dem sich ein maximaler Durchfluß ergibt, ist der kritische Druck. Er stellt sich ein, wenn der Dampfdruck p_v im engsten Strahlquerschnitt gerade unterschritten wird (Bild 4.3b Druckverlauf 2). Deshalb darf der Druck im engsten Strahlquerschnitt den Dampfdruck des Fluids nicht wesentlich unterschreiten. Dadurch wird das Druckgefälle über dem Drosselglied auf

$$\Delta p \leq K(p_1 - p_{vc}) \tag{4.11a}$$

begrenzt [1.20].
Die Konstante K beschreibt das Verhältnis von Druckgefälle über dem Drosselglied zum Druckgefälle bis zum engsten Strahlquerschnitt. Sie wird an Hand des Schnittpunktes der Asymptoten, die die Funktion des Durchflußverlaufs begrenzen (Bild 4.4), bestimmt. Es gilt [1.8, 1.20]:

$$F_L = \sqrt{K} = \sqrt{\frac{p_1 - p_2}{p_1 - p_{vc}}}. \tag{4.11b}$$

Daraus ergibt sich für den Korrekturfaktor F_y

$$F_y = F_L \sqrt{\frac{p_1 - F_F p_v}{p_1 - p_2}} < 1. \tag{4.12}$$

Der Faktor F_L ergibt sich zu [1.20]:

$$F_L = 0,96 - 0,28 \sqrt{\frac{p_v}{p_c}} \tag{4.13}$$

mit dem Dampfdruck p_v und dem thermodynamisch kritischen Druck p_c der Flüssigkeit (tabelliert z.B. in [1.20]).
Ergibt die Berechnung des Korrekturfaktors F_y-Werte >1, liegt keine Verdampfung vor und es ist $F_y = 1$ zu setzen [1.8].
Eine andere Möglichkeit zur Berücksichtigung beginnender Verdampfung ergibt sich aus

$$p_1 - p_2 = \Delta p_{max} - F_L^2(p_1 - F_F p_v) \tag{4.14}$$

nach [DIN/IEC 534-2-1] (Faktor F_F s. Bild 4.5).
Dieser Ansatz erfordert eine Überprüfung, ob der aktuelle Differenzdruck kleiner oder größer als der maximal zulässige ist. Ist der aktuelle Druck größer, so muß er auf Δp_{max} begrenzt werden. Mit der Einführung von F_y erübrigt sich dieser Aufwand, weil die Gleichung zur Berechnung des Durchflusses Gl. (4.6f) zwangsweise alle erforderlichen Korrekturfaktoren erfaßt [1.8, 1.20].

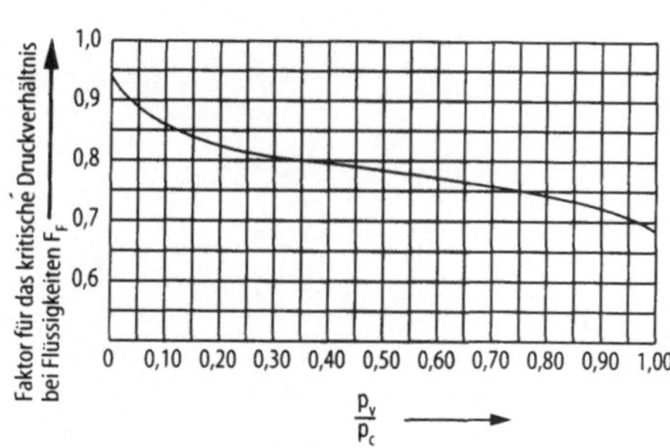

Bild 4.5. Verlauf des Faktors F_F als Funktion von p_v/p_c [1.20]. p_v Dampfdruck in bar; p_c thermodynamisch kritischer Druck in bar

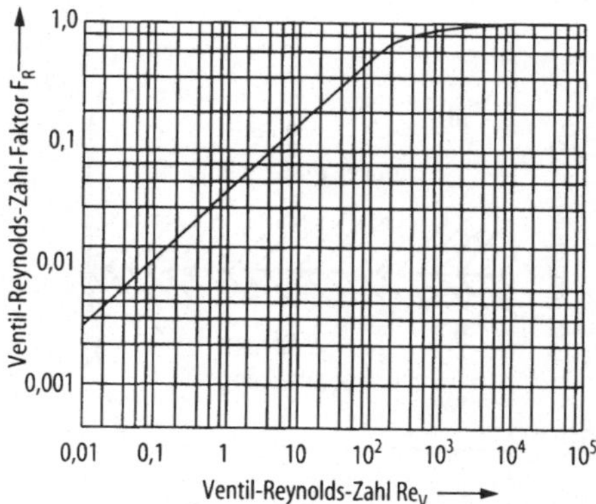

Bild 4.6. Reynolds-Zahl-Faktor F_R zur Auslegung von Ventilen [DIN/IEC 534-2-1]

Wird im engsten Strahlquerschnitt der Dampfdruck p_v unterschritten, entsteht in Folge der Volumenvergrößerung Durchflußbegrenzung und Kavitation (Bild 4.3 Druckverlauf 3). Flüssigkeit verdampft nicht, wenn der Dampfdruck p_v im engsten Strahlquerschnitt nicht unterschritten wird (Bild 4.3).

4.3.1.4
Viskosität und Reynolds-Zahl-Faktor F_R

Entsteht in einem Drosselquerschnitt eine *nicht turbulente* Strömung, ist der Durchfluß mittels Reynolds-Zahl-Faktor F_R zu korrigieren. Eine derartige Strömung kann sich einstellen, wenn niedriger Differenzdruck oder eine hochviskose Flüssigkeit oder ein sehr kleiner Durchflußkoeffizient oder eine Kombination davon vorliegt [DIN/IEC 534-2-1].

Der Faktor F_R wird ermittelt indem der Durchflußkoeffizient für nicht turbulente Durchflußbedingungen durch den Durchflußkoeffizient für turbulente Bedingungen dividiert wird.

Liegen keine Versuchsergebnisse vor, muß der Korrekturfaktor an Hand der Ventil-Reynolds-Zahl Re_V

$$Re_V = \frac{70700 \cdot F_d\, Q}{2\eta \sqrt{F_p F_L K_v}} \qquad (4.15a)$$

F_d Ventilformfaktor,
Q Durchfluß,
η dynamische Viskosität,
F_L Korrekturfaktor (Gl. (4.13)),
K_v Durchflußkoeffizient
F_p Rohrgeometriefaktor

ermittelt werden (Bild 4.6).

Ventil-Reynolds-Zahl $Re_V \leq 100$
Es liegt laminare Strömung vor. Der Durchfluß Q wächst proportional mit dem Differenzdruck. Eine Vernachlässigung von F_R würde zur Unterdimensionierung eines Stellgliedes führen.

Ventil-Reynolds-Zahl $100 \leq Re_V \leq 33000$
Übergangsgebiet zwischen laminarer (z.B. an Rohrwand) und turbulenter Strömung (z.B. am Drosselkörper).

Der Korrekturfaktor F_R muß angewendet werden.

Ventil-Reynolds-Zahl $Re_V > 33000$
Es liegt turbulente Strömung vor. Eine Korrektur mit F_R ist nicht erforderlich, weil für diesen Bereich $F_R = 1$ gilt und damit kein Einfluß auf ein Ergebnis besteht.

Eine Schwierigkeit bei der Berechnung der Ventil-Reynolds-Zahl ergibt sich daraus, daß der Durchflußkoeffizient K_v nach unkorrigierten Gleichungen (Tabelle 4.1) berechnet wird. Deshalb wird nach Erhalt des K_v-Wertes die Ventil-Reynolds-Zahl so lange variiert, bis sie sich nur noch unwesentlich verändert. Mit diesem Wert wird dann F_R ermittelt. Gut geeignet dafür sind entsprechende Programme [4.1–4.4].

4.3.1.5
Berechnungsempfehlung

Bei der Berechnung eines Stellgliedes ist hinsichtlich des Durchflusses zu unterscheiden zwischen den Fällen [DIN/IEC 534-2-1]:

– Durchfluß ohne Begrenzung und ohne Fittings,
– Durchfluß mit Begrenzung und ohne Fittings,
– Durchfluß mit Begrenzung und mit Fittings.

Die dafür zu beachtenden Bedingungen sind recht umfassend, ihre Einbeziehung recht schwierig.

Da für ein Stellglied zumeist der Ventilkoeffizient für einen Volumen- oder Massenstrom zu ermitteln ist, wird empfohlen, folgende Universalgleichungen zu verwenden [1.8]

– bei vorgegebenem Volumenstrom:

$$K_v = \frac{Q}{31,6 \cdot F_p\, F_y\, F_R \sqrt{\Delta p / \varrho}} \qquad (4.16a)$$

– bei vorgegebenem Massestrom:

$$K_v = \frac{W}{31,6 \cdot F_p\, F_y\, F_R \sqrt{\Delta p \cdot \varrho}} \qquad (4.16b)$$

mit

Q Volumenstrom in m³/h,
W Massestrom in kg/h,
F_p Rohrgeometriefaktor nach (Gl. (4.8)),
F_y Druckrückgewinnungsfaktor nach (Gl. (4.12)),
F_R Reynolds-Zahl-Faktor über Re_V nach (Gl. (4.15)) oder (Bild 4.6).

Wesentlich einfacher ist die Handhabung der Programme, deren Anwendung deshalb empfohlen wird [4.1–4.4].

4.3.1.6
Berechnung bei nicht turbulenter Strömung

Die gegenwärtig verfügbaren IEC-Normen erlauben eine Dimensionierung von Stellventilen bei unterstellter und im allgemeinen auch zutreffender *turbulenter* Strömung. Schwierigkeiten ergeben sich bei der Dimensionierung von z.B. Mikrostellventilen, weil bei ihnen die Strömung laminar ist. Schwierigkeiten ergeben sich auch bei Strömungen im Übergangsbereich [1.8, 1.20, 1.22, 1.23].

Für die Berechnung von Stellventilen für die hier angegebenen Anwendungen gelten die Gln. (4.6–4.16) ebenfalls. Jedoch ist zur

besseren Beschreibung des bei laminarer Strömung sich anders verhaltenden Einflusses der Viskosität durch Hinzufügen des Parameters C_R/D^2 im Zusammenhang mit der Ermittlung des Korrekturfaktors zu entsprechen (Bild 4.7).

Zur Dimensionierung wird folgende Vorgehensweise empfohlen [1.8]:

– Berechnung des Durchflußkoeffizienten K_v (Tabelle 4.1).
– Berechnung des Wertes C_R nach

$$C_R = 1,3 \cdot K_v. \qquad (4.17)$$

– Berechnung der Ventil-Reynolds-Zahl Re_V entsprechend Gl. (4.15a) zu

$$Re_v = \frac{70700 \cdot F_d Q}{2\eta \sqrt{F_L C_R}} \qquad (4.15b)$$

mit

η dynamische Viskosität,
F_d Ventilformfaktor,

unter Weglassen von F_p und Einfügen von C_R an Stelle von K_v.

– Abschätzen des Korrekturfaktors F_R nach

$$F_R = \sqrt[n]{\frac{Re_v}{10000}}. \qquad (4.18a)$$

Dazu muß n mit

$$n = 1 + \frac{0,0016}{\left(C_R / D^2\right)^2} + \log Re_v \qquad (4.19)$$

berechnet werden.

Darin ist D der Nenndurchmesser des Stellgliedes. Ist die mit n nach Gl. (4.19) ermittelte Ventil-Reynolds-Zahl ≤ 10, muß nach

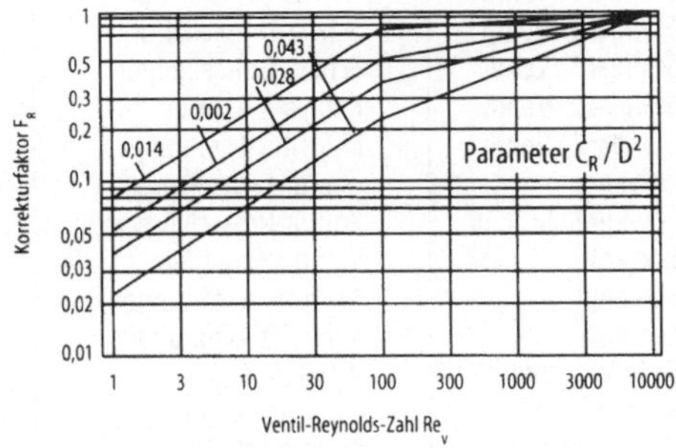

Bild 4.7. Korrekturfaktor F_R als Funktion der Ventil-Reynolds-Zahl mit Parameter C_R/D^2 [1.8]

$$F_R = \frac{0,00105\sqrt{Re_v}}{\left(C_R / D^2\right)} \leq 10 \qquad (4.18b)$$

berechnet werden.

Da der Strömungszustand bei der Auslegung eines Stellgliedes zumeist angenommen wird, ist F_R nach den Gln. (4.18a und b) zu berechnen. Mit dem sich ergebenden Wert ist zu überprüfen, ob er der Ungleichung

$$\frac{K_v}{F_R} < C_R \qquad (4.20)$$

genügt.

Gilt die Ungleichung, dann entspricht die Dimensionierung den Anforderungen.

Gilt die Ungleichung nicht, ist die Berechnung (Gl. (4.18)) mit einem um 30% größeren Wert für C_R solange zu wiederholen, bis die Ungleichung erfüllt wird.

Der Ventilformfaktor F_d kann wie folgt berechnet werden:

$$F_d = \frac{d_h}{D} \qquad (4.21a)$$

mit

d_h hydraulischer Durchmesser,
D Durchmesser der Ventildrosselstelle (Nenndurchmesser).

Der hydraulische Durchmesser ergibt sich aus dem Verhältnis von Querschnittsfläche A_0 und benetztem Umfang U_h als

$$d_h = \frac{4A_0}{U_h}. \qquad (4.22)$$

Wird ein konischer Kegel für das Stellventil eingesetzt, gilt

$$F_d = 2,7\frac{\sqrt{K_v F_L}}{D}. \qquad (4.21b)$$

Die Anhaltswerte für häufig eingesetzte Stellventile (Tabelle 4.2) können zum Vergleich einer Berechnung dienen.

4.3.2
Berechnung des Durchflusses bei kompressiblen Fluiden [DIN/IEC 534-2-2]
4.3.2.1
Durchflußgleichungen

Mit Hilfe der Durchflußgleichungen (Tabelle 4.1) lassen sich Stellglieder für kompressible Fluide mit verhältnismäßig geringen Aufwendungen überschlägig dimensionieren. Die gute Handhabbarkeit der Gleichungen wird mit einer größeren Unsicherheit im Vergleich zu den Methoden [DIN/IEC 534-2-2] erkauft, weil wichtige Einflußgrößen eines kompressiblen Fluids und einer Armatur nicht berücksichtigt werden.

Auch bei der Dimensionierung von Stellgliedern für kompressible Fluide ist von Ausgangsinformationen, wie sie zur Dimensionierung eines Stellgliedes für kompressible Fluide benötigt werden, auszugehen (s. Abschn. 4.3.1.1). Die sich aus den Berechnungen ergebenden Abmessungen ent-

Tabelle 4.2. Typische Kennwerte gängiger Stellventile

Ventilbauart	Drosselkörper	Durchflußrichtung	F_d-Werte	F_L-Werte	x_T-Werte
Standard - Ventil	Kontur-Drosselkörper	öffnet	0,46	0,9	0,72
Standard - Ventil	Kontur-Drosselkörper	schließt	1,0	0,8	0,55
Standard - Ventil	Schlitz-Drosselkörper	öffnet	0,48	0,9	0,75
Standard - Ventil	Schlitz-Drosselkörper	schließt	0,48	0,9	0,75
Standard - Ventil	Käfig mit 4 Öffnungen	öffnet	0,41	0,9	0,75
Standard - Ventil	Käfig mit 4 Öffnungen	schließt	0,41*	0,85	0,70
Eckventil	Kontur-Drosselkörper	öffnet	0,46	0,9	0,72
Eckventil	Kontur-Drosselkörper	schließt	1,0	0,8	0,65
Eckventil	Venturi-Kegel/Sitz	schließt	1,0	0,5	0,20
Eckventil	Käfig mit 4 Öffnungen	öffnet	0,41	0,9	0,65
Eckventil	Käfig mit 4 Öffnungen	schließt	0,41*	0,85	0,60
Kleinflußventil	V-Nut im Kegel	öffnet	0,70	0,98	0,84
Kleinflußventil	Flachsitz (Kurzhub)	schließt	0,30	0,85	0,70
Kleinflußventil	Konische Nadel	öffnet	s. u.	0,95	0,84

* Wenn Verhältnis Sitzquerschnitt / Fensterfläche > 1,3, sonst F_d = 1,0.

sprechen annähernd den Anforderungen bei turbulenten Strömungen. Aussagen zu laminarer Strömung sind mit großer Unsicherheit verbunden.

Eine Verbesserung der Ergebnisse einer Dimensionierung von Stellgliedern für kompressible Fluide wird dadurch erreicht, daß wichtige Eigenschaften der Armatur und des Fluids in Form von Korrekturfaktoren in die Gleichungen einbezogen werden. Durch diese Faktoren werden berücksichtigt [DIN/IEC-2-2]:

- Rohrleitungseinfluß durch den *Rohrgeometriefaktor* F_p,
- Dichte und Geschwindigkeitsschwankung durch den *Expansionsfaktor Y*,
- Druck- und Temperaturschwankungen durch den *Realgasfaktor Z*.

4.3.2.2
Expansionsfaktor Y

Mit Hilfe des Expansionsfaktors wird die Dichteänderung gasförmiger Fluide vom Eintritt in das Stellglied zum engsten Strahlquerschnitt und der größten Geschwindigkeit hinter dem Drosselquerschnitt des Stellgliedes (z.B. Ventil) berücksichtigt [DIN/IEC 534-2-2]. Dafür gilt:

$$Y = 1 - \frac{x}{3F_\chi x_T}$$ (4.23)

mit

x Verhältnis des Differenzdrucks zum absoluten Eingangsdruck ($\Delta p/p_1$),
x_T Differenzdruckverhältnis eines Stellventils ohne zwischenmontierte Fittings,
F_c Normierungsfaktor für χ.

Durch den Normierungsfaktor F_χ wird die Abweichung des Verhältnisses der spezifischen Wärmen $\chi = C_p/C_v$ von Gasen bezogen auf Luft korrigiert. Es gilt:

$$F_\chi = \frac{\chi}{1,4}.$$ (4.24)

Für eine überschlägige Berechnung von F_χ kann angenommen werden:

$F_\chi \approx 1,2$ einatomiges Gas (z.B. Edelgas),
$F_\chi \approx 1,0$ zwei- bis vieratomiges Gas und
$F_\chi \approx 0,8$ vielatomiges Gas (z.B. Kohlenwasserstoffe).

Der maximale Wert von $Y = 1$ ergibt sich für $x = \Delta p/p_1 = 0$. Der minimale Wert von $Y = 0,667$ ergibt sich für $x = x_T = (\Delta p/p_1)/_{krit}$.

Die Ermittlung des Expansionskoeffizienten Y in Abhängigkeit vom Verhältnis x des Differenzdrucks zum absoluten Druck für typische Stellglieder ist grafisch möglich (Bild 4.8).

4.3.2.3
Realgasfaktor Z

Die Dichte kompressibler Fluide ist abhängig vom Druck und von der Temperatur. Deshalb wird die Dichte zur Berechnung des Durchflußkoeffizienten K_v auf der Grundlage der Gesetze für ideale Gase von der Eintrittstemperatur und dem Eintrittsdruck abgeleitet. Da jedoch Verhältnisse entstehen können, bei denen das Verhalten eines strömenden Fluids deutlich von dem eines idealen Gases abweicht, muß zur Korrektur der Realgasfaktor Z angewendet werden.

Der Realgasfaktor ist eine Funktion von reduziertem Druck und reduzierter Temperatur. Der reduzierte Druck ist das Verhältnis des tatsächlichen absoluten Vordrucks zum absoluten kritischen thermodynamischen Druck des betreffenden Stoffes.

Abhängig von Druck und Temperatur kann für industriell genutzte Gase der Realgasfaktor zwischen 0,3 und 1,6 schwanken [VDI/ICE-Richtlinie 2040].

4.3.2.4
Berechnungsempfehlung

Unter Beachtung der möglichen Einflußfaktoren kann der erforderliche Ventil-

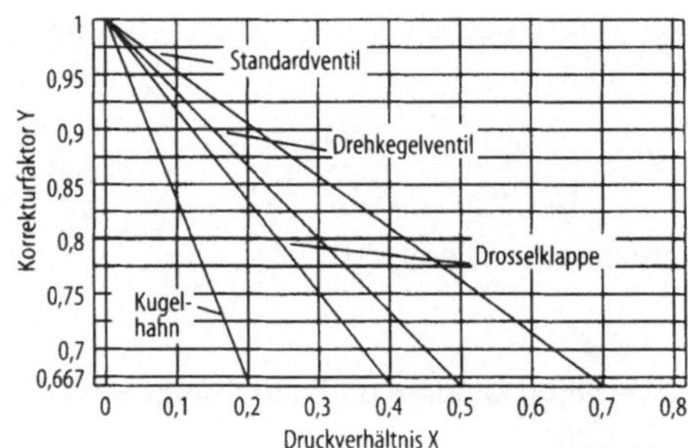

Bild 4.8. Expansionsfaktor Y in Abhängigkeit vom Verhältnis des Differenzdrucks $\varnothing p$ zum absoluten Eingangsdruck p_1

koeffizient berechnet werden. Es gilt für den Massestrom (Massedurchfluß) ohne Berücksichtigung des Realgasfaktors:

$$K_v = \frac{W}{31,6 \cdot F_P Y \sqrt{x p_1 \varrho_1}} \qquad (4.25a)$$

mit Berücksichtigung des Realgasfaktors:

$$K_v = \frac{W}{110 \cdot F_P p_1 Y} \sqrt{\frac{T_1 Z}{x M}} \qquad (4.25b)$$

und für den Volumenstrom (Volumendurchfluß):

$$K_v = \frac{Q}{2460 \cdot F_P p_1 Y} \sqrt{\frac{M T_1 Z}{x}} \qquad (4.25c)$$

mit

W Massestrom in kg/h,
F_p Rohrgeometriefaktor Dimension 1
Y Expansionsfaktor Druckverhältnis ($\Delta p/p_1$),
p_1 Absoluter Eingangsdruck in bar,
ϱ_1 Dichte des strömenden Fluids bei p_1 und T_1,
T_1 absolute Eintrittstemperatur in K,
Z Realgasfaktor,
M Molekularmasse des strömenden Fluids,
Q Volumenstrom in m³/h.

Auch wenn sich ein Durchflußverhältnis $x > F_\chi \cdot x_T$ aus einer Berechnung ergibt, darf der Wert $F_\chi \cdot x_T$ in Gl. (4.25) nicht überschritten werden.

4.3.2.5
Berechnung bei nicht turbulenter Strömung
Unter der Voraussetzung, daß die Rohrnennweite vom gleichen Durchmesser ist wie die Nennweite des Stellgliedes, kann der Ventilkoeffizient für einen Volumenstrom zu

$$K_v = \frac{Q}{1730 \cdot F_R} \sqrt{\frac{M T_1}{\Delta p (p_1 + p_2)}} \qquad (4.26)$$

berechnet werden [1.8].

4.3.3
Korrekturfaktoren für Rohrleitungen mit Fittings
Werden Stellglieder mit Fittings eingebaut (z.B. um Längendifferenzen auszugleichen), ergeben sich veränderte Strömungs-

verhältnisse. Damit werden zusätzliche Strömungsverluste verursacht, die sich auf den Wert des Druckrückgewinnungsfaktors F_L und auf das Druckverhältnis x_T auswirken. Die unter der Wirkung von Fittings veränderten Faktoren werden durch Doppelindizes mit F_{LP} und x_{TP} im Vergleich zu F_L und x_T bezeichnet [DIN/IEC 534-2-2].

Für inkompressible Fluide gilt:

$$F_{LP} = \frac{Q_{max\,LP}}{K_v} \sqrt{\frac{\varrho / \varrho_0}{p_1 - F_F p_v}} \cdot \qquad (4.27a)$$

Für kompressible Fluide gilt:

$$x_{TP} = \left(\frac{Q_{max\,LP}}{0,667 \cdot 2600 \cdot K_v p_1} \right)^2 \frac{M T_1 2}{F_y} \cdot \qquad (4.28a)$$

Die Größen sind:

Q_{maxLP} Maximaler Volumendurchfluß bei Durchflußbegrenzung mit Fittings in m³/h,
ρ/ρ_0 Relative Dichte (ρ/ρ_0 für Wasser = 1),
p_1 Absoluter Eingangsdruck in bar,
F_F Faktor für das kritische Druckverhältnis bei Flüssigkeit,
p_v Absoluter Dampfdruck bei Eingangstemperatur in bar,
M Molekularmasse des strömenden Fluids,
T_1 Absolute Eintrittstemperatur in K,
Z Realgasfaktor,
F_y Druckverhältnisfaktor.

Wenn die zulässige Abweichung $\leq 5\%$ bleiben soll, müssen F_{LP} und x_{TP} durch Versuche ermittelt werden.

Sind Schätzwerte zulässig, kann vereinfachend mit

$$F_{Lp} \frac{F_L}{\sqrt{1 + \frac{F_L^2}{0,0016} \sum \zeta \left(\frac{K_v}{D^2} \right)^2}} \cdot \qquad (4.27b)$$

$$x_{TP} = \frac{x_T}{F_p^2} \left[1 + \frac{x_T \sum \zeta}{0,0018} \left(\frac{K_v}{D^2} \right) \right]^{-1} \qquad (4.28b)$$

gerechnet werden.

Durch die Fittings wird auch der realisierbare Differenzdruck

$$\Delta p = \left(\frac{F_{LP}}{F_p}\right)^2 (p_2 - F_F p_v) \qquad (4.29)$$

bei Flüssigkeiten verändert [1.8].

4.3.4
Kennlinien von Stellgliedern
4.3.4.1
Darstellung der Grundkennlinien

Mit der Berechnung des Durchflußkoeffizienten ist die Größe eines Stellgliedes festgelegt.

Da mit Hilfe des Stellgliedes auch der kleinste und der größte Fluidstrom beeinflußt werden muß und über den gesamten Stellbereich einem bestimmten Hub des Stellgliedes ein bestimmter Fluidstrom zuzuordnen ist (s.a. Bild 1.6), muß zur Regelung der Vorgänge von den Kennlinien ausgegangen werden. Zur Realisierung einer Regelgesetzmäßigkeit ist zumeist eine lineare Kennlinie anzustreben. Gibt es im Regelkreis eine nichtlineare geformte Kennlinie eines Übertragungsgliedes, so kann durch eine dazu inverse Kennlinie des Stellgliedes wieder Linearität im Regelkreis erreicht werden. Damit Regelalgorithmen eindeutig umgesetzt werden können, ist das Einhalten vorgegebener Abweichungen für ein bestimmtes Stellglied durch den Hersteller zu garantieren [DIN/IEC 534-2-4]. Somit läßt sich die erforderliche statische Kennlinie mit Stellgliedeingang (Hub, Drehwinkel) und Stellgliedausgang (Volumen-, Massestrom) – die Durchflußkennlinie $\phi = f$ (Hub, Drehwinkel) – realisieren.

Entsprechend der Definition der Durchflußkennlinie mit dem relativen Ventilkoeffizienten ϕ als Ausgangsgröße und dem relativen Ventilhub h als Eingangsgröße werden die zwei Grundkennlinien – die lineare und die gleichprozentige (s.a. Abschn. 1.3.2)– mit folgender Bezeichnung dargestellt (Bild 4.9):

$$\phi = \frac{K_v}{K_{vs}} = \frac{\text{Durchflußkoeffizient beim Hub } H}{\text{Nenndurchflußkoeffizient}},$$

$$h = \frac{H}{H_{100}} = \frac{\text{Hub}}{\text{Nennhub}},$$

$$\phi_0 = \frac{K_{v0}}{K_{vs}} = \frac{\text{kleinster Durchflußkoeffizient}}{\text{Nenndurchflußkoeffizient}}.$$

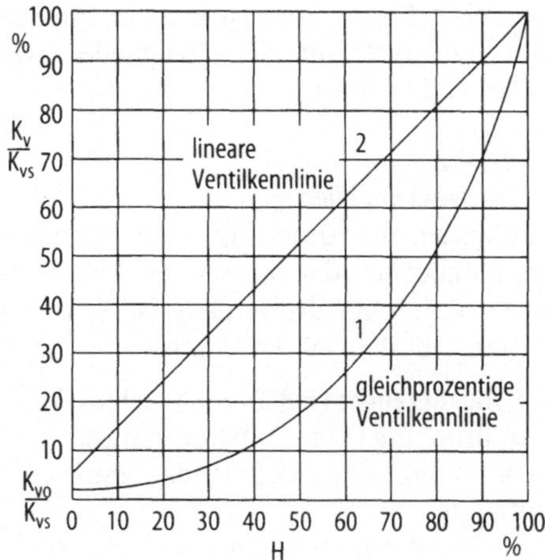

Bild 4.9. Grundformen von Kennlinien

Mit dem theoretischen Stellverhältnis ϕ_0 (theoretischer Übertragungsfaktor) ergibt sich die lineare Durchflußkennlinie zu:

$$\frac{K_v}{K_{vs}} = \frac{K_{vo}}{K_{vs}} + m\,\frac{H}{H_{100}} \qquad (4.30a)$$

und die gleichprozentige Durchflußkennlinie zu:

$$\frac{K_v}{K_{vs}} = \frac{K_{v0}}{K_{vs}} \cdot e^{n(H/H_{100})}. \qquad (4.30b)$$

Die Durchflußkennlinie $\phi_0 = f(h)$ beginnt nicht im Koordinatenursprung (Bild 4.9), um ein *Festklemmen* des Drosselkörpers zu unterbinden. Das resultiert auch daraus, daß die gleichprozentige Standardkennlinie an der Stelle $H/H_{100} = 0$ theoretisch nicht Null werden kann. Praktisch wird eine gleichprozentige Kennlinie so ausgelegt, daß der Kurvenzug in den Koordinatenursprung (konstruktionstechnische Maßnahmen) mündet. Hersteller geben für ϕ_0 Werte von z.B. 1/25, 1/30, 1/150 – ein Hersteller [2.37] sogar 1/250 – an. Das theoretische Stellverhältnis $\phi_0 = K_{vo}/K_{vs}$ wird dann zum realen Stellverhältnis K_{vn}/K_{vs}. Das praktische Stellverhältnis ergibt sich zu (0,6 ... 0,8) · ϕ_0. Der in der Zu-Stellung sich ergebende Durchfluß K_{vo} muß durch entsprechend gestaltete Dichtsitze vermieden werden. Festlegungen über die zulässigen Leckraten hängen u.a. z.B. vom Durchmesser des Stellventils ab [DIN/IEC 534 T. 4].

Der Wert K_{vo}/K_{vs} ist bestimmend für den Übertragungsfaktor des Stellgliedes (Gl. (4.30) und (4.30a)).

4.3.4.2
Betriebskennlinien

Ein System zur Förderung von Fluiden mit der Möglichkeit, den Masse- oder Volumenstrom durch ein drosselndes Stellglied zu dosieren, besteht aus (Bild 4.10):

- Druckerzeuger (z.B. Pumpe, Gebläse),
- Rohrleitung (Konstantwiderstand),
- Durchflußzähler, Meßblende, Ventil, Klappe,
- Stellglied (veränderlicher Widerstand).

Da das Stellglied einen verstellbaren Widerstand realisiert, kann es den Fluidstrom nur drosseln. Außer dem Stellglied sind noch weitere Strömungswiderstände vorhanden und beeinflussen dessen Stellverhalten. Dazu zählt auch der Innenwiderstand des Druckerzeugers (s.a. Abschn. 1.1). Verursachen diese Widerstände einen im Vergleich zum Stellglied großen Widerstand, muß bei vorgegebener Nennförderleistung des Druckerzeugers die Wirkung des Stellgliedes zwangsläufig eingeschränkt werden, wodurch die Kennlinie des Ventils beeinflußt wird. Der Druckabfall ist darüber hinaus auch vom Durchfluß abhängig.

Die unter Einwirkung von Strömungswiderständen sich ergebende Kennlinie ist die Betriebskennlinie (Bild 4.10b).

Wird unterstellt, daß beim Nennhub H_{100} der Nennvolumenstrom Q_{100} fließt, ergibt sich über dem Stellglied der Druckabfall Δp_{100} für diesen Betriebspunkt. Bei einer Zwischenstellung des Hubes h ergibt sich der Durchfluß Q und der Druckabfall Δp. Unter der Voraussetzung eines konstanten Gesamtdruckes p ergibt sich der Druckabfall Δp als Differenz von Gesamtdruck und Verlusten in Folge der Leitungswiderstände zu:

$$\Delta p = p - (\Delta p_{L1} + \Delta p_{L2} + \Delta p_A). \qquad (4.31)$$

Für ein vollkommen geöffnetes Drosselglied ($H = 100\%$) ergibt sich das Verhältnis von momentanem Fluidstrom Q zum maximalen Fluidstrom (in Anlehnung an Tabelle 4.1) zu:

$$\frac{Q}{Q_{100}} = \frac{K_v}{K_{v100}} \sqrt{\frac{\Delta p}{\Delta p_{100}}}. \qquad (4.32)$$

Unter der Voraussetzung, daß bei konstantem Druckabfall Δp_0 Leitungswiderstände vorhanden sind, die mit dem Quadrat des Fluidstromes Q ansteigen, verbleibt für das Drosselglied ein Druckabfall zu:

$$\Delta p = \Delta p_0 - (\Delta p_0 - \Delta p_{100})\left(\frac{Q}{Q_{100}}\right)^2. \qquad (4.33)$$

Wird Δp in Gl. (4.32) durch Gl. (4.33) substituiert, folgt nach Umformung für den Quotienten K_{v100}/K_v die Bezugnahme auf eine Stellgliedreihe durch die Bezeichnung K_{vs}/K_v:

$$\frac{Q}{Q_{100}} = \frac{1}{\sqrt{1 - \dfrac{\Delta p_{100}}{\Delta p_0}\left[1 - \left(\dfrac{K_{vs}}{K_v}\right)^2\right]^2}}. \qquad (4.34a)$$

Der Quotient K_{vs}/K_v ist durch die Form des drosselnden Stellgliedes festgelegt. Der Quotient $\Delta p_{100}/\Delta p_0$ ist der Anteil des Druckabfalls am voll geöffneten Ventil ($H = 100\%$).

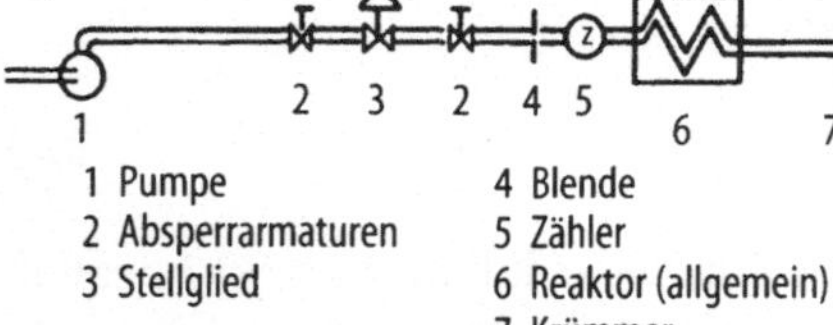

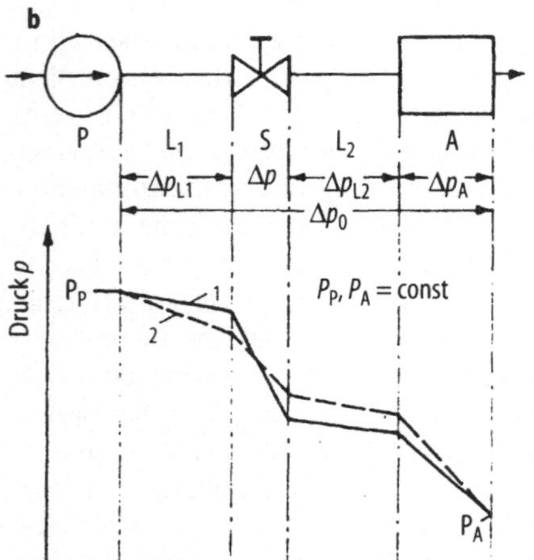

Bild 4.10. System zur Fluidförderung. **a** Aufbau, **b** Druckverlauf beim Durchfluß 1 und 2 [1.20]
P Pumpe, *L* Rohrleitung, *S* Stellventil, *A* Arbeitsmaschine, Δp Druckverlust, 1..2 Index.

Somit kann aus Gl. (4.34a) unter Benutzung der Standardkennlinien (Gln. (4.30a) und (4.30b)) die jeweilige Betriebskennlinie ermittelt werden. Es ergibt sich für die lineare Betriebskennlinie:

$$\frac{Q}{Q_{100}} = \frac{1}{\sqrt{1 - \dfrac{\Delta p_{100}}{\Delta p_0}\left[1 - \dfrac{1}{\left(\dfrac{K_{v0}}{K_{vs}} + mh\right)^2}\right]}} \qquad (4.34b)$$

und für die gleichprozentige Betriebskennlinie:

$$\frac{Q}{Q_{100}} = \frac{1}{\sqrt{1 - \dfrac{\Delta p_{100}}{\Delta p_0}\left[1 - \dfrac{1}{\left(\dfrac{K_{v0}}{K_{vs}} e^{nh}\right)^2}\right]}} \cdot \qquad (4.34c)$$

Der Einfluß des Druckabfalls $\Delta p_{100}/\Delta p_0$ bei sonst konstanten Bedingungen wirkt sich bei einer linearen und gleichprozentigen Kennlinie unterschiedlich aus (Bild 4.11).

Für den Fall, daß $\Delta p_{100}/\Delta p_0 = 1$ wird, ergibt sich die *Ventilkennlinie*.

Mit abnehmendem $\Delta p_{100}/\Delta p_0$ verformt sich die Ventilkennlinie, es ergibt sich die *Betriebskennlinie*. Eine lineare Betriebskennlinie wird bei wenig geöffneten Drosselquerschnitten steiler und bei größerem Drosselquerschnitt flacher. Eine ursprünglich gleichprozentige Ventilkennlinie ver-

schiebt sich unter Betriebsbedingungen (z.B. bei $\Delta p_{100}/\Delta p_0 = 0{,}2 \ldots 0{,}4$) in Bereiche der linearen Ventilkennlinie (Bild 4.11). Das ist u.a. der Hauptgrund, Drosselglieder mit gleichprozentiger Stellkennlinie einzusetzen, weil dadurch unter Betriebsbedingungen die *Linearität* zwischen Hub (Eingangsgröße) und Durchfluß (Ausgangsgröße) annähernd eingehalten werden kann.

Für praktische Anwendungen folgt daraus, wenn ein Stellglied in der Auf-Stellung einen wesentlich größeren Widerstand hat als das restliche Rohrleitungssystem empfiehlt sich die Anwendung eines Stellgliedes mit linearer Kennlinie. In Rohrleitungssystemen, bei denen dem Ventil in der Auf-Stellung nur rd. 20–30% vom Gesamtdruckgefälle zur Verfügung stehen, empfiehlt sich die Anwendung eines Stellgliedes mit gleichprozentiger Kennlinie [1.21].

Der Einfluß des Verlagerns der Betriebskennlinie in Abhängigkeit vom Druckverhältnis auf den Übertragungsfaktor ergibt sich durch die differentielle Änderung des Durchflusses Q/Q_{100} in Abhängigkeit von der differentiellen Änderung des Hubes H/H_{100} zu

$$\frac{d(Q/Q_{100})}{d(H/H_{100})} = V. \qquad (4.35a)$$

Somit folgt für die Betriebskennlinie eines drosselnden Stellgliedes mit linearer Kennlinie aus Gl. (4.34b):

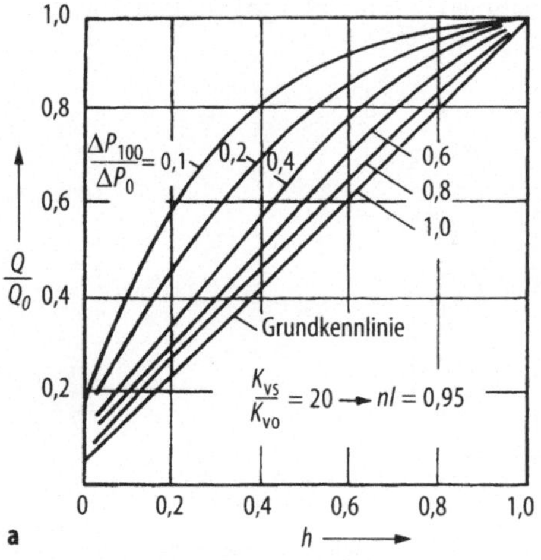

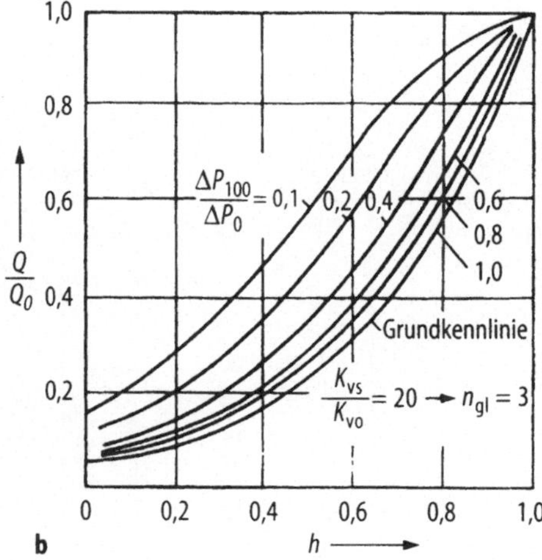

Bild 4.11. Betriebskennlinien bei verschiedenem Druckabfall Δp_0 im Fluidsystem [1.20]. **a** lineare Kennlinie des Stellgliedes, **b** gleichprozentige Kennlinie des Stellgliedes

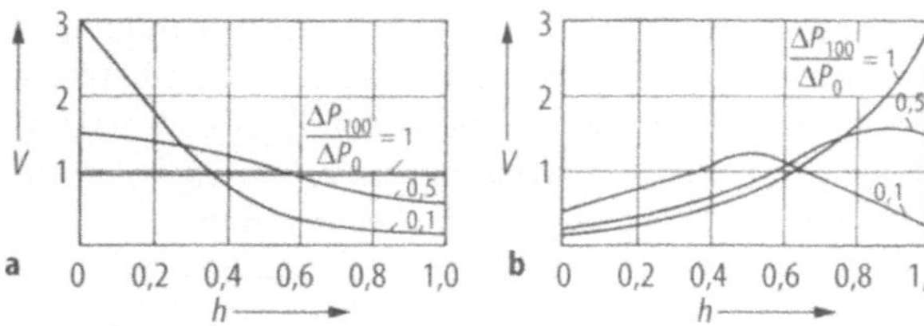

Bild 4.12. Veränderung des Übertragungsfaktors bei verschiedenem Druckabfall $\Delta p_{100}/\Delta p_0$ im Fluidsystem [1.20]. **a** bei linearer Kennlinie des Stellgliedes, **b** bei gleichprozentiger Kennlinie des Stellgliedes

$$V_{lin} = \frac{(\Delta p_{100}\,/\,\Delta p_0)\,m}{\left[\dfrac{\Delta p_{100}}{\Delta p_0} + \left(1 - \dfrac{\Delta p_{100}}{\Delta p_0}\right)\left(\dfrac{K_{v0}}{K_{vs}} + mh\right)^2\right]^{3/2}}$$

(4.35b)

und mit gleichprozentiger Kennlinie aus Gl. (4.34c):

$$V_{g1} = \frac{(\Delta p_{100}\,/\,\Delta p_0)\,n e^{n(h-1)}}{\left[\dfrac{\Delta p_{100}}{\Delta p_0} + \left(1 + \dfrac{\Delta p_{100}}{\Delta p_0}\right) e^{2n(h-1)}\right]^{3/2}} .$$

(4.35c)

Der Übertragungsfaktor eines drosselnden Stellgliedes mit linearer Kennlinie verschiebt sich mit wachsendem Hub bei abnehmendem $\Delta p_{100}/\Delta p_0$ im Rohrleitungssystem zu kleineren Werten (Bild 4.12a).

Auch hinsichtlich des Übertragungsfaktors zeigt das Kennlinienfeld für ein drosselndes Stellglied mit gleichprozentiger Kennlinie günstigere Eigenschaften (Bild 4.12b).

4.3.5
Schallemission bei drosselnden Stellgliedern
4.3.5.1
Schallursachen

Das Strömungsfeld eines Fluids wird durch die Arbeitsweise drosselnder Stellglieder beeinflußt. Daraus ergibt sich unter bestimmten Bedingungen Schallemission.

Bei Flüssigkeitsströmung entsteht die Schallemission hauptsächlich durch Kavitation. Bei Gas- und Dampfströmung entsteht die Schallemission hauptsächlich durch Erreichen von Schall- und Überschallgeschwindigkeit mit nachfolgenden Verdichtungsstößen.

Die von Ventilen abgestrahlte Schalleistung kann bis zu 120 dB(A) betragen und ist damit z.B. größer als der von Kompressoren oder Pumpen abgestrahlte Schallpegel (Bild 4.13). Aus diesem Grunde ist eine Berechnung und Bewertung der Schallemission nach gleichen Kriterien erforderlich [1.37]. Dazu und zur Verbesserung des Verhaltens von Stellgliedern bezüglich einer Schallemission werden vielschichtige Maßnahmen in [1.8, 1.38–1.50] vorgeschlagen.

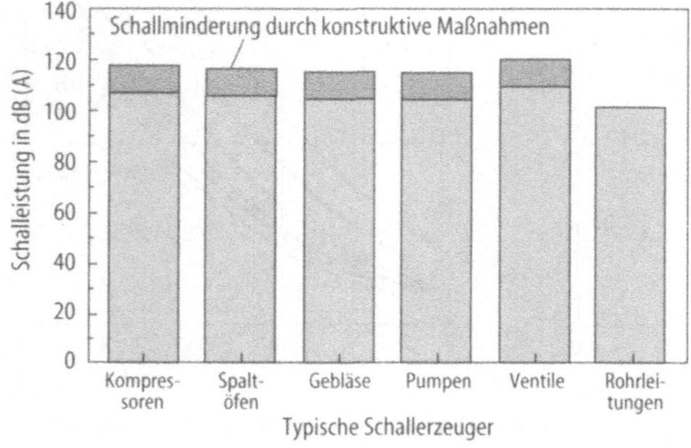

Bild 4.13. Abgestrahlte Schalleistung von typischen Lärmerzeugern [1.8]

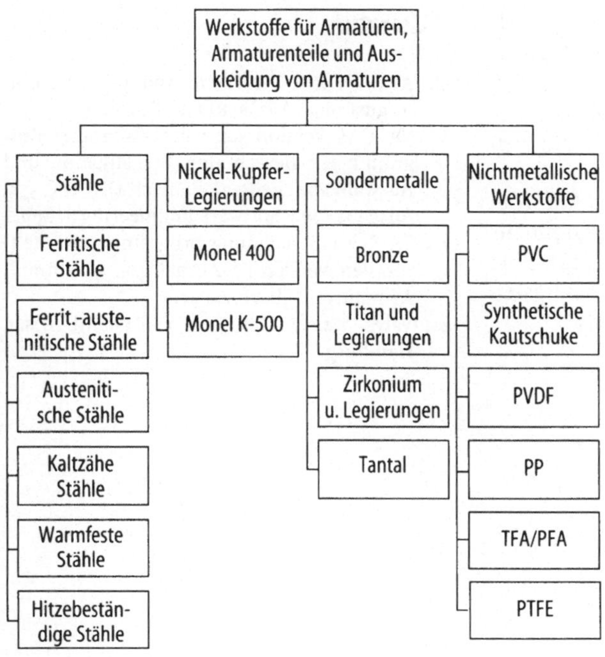

Bild 4.14. Häufig angewendete Werkstoffe bei Stellgeräten (Armaturen) [1.8]

4.3.5.2
Ausgewählte primäre Maßnahmen zur Minderung der Schallemission

Zur Minderung der Schallemission bei Stellgliedern wird empfohlen, die Entstehung von Geräuschquellen durch konstruktionstechnische Maßnahmen im Strömungsbereich zu beseitigen oder ihre Wirkung auf die Umwelt einzuschränken.

Dabei zeigt sich, daß Maßnahmen zur Verbesserung des Geräuschverhaltens zumeist mit gewissen Einschränkungen einhergehen (Tabelle 4.2). Da insbesondere mit den Publikationen [1.8, 1.39–1.46] ausführliche Darstellungen dieser Problematik vorliegen, wird hier darauf nicht näher eingegangen.

4.4
Werkstoffe für Stellglieder

Für die Auswahl der Werkstoffe von Stellgliedern ist die Kenntnis der Betriebsbedingungen und Betriebsbeanspruchungen entscheidend. Stellglieder werden im Inneren durch den Fluidstrom chemisch (z.B. Korrosion) und mechanisch (z.B. Kavitation, Emission, Abrasion) und außen hauptsächlich physikalisch-chemisch (z.B. Eigenmasse, Umwelteinflüsse) beansprucht.

Aus diesen Gründen verdienen bei der Auswahl der für einen Einsatzfall besten Werkstoffkombination folgende *Kennwerte* eines Stellgliedes besondere Bedeutung:

- Korrosionsbeständigkeit,
- Verschleißfestigkeit,
- Dauerfestigkeit.

Diesem Anliegen dienen die von Herstellern für Stellgeräte angegebenen Möglichkeiten der Auswahl von *Gehäusewerkstoffen* mit spezifischen Eigenschaften ebenso wie die Auswahl der Werkstoffe für *Stellgliedgarnituren.*

Entsprechend den wichtigsten Anforderungen werden verschiedene Werkstoffe für die Stellglieder eingesetzt (Bild 4.14). Eine umfassende Beschreibung der wichtigsten Werkstoffe ist in [1.8] nachzulesen.

Literatur

4.1 ARCA-VENA-Ventilberechnungsprogramm, August 1994. ARCA-REGLER, Tönivorst

4.2 VALCAL Version 3.4: Valcal-Computer Programm für Berechnung, Spezifikation und Auswahl von Stellgeräten nach DIN IEC 534. Ausgabe 1994. Software Engineering S. Engel

4.3 SA-Rewa Berechnungsprogramm von Stellventilen. Version 1.2. Ausgabe 02.93. Schmidt Armaturen, Villach/Austria

4.4 Valve Star – Das Sicherheitsventil. Leser, Hamburg

Teil I

Stellantriebe

1 Stellantriebe mit elektrischer Hilfsenergie
2 Stellantriebe mit pneumatischer Hilfsenerg
3 Stellantriebe mit hydraulischer Hilfsenergi

1 Stellantriebe mit elektrischer Hilfsenergie

H.-D. Stölting (1.1–1.4)
H. Janocha (1.5)

1.1
Allgemeines

Ein Stellantrieb muß entsprechend vorgegebener Führungsgrößen eine Last in einer bestimmten Zeit auf einem bestimmten Weg bewegen und ggf. mit einer bestimmten Genauigkeit positionieren. Ein Stellantrieb mit einer offenen Steuerkette (Schrittmotor) besteht aus dem Steuerteil, dem Leistungsteil, dem Motor und mechanischen Übertragungsgliedern (Getriebe, Kupplung) zur Anpassung an die angetriebene Mechanik. Bei Antrieben mit einem geschlossenen Regelkreis kommen Sensoren zur Erfassung der Regelgrößen und ein Soll-Istwert-Vergleich hinzu. Es wird i.a. eine Drehzahlregelung mit unterlagerter Stromregelung verwendet. Außer der Drehzahl und dem Drehmoment wird bei Positionsantrieben auch die Läuferlage geregelt, wobei der Positionsregelkreis dem Drehzahlregelkreis überlagert ist.

Die in Stellantrieben verwendeten Elektromotoren arbeiten in der Regel nicht im Dauerbetrieb, sondern nur kurzzeitig und müssen häufig besonders anspruchsvollen *Anforderungen* genügen: geringe mechanische Zeitkonstante (kleines Massenträgheitsmoment), geringe elektrische Zeitkonstante (niedrige Motorinduktivität), hohes Beschleunigungs- und Bremsmoment (bis zum Vierfachen des Bemessungsmomentes, oft in beiden Drehrichtungen), hohes Haltemoment im Stillstand, große Drehzahlsteifigkeit, gleichförmiger Rundlauf (bis zu 1‰, insbesondere auch bei Schleichdrehzahlen), großer Drehzahlstellbereich (z.B. 1 : 10 000), hoher Wirkungsgrad (Kompaktheit), Robustheit, geringer Wartungsaufwand, Geräusch- und Schwingungsarmut sowie hohe Schutzart (ggf. Explosionsschutz). Die Antriebsforderungen widersprechen sich oft, so daß Kompromisse notwendig sind. Außerdem können sie nicht von allen Motorarten in gleichem Maße und mit gleichem Aufwand erfüllt werden.

1.2
Stetig rotierende Motoren

1.2.1
Gleichstrommotor

1.2.1.1
Allgemeines

Stellantriebe waren zunächst wegen der vergleichsweise geringen Kosten und der einfachen Regeltechnik standardmäßig mit *Gleichstrom-Kommutatormotoren* ausgerüstet. Für den unteren Leistungsbereich (unter 300 W) und für Leistungen über 20 kW gilt das auch heute noch, wenn keine zu extremen Eigenschaften verlangt werden. Im übrigen werden sie mittlerweile jedoch wegen ihrer Nachteile – höherer Verschleiß (Störanfälligkeit, Wartung), Störimpulse durch Bürstenfeuer, Bürstengeräusch und begrenzte Dynamik – zunehmend durch bürstenlose *Motoren* ersetzt (s.a. Abschn. 1.2.2.1).

1.2.1.2
Ausführungen

Bis zu einer Leistung von etwa 10 kW werden Gleichstrommotoren ausschließlich mit *Permanentmagneten* im Ständer (PM-Motoren) gebaut. Da Strom- und Eisenwärmeverluste nur im Läufer (Anker) entstehen, ist zwar der Wirkungsgrad hoch, die Wärmeabfuhr an die Ständeroberfläche aber behindert. Das begrenzt neben dem Entmagnetisierungs- und dem Kommutierungsproblem, die beide mit steigendem Strom zunehmen, den zulässigen Spitzenstrom und damit die Dynamik dieser Motoren. Außerdem kann der Wärmefluß über die Welle zum angetriebenen Teil nachteilig sein.

Die Ausführung der Motoren wird zum einen durch die möglichst optimale Anpassung an den anzutreibenden Mechanismus, zum anderen durch das verwendete Magnetmaterial bestimmt. Bild 1.1 zeigt die Entmagnetisierungskennlinien der drei heute in Gleichstrommotoren eingesetzten

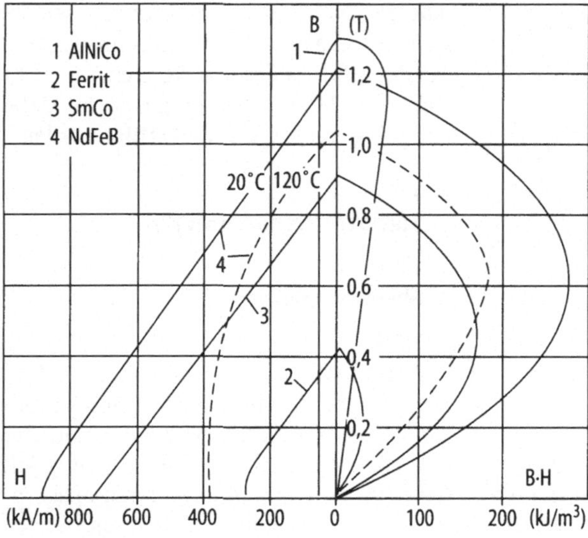

Bild 1.1. Entmagnetisierungskurven $B = f(H)$

Magnetwerkstoffe. AlNiCo-Magnete erzeugen zwar wegen ihrer hohen Remanenzinduktion B_R hohe Luftspaltinduktionen, sind jedoch leicht zu entmagnetisieren, da ihre Koerzitivfeldstärke H_c sehr gering ist. Um das zu verhindern, müssen sie in Magnetisierungsrichtung vergleichsweise lang sein, d.h. stabförmig in Motoren eingesetzt werden. Außerdem muß der Luftspalt möglichst klein sein. Die Bedeutung von AlNiCo-Magneten nimmt heute stark ab.

Alle anderen Magnete werden in Platten-, Schalen- oder Hohlzylinderform eingebaut. Ferritmagnete sind am preisgünstigsten und sehr entmagnetisierungsstabil. Allerdings besitzen sie nur eine geringe Remanenzinduktion und sind temperaturempfindlich. Seltenerd-Magnete sind wegen ihrer hohen Remanenzinduktion und Koerzitivfeldstärke besonders für hochdynamische Motoren geeignet. Sie sind jedoch sehr teuer, was insbesondere für SmCo zutrifft. NdFeB ist zwar kostengünstiger und hat noch bessere magnetische Eigenschaften als SmCo, ist aber nicht so temperaturstabil. Hochwertiges NdFeB (Bild 1.1, Kurve 4) sollte daher nur bis zu Temperaturen von etwa 100 °C eingesetzt werden. Die Entwicklungen sind daher auf eine Verbesserung des Temperaturkoeffizienten gerichtet. So ist derzeit Material erhältlich mit einer Entmagnetisierungskurve zwischen den Kurven 3 und 4 bei 20 °C und einer Entmagnetisierungskurve bei 150 °C, die etwa der Kurve 3 entspricht.

Bild 1.2 zeigt beispielhaft *Konstruktionsprinzipien*, und zwar in (a) bis (d) für Motoren mit AlNiCo-Magneten, in (e) bis (h) für aufwendigere Motoren mit Seltenerd-Magneten und in (i) bis (m) für Motoren mit Ferritmagneten, wobei die Ausführungen (i) bis (k) besonders kostengünstig sind. Die bei einzelnen Konstruktionen eingezeichneten Polschuhe haben zweierlei Aufgaben. Einerseits dienen sie dazu, den Ankerquerfluß, der nicht zur Drehmomentbildung benötigt wird, zu führen und von den Magneten fernzuhalten, denn bei hohen Strömen (5–10facher Bemessungsstrom), d.h. beim Anlaufen und bei starkem Beschleunigen oder Bremsen kann die ablaufende Polkante durch den Ankerquerfluß irreversibel abmagnetisiert und damit der Energieinhalt des Magneten bleibend vermindert werden. Diese Aufgabe haben die Polschuhe vor allem bei AlNiCo-Magneten. Andererseits dienen sie als Flußkonzentratoren. Insbesondere bei Ferriten ist die Magnetinduktion so gering, daß sie manchmal nicht ausreicht, um die notwendige Luftspaltinduktion bereitzustellen. Daher nutzt man, wie die Beispiele in Bild 1.2 zeigen, das zur Verfügung stehende Motorvolumen, um möglichst viel Magnetmaterial einzubauen, d.h. um einen möglichst großen Fluß zu erzeugen. Der drehmomentbildende Magnetfluß wird dann über Leitbleche oder -blöcke zum Läufer geführt. Nachteilig wirken sich Polschuhe dadurch aus, daß die Ankerindukti-

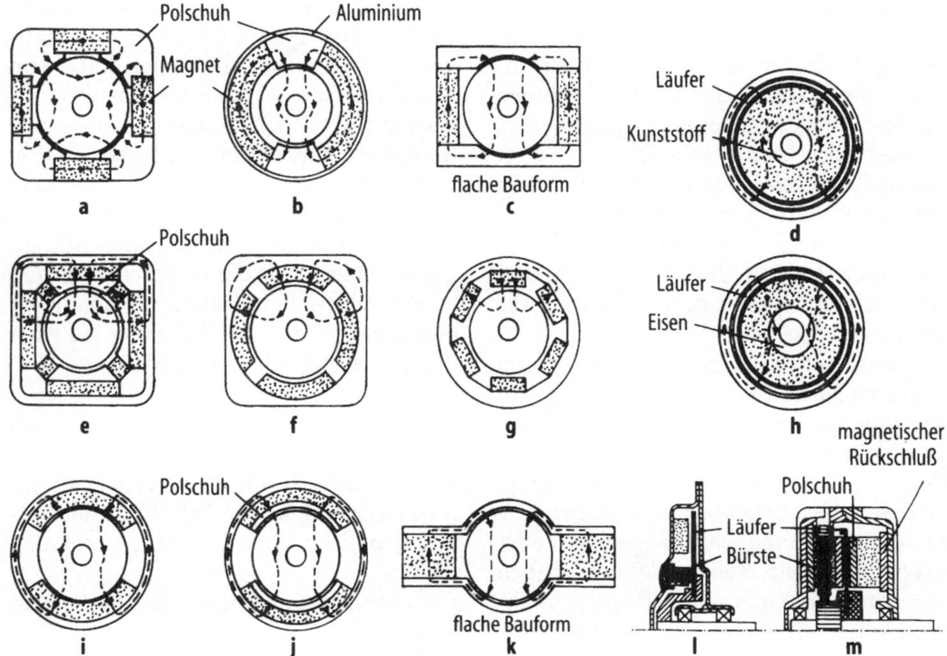

Bild 1.2. Konstruktionsprinzipien permanenterregter Gleichstrommotoren

vität und damit die Ankerzeitkonstante größer wird. Die Auf- und Abbauzeiten der Ströme nehmen zu, was die Kommutierung verschlechtert. Der Einsatz von Polschuhen verbietet sich daher bei hochdynamischen Antrieben. Da Seltenerd-Magnete kaum abmagnetisiert werden können und ihre Remanenzinduktion ausreichend hoch ist, ordnet man sie in jedem Fall ohne Polschuhe direkt am Luftspalt an.

Wie einleitend erwähnt, müssen Stellmotoren als sog. *Servomotoren* meistens besonderen dynamischen Ansprüchen genügen. Daher werden sie, um ein möglichst geringes Trägheitsmoment zu erreichen, in schlanker Bauform mit Stabläufern, deren Länge/Durchmesser-Verhältnis im Bereich $l/d = 2 \dots 5$ liegt, hergestellt. Eine weitere Möglichkeit stellen eisenlose Läufer dar, bei denen nur die Wicklung rotiert. Am günstigsten im Hinblick auf das dynamische Verhalten sind Glockenläufer, Bild 1.2 (d) und (h), weil sie sowohl eine geringe mechanische wie auch eine geringe elektrische Zeitkonstante besitzen. Um einen innenliegenden zweipoligen Zylindermagneten dreht sich die glockenförmige, mit Kunststoff vergossene Wicklung. Als magneti-

scher Rückschluß dient das massive Gehäuse. Alle ferromagnetischen Teile stehen still, so daß keine Wirbelströme entstehen können. Aus mechanischen Gründen können diese Motoren nur für Leistungen bis etwa 200 W und dann nur für vergleichsweise geringe Drehzahlen gebaut werden. Für Leistungen bis zu einigen kW werden eisenlose Läufer in Scheibenform gebaut, Bild 1.2 (l) und (m). Scheibenläufermotoren haben zwar ebenfalls eine geringe elektrische Zeitkonstante, die mechanische Zeitkonstante ist aber nicht in jedem Fall kleiner als diejenige eines Walzenläufer-Motors gleicher Leistung [1.1–1.4]. Der Einsatz flacher Motoren ist aber manchmal durch den vorgegebenen Einbauraum erforderlich. Im unteren Leistungsbereich ist die Scheibenwicklung oft geätzt oder gestanzt und beiderseits auf eine Kunststoffplatte geklebt. Die Bürsten sind axial angeordnet, so daß der innere Wicklungsteil als Kommutator dient. Motoren größerer Leistung haben eine in Kunststoff eingebettete, flache Spulenwicklung und den üblichen Zylinderkommutator.

Die geringe Induktivität der eisenlosen Läufer verbessert das Kommutierungsverhalten. Außerdem ist ihr Rundlauf besonders gleichförmig. Sie entwickeln nur sehr geringe Drehmomentpulsationen durch unvermeidliche Stromschwankungen während der Stromwendung. Besonders günstig sind diesbezüglich Scheibenläufer mit ihrer hohen Spulenzahl. Glockenläufer führt man für hohe Rundlaufgüte mit 7 oder 9 statt nur mit 5 Spulen aus. Nachteilig kann bei allen eisenlosen Läufern die geringere thermische Zeitkonstante sein, weil dadurch die Überlastfähigkeit vermindert ist.

Motoren mit genuteten Läufern sind am höchsten ausnutzbar, besitzen aber (geringe) Nutungsmomente. Um ihre Rundlaufgüte zu verbessern, werden sie mit einer hohen Anzahl Nuten, die zudem geschrägt sind, versehen. Es können auch die Magnete in axialer Richtung schräg angeordnet oder magnetisiert sein. Kleinere Motoren haben manchmal auf einem nutenlosen, geblechten Läufer aufgeklebte fein verteilte Wicklungen.

1.2.1.3
Betriebsverhalten
Stationäres Betriebsverhalten

Für einen permanenterregten Gleichstrommotor gilt entsprechend Bild 1.3 die Spannungsgleichung [1.4]

$$u_a = Ri_a + L\frac{di_a}{dt} + u_i + u_B \qquad (1.1)$$

Dabei kann die Bürstenübergangsspannung u_B häufig vernachlässigt werden. Bei Motoren für Kleinspannung ($u_a \leq 48$ V) ist das nicht in jedem Fall zulässig. Für Bürsten und Kommutatoren aus Edelmetallen ist u_B = 0,01 bis 0,1 V, für Kohlebürsten und Kupferkommutatoren ist u_B = 0,5 bis 5 V, jeweils für zwei Bürsten, zu veranschlagen. Die In-

duktivität L besteht aus der Ankerinduktivität L_a und ggf. einer Glättungsinduktivität, der ohmsche Widerstand R aus dem Ankerwiderstand R_a und ggf. einem Vorwiderstand R_v, z.B. zum Anlassen. Näherungsweise kann mit einem konstanten Fluß Φ gerechnet werden, d.h. die Ankerrückwirkung und die Lastabhängigkeit der Ankerinduktivität bleiben unberücksichtigt. Damit ändert sich die in der Ankerwicklung rotatorisch induzierte Spannung u_i proportional zur Winkelgeschwindigkeit $\omega = 2\pi n$ wobei n die Drehzahl ist:

$$u_i = z_a \frac{p}{a}\frac{\omega}{2\pi}\Phi = k\omega . \qquad (1.2)$$

Die Konstante k enthält die Leiterzahl der Ankerwicklung z_a, die Polzahl $2p$, die Anzahl paralleler Ankerzweige $2a$ und den Fluß .

Ein Gleichstrommotor erzeugt das innere Drehmoment

$$m_i = z_a \frac{p}{a}\frac{1}{2\pi}\Phi i_a = k i_a . \qquad (1.3)$$

Davon ist das Reibmoment m_R abzuziehen, um das an der Welle nutzbare Drehmoment m zu erhalten:

$$m = m_i - m_R . \qquad (1.4)$$

Gegebenenfalls ist auch noch das den Eisenwärmeverlusten im Läufer äquivalente Drehmoment zu berücksichtigen. Mit den Gln. (1.1–1.3) kann das Drehzahl-Drehmoment-Verhalten für *Gleichsspannungsbetrieb* (d.h. konstante Größe: $\omega = \Omega$, $u_a = U_a$, $i_a = I_a$, $di_a/dt = 0$, $m = M$ und $m_R = M_R$) berechnet werden:

$$\Omega = \frac{U_a}{k} - \frac{R}{k^2}(M + M_R) . \qquad (1.5)$$

U_a/k ist die Winkelgeschwindigkeit bei idealem Leerlauf, d.h. bei Vernachlässigung der Reibung. R/k^2 ist ein Maß für die Verringerung der Winkelgeschwindigkeit bei Belastung (Bild 1.4.). Im Bild 1.5 sind die wichtigsten Kennlinien eines permanenterregten Gleichstrommotors im *stationären Betrieb* dargestellt. Daraus liest man für die Winkelgeschwindigkeit die Gleichung

$$\Omega = \Omega_0\left(1 - \frac{M}{M_A}\right) \qquad (1.6)$$

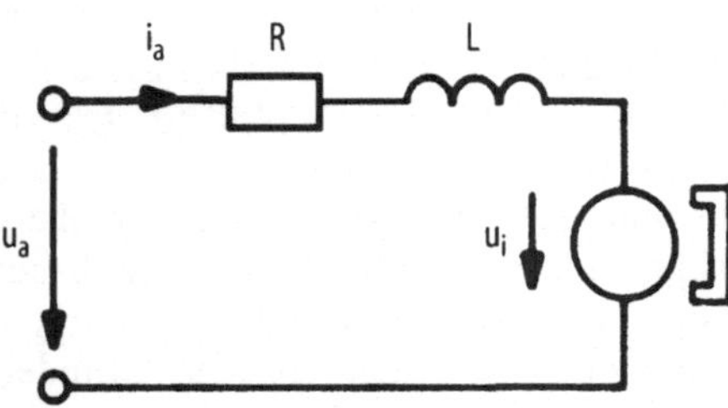

Bild 1.3. Ersatzschaltbild eines permanent erregten Gleichstrommotors

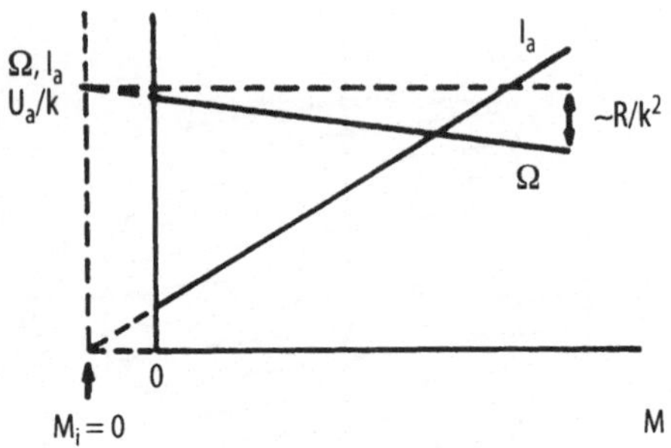

Bild 1.4. Winkelgeschwindigkeit und Ankerstrom als Funktion des Drehmomentes

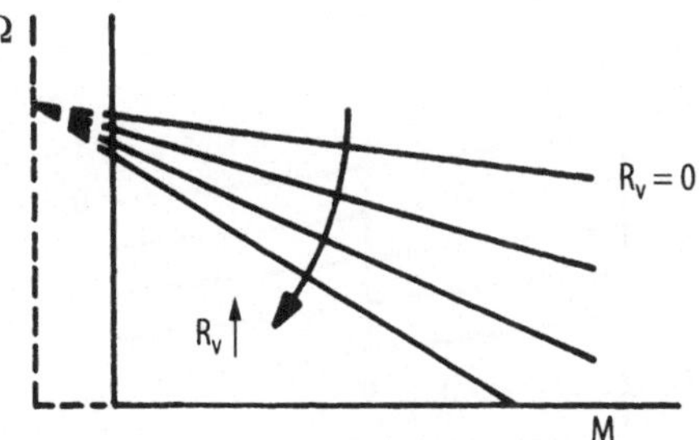

Bild 1.6. Drehzahlstellung durch einen Vorwiderstand

ab, wobei M_A das Anzugsmoment und Ω_0 die Leerlaufgeschwindigkeit des realen Motors ist. Die abgegebene Leistung P erreicht bei $M = M_A/2$ ihr Maximum

$$P_{\max} = \frac{\Omega_o M_A}{4},$$

der Wirkungsgrad

$$\eta = \frac{P}{P_{auf}} = \frac{\Omega M}{U_a I_a}, \tag{1.7}$$

mit $M_R \ll M_A$ bei $M \approx \sqrt{M_A\,M_R}$ sein Maximum [1.3]

$$\eta_{\max} = \left(1 - \sqrt{\frac{I_{a0}}{I_{aA}}}\right)^2 = \left(1 - \sqrt{\frac{M_R}{M_A}}\right)^2 .$$

Die Gl. (1.5) zeigt auch die Möglichkeiten der *Drehzahlstellung*. Wird die Drehzahl mit Hilfe eines Vorwiderstandes R_v gestellt, ändert sich die Steigung der Geschwindigkeits-Geraden (Bild 1.6). Nachteilig wirken sich die Verluste in R_v aus, so daß dieser nur bei Motoren kleiner Leistung verwendet wird. Ein Vorwiderstand wird manchmal eingeschaltet, um den Anzugsstrom I_{aA} oder das Anzugsmoment M_A zu begrenzen.

Mit den beiden folgenden Gleichungen läßt sich für gegebene Werte I_{aA} bzw. M_A der jeweils erforderliche Vorwiderstand berechnen, wenn $M_R \ll M_A$ bzw. M_N ist:

$$R_v = \frac{U_a}{I_{aA}} - R_a \tag{1.8}$$

$$R_v = \frac{U_a}{I_{aN}} \frac{M_N}{M_A} - R_a . \tag{1.9}$$

Der Index N bezeichnet die Bemessungswerte. Soll die Bürstenübergangsspannung berücksichtigt werden, ist in (1.5), (1.8) und (1.9) U_a durch $U_a + U_B$ zu ersetzen. Bei größeren Motoren wird zum Hochfahren der Vorwiderstand, ausgehend von einem Höchstwert, in Stufen oder stetig bis auf Null verringert.

Eine weitere Möglichkeit, die Drehzahl zu ändern, besteht darin, die Ankerspannung U_a zu stellen. Dadurch wird die Geschwindigkeits-Gerade parallel verschoben (Bild 1.7). Erfolgt die Spannungsstellung *elektronisch*, ist sie praktisch verlustlos. Soll ein Motor nur in einer Drehrichtung betrieben werden, genügt die Schaltung in Bild 1.8a (Einquadrantenbetrieb). Zum Bremsen kann in Reihe zur Freilaufdiode ein Wider-

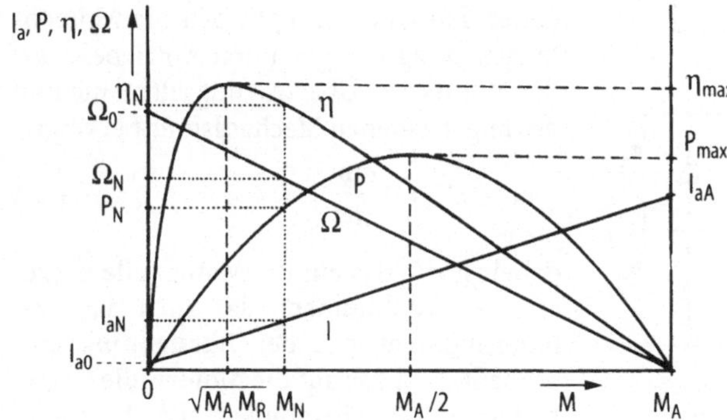

Bild 1.5. Stationäre Betriebskennlinien eines permanent erregten Gleichstrommotors

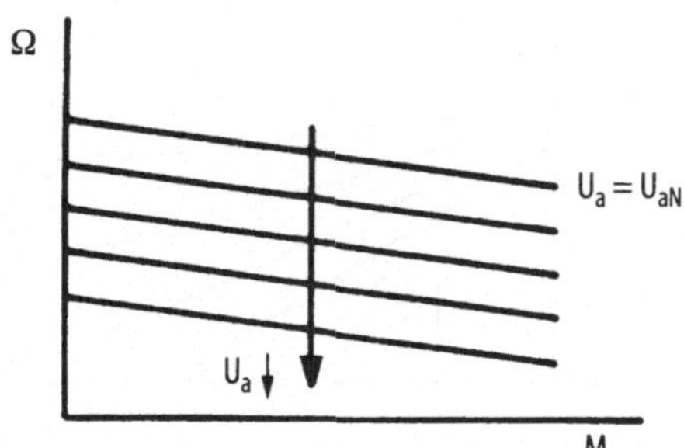

Bild 1.7. Drehzahlstellung durch Änderung der Anker-spannung

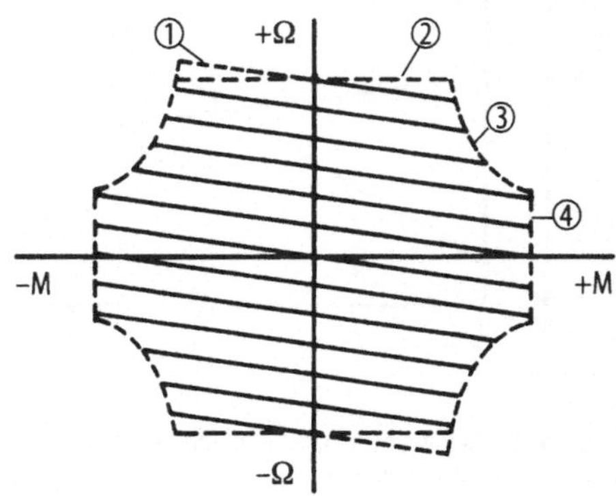

Bild 1.9. Vierquadranten-Betrieb

stand geschaltet werden. Allerdings ist damit ein schnelles Abbremsen nicht möglich. Für dynamische Antriebe (Servomotoren) muß dazu die Stromrichtung umgekehrt werden können. Soll ein Motor in beiden Drehrichtungen antreiben und bremsen (Vierquadrantenbetrieb), ist eine Brückenschaltung nach Bild 1.8b erforderlich (s.a. Kap. C 4).

Der PM-Motor erlaubt einen stetigen Übergang vom Motor- in den Bremsbetrieb (Bild 1.9). Stellt z.B. der Quadrant I den Motorbetrieb für eine bestimmte Drehrichtung dar, dann arbeitet der Motor im Quadranten II als Bremse. Für die Gegenrichtung ist der Quadrant III der Motorbereich und der Quadrant IV der Bremsbereich. Der Wechsel der Drehrichtung geschieht durch Änderung der Stromrichtung im Anker, denn das Moment M_i ist nach (1.3) streng proportional dem Strom. Eine *Nutz-*

bremsung, d.h. eine Rückspeisung des Stromes ins Netz ist nur bei größeren Leistungen sinnvoll, weil es eine aufwendigere Schaltung erfordert.

Der Drehzahl-Drehmomenten-Bereich wird begrenzt durch die maximal zulässige Ankerspannung (Grenze (1) in Bild 1.9), durch die aus mechanischen Gründen maximale Drehzahl (Grenze (2)), durch die Kommutierung (Grenze (3)), die sich mit zunehmender Drehzahl und Belastung verschlechtert, und durch den maximal zulässigen Strom (Grenze (4)). Der Strom kann entweder dadurch begrenzt sein, daß keine Abmagnetisierung auftritt, oder dadurch, daß die zulässige Wicklungstemperatur nicht überschritten wird. Ein impulsförmiger Strom führt möglicherweise zwar nicht zu einer unzulässig hohen Erwärmung, weil sein Mittelwert zu gering ist, kann aber unter Umständen eine dauerhafte Schädigung des Magneten zur Folge haben.

Dynamisches Betriebsverhalten
Um das dynamische Betriebsverhalten von Gleichstrommotoren zu untersuchen, wird außer den Gln. (1.1–1.3) noch die Momentengleichung des gesamten Antriebes, also des Motors, der Übertragungselemente und des angetriebenen Mechanismus benötigt:

$$m_i - m'_L = J' \frac{d\omega}{dt}, \qquad (1.10)$$

dabei ist m'_L das auf die Motorwelle umgerechnete Lastmoment, das auch das Reibungsmoment u.a. der Bürsten m_R einschließt. J' ist das auf die Motorwelle umgerechnete Trägheitsmoment aller bewegten

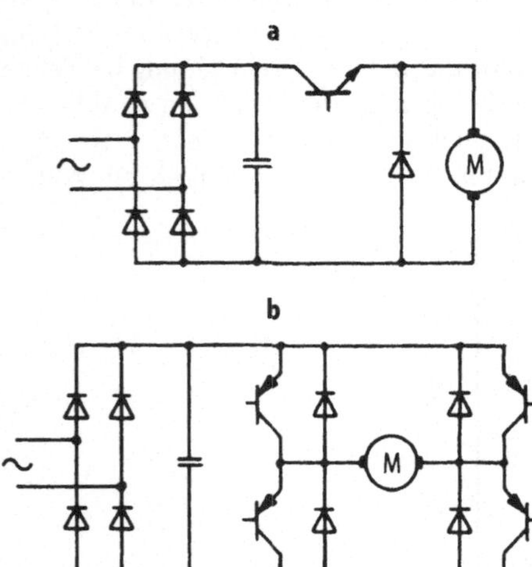

Bild 1.8. Steuerschaltungen für Gleichstrommotoren. **a** Einquadranten-Betrieb, **b** Vierquadranten-Betrieb

Massen. Sind Motor und Last über ein Getriebe miteinander verbunden, sind der Getriebewirkungsgrad η_G und das Übersetzungsverhältnis

$$i = \frac{\omega}{\omega_L} \qquad (1.11)$$

mit der Winkelgeschwindigkeit der Last ω_L zu berücksichtigen. Damit ergibt sich

$$m_L' = m_R + \frac{m_L}{\eta_G i} \quad \text{und} \qquad (1.12)$$

$$J' = J_M + J_G + J_K + \frac{J_L}{\eta_G i^2} \qquad (1.13)$$

mit dem Trägheitsmoment des Motors J_M, des Getriebes J_G, der Kupplung J_K und der Last J_L. Aus (1.1) bis (1.3) und (1.10) erhält man die Spannungsgleichung

$$u_a = R i_a + L \frac{d i_a}{dt} + k \omega \qquad (1.14)$$

und die Momentengleichung

$$m_L' = k i_a - J' \frac{d \omega}{dt} \; . \qquad (1.15)$$

Mit den oben getroffenen Annahmen sind diese beiden Differentialgleichungen linear. Sie geben die elektromagnetischen und mechanischen Verhältnisse zwar vereinfacht wieder, sind für prinzipielle dynamische Untersuchungen aber ausreichend und können mit Hilfe der Laplace-Transformation analytisch gelöst werden [1.5]. Bei stationärem Betrieb gehen (1.14) und (1.15) über in

$$U_a = R I_a + k\Omega \quad \text{und} \qquad (1.16)$$

$$M_L' = k I_a \; . \qquad (1.17)$$

Diese beiden Gleichungen beschreiben die eingeschwungenen Ausgangszustände vor einer Spannungs- oder Momentenänderung. Die Gln. (1.14) und (1.15) lauten für eine Zustandsänderung im Frequenzbereich ($p = s = \delta + j\omega$)

$$\Delta u_a = (R + pL)\Delta i_a + k\Delta\omega \quad \text{und} \qquad (1.18)$$

$$\Delta m_L' = k i_a - p J' \Delta\omega \; . \qquad (1.19)$$

Den zugehörigen Signalflußplan zeigt das Bild 1.10. Mit der elektrischen Zeitkonstante $T_a = L/R$ und der mechanischen Zeitkon-

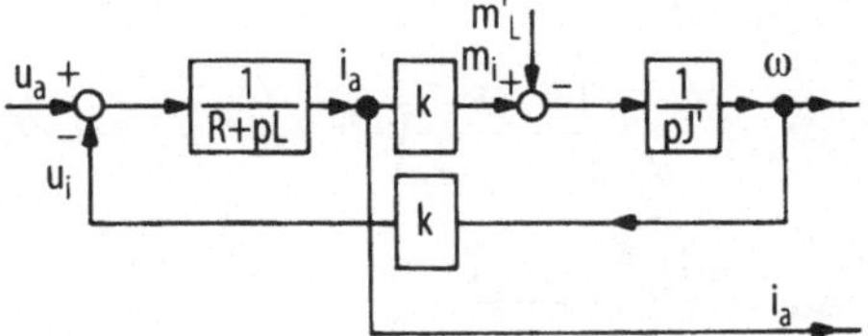

Bild 1.10. Signalflußplan eines Gleichstrommotors

stante $T_m = R J'/k^2$ können aus (1.18) und (1.19) Gleichungen für die Änderungen von Strom und Winkelgeschwindigkeit bei Spannungssprüngen gewonnen werden, während das Lastmoment konstant bleibt ($\Delta m_L' = 0$):

$$\Delta i_a = \frac{\Delta u_a}{R} \frac{p T_m}{1 + p T_m + p^2 T_m T_a} \qquad (1.20)$$

$$\Delta\omega = \frac{\Delta u_a}{k} \frac{1}{1 + p T_m + p^2 T_m T_a} \; . \qquad (1.21)$$

Ändert sich dagegen das Lastmoment sprunghaft, während die Spannung konstant bleibt, erhält man

$$\Delta i_a = \frac{\Delta m_L'}{k} \frac{1}{1 + p T_m + p^2 T_m T_a} \qquad (1.22)$$

und

$$\Delta\omega = \frac{\Delta m_L' R}{k^2} \frac{1 + p T_a}{1 + p T_m + p^2 T_m T_a} \; . \qquad (1.23)$$

Der zeitliche Verlauf von Δi_a und $\Delta\omega$ hängt von den Wurzeln der charakteristischen Gleichung des Nenners

$$1 + p T_m + p^2 T_m T_a = 0 \qquad (1.24)$$

ab. Sie ergeben sich zu

$$p_{1,2} = -\frac{1}{2T_a}\left(1 \pm \sqrt{1 - \frac{4T_a}{T_m}}\right) . \qquad (1.25)$$

Bei Gleichstrommotoren sollte $4T_a < T_m$ sein, damit Zustandsänderungen *aperiodisch* verlaufen. Um eine möglichst schnelle Stromänderung beim Kommutierungsvorgang zu erreichen, wird die Ankerwicklung so ausgelegt, daß ihre Zeitkonstante $4T_a \ll T_m$ ist. Damit kann (1.25) vereinfacht werden zu

$$p_1 \approx -\frac{1}{T_m} \quad \text{und} \quad p_2 \approx -\frac{1}{T_a} \; . \qquad (1.26)$$

Die Rücktransformation von (1.20) bzw. (1.21) in den *Zeitbereich* führt mit $\Delta u_a =$

$\Delta U_a/p$ auf

$$\Delta i_a = \frac{\Delta U_a}{R}\frac{1}{T_a}\frac{1}{p_1 - p_2}\left(e^{p_1 t} - e^{p_2 t}\right) \qquad (1.27)$$

$$\Delta\omega = \frac{\Delta U_a}{k}\left[1 + \frac{1}{p_1 - p_2}\left(e^{p_1 t} - e^{p_2 t}\right)\right]. \qquad (1.28)$$

Darin (1.25) bzw. (1.26) eingesetzt, ergibt das *Führungsverhalten des Antriebs*:

$$\Delta i_a = \frac{\Delta U_a}{R}\frac{1}{\sqrt{1 - 4\dfrac{T_a}{T_m}}}\left(e^{p_1 t} - e^{p_2 t}\right)$$

$$\Delta i_a \approx \frac{\Delta U_a}{R}\,e^{-t/T_m} \qquad (1.29)$$

$$\Delta\omega = \frac{\Delta U_a}{k}\left[1 + \frac{T_a}{\sqrt{1 - 4\dfrac{T_a}{T_m}}}\left(p_2 e^{p_1 t} - p_1 e^{p_2 t}\right)\right]$$

$$\Delta\omega \approx \frac{\Delta U_a}{k}\left(1 - e^{-t/T_m}\right). \qquad (1.30)$$

Die Bilder 1.11 (a) und (b) geben die Gln. (1.29) und (1.30) wieder. Eine Spannungsänderung, die zur Drehzahlstellung oder -regelung dient, führt zu einem kurzzeitigen Stromanstieg bei Erhöhung der Spannung (bzw. einem kurzzeitigen Stromabfall bei Verringerung der Spannung, weil der Motor dann als Bremse wirkt). Da das Motormoment sich nicht ändert, kehrt der Strom auf seinen Ausgangswert zurück, während die Drehzahl ansteigt (bzw. abfällt). Kleine Motoren oder Motoren mit zusätzlicher Glättungsinduktivität reagieren entsprechend der ausführlicheren Form von (1.29) bzw. (1.30) mit einem abgeflachten Strommaximum bzw. verzögertem Drehzahlanstieg, wie die ausgezogen gezeichneten Kurven in den Abbildungen (a) und (b) zeigen. Größere Motoren mit einer relativ geringen Ankerinduktivität

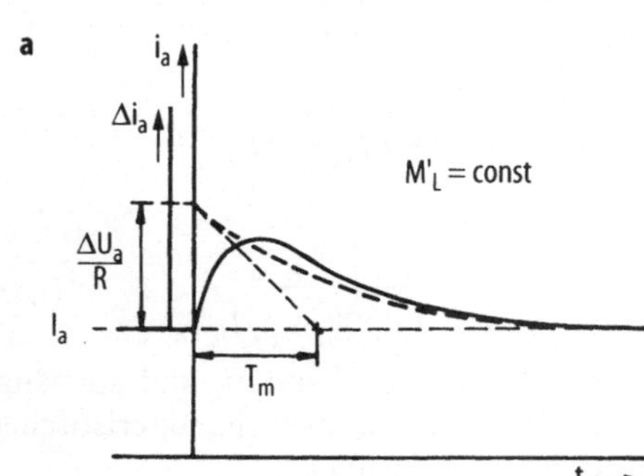
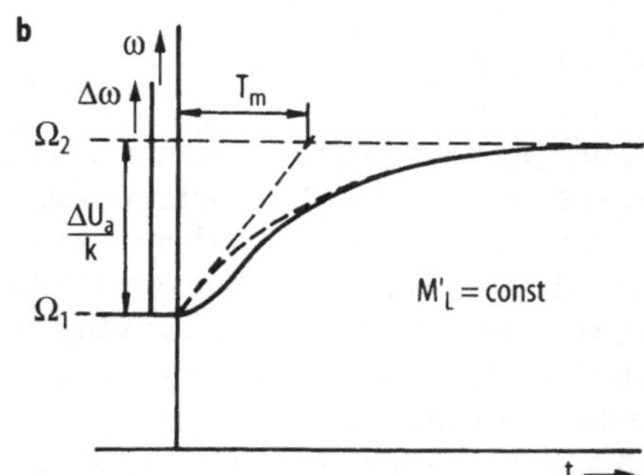
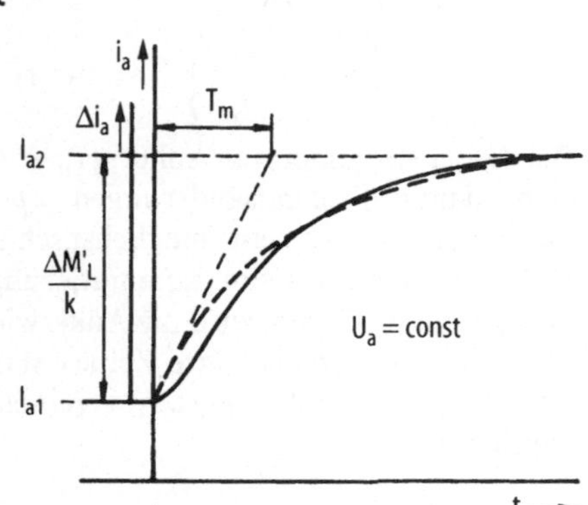
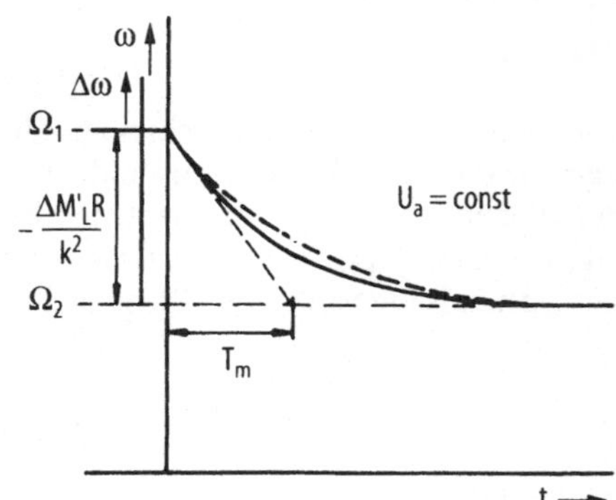

Bild 1.11. Zeitverlauf des Ankerstromes und der Winkelgeschwindigkeit. **a, b** nach einem Spannungssprung, **c, d** nach einem Lastsprung; gestrichelte Linien: $T_a \ll T_m/4$, ausgezogene Linien: $T_a < T_m/4$

reagieren entsprechend den vereinfachten Gln. (1.29) bzw. (1.30) mit steilerem Anstieg, wie ihn die Abbildungen (a) und (b) mit den gestrichelt gezeichneten Kurven zeigen.

Die Rücktransformation von (1.22) in den Zeitbereich analog der von (1.21) liefert das *Störungsverhalten des Antriebs*, d.h. den zeitlichen Stromverlauf infolge einer Belastungsänderung bei konstant gehaltener Spannung:

$$\Delta i_a \approx \frac{\Delta M'_L}{k}\left[1 + \frac{T_a}{\sqrt{1 - 4\dfrac{T_a}{T_m}}}\left(p_2 e^{p_1 t} - p_1 e^{p_2 t}\right)\right]$$

$$(1.31)$$

$$\Delta i_a = \frac{\Delta M'_L}{k}\left(1 - e^{-t/T_m}\right).$$

Die Gl. (1.23) in den Zeitbereich zurücktransformiert, ergibt die Geschwindigkeitsänderung

$$\Delta \omega = \frac{\Delta M'_L R}{k^2}\left[1 + \frac{T_a}{\sqrt{1 - 4\dfrac{T_a}{T_m}}}\left(p_2 e^{p_1 t} - p_1 e^{p_2 t}\right)\right]$$

$$\Delta \omega \approx \frac{\Delta M'_L R}{k^2}\left(1 - e^{-t/T_m}\right).$$

$$(1.32)$$

Die Bilder 1.11 (c) und (d) geben den Verlauf von Strom und Winkelgeschwindigkeit bei einem Belastungsstoß wieder, wobei auch hier der Einfluß der Induktivität zu sehen ist. Der Motor nimmt bei Lastanstieg einen dem neuen Motormoment entsprechenden höheren Strom auf, während die Drehzahl abfällt, was auch aus der Gl. (1.5) zu ersehen ist.

1.2.1.4
Positionsregelung

Gleichstrommotoren für höherwertige Stellantriebe werden über Stromrichter gespeist und erhalten eine Positionsregelung. Vorzugsweise verwendet man eine *Kaskadenregelung* [1.5]. Positions-, Drehzahl- und Stromregelung sind ineinander verschachtelt, wobei die jeweils überlagerte Regelschleife die Führungsgröße der unterlagerten Regelschleife vorgibt. Das Bild 1.12 zeigt das Blockschaltbild und den Signalflußplan eines Gleichstrommotors mit unterlagerter Stromregelung. Die Stromversorgung erfolgt über eine netzgeführte zweipulsige

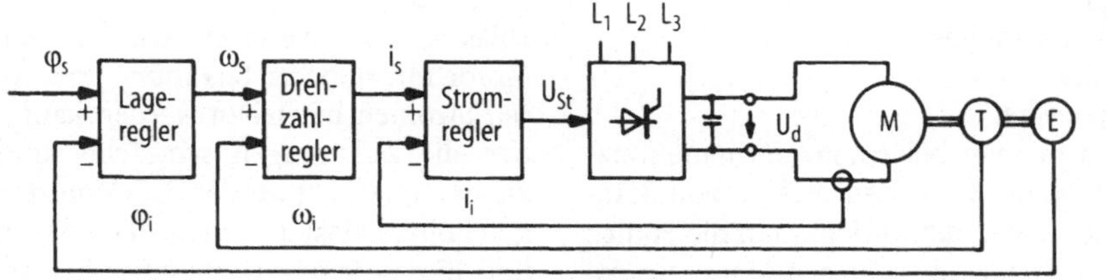

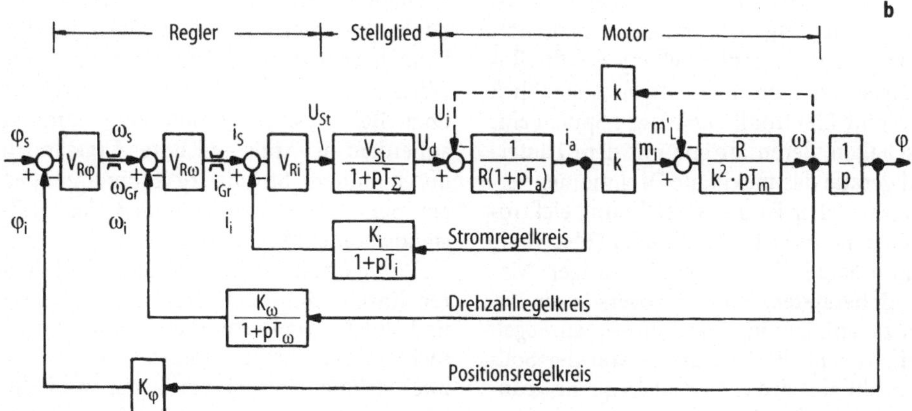

Bild 1.12. Stromrichtergespeister Gleichstrommotor. **a** Blockschaltbild, **b** Signalflußplan, *V* Verstärkungsfaktor, *K* Konstante, T_Σ Verzögerungszeitkonstante

Brücke (Bild 1.8) aus dem Wechselstromnetz oder über eine sechspulsige Brücke aus dem Drehstromnetz (L_1, L_2, L_3) und einen Gleichspannungszwischenkreis (u_d). Die Positionsregelung ermittelt aus der Differenz der vorgegeben Position φ_s und der Istposition des Läufers φ_i, die durch einen Enkoder E (Inkremental- oder einen Absolutgeber, s. Abschn. B 5.2) gemessen wird, die Führungszwischengröße des Drehzahlregelkreises, die Sollgeschwindigkeit ω_s. Der Vergleich mit der Istgeschwindigkeit ω_i, die sich aus der induzierten Spannung des Tachogenerators T ergibt (s. Abschn. B 4.3), liefert die Führungszwischengröße i_s des Stromregelkreises. Die Ausgangsspannung des Stromreglers u_{St} wird auf das Stellglied geführt und beeinflußt die Schaltzeiten der Transistoren oder Thyristoren der Endstufe. Drehzahl und Strom werden begrenzt (ω_{Gr}, i_{Gr}), damit nicht zu hohe Drehzahlen oder Ströme (Drehmomente) z.B. beim Beschleunigen oder Abbremsen Schäden am Motor, an elektronischen Bauelementen oder an den Sensoren verursachen.

1.2.2
Elektronikmotor
1.2.2.1
Allgemeines

Vertauscht man bei einem permanentmagneterregten Motor den Aufbau von Ständer und Läufer, d.h. verlegt man die Spulen in den Ständer und läßt den Magneten rotieren, entsteht ein Elektronikmotor oder bürstenloser Gleichstrom-(Brushless-DC-) Motor. Allerdings ist jetzt ein Sensor notwendig, der die Läuferstellung erfaßt (Rotorlagegeber), um im richtigen Augenblick über eine Elektronik diejenigen Spulen einzuschalten, deren Ströme mit dem Läuferfeld gerade das maximale Drehmoment erzeugen. Daher ist die Bezeichnung elektronisch kommutierter Motor oder (Electronic Commutated) *EC-Motor* eindeutiger. Motor, Gebersystem und Servoverstärker bilden zusammen einen geschlossenen *Regelkreis*. Weicht die Istdrehzahl von der Solldrehzahl ab, wird die Schaltfrequenz geändert, bis beide Werte identisch sind. Über die unterlagerte Stromregelung wird das Puls-Pausenverhältnis der Pulsweitenmodulation so eingestellt, daß das geforderte Drehmoment eingehalten wird. Positionierantriebe erhalten zusätzlich eine Lageregelung, die aus der Differenz der Istposition und der Sollposition des Läufers die Solldrehzahl ermittelt. Dazu kann jedoch nicht der Rotorlagegeber, der zum Schalten der Wicklungen dient, genutzt werden, weil seine Auflösung zu grob ist, es sei denn, es wird ein Resolver verwendet (s. Abschn. 1.2.2.3, Sinusstromverfahren). Im Prinzip gleicht also die Ansteuerung des EC-Motors der des Gleichstrommotors.

Ändert sich durch den Ersatz der mechanischen Kommutierungseinrichtung auch nicht das prinzipielle Betriebsverhalten, besitzen EC-Motoren doch besondere vorteilhafte Eigenschaften, die die wachsende Bedeutung dieses Motortyps ermöglichten. Er ist robust, wartungs- und geräuscharm. Eine höhere Schutzklasse (z.B. Explosionsschutz) ist einfacher zu verwirklichen. Aufgrund seines geringeren Trägheitsmomentes besitzt er eine höhere Dynamik. Es ist ein direkter Netzbetrieb des Umrichters möglich. Daher erübrigt sich ein Transformator, den Gleichstrommotoren benötigen, damit die Lamellenspannung nicht unzulässig hohe Werte erreicht. Da der EC-Motor mit höherer Spannung bzw. kleineren Strömen betrieben werden kann, können die Zuleitungen schwächer und flexibler ausgeführt werden. EC-Motoren können höher belastet werden, denn die Strom- und Eisenwärmeverluste entstehen nur im Ständer, von wo sie, ohne große Wärmewiderstände überwinden zu müssen, an die kühlende Oberfläche abgeführt werden können. Es tritt auch keine Wärme über die Welle in den angetriebenen Mechanismus über. Bei Gleichstrommotoren kommt es außerdem bei Stillstand unter Umständen durch höhere Ströme zu Einbrennungen auf dem Kommutator, so daß das Stillstandsmoment begrenzt ist.

Nachteilig sind beim EC-Motor die höheren Kosten, die durch den Rotorlagegeber und die Kommutierungselektronik verursacht werden, die Regelung von mindestens zwei Strömen statt einem Strom wie beim Gleichstrommotor und die größere Welligkeit des Drehmomentes, weil die Anzahl der Wicklungsstränge geringer ist als die Ankerspulenzahl von Gleichstrommotoren. Da die Phasenzahl der Ansteuerelektronik gleich der Strangzahl des Motors ist, beschränkt man sich aus Kostengründen auf maximal vier Wicklungsstränge.

1.2.2.2
Ausführungen

Größere EC-Motoren werden grundsätzlich dreisträngig ausgeführt. Kleinere EC-Motoren besaßen früher zwei oder vier Wicklungsstränge, weil zur Ansteuerung ein oder zwei Hall-Elemente genügen. Heute hat sich auch im unteren Leistungsbereich die dreisträngige Wicklung, die von drei Hall-Elementen gesteuert wird, durchgesetzt. Das hat mehrere Gründe: Die Kosten für Hall-Elemente sind erheblich gesunken und die Schaltung ist einfacher. Um den Motor möglichst hoch auszunutzen, wird er nicht unipolar betrieben, so daß jeder Wicklungsstrang nur in einer Richtung Strom führen kann, sondern bipolar, so daß die Stromrichtung in einem Wicklungsstrang geändert werden kann (s.a. Abschn. 1.3.3). Dazu sind bei einem zweisträngigen Motor vier Anschlußleitungen und acht Transistoren erforderlich. Ein dreisträngiger Motor benötigt dagegen nur drei Anschlußleitungen und sechs Transistoren. Schließlich ist die Momentenwelligkeit bei sechspulsig angesteuerten dreisträngigen Motoren geringer als bei zweisträngig bipolar oder viersträngig unipolar betriebenen Motoren. Daneben gibt es einfache Motoren mit zweisträngiger, unipolarer und, allerdings nicht für Stellantriebe, mit einsträngiger, bipolarer Wicklung.

Das Bild 1.13 zeigt *Konstruktionsprinzipien* für EC-Motoren mit Magnetläufern. Als Stellmotoren werden auch sie mit schlanken Walzenläufern (a–c) oder Scheibenläufern (d–f) gebaut, um ein niedriges Trägheitsmoment zu erzielen. Die Wicklung ist entweder in Nuten untergebracht (a) oder, wenn Rastmomente vermieden werden sollen, als eisenlose Luftspaltwicklung ausgeführt. Zum Beispiel wird die Wicklung, wie sie von Glockenläufermotoren (Bild 1.2d und h) her bekannt ist, an drei Stellen angezapft, im Stern oder Dreieck geschaltet und in ein geblechtes Gehäuse geklebt (c). Fertigungstechnisch und elektromagnetisch günstiger ist es, die Wicklung selbsttragend auszuführen und den Rückschluß mit dem Läufer rotieren zu lassen (b). Dann entfallen jegliche Verluste und Momente, die durch Wirbelströme und Hysterese hervorgerufen werden. Nachteilig ist das größere Trägheitsmoment. Derartige Motoren gibt es auch in Scheibenform mit Flachspulen im Ständer (e).

Größere Scheibenläufermotoren sind sehr aufwendig zu fertigen. Das Ständerblechpaket ist ein spiralförmig aufgewickelter Blechstreifen, in den die Nuten mit zunehmendem Abstand eingestanzt sind (d). Die Nuten können auch von der radialen Richtung abweichen, d.h. geschrägt sein. Zur Herstellung des Ständers sind eine besondere Stanz- und eine besondere Wickelmaschine erforderlich. Obwohl der Ma-

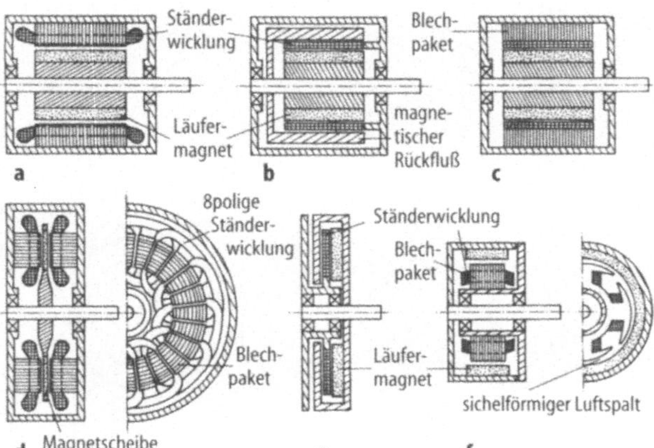

Bild 1.13. Konstruktionsprinzipien für EC-Motoren

gnetläufer aus Stabilitätsgründen in einer Sandwichkonstruktion mit Edelstahlarmierungen gefertigt wird, ist er durch hohe Impulsströme stärker gefährdet als ein Walzenläufer, was die Dynamik einschränken kann. Schließlich werden auch scheibenförmige Außenläufermotoren mit konzentrierten Spulen auf ausgeprägten Polen gebaut (e). Um die Momentenwelligkeit zu verringern, ist der Luftspalt nicht konstant, sondern z. B. sichelförmig gestaltet. Die Motoren der Abbildungen (b), (e) und (f) zeichnen sich durch einen gleichförmigen Rundlauf aus, besitzen allerdings ein relativ großes Trägheitsmoment.

Um bei größeren Walzenläufern ein geringes Trägheitsmoment zu erzielen, wird das Blechpaket mit Aussparungen entsprechend der Polzahl versehen und auf den Mantel eine dünne Schicht von Seltenerd-Magneten geklebt (Bild 1.14a). Da diese elektrisch leitend sind, müssen sie in kleine, etwa 2 mm starke Plättchen unterteilt werden, um Wirbelstromverluste zu vermindern. Ferritmagnete werden als Schalen auf dem Läuferkörper befestigt (b). Um die Magnete zu sichern, muß der Läufer in beiden Fällen bandagiert werden. Die Ausnutzung von Ferritmagnet-Motoren ist nur etwa halb so groß und ihre mechanische Zeitkonstante etwa doppelt so groß wie die entsprechenden Werte von Seltenerd-Magnet-Motoren. Auch bei EC-Motoren sind Konstruktionen mit Flußkonzentratoren und

mit Polschuhen zur Führung des Anker-(Ständer-)Querflusses möglich, die aber auch hier die schon bei den Gleichstrommotoren im Abschn. 1.2.1.2 beschriebenen Nachteile besitzen.

1.2.2.3
Ansteuerverfahren

EC-Motoren werden entweder mit blockförmigen Strömen (Blockstromverfahren) oder, inzwischen in zunehmendem Maß, mit sinusförmigen Strömen (Sinusstromverfahren) betrieben. Mit der jeweiligen Betriebsart hängt die Art der Magnetisierung und des Rotorlagegebers zusammen.

Blockstromverfahren

Bei der Speisung mit blockförmigen Strömen muß die in der stromführenden Wicklung induzierte Spannung während des Stromblockes konstant sein (Bild 1.15a). Sie ergibt sich bei einer konstanten Luftspaltinduktion infolge einer radialen Magnetisierung (Bild 1.16a). Bei dreisträngigen Wicklungen erstreckt sich ein Stromblock über einen elektrischen Winkel von 120°. Daran schließt sich eine Strompause von 60° an. Die inneren Leistungen der einzelnen Wicklungsstränge, die proportional dem Produkt von Strom und induzierter Spannung sind, überlappen sich, so daß unter idealen Voraussetzungen die resultierende innere Leistung und damit das Drehmoment bei einer bestimmten Drehzahl kon-

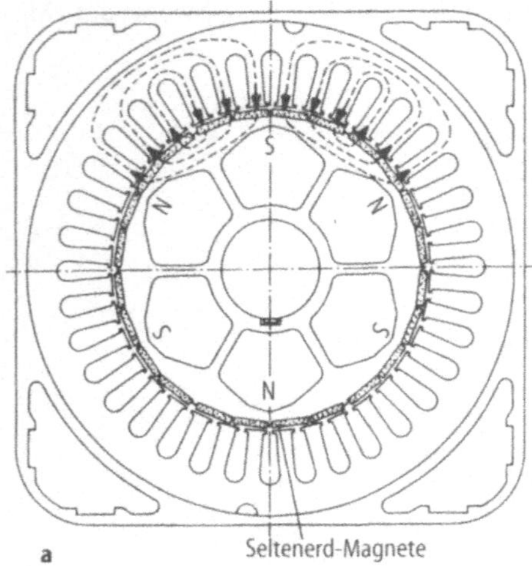

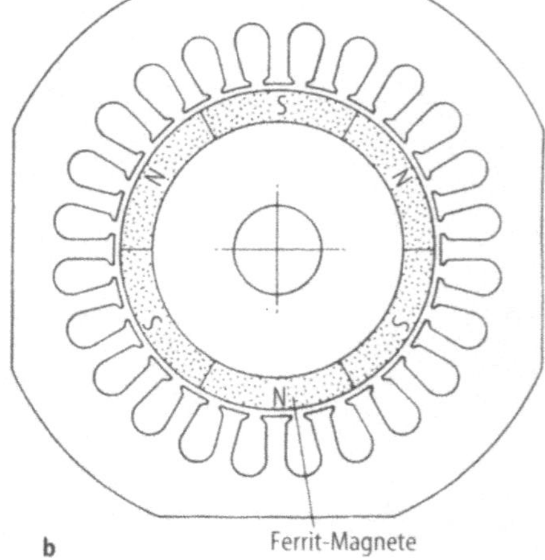

Bild 1.14. Servomotoren mit genutetem Ständer

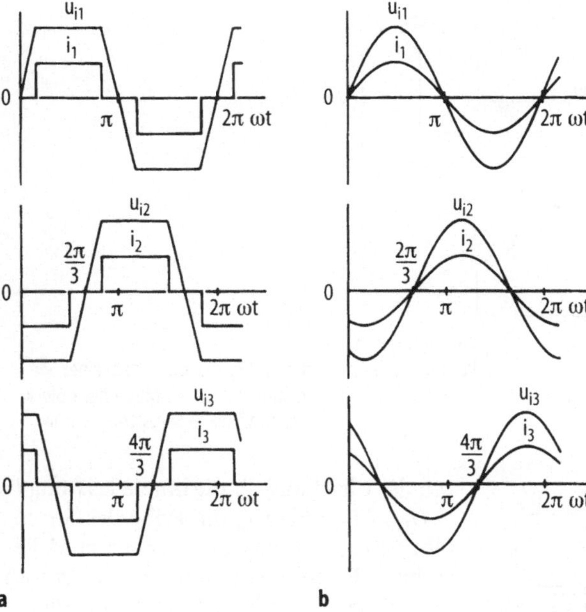

Bild 1.15. Zeitlicher Verlauf des Stromes und der induzierten Spannung bei **a** Blockstromtechnik, **b** Sinusstromtechnik

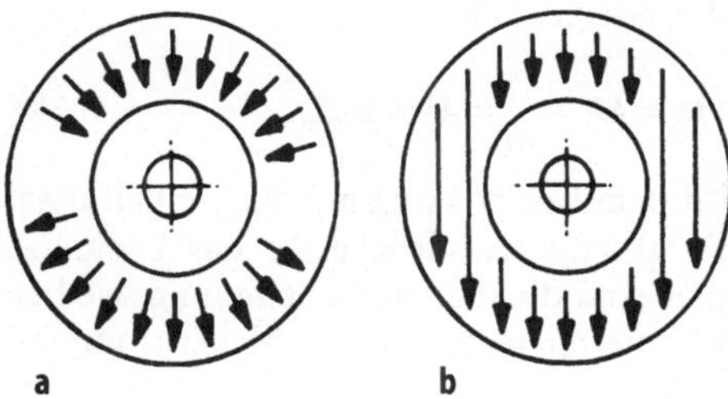

Bild 1.16. Magnetisierung. **a** radial, **b** diametral

stant ist. Tatsächlich können die Ströme nicht sprunghaft ansteigen und weichen mit wachsender Drehzahl immer mehr von der idealen Blockform ab. Man spricht daher auch vom Trapezstromverfahren. Die Stromverläufe weisen mit zunehmender Drehzahl Einbrüche auf, was eine Verringerung des mittleren Momentes sowie Pendelmomente und Verluste zur Folge hat. Außerdem nehmen durch das sprungartige Weiterschalten des Ständerfeldes mit wachsender Drehzahl die Eisenwärmeverluste zu.

Vorteilhaft bei der Blockstromtechnik ist die einfachere und damit kostengünstigere Signalverarbeitung. Mit drei Hall-Elementen oder drei Lichtschranken werden die Ströme in Abhängigkeit von der Läuferlage geschaltet. Ein Tachogenerator erfaßt die

Drehzahl, ein Kodierer oder Enkoder die Läuferposition (Bild 1.17a). Es gibt zwei unterschiedliche Ausführungen optischer Enkoder: Ein Inkrementalgeber zählt die von einer Strich- oder Schlitzscheibe je Umdrehung erzeugten Impulse. Mit einem Absolutgeber wird dagegen die Läuferstellung auch bei Stillstand erkannt, da abhängig von der Auflösung einer auf der Welle befestigten Codescheibe jedem Winkel ein bestimmtes Bitmuster zugeordnet ist (s. Abschn. B 5.2.1).Kleinstmotoren werden häufig auch sensorlos durch Auswertung der induzierten Spannung der gerade nicht aktiven Spulen gesteuert.

Die Berechnung des Drehmomentes von EC-Motoren, die in Blockstromtechnik betrieben werden, ist ähnlich derjenigen von permanent erregten Gleichstrommotoren [1.6]. Die maximale Flußverkettung Ψ_{max} einer Spule mit w Windungen ergibt sich, wenn ihre Achse mit der Polachse des Magneten zusammenfällt (Bild 1.18), zu

$$\Psi_{max} = w \int_0^\pi B(x)\, l\, r\, d x = w B_B\, l\, r\, \pi$$

$$= w \Phi_{max} \, . \tag{1.33}$$

Darin ist B_B der über eine Polteilung konstante Luftspaltinduktions-Block, l die Spulenlänge und r der Bohrungsradius. Im Be-

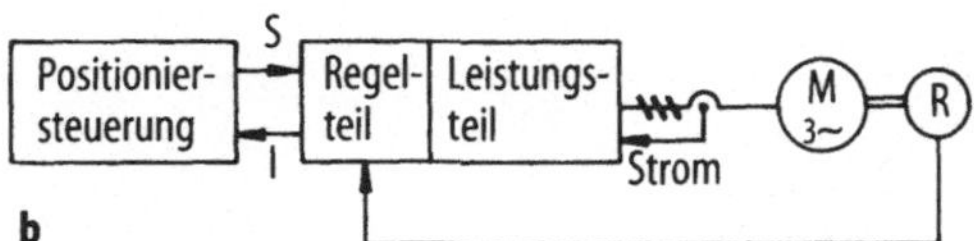

RL Rotorlagegeber
T   Tachogenerator
E   Enkoder (Incrementalgeber oder Absolutgeber)
R   Resolver

I   Positionsistwert
S   Positionssollwert

Bild 1.17. Blockschaltbild eines Servoantriebes mit EC-Motor bei **a** Blockstromtechnik, **b** Sinusstromtechnik

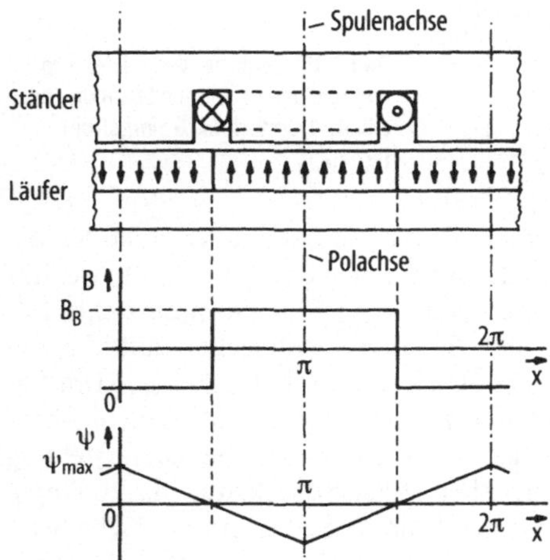

Bild 1.18. Prinzipdarstellung der Induktion und der Flußverkettung bei günstigster Läuferstellung

reich von $x = 0$ bis $x = \pi$ gehorcht die Flußverkettung der Gleichung

$$\Psi(x) = \left(1 - \frac{2x}{\pi}\right)\Psi_{max} \, . \qquad (1.34)$$

Dieser Fluß induziert die Spannung

$$U_{iB} = -\frac{d\Psi}{dt} = -\frac{d\Psi}{dx}\frac{dx}{dt} = -\omega\frac{d\Psi}{dx} \, .$$

Mit (1.33) und (1.34) errechnet sich die Höhe der Rechteckspannung zu

$$U_{iB} = \omega\frac{2}{\pi}\Psi_{max} = \omega\, 2w\, B_B\, rl \, . \qquad (1.35)$$

Da z.B. bei Sternschaltung stets zwei stromführende Stränge hintereinander geschaltet sind, wird die Ankerspannung $U_{iaB} = 2\, U_{iB}$.

Mit der Gleichung für die innere Leistung $P_i = U_{iaB} \cdot I_B$, wobei I_B die Höhe des Stromblockes ist, wird das innere Moment M_i berechnet. Es stimmt praktisch mit dem an der Welle abgegebenen Drehmoment M überein, weil das Reibungsmoment vernachlässigbar ist:

$$M = M_i = \frac{P_i}{\omega} = 4\, wrl\, B_B I_B \, . \qquad (1.36)$$

Mit dem Faktor $k_B = {}^4\!/\pi\, w\, \Phi_{max}$ erhält man die gleichen Ausdrücke für das Drehmoment und die induzierte Spannung wie bei der permanenterregten Gleichstrommaschine:

$$M = k_B I_B \qquad (1.37)$$

$$U_{iaB} = k_B\omega \, . \qquad (1.38)$$

Bei einem Stromflußwinkel von 120° ist der Effektivwert des Stromes $I = \sqrt{2/3}\, I_B$. Damit wird das Drehmoment

$$M = 4\sqrt{\frac{3}{2}}wrl\, B_B\, I \, . \qquad (1.39)$$

Sinusstromverfahren

Bei der Speisung mit sinusförmigen Strömen muß auch die induzierte Spannung sinusförmig verlaufen und in Phase mit dem Strom sein (Bild 1.15b). Voraussetzung dafür ist eine sinusförmige Luftspaltinduktion, die von einer homogenen diametralen Magnetisierung des Läufers erzeugt wird (Bild 1.16b). Sind bei einer dreisträngigen Wicklung die Ströme um $2\pi/3$ gegeneinander phasenverschoben, entsteht ein *ideales*

Drehfeldsystem wie bei einer Drehstrom-Synchronmaschine. Man nennt daher mit Sinusstromtechnik betriebene Stellmotoren auch „*AC-Servomotoren*". Gegenüber der Synchronmaschine besteht allerdings der wesentliche Unterschied, daß die Drehzahl lastabhängig ist. Im Gegensatz zur Blockstromtechnik weist das Drehmoment nur eine sehr geringe Welligkeit auf.

Bei diesem Verfahren muß der Läuferlagewinkel mit hoher Auflösung (ca. 1°) erfaßt werden, damit die Phasenlage von Strom und Spannung möglichst konstant ist. Das geschieht hier induktiv mit Drehmeldern (Bild 1.19). Der Läufer hat eine einsträngige Wicklung, die mit einem 2 bis 20 kHz-Wechselstrom erregt wird. Dieser Wechselstrom wird bürstenlos über einen Ringtrafo, dessen Sekundärwicklung sich auf dem Läufer befindet, übertragen. In zwei um 90° gegeneinander versetzte Ständerwicklungen eines „Resolvers" oder – seltener – in drei um 120° gegeneinander versetzte Wicklungen eines „Synchros" werden entsprechend phasenverschobene, sinusförmige Spannungen induziert, deren Auswertung Informationen über Rotorlage und Drehzahl liefert (s. Abschn. B 5.1.1). Es gibt auch Resolver mit wicklungslosen Reluktanzläufern, bei denen die Erregerwicklung und die beiden Ankerwicklungen im Ständer liegen und daher eine Wicklung weniger gegenüber der vorher beschriebenen Ausführung erforderlich ist. In beiden Fällen wird nur ein einziger kompakter, robuster, aber teurer Sensor (mit nur 6 Anschlußleitungen) und eine aufwendigere Elektronik benötigt (Bild 1.17b). Vorteilhaft ist, daß sich im Motor keine elektronischen Bauteile befinden, so daß dort eine vergleichsweise hohe Wicklungstemperatur (z.B. 150 °C) zulässig ist.

Die drei am Umfang um den elektrischen Winkel $2\pi/3$ gegeneinander versetzten, gleichen Stränge U, V, W werden von drei um den mechanischen Winkel $2\pi/3$ phasenverschobenen, gleichen Strömen durchflossen:

$$i_U = \hat{I}\cos\omega t,$$

$$i_V = \hat{I}\cos\left(\omega t - \frac{2\pi}{3}\right), \qquad (1.40)$$

$$i_W = \hat{I}\cos\left(\omega t + \frac{2\pi}{3}\right).$$

In einem Motor mit p Polpaaren erzeugen diese Ströme eine rotierende Durchflutung (Felderregung). Berücksichtigt man die Wicklungsverteilung und ggf. eine Schrägung der Nuten durch den Wicklungsfaktor ξ, ergibt sich die Drehdurchflutung bei w Windungen je Strang zu

$$\Theta = \frac{w\xi}{2}\hat{I}\left[\cos\omega t\,\sin px + \cos\left(\omega t - \frac{2\pi}{3}\right)\right.$$
$$\cdot\sin\left(px - \frac{2\pi}{3}\right) + \cos\left(\omega t - \frac{2\pi}{3}\right) \qquad (1.41)$$
$$\left.\cdot\sin\left(px - \frac{2\pi}{3}\right)\right].$$

Diese Gleichung, die für einen ungesättigten Motor gilt, kann, wie von Drehstrommotoren her bekannt, vereinfacht werden zu

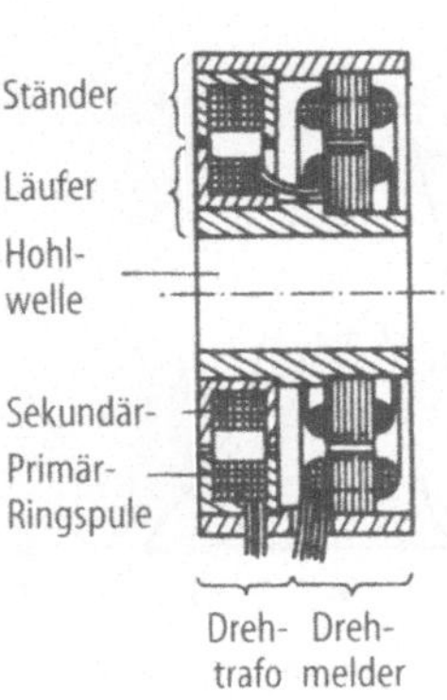

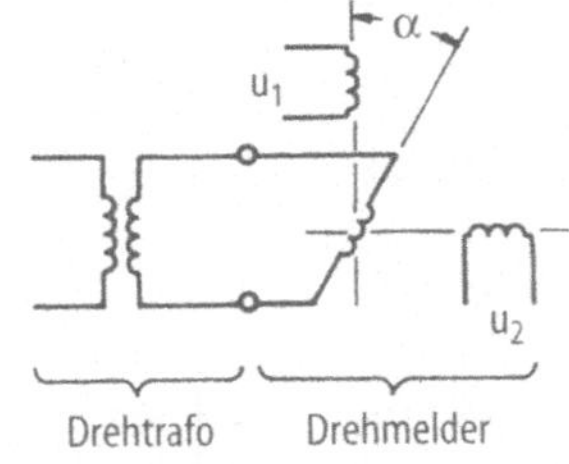

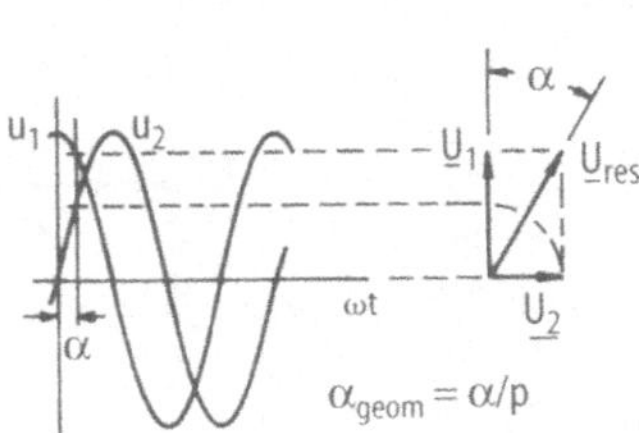

Bild 1.19. Resolver. Längsschnitt, Schaltbild, Spannungsverlauf

$$\Theta = \frac{3}{2}\frac{w\xi}{2}\sqrt{2}\,I\sin(px - \omega t)\,. \tag{1.42}$$

wobei I der Effektivwert des Stromes ist. Das sinusförmige Drehfeld, das ebenfalls mit ω rotiert und dessen Amplitude gegenüber der Drehdurchflutung um den elektrischen Winkel $p\beta$ nacheilt, ist

$$B = \hat{B}\cos(px - \omega t - p\beta)\,. \tag{1.43}$$

Die Kraft, die auf die Leiter der Ständerwicklung ausgeübt wird, ist gleich der Reaktionskraft auf den Läufermagneten. Da die Feldlinien im wesentlichen senkrecht zu den Leitern verlaufen, kann man für die Kraft auf w Leiter

$$F = I\Theta B = \frac{3}{4}w\,\xi l\,\sqrt{2}\,I\,\hat{B}$$
$$\cdot\sin(px - \omega t)\cos(px - \omega t - p\beta) \tag{1.44}$$

schreiben. Für $t = 0$ erhält man

$$F = \frac{3}{4}w\,\xi l\,\sqrt{2}\,I\,\hat{B}\sin(px - \omega t)$$
$$\cdot\cos(px - \omega t - p\beta). \tag{1.45}$$

Das Drehmoment wird aus dem Integral der Kraft über eine Polteilung multipliziert mit dem Bohrungsradius r für einen $2p$-poligen Motor berechnet zu:

$$M = 2p\int_0^{\pi/p} F\,r\,dx = 2\frac{3}{4}w\,\xi l\,r\,\sqrt{2}\,I\,\hat{B}$$
$$\cdot\int_0^p \sin x\cos(x - \beta)dx\,. \tag{1.46}$$

Vergleicht man die Momente der Motoren mit Block- und Sinusstromtechnik miteinander und berücksichtigt, daß

$$\hat{B} = \frac{\pi}{2}B_B \tag{1.47}$$

ist, wenn der Pol- und Jochfluß (Sättigung!) beider Motoren gleich und der Wicklungsfaktor $\xi \approx 0{,}94$ ist, entwickeln beide Motoren ein gleich großes Drehmoment.

1.2.2.4
Geschalteter Reluktanzmotor

Ein Elektronikmotor kann statt eines Permanentmagnet-Läufers auch einen *Reluktanzläufer* haben (Bild 1.20a). Er wird daher allgemein als „*Switched-Reluctance-Motor*"

(SR-Motor) bezeichnet. Ständer und Läufer besitzen ausgeprägte Pole, wobei sich die Polzahlen unterscheiden. Um eine eindeutige Drehrichtung zu erhalten, muß der Ständer mindestens drei Stränge besitzen. Üblich ist daher das Polzahlverhältnis 6 : 4 (oder 8 : 6) von Ständer und Läufer. Die drei Stränge werden durch drei Hall-Elemente, die durch einen mit dem Läufer rotierenden Steuermagneten erregt werden, zyklisch geschaltet. Bei niedrigen Drehzahlen wird der Motor durch Chopping, sonst mit Blockspannungen betrieben. Das Drehmoment wird über die *magnetische Koenergie* berechnet:

$$M = \frac{1}{2}i^2\frac{dL}{d\alpha}\,. \tag{1.48}$$

Dabei wird die Abhängigkeit der Induktivität L von der Läuferstellung mit Hilfe von numerischen Feldberechnungen ermittelt. Der Stromverlauf ist impulsartig. Er hängt seinerseits vom Induktivitätsverlauf und vom Einschalt- und Ausschaltwinkel ab. Im Bild 1.20b beträgt beispielsweise der Einschaltwinkel 45° und der Ausschaltwinkel 75°. Eine analytische Berechnung des

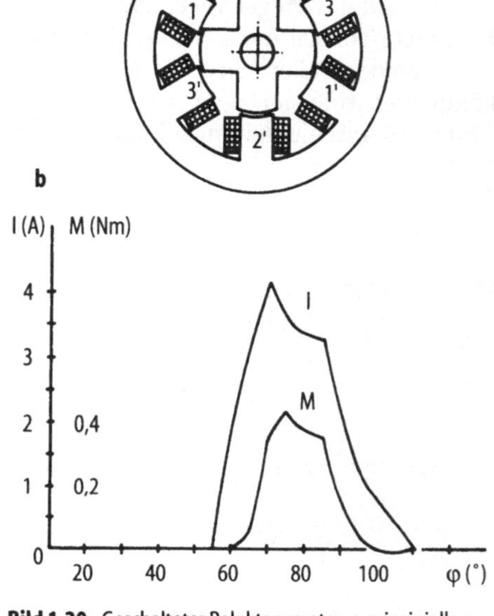

Bild 1.20. Geschalteter Reluktanzmotor. **a** prinzipieller Aufbau, **b** Strom und Drehmoment eines Stranges in Abhängigkeit vom Drehwinkel

Drehmomentes ist deshalb nicht möglich, zumal da die notwendigerweise hohe Eisensättigung des Reluktanzmotors nicht vernachlässigt werden darf.

Vorteilhaft beim SR-Motor sind die einfache Ständerwicklung und der wicklungslose Läufer. Die mittlere Windungslänge ist vergleichsweise kurz, so daß der Kupferbedarf gering ist. Ständer und Läufer müssen geblecht sein, weil sich anderenfalls erhebliche Wirbelstromverluste ausbilden würden. Die Stromwärmeverluste und der größere Teil der Wirbelstromverluste entstehen im Ständer, so daß die dadurch verursachte Wärme gut abgeführt werden kann. Der Läufer kann sich stärker erwärmen als ein Permanentmagnetläufer. Allerdings kann das, wie schon erwähnt, bei Servomotoren nachteilig sein, weil dann Wärme über die Welle in den angetriebenen Mechanismus fließt. Die Läuferkonstruktion erlaubt sehr hohe Drehzahlen. *Nachteilig* ist dagegen die starke Welligkeit von Drehmoment und Strom. Das Drehmoment kann, wie im Bild 1.20b zu erkennen ist, negativ werden und bremsend wirken, wenn der Ausschaltwinkel zu groß gewählt wird. Die großen Induktivitätsschwankungen, die bei Reluktanzmotoren prinzipbedingt notwendig sind, wenn ein ausreichend hohes Drehmoment und eine gute Ausnutzung erzielt werden sollen, haben starke magnetische Geräusche zur Folge. Außerdem besitzen SR-Motoren kein Selbsthaltemoment, d.h. kein Drehmoment bei unerregter Ständerwicklung. Ein Selbsthaltemoment ist oft erwünscht, um eine feste Position auch bei $I = 0$ zu halten. Der Einsatz von SR-Motoren als Servomotoren ist grundsätzlich möglich, aber aufgrund seiner Nachteile derzeit nicht zu sehen.

1.2.3
Drehstrom-Asynchronmotor
1.2.3.1
Allgemeines

Asynchronmotoren sind vergleichsweise kostengünstig und ebenso robust und geräuscharm wie EC-Motoren mit Magnetläufern, haben jedoch wegen der Läuferverluste einen schlechteren Wirkungsgrad als EC-Motoren. Zudem benötigen Asynchronmotoren zur Erzeugung des drehmomentbildenden Flusses einen Blindstrom. Die durch die Läuferverluste erzeugte Wärme gelangt zum Teil über die Welle zum angetriebenen Mechanismus, was unerwünscht sein kann. Um ein kleines Trägheitsmoment zu erzielen, sollte der Läufer möglichst schlank sein, wobei zu bedenken ist, daß sich die Wärmeabfuhr aus dem Läufer mit zunehmender Länge verschlechtert. Normmotoren sind als Servomotoren nur dann geeignet, wenn sie keine höheren dynamischen Anforderungen erfüllen müssen. Es wurden auch schon scheibenförmige Motoren vorgeschlagen, deren Ständer ähnlich Bild 1.13d ausgeführt sind. Es gibt Motoren mit ein- und mit zweiseitigem Ständer. Bei einem einseitigen Ständer werden erhebliche axiale Kräfte erzeugt, die durch besondere Lagerung aufgefangen werden müssen, um den notwendigerweise engen Luftspalt einzuhalten. Aufgrund der besonderen Fertigungstechnik sind derartige Konstruktionen nur bei kleineren Stückzahlen bzw. bei Spezialisierung auf diese Fertigungstechnik interessant. Schließlich ist zu bedenken, daß ein Asynchronmotor ebenso wie ein Synchronmotor ein fremdgesteuerter Motor ist, der bei Überlastung plötzlich stehen bleibt.

1.2.3.2
Betriebsverhalten

Die Herleitung der im folgenden verwendeten Gleichungen wird in allen grundlegenden Fachbüchern über elektrische Maschinen [z.B. 1.7] ausführlich beschrieben. Danach ist die Spannung an den Klemmen jedes der drei Wicklungsstränge im Ständer eines *Drehstrom-Asynchronmotors*

$$\underline{U}_1 = (R_1 + jX_{1\sigma})\underline{I}_1 + jX_h(\underline{I}_1 + \underline{I}'_2) \, . \quad (1.49)$$

R_1 ist der Wirkwiderstand eines Stranges, X_h seine Hauptreaktanz und $X_{1\sigma}$ seine Streureaktanz. Der Ständerstrom I_1 und der auf die Ständerwicklung umgerechnete Läuferstrom I'_2 bilden gemeinsam den (fiktiven) Magnetisierungsstrom

$$\underline{I}_\mu = \underline{I}_1 + \underline{I}'_2 \, , \quad (1.50)$$

der das Drehfeld erregt. Die Spannungsgleichung der kurzgeschlossenen Läuferwicklung lautet mit Größen, die auf die Ständerwicklung umgerechnet sind,

$$0 = \left(\frac{R_2'}{s} + jX_{2\sigma}'\right)\underline{I}_2' + jX_h(\underline{I}_1 + \underline{I}_2') \ . \quad (1.51)$$

Der Schlupf s ist der Unterschied zwischen der synchronen Drehzahl des Drehfeldes n_1 = f_1/p (f_1 = Netzfrequenz, p = Polpaarzahl) und der Läuferdrehzahl n:

$$s = \frac{n_1 - n}{n_1} \ . \quad (1.52)$$

Anschaulich können die Gln. (1.49) und (1.51) in der Ersatzschaltung des Bildes 1.21 dargestellt werden. Aus diesen beiden Gleichungen erhält man mit den Abkürzungen $X_1 = X_{1\sigma} + X_h$ und $X_2' = X_{2\sigma}' + X_h$

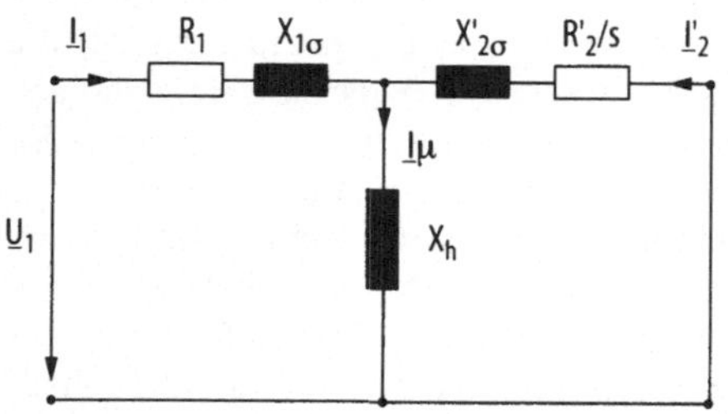

Bild 1.21. Asynchronmotor: Ersatzschaltbild

$$\underline{I}_1 = \underline{U}_1 \frac{R_2' + jsX_2'}{R_1R_2' + jR_2' + X_1}$$
$$+ \frac{R_2' + jsX_2'}{s\left(X^2 - X_1X_2' + jRX_2'\right)} \ , \quad (1.53)$$

die Ortskurve des Ständerstromes $\underline{I}_1(s)$. Der Zeiger der Strangspannung $\underline{U}_1$ gibt dabei üblicherweise als Bezugsgröße die Richtung der reellen Achse, d.h. hier die Richtung der Ordinate des komplexen Koordinatensystems an. Der Stromzeiger $\underline{I}_1$ eilt der Spannung um den Phasenverschiebungswinkel φ nach und ist ihr gegenüber in mathematisch negativer Richtung verdreht. Vereinfacht man die Gl. (1.53), indem man $R_1 \rightarrow 0$ annimmt, was streng genommen zwar nur bei sehr großen Motoren zulässig, für grundsätzliche Überlegungen aber sinnvoll ist, ergibt sich

$$\underline{I}_1 \approx \underline{U}_1 \frac{R_2' + jsX_2'}{jR_2'X_1 - s\left(X_1X_2' - X_h^2\right)} \ . \quad (1.54)$$

Näherungsweise wird damit die Ortskurve ein Kreis, dessen Mittelpunkt ebenso wie die Punkte $\underline{I}_1(s = 0)$, d.h. für den Synchronismus bei $n = n_1$, und $\underline{I}_1(s = \infty)$, d.h. für den sog. idealen Kurzschluß bei n = ∞, auf der Abszisse liegt (Bild 1.22). Der obere Halb-

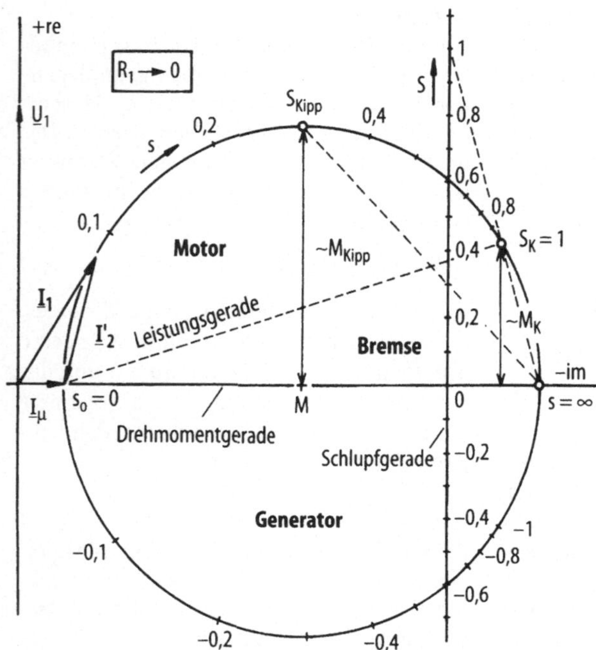

Bild 1.22. Stromortskurve

kreis beschreibt von $s = 0$ bis $s = s_K = 1$ den hier interessierenden Motorbetrieb und von $s_K = 1$ bis $s = \infty$ den Bremsbetrieb, bei dem der Läufer entgegen dem Drehfeld rotiert. Der untere Halbkreis betrifft den Generatorbetrieb, bei dem der Läufer sich schneller dreht als das Drehfeld. Die Schlupfskalierung entlang dem Kreis findet man mit Hilfe der Schlupfgeraden, auf der die Schlupfwerte äquidistant gegeben sind. Der Abstand des Kreises von der Abszisse ist ein Maß für das an der Welle abgegebene Drehmoment. Die Länge des Lotes auf die Abszisse im Mittelpunkt M ist daher proportional dem maximalen Drehmoment, dem Kippmoment M_{Kipp}. Bei $s_K = 1$ bzw. $n = 0$, d.h. im Stillstand oder „Kurzschluß" ist die Länge des Lotes proportional dem Anzugsmoment M_K.

Ein Drehstrom-Asynchronmotor mit $m_1 = 3$ Strängen entnimmt dem Netz die Wirkleistung

$$P_1 = m_1 U_1 I_1 \cos\varphi \, . \qquad (1.55)$$

U_1 sowie I_1 sind hier wie auch in allen folgenden Gleichungen die an den Strängen gemessenen Werte (Strangwerte). Werden Strom und Spannung an den Zuleitungen gemessen (Leiterwerte), ist in (1.55) m_1 durch $\sqrt{3}$ zu ersetzen. Subtrahiert man von P_1 die Stromwärmeverluste der Ständerwicklung

$$P_{V1} = m_1 I_1^2 R_1 \qquad (1.56)$$

und die Eisenwärmeverluste im Ständerblechpaket, ergibt sich die Luftspaltleistung, die vom Ständer in den Läufer übertragen und dort entsprechend dem Ersatzschaltbild (1.21) im Widerstand R'_2/s umgesetzt wird:

$$P_\delta = m_1 I_2'^2 \frac{R'_2}{s} \, . \qquad (1.57)$$

Subtrahiert man von P_δ die Stromwärmeverluste in der Läuferwicklung

$$P_{V2} = m_1 I_2'^2 R'_2 = s P_\delta \, , \qquad (1.58)$$

erhält man die an der Welle abgegebene Leistung

$$P_2 = (1 - s) P_\delta \, . \qquad (1.59)$$

Dabei sind die Eisenwärmeverluste im Läuferblechpaket und die Reibungsverluste vernachlässigt, was i.a. zulässig ist.

Das *Drehmoment* wird wie beim Gleichstrommotor aus der inneren Leistung, d.h. hier aus der Luftspaltleistung P_δ, oder aus der an der Welle abgegebenen Leistung P_2 berechnet:

$$M = \frac{P_\delta}{2\pi n_1} = \frac{P_2}{2\pi n} \, . \qquad (1.60)$$

P_δ wird durch (1.57) ersetzt und I'_2 wie I_1 aus (1.49) und (1.51) ermittelt. Vernachlässigt man wiederum R_1, lautet die Gleichung für das Drehmoment

$$M \approx \frac{m_1}{2\pi n_1} \frac{U_1^2}{X_1} \frac{1 - \sigma}{\dfrac{R_2}{s X_2} + \sigma^2 \dfrac{s X_2}{R_2}} \qquad (1.61)$$

mit der Gesamtstreuziffer

$$\sigma = 1 - \frac{X_h^2}{X_1 X_2'} \, . \qquad (1.62)$$

Setzt man die Ableitung der Drehmomentengleichung gleich Null, erhält man den Kippschlupf

$$s_{Kipp} \approx \frac{R_2}{\sigma X_2} \qquad (1.63)$$

und mit (1.61) das Kippmoment

$$M_{Kipp} \approx \frac{m_1}{2\pi n_1} \frac{U_1^2}{X_1} \frac{1 - \sigma}{2\sigma} \, . \qquad (1.64)$$

Ersetzt man in (1.61) R_2/X_2 durch $\sigma \, s_{Kipp}$ und bezieht das Drehmoment auf das Kippmoment, ergibt sich die sog. *Kloss'sche Gleichung* (für $R_1 \rightarrow 0$)

$$\frac{M}{M_{Kipp}} \approx \frac{2}{\dfrac{s_{Kipp}}{s} + \dfrac{s}{s_{Kipp}}} \, . \qquad (1.65)$$

Im Bild 1.23 ist diese Drehmomenten-Gleichung dargestellt und der Brems-, Motor- und Generatorbereich angegeben. Im Brems- und Anlaufbereich, wenn $s \gg s_{Kipp}$ ist, entspricht der Drehmomentenverlauf einer Hyperbel. Im Bereich des Synchronismus ist $s \ll s_{Kipp}$, so daß das Drehmoment näherungsweise linear verläuft und demjenigen einer Gleichstrom-Nebenschlußmaschine ähnlich ist. Man spricht daher vom *Nebenschlußverhalten* der Asynchronmaschine.

Wechselstrom-Asynchronmotoren werden vorzugsweise mit zwei parallelgeschalteten

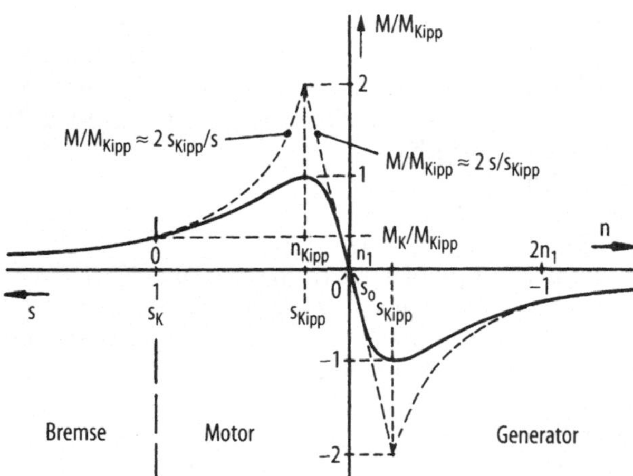

Bild 1.23. Drehmomenten-Kurve

Wicklungssträngen im Ständer ausgeführt. Die notwendige Phasenverschiebung der Ströme wird dadurch erzeugt, daß mit dem einen Strang meistens ein Kondensator, seltener ein Widerstand in Reihe geschaltet wird [1.4]. Um ein Verhalten wie dasjenige eines Drehstrommotors zu erhalten, muß bei gleicher Durchflutung der beiden Stränge die Phasenverschiebung $\pi/2$ betragen. Das ist nur für einen einzigen Betriebspunkt möglich. Wird ein möglichst hohes Bemessungsmoment verlangt, werden Wicklung und Kondensator (Betriebskondensator) für diesen Betriebspunkt ausgelegt. Soll das Anzugsmoment möglichst hoch sein, ist ein wesentlich größerer Kondensator (Anlaufkondensator) erforderlich. Dieser muß nach erfolgtem Hochlauf abgeschaltet werden, weil anderenfalls die Wicklungsverluste beim Bemessungsbetrieb zu hoch werden. Der Motor läuft dann einsträngig weiter, allerdings mit erheblich reduzierter Leistung. Muß der Motor sowohl ein hohes Anzugsmoment als auch ein hohes Bemessungsmoment besitzen, erhält er einen Anlauf- und einen Betriebskondensator. Weicht die Phasenverschiebung der Ströme von dem Wert $\pi/2$ ab und/oder sind die Durchflutungen der Stränge verschieden voneinander, entstehen mehr oder weniger große Pendel- und Bremsmomente. Die Ausnutzung eines Wechselstrom-Asynchronmotors ist daher i.a. schlechter als die eines baugleichen Drehstrom-Asynchronmotors, so daß sie nur für Leistungen < ca. 1 kW gebaut werden.

Ist schon das *stationäre* Betriebsverhalten von Asynchronmaschinen nicht so

durchschaubar wie dasjenige von Gleichstrommaschinen und die Herleitung der Gleichungen umfänglicher, gilt das um so mehr für das *dynamische Verhalten*, dessen Darstellung den Rahmen sprengen würde. Es wird daher auf die einschlägige Fachliteratur [1.8] verwiesen.

1.2.3.3
Drehzahlstellung

Im Gegensatz zu den selbstgesteuerten Kommutatormotoren ist die Drehzahlstellung der fremdgesteuerten Motoren, d.h. der Asynchron- und Synchronmotoren nicht so einfach möglich und aufwendiger, wenn ein größerer Stellbereich gefordert ist. Löst man die Schlupfgleichung (1.52) nach der Drehzahl auf

$$n = n_1(1-s) = \frac{f_1}{p}(1-s) \,, \qquad (1.66)$$

erkennt man Möglichkeiten, die Drehzahl zu ändern, wenn die Asynchronmaschine am starren Netz ($U_1 = \text{const}, f_1 = \text{const}$) liegt:

Zusätzliche Widerstände im Läuferkreis
Wie man aus dem Ersatzschaltbild 1.21 ersieht, bleiben die elektrischen Verhältnisse gleich, wenn man den Läuferwiderstand proportional zum Schlupf ändert:

$$\frac{s^*}{s} = \frac{s^*_{Kipp}}{s_{Kipp}} = \frac{R_2 + R_v}{R_2} \,. \qquad (1.67)$$

Nach (1.64) bleibt auch das Kippmoment konstant (Bild 1.24). Die Wirkung eines Vorwiderstandes R_V im Läuferkreis ist ähnlich der eines Ankervorwiderstandes beim

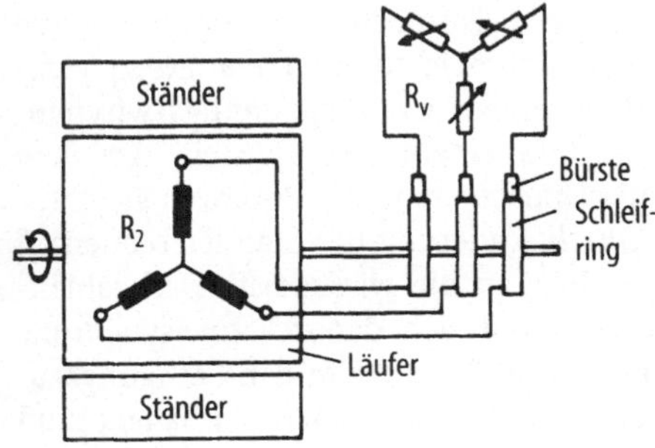

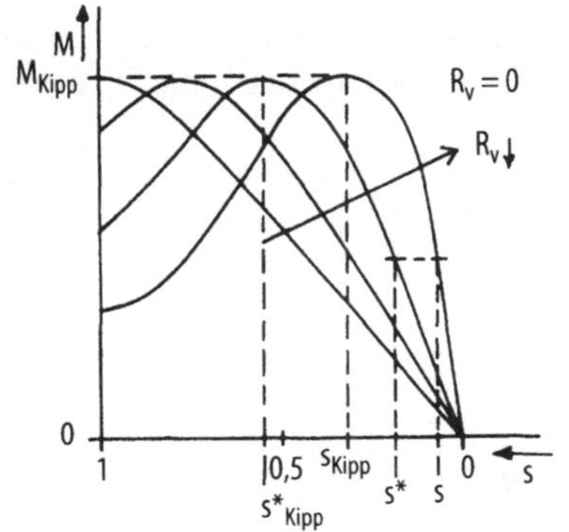

Bild 1.24. Drehzahlstellung durch Vorwiderstände im Läuferkreis

Gleichstrommotor (Bild 1.6). Zusätzliche Widerstände im Läuferkreis können allerdings nur bei (teueren) Schleifringläufermotoren eingesetzt werden. Außerdem sind die hohen Verluste in R_V nachteilig, so daß abgesehen von kurzzeitigen Drehzahländerungen dieses Verfahren wie beim Gleichstrommotor nur zum Anlaufen genutzt wird. Um die hohen Verluste im Läuferkreis zu vermeiden, kann die Läuferleistung sP_δ auch ins Netz zurückgespeist werden. Die dazu notwendige untersynchrone Stromrichterkaskade ist so aufwendig, daß sie nur bei sehr großen Antrieben zum Einsatz kommt. Sie ermöglicht eine Verminderung der Leerlaufdrehzahl um etwa 30% und eine nahezu parallele Verschiebung der Drehzahldrehmomentkurve bei konstantem Kippmoment.

Änderung der Polzahl

Da eine Käfigwicklung mit Drehfeldern beliebiger Polzahl Drehmomente bilden kann, ist es möglich, bei Käfigläufermotoren durch Änderung der Polzahl $2p$ die Drehzahl *grobstufig* zu stellen. Mit einer polumschaltbaren Ständerwicklung sind nur vergleichsweise geringe Drehzahlverhältnisse möglich, z.B. bei der sog. Dahlander-Schaltung ein Verhältnis $p_1 : p_2 = 2$, wobei bei der kleineren Polzahl infolge der starken Sehnung die effektiv wirksame Windungszahl, d.h. die Ausnutzung des Motors um etwa 30% schlechter ist. Da die Umschaltung aufwendig ist, werden nur größere Motoren damit ausgestattet. Die Polumschaltung wird z.B beim Positionieren dort eingesetzt, wo von einem Schnellgang auf einen Schleichgang (Kräne, Aufzüge) umgeschaltet wird (s. Abschn. 1.2.3.4). Große Drehzahlverhältnisse bei geringem Schaltungsaufwand erzielt man mit getrennten Ständerwicklungen unterschiedlicher Polzahl. Allerdings ist jetzt die Motorausnutzung schlechter, weil stets nur eine Wicklung wirksam ist. Daher findet man getrennte Wicklungen überwiegend bei kleineren Motoren.

Änderung der Ständerspannung

Entsprechend (1.61) ändert sich das Drehmoment quadratisch mit der Spannung, während der Kippschlupf konstant bleibt (1.63). Die synchrone Drehzahl ändert sich ebenfalls nicht. Eine Änderung der Strangspannung ist dadurch möglich, daß die Möglichkeit genutzt wird, die Schaltung der Ständerwicklung von Stern in Dreieck zu ändern, wobei dann die Stränge für die Klemmenspannung (Leiterwert) ausgelegt sein müssen. Bei Sternschaltung sinkt die Strangspannung um den Faktor $\sqrt{3}$ und damit das Drehmoment um den Faktor 3. Dieses Verfahren wird fast nur zum Anlaufen genutzt, um den Anlaufstrom zu vermindern. Der Motor wird in Sternschaltung gestartet und dann in Dreieckschaltung betrieben.

Ein verlustarmer, aber teurer Spannungssteller ist ein Transformator. Er wird gelegentlich in Sparschaltung zum Anlassen großer Motoren verwendet. Eine Phasenanschnittsteuerung oder ein Drehstrom- bzw. Wechselstromsteller (s. Abschn. C 4.3) ist, zumal bei Motoren kleinerer Leistung, wirtschaftlicher, erzeugt jedoch hohe Spannungsoberschwingungen, die erhebliche zusätzliche Verluste im Asynchronmotor zur Folge haben. Derartig gesteuerte Motoren müssen daher reichlich überdimensioniert und gut gekühlt sein. Als Stellantriebe kommen sie i.a. nur für den Kurzzeitbetrieb in Frage.

Wie Bild 1.25a zeigt, ist die mit normalen Käfigläufern erzielbare Drehzahldifferenz gering. Um sie zu vergrößern, verwendet man Läufer mit höherem Widerstand (Widerstandsläufer) (Bild 1.25b). Nach (1.58) und (1.59) wachsen die Läuferverluste

$$P_{V2} = P_2 \frac{s}{1-s} \qquad (1.68)$$

überproportional mit dem Schlupf. Bei diesem Verfahren treten deshalb bei geringen Drehzahlen besonders hohe Verluste auf.

Änderung der Ständerfrequenz

Als Stellantriebe werden Asynchronmotoren vor allem über Frequenzumrichter frequenzgesteuert betrieben. Da sie jedoch einen schlechteren Wirkungsgrad (η_{AM}) als EC-Motoren (η_{EC}) haben und ihr Leistungsfaktor ($\cos \varphi$) deutlich kleiner als 1 ist, muß der Umrichter um $\eta_{EC}/(\eta_{AM} \cos \varphi)$ größer als bei EC-Motoren sein. Bei

kleineren Leistungen verwendet man einen Transistorumrichter mit einem Netzgleichrichter, einem Gleichspannungszwischenkreis und einem Leistungsteil, der dem eines Umrichters für EC-Motoren gleicht.

Durch Änderung der Ständerfrequenz f_1 erreicht man die wirksamste Drehzahländerung, weil sich dadurch die synchrone Drehzahl n_1 ändert. Um den Sättigungszustand des Motors konstant zu halten, muß die Klemmenspannung proportional zur Frequenz eingestellt werden. Insbesondere bleibt dann das Kippmoment nahezu gleich, was man an der umgeformten Gl. (1.64)

$$M_{Kipp} \approx \frac{m_1}{2\pi n_1} \frac{U_1^2}{X_1} \frac{1-\sigma}{2\sigma}$$

$$= \frac{pm}{2\pi f_1} \frac{U_1^2}{2\pi f_1 L_1} \frac{1-\sigma}{2\sigma} \qquad (1.69)$$

$$M_{Kipp} \sim \left(\frac{U_1}{f_1} \right)^2$$

erkennt, denn die Streuziffer σ ist unabhängig von der Frequenz. Der Kippschlupf (1.63) ändert sich dagegen umgekehrt proportional zur Frequenz:

$$s_{Kipp} \approx \frac{R_2}{\sigma X_2} = \frac{R_2}{\sigma 2\pi f_1 L_2} \sim \frac{1}{f_1} . \qquad (1.70)$$

Wie Bild 1.26 zeigt, werden die Drehzahl-Drehmoment-Kurven wie bei der Spannungsstellung eines Gleichstrommotors (Bild 1.7) parallel verschoben.

Tatsächlich ist das Kippmoment, wie im Bild 1.26 angedeutet, nicht konstant, sondern wird mit sinkender Frequenz geringer, weil sich der Spannungsabfall an R_1 zunehmend bemerkbar macht, wenn er nicht durch eine Spannungserhöhung kompensiert wird. Das trifft insbesondere für Motoren im unteren Leistungsbereich zu. Die Spannung U_1 kann nur bis zum Bemessungswert U_{1N} erhöht werden (*Konstantflußbereich*). Soll die Drehzahl über die Bemessungsdrehzahl n_N hinaus erhöht werden, sinkt das Kippmoment entsprechend (1.69) quadratisch mit der Frequenzerhöhung. Dieser *Feldschwächbereich* erhöht den Drehzahlstellbereich frequenzgesteu-

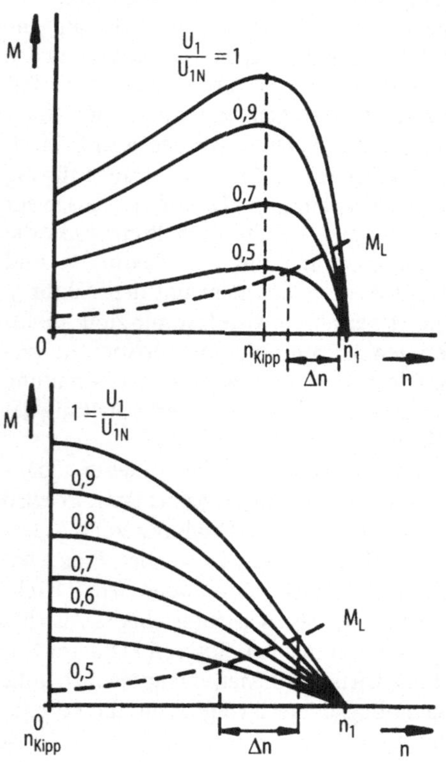

Bild 1.25. Drehzahlstellung durch Spannungsänderung

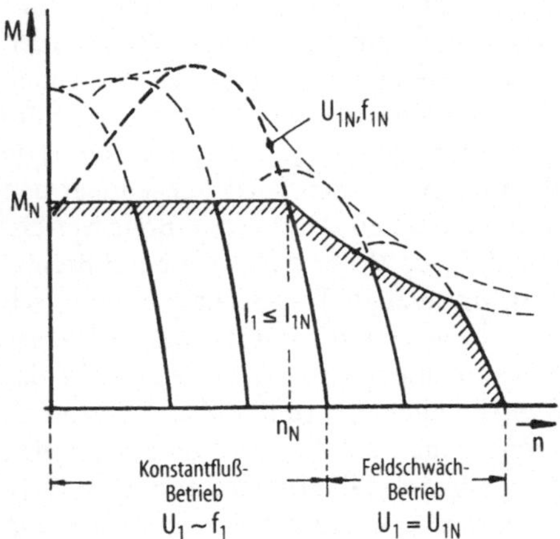

Bild 1.26. Drehzahlstellung durch frequenzproportionale Spannungsänderung

erter Asynchronmotoren erheblich. Das wird typischerweise bei seinem Einsatz als Hauptspindelantrieb genutzt. In permanenterregten Gleichstrommotoren und in EC-Motoren, in denen der Fluß von Dauermagneten erzeugt wird, ist ein Feldschwächbetrieb nur durch besondere Maßnahmen, wie z.B. durch eine zeitweilige Gegenmagnetisierung, und das auch nur sehr eingeschränkt möglich.

Das *dynamische Betriebsverhalten* umrichtergespeister und netzbetriebener Asynchronmotoren unterscheidet sich erheblich. Werden Asynchronmotoren beim Einschalten direkt an die Netzspannung gelegt, erreichen sie ihre Enddrehzahl nicht nach Durchfahren der stationären Drehzahl-Drehmoment-Kennlinie entsprechend dem Bild 1.23, sondern nach einem sehr komplexen Ausgleichsvorgang, wie er beispielsweise in [1.8] beschrieben ist. Umrichtergespeiste Motoren werden dagegen durch gleichzeitiges Erhöhen von Spannung und Frequenz, d.h. mit konstantem Drehmoment hochgefahren, so daß ein Ausgleichsvorgang praktisch gar nicht stattfindet. Im Gegensatz zu netzbetriebenen Motoren beeinflussen dagegen die Spannungsoberschwingungen, die durch den Umrichterbetrieb mit blockförmiger Spannung entstehen, das Motorverhalten. Die dadurch verursachten Stromoberschwingungen rufen zusätzliche Verluste und Pendelmomente hervor, die

aber nur dann den Betrieb gefährden, wenn sie Torsionseigenfrequenzen anregen [1.9].

Ein Drehstrom-Asynchronmotor mit Frequenzumrichter hat ähnliche Vorteile gegenüber einem Gleichstrommotor wie ein EC-Motor. Allerdings ist der Aufwand für die Steuerung und Regelung höher als bei allen anderen Motorarten. Bei magnetisch erregten Gleichstrom- und EC-Motoren ist die räumliche Lage des Läufers und der drehmomentbildenden Komponenten, des Flusses und der Ankerströme bekannt. Außerdem können die Ströme leicht gemessen werden. Infolgedessen sind die Regelung des Drehmomentes oder der Drehzahl und die Läufer-Positionierung vergleichsweise einfach. Bei Asynchronmotoren ist die Phasenlage der drehmomentbildenden Komponenten, des Flusses und des Läuferstromes, lastabhängig und ihre räumliche Lage ändert sich ständig gegenüber der Läuferlage. Der Betriebspunkt wandert auf der Ortskurve des Ständerstromes $I_1(s)$ abhängig von der Belastung, z.B. mit steigendem Lastmoment bzw. Schlupf im Bild 1.27 nach oben. Aus diesem Bild entnimmt man den Realteil des auf die Ständerwicklung bezogenen Läuferstromes

$$I'_{2R} = I_{1R} = I_1 \cos\varphi \,. \tag{1.71}$$

Der Magnetisierungsstrom I_μ erregt den drehmomentbildenden Fluß. Die Messung des Luftspaltflusses ist wegen des engen Luftspaltes nicht ohne weiteres, die Messung des Läuferstromes gar nicht möglich. Daher wird in einem Rechner, in den die direkt meßbaren Größen (I_1, n, Rotorlage) eingegeben werden, das Betriebsverhalten des Motors simuliert, um die Regelgrößen

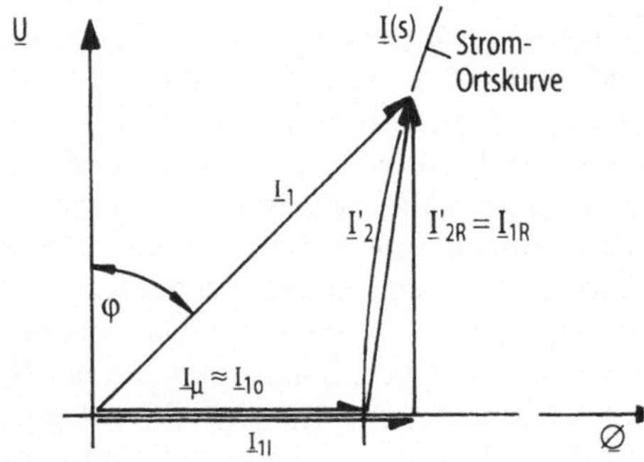

Bild 1.27. Zeigerdiagramm der Ströme

zu ermitteln. Das muß fortlaufend geschehen, was zwar einen großen Aufwand erfordert, aber einen ebenso gut zu regelnden Antrieb wie den mit einem Gleichstrommotor ergibt. Dieses Verfahren, als feldorientierte oder *Vektor-Regelung* bezeichnet, kommt daher zur Zeit nur für Asynchronmotoren im oberen Leistungsbereich in Frage.

1.2.3.4
Bremsmotor

Oftmals ist es erforderlich, einen Motor möglichst schnell zum Stillstand zu bringen. Die einfachste Möglichkeit, einen Asynchronmotor zu bremsen, besteht darin, zwei Anschlüsse zu vertauschen, so daß sich die Richtung des Drehfeldes umkehrt. Der Motor arbeitet bei diesem „*Gegenstrombremsen*" im Bremsbereich der Stromortskurve. Er nimmt aus dem Netz, wie am Bild 1.22 zu erkennen ist, einen sehr hohen Strom auf und erwärmt sich sehr stark. Außerdem ist ein Drehzahlwächter erforderlich, der den Motor beim Erreichen des Stillstandes abschaltet, weil er sonst in der Gegenrichtung hochlaufen würde. Beim Gleichstrombremsen wird der Motor vom Netz getrennt und an eine Gleichspannung gelegt. Nachteilig bei diesem Verfahren, das den Motor ebenfalls thermisch belastet, ist insbesondere, daß ein Bremsmoment nur bei drehendem Läufer entsteht und mit abnehmender Drehzahl schwächer wird. Schließlich kann man bei einem polumschaltbaren Motor die Ständerwicklung auf die höhere Polzahl umschalten. Dieses generatorische Bremsen wirkt allerdings nur bis zum Erreichen der sich dann einstellenden, dem Lastmoment entsprechenden Drehzahl.

Ein *Nachteil* des Asynchronmotors gegenüber permanenterregten Motoren ist, daß er im unerregten Zustand kein Selbsthaltemoment entwickelt, um in der angefahrenen Position gegen ein Lastmoment zu verharren. Vielmehr ist bei Stillstand ein Haltemoment nur mit einem hohen Strom und entsprechend hohen Stromwärmeverlusten, d.h. nur mit einer forcierten Fremdbelüftung möglich. Sollen aber die positiven Eigenschaften des Asynchronmotors für Antriebe genutzt werden, die häufig abgebremst, möglichst schnell stillgesetzt und

im Stillstand möglichst ohne Energiezufuhr gegen ein Lastmoment festgehalten werden müssen, werden Bremsmotoren verwendet. Darunter versteht man Motoren mit integrierter mechanischer Bremse. Derartige Bremsen haben den Vorteil gegenüber den oben erwähnten elektrischen Bremsverfahren, daß der Motor durch die beim Bremsvorgang erzeugte Wärmeenergie thermisch nicht belastet wird, weil sie von der Bremse aufgenommen wird. Außerdem wirkt das Bremsmoment bis zum Stillstand. Dadurch erreicht man z.B. bei Werkzeugmaschinen eine kürzere Taktzeit sowie eine größere Schalthäufigkeit und bei Hebezeugen ein genaueres Erreichen sowie sichereres Halten der gewünschten Höhe, selbst bei Spannungsausfall.

Man unterscheidet zwei Arten von Bremsmotoren bezüglich des Verfahrens, die Bremse zu betätigen, nämlich entweder mit Hilfe des Motordrehfeldes oder mit Hilfe eines separaten Elektromagneten. Als Bremsen werden in beiden Fällen Backen-, Konus- Scheiben- und Lamellenbremsen verwendet. Mit Lamellenbremsen erzielt man ein weicheres Einrücken der Bremse. Daneben gibt es bei Kleinmotoren Bandbremsen.

Verschiebeankermotoren

Bei einem Verschiebeanker- oder *Stopmotor* wird im stromlosen Zustand der Läufer durch eine Feder aus der Bohrung herausgedrückt und dadurch die auf der Welle befestigte Bremsscheibe auf den am Gehäuse befestigten Bremsring gepreßt (Bild 1.28). Die Ständerbohrung ist nicht wie bei üblichen Motoren zylindrisch, sondern kegelförmig ausgeführt. Dadurch wird die axiale Zugkraft, die bei erregter Ständerwicklung auf den Läufer wirkt, verstärkt. Der gegen die Federkraft in die Ständerbohrung gleitende Läufer lüftet die Bremse. Um die durch das Bremsen erzeugte Wärme besser abzuführen, bilden Bremsscheibe und Lüfterrad eine Einheit. Das Bremsmoment ist etwa anderthalb- bis dreimal größer als das Bemessungsmoment. Die Bremszeit kann noch dadurch verkürzt werden, daß gleichzeitig auf eine höhere Polzahl umgeschaltet, d.h. generatorisch gebremst wird. Bei Kleinmotoren sind auch bei Verschiebeankermotoren die Läufer zylindrisch, weil kegelförmige Läufer unverhältnismäßig hohe Kosten verursachen würden. Ebenfalls aus Kostengründen kommen nur Scheibenbremsen in Frage (z.B. Markisenantriebe)

Manchmal ist außer der Bemessungsdrehzahl noch eine *Schleich-* oder *Einstelldrehzahl* erwünscht, die erheblich geringer ist, als durch Polumschaltung zu verwirklichen wäre (Drehzahlverhältnis z.B. 1 : 250). Dann wird mit dem Hauptmotor ein *Feingangmotor*, der das gleiche Konstruktionsprinzip besitzt, zusammengebaut. Er treibt über ein hoch untersetzendes Getriebe die Welle des Hauptmotors und damit die Arbeitsmaschine an. Die Bremse des Hauptmotors dient jetzt als Kupplung. Der beim einfachen Stopmotor gehäusefeste Bremsring ist nun mit dem Abtrieb des Getriebes verbunden und frei beweglich auf der Welle des Hauptmotors. Wird dieser abgeschaltet, haftet seine Bremsscheibe am Bremsring und überträgt das Drehmoment des nunmehr eingeschalteten Feingangmotors auf die Arbeitsmaschine. Wird auch der Feingangmotor abgeschaltet, beginnt seine Bremse zu wirken. Wird der Hauptmotor eingeschaltet, lüftet er seine Bremse und öffnet den Kraftschluß zum Feinganggetriebe.

Motor mit angebauter Bremse
Beim Verschiebeankermotor können die Schalthäufigkeit, die Bremskraft und die Motorauslegung nicht völlig unabhängig voneinander festgelegt werden, weil sie sich gegenseitig beeinflussen. Mit separaten Bremsen, die durch einen Elektromagneten betätigt werden, kann die Bremse den Arbeitsbedingungen besser angepaßt werden.

Da der Motor keine axiale Zugkraft zum Lüften der Bremse aufbringen muß, ist er thermisch noch weniger belastet. Der Bremsmagnet wird an Gleichspannung und nicht an Wechselspannung gelegt, weil dazu ein geringerer Einschaltstrom erforderlich ist und die Eisenwärmeverluste entfallen. Solange die Spannung eingeschaltet ist, lüftet der Magnetanker die Bremse, so daß der Motor sich drehen kann (Ruhestromprinzip). Wenn für permanenterregte Motoren, wie EC-Motoren, sehr hohe Stillstandsmomente verlangt werden, erhalten sie ebenfalls derartige Anbaubremsen.

1.3
Schrittmotoren

1.3.1
Allgemeines

Schrittmotoren sind prinzipiell wie EC-Motoren aufgebaut und werden ebenso bestromt, d.h. die Ständerstränge werden in zyklischer Folge geschaltet [1.12]. Dem schrittweise sich bewegenden Magnetfeld folgt der Läufer. Im Unterschied zum selbstgesteuerten EC-Motor werden beim fremdgesteuerten Schrittmotor die Wicklungen nicht in Abhängigkeit von der Läuferstellung durch Rotorlagegeber, sondern von einer Elektronik geschaltet. Es erfolgt keine Rückmeldung, ob der Läufer die Sollposition erreicht hat. Kennzeichnend für einen Schrittmotor ist daher, daß er in einer offenen Steuerkette betrieben wird. Es muß deshalb sichergestellt sein, daß unter allen zulässigen Betriebsbedingungen auf jeden elektrischen Impuls hin genau eine Schrittbewegung des Läufers erfolgt (*Schrittbedingung*). Ein Schrittmotorenantrieb ist wegen des fehlenden Rotorlagegebers und der Kommutierungselektronik kostengünstig und häufig eine preiswerte Alternative zum EC-Motor. Dem Kostenvorteil steht allerdings der *Nachteil* gegenüber, daß der Schrittmotor dem Betriebsverhalten nach ein Synchronmotor ist und dessen Eigenschaften besitzt:

- Bei zu hoher Steuerfrequenz läuft er nicht an.
- Bei Überlastung fällt er außer Tritt.
- Bei Zustandsänderungen schwingt der Läufer in die neue Lage ein.

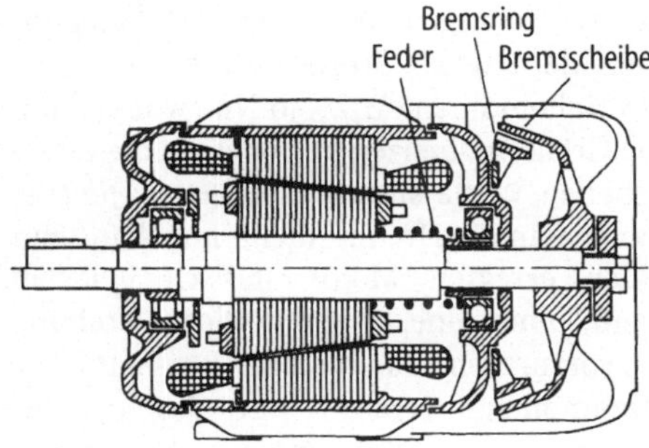

Bild 1.28. Bremsmotor mit Verschiebeanker

Diese Eigenschaften erschweren die Einhaltung der Schrittbedingung und schränken die Dynamik ein.

Schrittmotoren unterscheiden sich insbesondere durch die Art des Läufers: Es gibt Permanentmagnet-Läufer (PM-Schrittmotor), Läufer mit variabler Reluktanz (VR-Schrittmotor) und Läufer mit einer Kombination dieser beiden Ausführungen (Hybrid-Schrittmotor). Schrittmotoren in Linearausführung gibt es kaum, weil rotierende Motoren mit Spindeln, Zahnstangen oder Zahnriemen (*Linear-Aktuatoren*) wesentlich kostengünstiger sind. Mit einem Linearmotor ist allerdings ein *zweidimensionales* Positionieren möglich, wobei i.a. eine aufwendige Luftlagerung erforderlich ist.

1.3.2
Ausführungen
1.3.2.1
Permanentmagnet-Schrittmotor

Der Ständer des wichtigsten Permanentmagnet-Schrittmotors, des Klauenpol-Schrittmotors, besteht aus zwei *Klauenpolsystemen*, die um eine halbe Polteilung gegeneinander versetzt sind (Bild 1.29). Um je eine Ringspule greifen von beiden Seiten abwechselnd Blechlaschen ineinander. Da ihre Polung entlang dem Umfang wechselt, spricht man von einem Wechselpol- oder Heteropolarmotor. Der Läufer ist ein Ferritmagnet-Zylinder. Die Läuferpole beider Systeme fluchten bei dem Beispiel in Bild 1.29. Es wäre auch möglich, daß die Ständersysteme fluchten und die Läufersysteme um eine halbe Polteilung gegeneinander versetzt sind, was aber bezüglich der Läuferfertigung schwieriger ist. Ein Schritt kommt dadurch zustande, daß die Ständersysteme abwechselnd umgepolt werden. Der Läufer bewegt sich dabei jedesmal um den Schrittwinkel

$$\alpha = \frac{360\,°}{z}, \tag{1.72}$$

wenn er je Umdrehung

$$z = 2pm \tag{1.73}$$

Schritte ausführt. $2p$ ist die Polzahl des fluchtenden Motorteiles, also hier des Läufers, und m die Anzahl der Systeme. Es sind

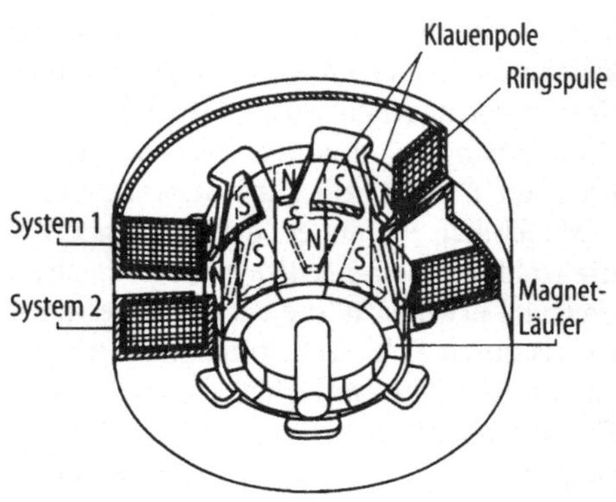

Bild 1.29. Klauenpol-Schrittmotor

auch mehr als 2 Systeme möglich, wobei dann für den Versatz

$$\gamma = \frac{\tau_p}{m} \tag{1.74}$$

gilt, wobei

$$\tau_p = \frac{\pi d_i}{2p} \tag{1.75}$$

die Polteilung ist (d_i = Bohrungsdurchmesser). Maximal kommen, allerdings selten, drei Systeme vor. Klauenpol-Schrittmotoren können konstruktionsbedingt nur für größere Schrittwinkel ($\alpha \geq 7,5\,°$) gebaut werden. Außerdem genügt ihre Dynamik nur geringeren Anforderungen. Die maximale Anlauffrequenz bei Leerlauf, d.h. die Steuerfrequenz, mit der ein Schrittmotor gerade noch starten bzw. stoppen kann, ohne einen Schritt zu verlieren bzw. zu gewinnen, beträgt höchstens $f_{Aom} \approx 0,5$ kHz. Ihre maximale Betriebsfrequenz bei Leerlauf, d.h. die Steuerfrequenz, mit der der unbelastete Motor betrieben werden kann, wenn er angelaufen ist, beträgt höchstens $f_{Bom} \approx 4$ kHz. Die zulässigen Start- und Betriebsgrenzfrequenzen hängen von dem Trägheitsmoment der Last ab. Große Motoren erreichen ein Haltemoment $M_H \approx 50$ Nm, wobei dann die Grenzfrequenzen geringer als die angegebenen Werte sind. Das *Haltemoment* ist das maximale Drehmoment, mit dem man einen erregten Motor statisch belasten kann, ohne eine kontinuierliche Drehung hervorzurufen. Das maximale dynamische Drehmoment erreicht nur das 0,5 bis 0,8fache des Haltemomentes. Klauenpol-Schrittmotoren entwickeln auch unerregt ein Drehmoment, das *Selbsthaltemoment*. Dadurch kann der Motor auch im stromlosen Zustand seine Position halten. Es sollte allerdings 15% des Haltemomentes nicht überschreiten. Ihre große Bedeutung haben Klauenpol-Schrittmotoren durch ihre niedrigen Kosten gewonnen.

Günstigere dynamische Eigenschaften, nämlich ein sehr geringes Trägheitsmoment und einen Schrittwinkel bis hinunter zu $\alpha = 1{,}8°$ besitzt ein *Scheibenläufer-Schrittmotor*. Er besteht aus zwei Ständersystemen mit je zwei Spulen. Die axial angeordneten Pole beider Systeme sind wiederum um eine halbe Polteilung gegeneinander versetzt. Die Läuferscheibe aus einem Seltenerd-Magneten ist mit einer hohen Anzahl Pole axial magnetisiert. Aus mechanischen Gründen werden Scheibenläufermotoren nur mit einem Haltemoment bis $M_H \approx 1{,}5$ Nm gebaut. Sie erreichen Startfrequenzen bis $f_{Aom} \approx 2$ kHz und Betriebsfrequenzen bis $f_{Bom} \approx 15$ kHz. Da ihre Fertigung aufwendiger ist, werden sie nur für besondere Anwendungsfälle (z.B. Ventilsteuerung) eingesetzt.

1.3.2.2
Reluktanz-Schrittmotor

Reluktanz-Schrittmotoren sind dem Prinzip nach wie der SR-Motor in Abschn. 1.2.2.4 aufgebaut, d.h. der Ständer hat mehrere Wicklungssysteme, wobei die Pole gezahnt sind. Der Läufer ist ein massives oder geblechtes Zahnrad. Die Zähnezahl ist in Ständer und Läufer unterschiedlich. Auch für diese Motoren gilt die Schrittzahlgleichung (1.73), wenn $2p$ die Anzahl der Läuferzähne ist. An dieser Gleichung erkennt man die einfache Möglichkeit, die Schrittzahl dadurch zu erhöhen bzw. den Schrittwinkel zu verkleinern, daß der Motor eine entsprechend hohe Zähnezahl erhält. Damit die Drehrichtung des Läufers eindeutig ist, muß ein Reluktanzmotor mindestens drei Wicklungssysteme und die Steuerelektronik dementsprechend drei Phasen besitzen. Beim PM- und beim Hybrid-Schrittmotor genügen schon zwei Wicklungssysteme.

Weil Reluktanz-Schrittmotoren eine teuere Elektronik benötigen, ihre Fertigung aufwendiger ist und sie bei Erregung nur ein geringes Haltemoment und unerregt

kein Selbsthaltemoment entwickeln, haben sie heute praktisch keine große Bedeutung mehr.

1.3.2.3
Hybrid-Schrittmotoren

Neben dem Klauenpol-Schrittmotor ist der Hybrid-Schrittmotor von großer Bedeutung, weil er das hohe Haltemoment eines Permanentmagnet-Motors und den kleinen Schrittwinkel eines Reluktanz-Motors besitzt. Das Bild 1.30 zeigt eine typische Ausführung mit zwei Ständersystemen. Der Ständer ist geblecht, um die Wirbelströme zu vermindern. Die Läufer-Zahnräder, die um eine halbe Zahnteilung gegeneinander verdreht sind, sind aus Stahl gefräst oder bei höheren Leistungen und Frequenzen aus gestanzten Blechen zusammengesetzt. Dazwischen ist ein axial gepolter Magnet, meistens aus Seltenerd-Material, angeordnet. Der Läufer ist kugelgelagert. Diese aufwendige Konstruktion ist u.a. Voraussetzung dafür, daß der Hybrid-Schrittmotor eine bessere Dynamik als der Klauenpol-Schrittmotor besitzt. Außerdem ist der Schrittwinkelfeh-

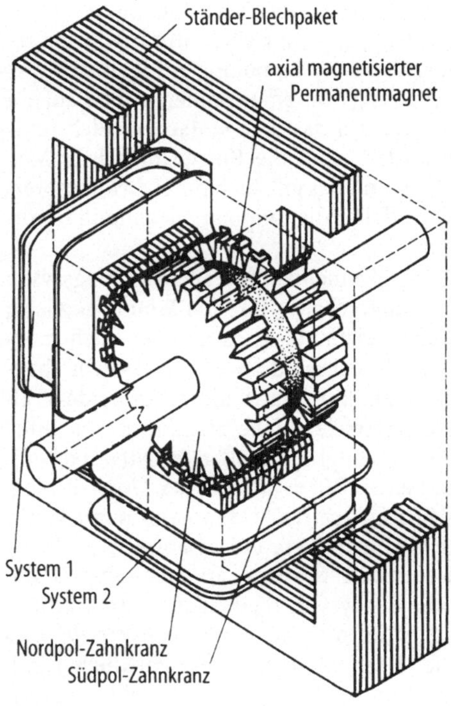

Bild 1.30. Hybrid-Schrittmotor

ler, d.h. die Abweichung des Läufers von seiner Sollposition nach Ausführung eines Schrittes, besonders gering.

Da sich die Polung dieser Motoren entlang dem Läufer-Umfang nicht ändert, wohl aber in axialer Richtung, zählen sie zu den *Gleichpol-* oder *Homopolarmotoren*. Außer der Konstruktion in Bild 1.30, bei der die beiden Ständersysteme in einer Ebene liegen, gibt es auch Ausführungen, bei denen die Systeme axial hintereinander liegen. Hybrid-Schrittmotoren gibt es mit maximal fünf Systemen. Sie erreichen Schrittwinkel bis hinunter zu $\alpha = 0{,}36°$, Haltemomente bis $M_H \approx 400$ Nm, im Leerlauf maximale Startfrequenzen bis $f_{Aom} \approx 3$ kHz und maximale Betriebsfrequenzen bis $f_{Bom} \approx 40$ kHz.

1.3.3
Ansteuerung

Die Wicklungssysteme, die abwechselnd umgepolt werden, können aus jeweils einer oder zwei Spulengruppen bestehen. Im ersten Fall, der sog. *bipolaren* Schaltung, erfolgt die Umpolung durch Änderung der Stromrichtung in den Spulen. Dazu ist eine aufwendigere Elektronik notwendig, der Motor aber besser ausgenutzt. Im zweiten Fall, der sog. *unipolaren* Schaltung, ist jede Spulengruppe nur einer Stromrichtung zugeordnet. Die Umpolung erfolgt durch Umschaltung von einer Spulengruppe auf die andere. Da das eine einfachere Elektronik erfordert, sind die Kosten niedriger. Meistens, und das gilt auch für Hybridmotoren, wird daher die unipolare Schaltung bevorzugt.

Im allgemeinen sind alle Wicklungssysteme eingeschaltet, um den Motor möglichst hoch auszunutzen. Es ist aber auch möglich, abwechselnd jeweils ein System abzuschalten. Der Läufer nimmt in beiden Fällen unterschiedliche Stellungen ein, führt aber einen gleich großen Schrittwinkel aus. In beiden Fällen arbeitet der Motor im sog. „*Vollschrittbetrieb*". Man kann den Schrittwinkel halbieren, indem abwechselnd entweder alle Systeme an Spannung liegen oder ein System abgeschaltet wird. Nachteilig ist an diesem „*Halbschrittbetrieb*", daß die Drehmomente unterschiedlich sind, was zu einem Schrittwinkelfehler führen kann. Die Differenz wird geringer, je höher

die Strangzahl ist, wenn also z.B. einmal 5 und einmal 4 Systeme eingeschaltet sind.

Der Stromanstieg in den Wicklungen hängt von der elektrischen Zeitkonstante und der Höhe der angelegten Spannung ab. Bei niedrigen Steuerfrequenzen ist i.a. der Mittelwert des Stromes ausreichend, um das notwendige Drehmoment zu erzeugen. Mit wachsender Steuerfrequenz macht sich zunehmend die elektrische Zeitkonstante, der Einfluß der Wirbelströme und die Rückwirkung des rotierenden Läufers bemerkbar, so daß der Strom nicht mehr die notwendige Höhe erreicht. Dann kann durch einen Vorwiderstand die elektrische Zeitkonstante verringert werden. Nachteilig bei diesem sog. *Konstantspannungsbetrieb* sind die zusätzlichen Verluste im Vorwiderstand. Eine andere Möglichkeit besteht darin, den Motor kurzzeitig an eine höhere Spannung zu legen. Ist der maximal zulässige Strom erreicht, wird die Spannung kurzzeitig abgeschaltet. Der Strom klingt über eine Freilauf-Diode ab, bis er einen unteren Grenzwert erreicht. Sodann wird die Spannung wieder eingeschaltet (*Chopper-Betrieb*). Bei einem dritten Verfahren wird die anfangs hohe Spannung nach Erreichen des zulässigen Stromes auf die Bemessungsspannung abgesenkt. Dieser *Bilevel-Betrieb* vermeidet die Stromwelligkeit und die Spannungsspitzen, die beim Chopper-Betrieb auftreten, ist aber eher geeignet, wenn der Motor mehrere Schritte hintereinander machen muß. Der Chopper-Betrieb kommt meistens bei Start-Stop-Betrieb in Frage, d.h. wenn der Motor nur einen Schritt macht.

1.3.4
Betriebsverhalten

Bei Schrittmotoren kann näherungsweise davon ausgegangen werden, daß die Ständersysteme magnetisch entkoppelt sind. Dann lautet die Spannungsgleichung des Ständersystems n

$$u_n(t) = R_S i_n(t) + \frac{d\Psi_n(\varphi, t)}{dt} \qquad (1.76)$$

mit dem Widerstand eines Ständerstranges R_S, ggf. einschließlich eines Vorwiderstandes und dem elektrischen Umfangswinkel φ. Die Flußverkettung ergibt sich zu

$$\Psi_n(\varphi,t) = L_{nn}(\varphi)i_n(t)$$

$$+ \Psi_M \cos\left[\varphi - (n-1)\frac{2\pi}{m}\right] \quad (1.77)$$

mit der Selbstinduktivität

$$L_{nn}(\varphi) = L_c + L_2 \cos 2\left[\varphi - (n-1)\frac{2\pi}{m}\right] . (1.78)$$

Bei PM-Schrittmotoren gibt es nur den konstanten Anteil der Selbstinduktivität L_c. Der zweite Term ist die Induktivität bei einem variablen Luftspalt, wobei die Reihenentwicklung der Luftspalt-Leitwertwelle nach diesem Glied abgebrochen wird. Die Flußverkettung mit dem Magnet Ψ_M entfällt bei einem reinen Reluktanz-Schrittmotor. Beim Hybrid-Schrittmotor sind die vollständigen Gln. (1.77) und (1.78) zu verwenden. Man ermittelt L_{nn} und Ψ_M z.B. mit Hilfe von magnetischen Ersatzschaltbildern oder Finite-Elemente-Verfahren. Diese können auch zur Berechnung des Haltemomentes M_H dienen.

Um das Drehzahl-Drehmoment-Verhalten bei dynamischen Vorgängen zu untersuchen wird noch wie üblich die Bewegungsgleichung

$$m_i(\varphi,t) = J'\ddot{\varphi} + D\dot{\varphi} + M_R \, sign\,\dot{\varphi} + M'_L \quad (1.79)$$

benötigt, wobei $m_i(\varphi,t)$ die Summe der Drehmomente der m Ständersysteme

$$m_i(\varphi,t) = \sum_{n=i}^{m} i_n(t)\frac{d\Psi_n(\varphi,t)}{dt} \quad (1.80)$$

ist. J' ist das gesamte auf die Motorwelle bezogene Trägheitsmoment des Motors und der Last (s. (1.13)). D ist die Dämpfungskonstante und M_R das Reibungsmoment, dessen Vorzeichen sich mit der Drehrichtung ändert. M'_L ist das konstante, auf die Motorwelle bezogene Lastmoment (s. (1.12)), das meistens vernachlässigt werden kann, weil Schrittmotoren-Antriebe i.a. Schwungmassen-Antriebe sind.

Die Differentialgleichungen (1.76) und (1.79) sind nichtlinear und werden daher oft mit einem an das spezielle Problem angepaßten Verfahren, z.B. numerisch oder mit Hilfe der Darstellung im Phasenraum [1.12], gelöst. Die Ermittlung der Strangströme wird nur für die Berechnung des Drehmomentes bei transienten Vorgängen benötigt. Bei Schrittmotor-Antrieben ist es in der

Regel wichtiger, den Verlauf des Drehmomentes beim Stillsetzen zu kennen, um die Stabilität des Antriebes beurteilen zu können. Dabei kommen nur kleine Auslenkwinkel vor, so daß das Motormoment um den Nullpunkt herum linarisiert werden kann:

$$m_i(\varphi) = -k_m\varphi . \quad (1.81)$$

Die Rückwirkung des schwingenden Läufers auf die Ströme und damit auf das Drehmoment wird vernachlässigt oder durch eine Verringerung des Momentenfaktors k_m berücksichtigt. Vernachlässigt man das konstante Lastmoment M'_L, wird damit (1.79)

$$J'\ddot{\varphi} + D\dot{\varphi} + k_m\dot{\varphi} = -M_R \, sign\,\dot{\varphi} . \quad (1.82)$$

Die Lösung dieser nunmehr linearen Differentialgleichung ist

$$\varphi = e^{-t/T_D}(C_1 \cos\omega_e t + C_2 \sin\omega_e t)$$

$$+ \varphi_e \quad (1.83)$$

mit der mechanischen Dämpfungszeitkonstanten

$$T_D = \frac{2J'}{D} , \quad (1.84)$$

der Eigenkreisfrequenz

$$\omega_e = \sqrt{\frac{k_m}{J'} - \left(\frac{D}{2J'}\right)^2} \quad (1.85)$$

und der partikulären Lösung

$$\varphi_e = -\frac{M_R}{k_m} . \quad (1.86)$$

Soll z.B. das Ausschwingen bei einem Einzelschrittbetrieb untersucht werden, gelten folgende Anfangsbedingungen zur Zeit $t = 0$: Die Läuferstellung ist um den elektrischen Schrittwinkel $\alpha_e = p\alpha = \pi/m$ vom Ziel entfernt, d.h. es ist $\varphi(0) = -\pi/m$. Der Läufer steht still: $\dot{\varphi}(0) = 0$, so daß auch $M_R = 0$ und damit $\varphi_e = 0$ ist. Daraus ergibt sich für die Konstanten

$$C_1 = \frac{\pi}{m} \text{ und } C_2 = \frac{\pi}{m}\frac{1}{\omega T_D} \quad (1.87, 1.88)$$

und damit für die Läuferlage

$$\varphi = -e^{-t/T_D}\frac{p}{m}\Bigg(\cos\omega_e t -$$

$$+ \frac{1}{\omega_e T_D}\sin\omega_e t\Bigg) - \frac{M_R}{k_m} . \quad (1.89)$$

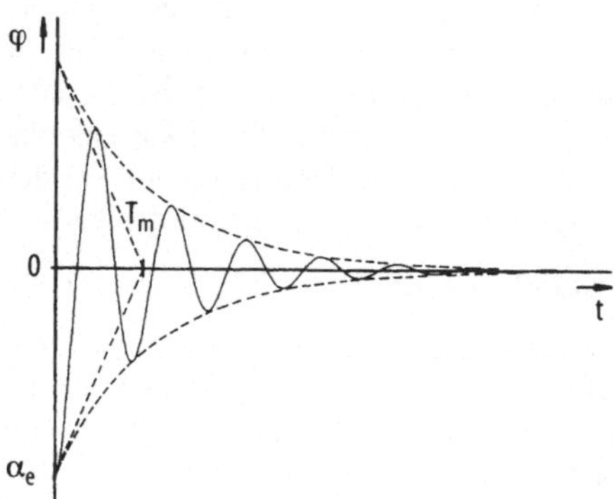

Bild 1.31. Zeitlicher Verlauf des elektrischen Läuferlage-Winkels nach Ausführung eines Schrittes bei aperiodischer Dämpfung

Mit dieser Gleichung kann z.B. die Auswirkung von Änderungen der verschiedenen Parameter auf das Ausschwingverhalten untersucht werden, wobei man wegen der zum Teil erheblichen Vereinfachungen jedoch nur tendentielle Hinweise, nicht aber quantitativ richtige Ergebnisse erwarten darf. Im Bild 1.31 ist die Gl. (1.89), die nur für kleine Ausschläge um die Endlage $\varphi = 0$ gilt, dargestellt.

1.4
Anpassungsgetriebe

1.4.1
Allgemeines

Getriebe haben die *Aufgaben* [1.13, 1.14]

- die Motordrehzahl n_M an die meistens niedrigere Drehzahl der angetriebenen Last n_L anzupassen: Das Übersetzungsverhältnis ist $i = n_M/n_L$; bei Getrieben mit n Stufen ist die Gesamtübersetzung $i_{ges} = i_1 \cdot i_2 \cdot \ldots \cdot i_n$,
- die räumliche Lage der Motorachse an die der Arbeitsmaschine anzupassen,
- eine rotatorische in eine translatorische Bewegung umzuwandeln,
- das Lastmoment M_L bezogen auf die Motorwelle entsprechend

$$M'_L = M_L \frac{n_L}{n_M} = \frac{M_L}{i} \qquad (1.90)$$

- und das Massenträgheitsmoment der Last J_L bezogen auf die Motorwelle entsprechend

$$J'_L = J_L \left(\frac{n_L}{n_M}\right)^2 = \frac{J_L}{i^2} \qquad (1.91)$$

zu verringern.

Bei Stellantrieben, die insbesondere Schwungmassen zu beschleunigen haben, sind die erste und die beiden letzten Aufgaben vorrangig. Daraus ergeben sich die *Vorteile* bei der Verwendung von Getrieben:

- Dadurch, daß es mehr Anbaumöglichkeiten für den Motor gibt, kann ein Gerät kompakter konstruiert werden.
- Es können kleinere Motoren verwendet werden, weil sie wegen des geringeren Last-Trägheitsmomentes und Lastmomentes ein geringeres Motormoment erzeugen müssen.

Es müssen aber auch die *Nachteile* erwogen werden:

- Das Umkehrspiel bzw. die Lose des Getriebes ist eine zusätzliche Nichtlinearität der Regelstrecke, wobei berücksichtigt werden muß, daß sie sich infolge Verschleiß ändert.
- Das Trägheitsmoment des Getriebes mindert das Beschleunigungsvermögen des Antriebes.
- Insbesondere bei Zahnradgetrieben ist u.U. das Geräusch nachteilig.
- Ein Getriebe erfordert einen zusätzlichen Wartungsaufwand. Das gilt wiederum insbesondere für Zahnradgetriebe.
- Vor allem bei Schneckengetrieben verschlechtert sich der Wirkungsgrad des Antriebes.
- Das Getriebe benötigt zusätzlichen Bauraum.

Da das Volumen eines Motors, sein Gewicht und näherungsweise seine Kosten vom Drehmoment bestimmt werden, ist zu prüfen, ob es unter den genannten Gesichtspunkten und bezüglich der Kosten günstiger ist, bei der geforderten Leistung einen kleineren, hochtourigen Motor mit Getriebe oder einen größeren, niedertourigen Motor als *Direktantrieb* einzusetzen.

Bei der Wahl des Übersetzungsverhältnisses sollte auch der Einfluß auf das Beschleunigungsvermögen des Antriebes beachtet werden. Die größte Beschleunigung ergibt sich bei einem reinen Schwungmassen-Antrieb, wenn das auf die Motorwelle umgerechnete Lastträgheitsmoment gleich dem Läuferträgheitsmoment ist. Berücksichtigt man die Trägheitsmomente des Getrieberades auf der Lastseite J_{GL} und desjenigen auf der Motorseite J_{GM}, ist das optimale Übersetzungsverhältnis

$$i_{opt} = \sqrt{\frac{J_L + J_{GL}}{J_M + J_{GM}}} \ . \qquad (1.92)$$

Da es sich um ein flaches Minimum (Bild 1.32.) handelt, wirken sich Abweichungen vom optimalen Übersetzungsverhältnis nicht sehr stark aus, wenn sie nur deutlich oberhalb des halben und unterhalb des doppelten Wertes bleiben. Gegebenenfalls ist im Nenner der Gl. (1.92) noch der Wirkungsgrad des Getriebes einzusetzen. Es ist schließlich noch zu bedenken, daß bei einem im Vergleich zur Last trägheitsarmen Motor das optimale Übersetzungsverhältnis und damit die Motordrehzahl hoch sein muß. Da das möglicherweise nicht zulässig oder möglich ist, muß das Übersetzungsverhältnis kleiner als der optimale Wert gewählt werden.

1.4.2
Zahnradgetriebe

Vorteilhaft bei Zahnradgetrieben ist die gleichmäßige, zwangsläufige und schlupf-

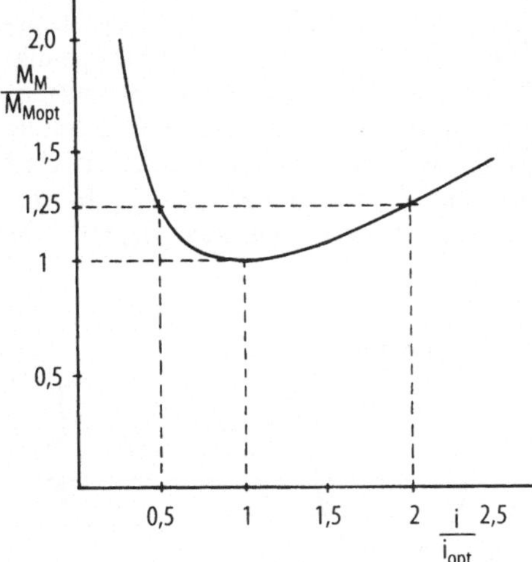

Bild 1.32. Getriebemotor: Bezogenes Motormoment in Abhängigkeit vom bezogenen Übersetzungsverhältnis bei einem Schwungmassen-Antrieb

freie Bewegungs- und Kraftübertragung. Nachteilig ist der Verschleiß, der Wartungsbedarf und die Geräuschentwicklung. Im Bild 1.33 sind die wichtigsten Abmessungen, die Übersetzung und der Wirkungsgrad für die im folgenden kurz beschriebenen Getriebe-Arten angegeben. Mit dem Index 1 ist die Antriebsseite, mit dem Index 2 die Abtriebsseite gekennzeichnet. z gibt die Anzahl der Zähne, d den Durchmesser eines Zahnrades an.

1.4.2.1
Stirnradgetriebe

Sie übertragen die Bewegung zwischen parallelen Achsen, und zwar für Leistungen von wenigen Watt bis 20 000 kW und Drehzahlen bis 100 000 min^{-1}. Ihre Umfangsgeschwindigkeit beträgt bei den hier behandelten Antrieben bis etwa 20 m/s, im Extremfall 200 m/s. Bei kleinen zu übertragenden Leistungen (< ca. 500 W) wird bei mehrstufigen Getrieben zwecks Kostenreduzierung eine gleiche Übersetzung der Stufen $i_n = \sqrt[n]{i_{ges}}$ angestrebt. Bei größeren Leistungen richtet sich die Übersetzung der Stufen nach der Größe des jeweils zu übertragenen Momentes. Steht der Verbindungssteg zwischen den Zahnrädern still, d.h. ist er mit dem Gehäuse fest verbunden, spricht man von einem *Standgetriebe*. Für höhere zu übertragene Leistungen haben Stirnradgetriebe höhere Wirkungsgrade als im Bild 1.33 angegeben, z.B. einstufig bis zu $\eta = 0{,}99$.

Läuft der Steg um, bezeichnet man derartige Getriebe als Umlaufrad- oder *Planetengetriebe* [1.15, 1.16]. Sie sind besonders kompakt. Die Gleichung für die Übersetzung hängt von der jeweiligen Konstruktion ab. Typische Übersetzungen sind einstufig $i \leq 10$ bei einem Wirkungsgrad von $\eta \approx 0{,}85$, zweistufig $i \leq 90$ bei einem Wirkungsgrad von $\eta \approx 0{,}75$ und dreistufig bis $i \approx 900$ bei einem Wirkungsgrad von $\eta \approx 0{,}55$.

Eine besondere Ausführung stellen das *Wellgetriebe* (Harmonic Drive) und das *Cyclo-Getriebe* dar. Damit werden Übersetzungen $50 \leq i \leq 320$ bei einem Wirkungsgrad von $\eta \leq 0{,}85$ erreicht, so daß das Lastträgheitsmoment vernachlässigbar klein wird. Es können Drehmomente bis zu 570 Nm übertragen werden (s. [1.16, 1.17]).

Getriebe-art	Konstruktions-prinzip	Übersetzung i		Wirkungsgrad η_G
Stirnrad-getriebe		$i=\dfrac{n_1}{n_2}=\dfrac{z_2}{z_1}$ $i=\dfrac{d_2}{d_1}$	einstufig: bis 12 zweistufig: 6…45 dreistufig: 30…250	0,9…0,95 0,85…0,9 0,75…0,85
Kegelrad-getriebe		$i=\dfrac{n_1}{n_2}=\dfrac{z_2}{z_1}$ $i=\dfrac{\sin\varepsilon_2}{\sin\varepsilon_1}$	einstufig: bis 6 zweistufig: 5…40* dreistufig: 30…250* *in Kombination mit Stirnradgetriebe	ähnlich Stirnrad-getriebe
Schnecken-getriebe		$i=\dfrac{n_1}{n_2}=\dfrac{z_2}{z_1}$ $i=\dfrac{d_2}{d_1\tan\gamma_m}$	bis 80 (600)	eingängig: 0,5…0,7 zweigängig: 07…0,8
Schraubrad-getriebe		$i=\dfrac{n_1}{n_2}=\dfrac{z_2}{z_1}$ $i=\dfrac{d_2\cos\varepsilon_2}{d_1\cos\varepsilon_1}$	bis 5	$\approx 0{,}93$
Reibrad-getriebe		$i=\dfrac{n_1}{n_2}$ $i=\dfrac{d_2}{d_1}\dfrac{1}{1-s}$	bis 6 s = Schlupf	0,95…0,98
Zugmittel-getriebe		Flachriemen: $i=\dfrac{n_1}{n_2}=\dfrac{d_2+b}{d_1+b}\dfrac{1}{1-s}$ Keilriemen: Zahnriemen: $i=\dfrac{n_1}{n_2}=\dfrac{z_2}{z_1}$ Kette:	bis 8 bis 15 bis 6 bis 6	0,94…0,97 0,90…0,95 0,94…0,97 0,97…0,98

Bild 1.33. Getriebe-Übersicht

1.4.2.2
Kegelradgetriebe

Sie übertragen Bewegungen zwischen zwei Achsen, die sich im Winkel ε kreuzen. Häufig ist $\varepsilon = 90°$. Die Kegelräder müssen sorgfältig eingestellt werden, und zwar sowohl axial als auch bezüglich der Kegelspitzen, die genau im Schnittpunkt der Achsen liegen müssen. Bei mehrstufigen Getrieben wird ein Kegelradgetriebe mit einem Stirnradgetriebe kombiniert. Die beiden Zahnradachsen können auch gegeneinander versetzt sein: *Schrauben-Kegelrad-Getriebe* (Bild 1.34). Die Getriebe-Räder müssen dann auf jeden Fall eine aufwendigere Bogenverzahnung besitzen, die sonst nur bei höheren Anforderungen bezüglich Tragfähigkeit und Laufruhe statt der einfacheren Geradverzahnung vorgesehen wird.

1.4.2.3
Schneckengetriebe

Schneckengetriebe haben ebenfalls sich in einem gewissen Abstand kreuzende Ach-

sen. Der Kreuzungswinkel beträgt im allgemeinen 90°. Das Kleinrad wird meistens als Zylinderschnecke mit trapezähnlichem Gewinde und i.a. mit einer Gangzahl $g = 1$ bis 5, die der Zähnezahl z_1 entspricht, ausgeführt. Als Großrad (Schneckenrad) genügt in Geräten für kleinere Leistungen meistens ein Zylinderrad mit Schrägverzahnung (Bild 1.35a). Für größere Leistungen wird meistens ein Globoidrad (Bild 1.35b) verwendet. Schneckengetriebe werden vor

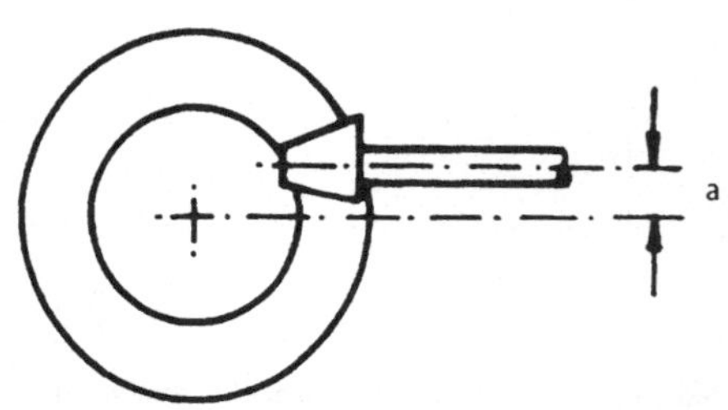

Bild 1.34. Schrauben-Kegelrad-Getriebe

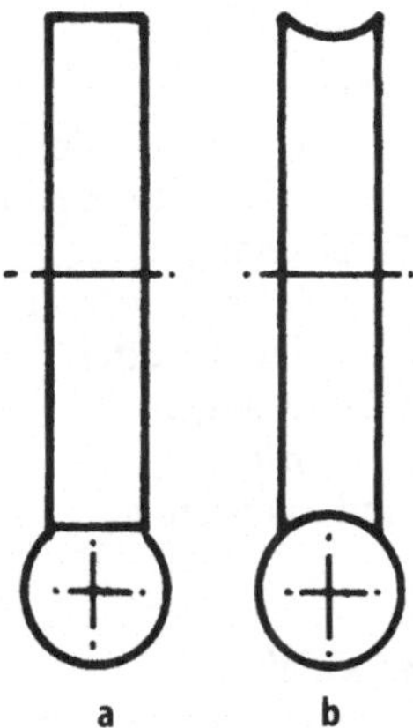

Bild 1.35. Schneckenrad-Getriebe. **a** Zylinderrad, **b** Globoidrad

allem für hohe Übersetzungen verwendet, wobei $i_{max} = 100$ je Stufe sein kann. Bei sehr hohen Übersetzungen in mehreren Stufen geht der Wirkungsgrad allerdings auf $\eta = 0{,}25$ zurück. Sie können höhere Leistungen als Schraubradgetriebe übertragen, sind geräuscharm, aber empfindlich gegen Achsabstandsänderungen.

1.4.2.4
Schraubradgetriebe

Bei einem Schraubrad- oder Schraubenstirnradgetriebe kreuzen sich die Achsen in einem Winkel $0° < \varepsilon \leq 90°$. Dieser Achsenwinkel setzt sich zusammen aus den beiden Schrägungswinkeln der Räder ε_1 und ε_2 (s. Bild 1.33). Da der Cosinus dieser Winkel das Übersetzungsverhältnis mitbestimmt, können im Gegensatz zu Stirnradgetrieben mit diesem Getriebe Übersetzungen $i \neq 1$ verwirklicht werden, auch wenn die Räder den gleichen Durchmesser haben. Nachteilig ist, daß bei Schraubenradgetrieben außer dem Wälzgleiten auch noch ein Schraubgleiten auftritt und dadurch der Verschleiß größer ist. Sie sind deshalb nur für kleinere Leistungen geeignet. Von Vorteil ist ihre Unempfindlichkeit gegen geringe Vergrößerungen des Achsabstandes und Abweichungen des Achsenwinkels. Schraubradgetriebe können auch selbsthemmend gebaut werden. Der Wirkungsgrad hängt vor allem von den Schrägungswinkeln ab. Am günstigsten ist $\varepsilon_1 = \varepsilon_2 = 45°$.

1.4.3
Reibgetriebe

Ein Reibgetriebe besteht aus zwei glatten Rädern, die sich nur auf einer Linie berühren. Da zur Kraftübertragung ein entsprechender Anpreßdruck erforderlich ist, werden Material und Lager vergleichsweise stark beansprucht. Um die Reibung zu erhöhen, werden Scheiben mit Keilprofil, die einen Keilwinkel von 30° bis 45° besitzen, verwendet. Die übertragbare Umfangskraft beträgt ca. 150 N/cm bis 225 N/cm. Der Wirkungsgrad liegt bei 98% bis 99%. Der unvermeidliche Schlupf von etwa 0,5% kann den Einsatz von Reibgetrieben in einem Stellantrieb ausschließen.

1.4.4
Zugmittelgetriebe

Zugmittelgetriebe benutzt man, wenn ein größerer Abstand zwischen der An- und der Abtriebswelle zu überbrücken ist. Es können auch mehrere Achsen im Gleichlauf oder gegensinnig angetrieben werden. Vorteilhaft gegenüber Zahnradgetrieben ist ihr einfacher und damit kostengünstiger Aufbau sowie der geringe Wartungsaufwand. Man unterscheidet kraft- und formschlüssige Getriebe.

1.4.4.1
Riemengetriebe

Riemengetriebe gehören zu den kraftschlüssigen Getrieben. Die Wellen können parallel oder in einem beliebigen Winkel zueinander liegen. Zur Erzeugung des Reibschlusses ist stets eine Vorspannung notwendig, die eine radiale Belastung von Wellen und Lager zur Folge hat. Trotzdem entsteht ein gewisser Schlupf. Riemengetriebe sind für Stellantriebe daher i.a. weniger geeignet. Vorteile von Riemengetrieben sind ihre guten Dämpfungseigenschaften bei Schwingungen und bei Stoßmomenten sowie ihr geräuscharmer Lauf. *Flachriemengetriebe* eignen sich für große Wellenabstände mit Übertragungsleistungen bis zu 30 kW je 1 cm Riemenbreite und für große Riemengeschwindigkeiten bis zu 100 m/s. *Keilriemengetriebe* benötigen eine geringere Vorspannung und sind für größere Übersetzungen bei kleineren Wellenabständen geeignet. Die übertragbaren

Leistungen und die Riemengeschwindigkeiten (Normalriemen bis ca. 25 m/s, Schmalriemen bis ca. 40 m/s) sind geringer, weil anderenfalls die Biegeverluste und die Walkarbeit eine zu starke Riemenerwärmung verursachen würden. Mit Riemen, insbesondere mit Keilriemen, können Verstellgetriebe zur stufenweisen und stufenlosen Drehzahlstellung gebaut werden.

1.4.4.2
Kettengetriebe

Kettengetriebe sind *formschlüssige* Getriebe. Sie arbeiten daher schlupffrei und können höchste Leistungen übertragen. Die Lagerbelastung ist geringer, weil sie keine Vorspannung benötigen. Sie sind unempfindlich gegen Schmutz, hohe Temperaturen und Feuchtigkeit. Bei gleichen Leistungen ergeben sich kleinere Getriebeabmessungen als bei Riemengetrieben. Nachteilig gegenüber diesen sind die stärkere Geräuschentwicklung, der höhere Wartungsaufwand (Schmierung) und die höheren Kosten. Die Wellen müssen parallel liegen. Dämpfungseigenschaften besitzen sie praktisch nicht. Die maximal erreichbare Geschwindigkeit (ca. 40 m/s) ist außerdem niedriger. Wegen ihres großen Massenträgheitsmomentes sind sie für hochdynamische Antriebe ungeeignet.

1.4.4.3
Zahnriemengetriebe

Zahnriemengetriebe besitzen die Vorteile von Riemen- und Kettengetrieben. Sie sind elastisch und leicht. Sie arbeiten geräuscharm und schlupffrei. Sie eignen sich für größere Übersetzungen bei kleinen Achsabständen. Sie erreichen Wirkungsgrade bis 99% und benötigen nur eine geringe Vorspannung. Nachteilig sind die höheren Kosten gegenüber Flachriemengetrieben, insbesondere die der Zahnscheiben und das stärkere Laufgeräusch. Außerdem sind sie empfindlich gegen Überlastungen. Zahnriemengetriebe sind besonders für Steuer- und Regelantriebe zur winkeltreuen Übertragung kleiner und großer Leistung (wenige Watt bis 450 kW) geeignet. Es können Riemengeschwindigkeiten bis 80 m/s erreicht werden.

1.4.5
Lineargetriebe

Zur winkelgetreuen Umwandlung rotatorischer in translatorische Bewegung gibt es folgende Möglichkeiten:

- Gewindespindel und Mutter,
- Ritzel und Zahnstange,
- Ritzel und Zahnriemen,
- Schnecke und Zahnstange.

1.4.5.1
Zahnriemengetriebe

Zahnriemengetriebe werden in feinwerktechnischen Geräten (z.B. Wagen in Schreibmaschinen und Plottern) für kurze Verfahrwege verwendet. Dabei gleitet der Schlitten mit dem Zahnriemen zwischen den beiden Zahnscheiben hin und her. Die Eigenschaften gleichen denen der im vorhergehenden Abschnitt beschriebenenen Zahnriemengetrieben.

1.4.5.2
Gewindespindelgetriebe

Bei einem Gewindespindelantrieb wird die Gewindespindel angetrieben, so daß eine gegen Verdrehung gesicherte Mutter hin- und hergeleitet. Es wird aber auch das umgekehrte Prinzip angewendet. Dazu wird z.B. der Motorläufer mit einem Innengewinde versehen, so daß bei Rotation die gegen Verdrehung gesicherte Spindel sich translatorisch bewegt. Bei größeren zu übertragenden Leistungen, wie z.B. bei der Bewegung von Schlitten in Werkzeugmaschinen werden *Kugelgewindegetriebe* eingesetzt. Sie besitzen einen höheren Wirkungsgrad, der nach

$$\eta_{Sp} \approx \frac{1}{1+0,02\dfrac{d_{Sp}}{h_{Sp}}} \tag{1.93}$$

mit dem Durchmesser d_{Sp} und der Steigung h_{Sp} der Gewindespindel berechnet wird [1.11]. Kleinere Spindeln haben Trapezgewinde mit einem Wirkungsgrad $\eta_{Sp} \approx 0,5 \dots 0,6$.

Die Drehzahl der Spindel n_{Sp} ergibt sich aus der Vorschubgeschwindigkeit V_v zu

$$n_{Sp} = \frac{V_v}{h_{Sp}}\;. \tag{1.94}$$

Die translatorische Übersetzung i_T, das Verhältnis des Vorschubweges in axialer Richtung x_v und des Winkels α_{Sp}, um den sich die Spindel dabei dreht, ist gleich der Steigung h_{Sp}:

$$i_T = \frac{x_v}{\alpha_{Sp}} = h_{Sp} = \frac{V_v}{n_{Sp}} \,. \qquad (1.95)$$

Die auf die Motorwelle umgerechneten Gesamtreibungsverluste M_R setzen sich aus den Lagerreibungsverlusten der Spindel M_{RL} und den Reibungsverlusten der Schlittenführung M_{RF} zusammen. Ist noch ein Getriebe mit der Übersetzung i und dem Wirkungsgrad η_G dazwischengeschaltet, ist

$$M_R = \frac{\dfrac{M_{RF}}{\eta_{Sp}} + M_{RL}}{\eta_G i} \,. \qquad (1.96)$$

Das Trägheitsmoment der Gewindespindel J_{Sp} und der angetriebenen Massen m von Spindelmutter, Schlitten usw. berechnet man mit

$$J_L = J_{Sp} + m\left(\frac{h_{Sp}}{2\pi}\right)^2 \,. \qquad (1.97)$$

Das auf die Motorwelle bezogene Lastmoment ist dann

$$J'_L = \frac{J_L}{i^2} + J_G \qquad (1.98)$$

mit dem Trägheitsmoment eines ggf. zusätzlich vorhanden Getriebes

$$J_G = J_{G1} + \frac{J_{G2}}{i^2} \,. \qquad (1.99)$$

J_{G1} ist das Trägheitsmoment des antreibenden Rades, J_{G2} das des angetriebenen Rades.

Gewindespindeln haben Dämpfungseigenschaften, was vorteilhaft sein kann. Andererseits ist ihre begrenzte Steifigkeit ein Problem, so daß sie normalerweise bis zu Verfahrwegen von 4 m Länge eingesetzt werden. Darüberhinaus werden Ritzel- oder Schnecken-Zahnstangen-Getriebe, bei denen die Steifigkeit unabhängig von der Länge des Verfahrweges ist, verwendet.

1.4.5.3
Zahnstangengetriebe

Zahnstangenantriebe sind Stirnradantriebe, bei denen der Durchmesser des Abtriebrades unendlich ist ($i_Z = \infty$). Werden sie in Verbindung mit einem mehrstufigen Zahnradgetriebe verwendet, ist mit einem Wirkungsgrad von $\eta_G = 0{,}8 \ldots 0{,}85$ zu rechnen. Der Zusammenhang zwischen der Drehzahl des Ritzels n_R und der Vorschubgeschwindigkeit V_v der Zahnstange ergibt sich aus

$$n_R = \frac{V_v}{2\pi r_R} \,. \qquad (1.100)$$

Mit dem Reibungsmoment M_{RF} für die Zahnstangen- bzw. Schlittenführung erhält man das auf die Motorwelle bezogene Reibungsmoment, wenn ein zusätzliches Getriebe eingesetzt wird:

$$M'_R = \frac{M_{RF}}{\eta_G i} \,. \qquad (1.101)$$

Das Trägheitsmoment der linear bewegten Massen m (Zahnstange, Schlitten, usw.) und das des Ritzels J_R (Radius r_R) ist

$$J_L = m r_R^2 + J_R \,. \qquad (1.102)$$

Auf die Motorwelle bezogen, ergibt sich bei einem zwischengeschalteten Getriebe (J_G s. Gewindespindel)

$$J'_L = \frac{J_L}{i^2} + J_G \,. \qquad (1.103)$$

1.5
Direktantriebe

In vielen Bereichen der Meß- und Automatisierungstechnik werden kurzhübige, einmalige oder oszillierende Bewegungen – entweder rotatorisch oder translatorisch – gefordert. Als Antriebe können dafür in Einzelfällen zwar rotierende Motoren mit Exzentern und Kurbelstangen, Nocken und Stößeln oder auch mit einer Massenunwucht in Frage kommen, in der Praxis ist das aber nur selten der Fall, weil derartige Antriebe verschleißanfällig, geräuschvoll und aufwendig sind. Besser geeignet sind Direktantriebe, die den gewünschten Bewegungsablauf *prinzipbedingt* liefern. Die wichtigsten dieser Antriebe werden im folgenden beschrieben [1.36, 1.37].

1.5.1
Elektromagnete

1.5.1.1
Physikalisches Prinzip

Elektromagnete nutzen die Kraftwirkung auf Grenzflächen von Stoffen mit unterschiedlicher magnetischer Leitfähigkeit. Sie besitzen ein Joch mit einer Spule (Erregerwicklung) und einen beweglichen Anker. Joch und Anker bestehen aus ferromagnetischem Material. Nach Einschalten des Stromes wird der Anker angezogen, beim Abschalten fällt er in seine Ausgangslage zurück. Kennzeichnende Unterschiede, die ihre Verwendung wesentlich beeinflussen, gibt es zwischen Gleich- und Wechselstrommagneten [1.21, 1.37].

1.5.1.2
Technische Realisierung

Entsprechend der Bewegung werden die folgenden Magnetarten und Einsatzbereiche unterschieden.

- *Hubmagnete*: Klappen, Ventile, Schieber, Verriegelungen, Steuerungen (Hydraulik, Pneumatik), Fernmeldegeräte, Backenbremsen (Aufzüge),
- *Schlagmagnete*: Niet-, Stanz- und Prägemaschinen, Niet- und Meißelhämmer,
- *Drehmagnete*: Drosselklappen, Steuerventile (Hydraulik, Pneumatik), Material- (z.B. Stoffbahnen-, Papier-) Vorschübe, Weichen in Transportanlagen,
- *Schwingmagnete, Vibratoren*: Rasierapparate, Massage-Geräte, Kolben-, Schwing- und Membranpumpen, Kleinkompressoren, Schwingsägen, Rüttler, Schwing- und Wendelförderer.

Gleichstrommagnete. Magnetkörper und Anker bestehen aus massivem Eisen. Sie können so gestaltet werden, daß sich eine dem Anwendungsfall angepaßte Kraft-Weg-Kennlinie $F(s)$ ergibt. Bild 1.36 zeigt prinzipielle Ausführungsmöglichkeiten von Hub- und Zugmagneten, die zum Verstellen oder Positionieren dienen, mit den zugehörigen $F(s)$-Kennlinien (d). Ausführung (c) stellt eine Kombination von (a) und (b) dar. Schlagmagnete sind ähnlich aufgebaut; bei ihnen wird die elektrische Energie in kinetische Energie umgesetzt, um mechanische Impulse zum Hämmern, Nieten oder Stanzen zu erzeugen. Das Rückstellen des Ankers bei Entregung geschieht durch Schwerkraft oder durch Federn. Die Magnetkräfte liegen etwa zwischen 10 mN und 10 kN, die Energien erreichen Werte um 200 Nm, wobei kleinere Magnete für Hübe von wenigen Millimetern, größere Magnete für Hübe bis in den Bereich von 200 mm gebaut werden.

Neben translatorisch wirkenden Magneten werden häufig rotatorisch arbeitende Magnete verlangt. Ihre Drehbewegung kann auf verschiedene Weise erzeugt werden.

- *Drehmagnete mit axialem Luftspalt* sind prinzipiell wie in Bild 1.36 dargestellt auf-

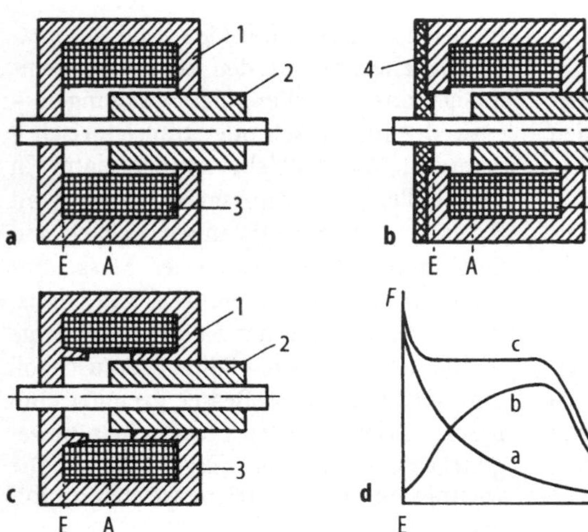

Bild 1.36. Gleichstrommagnete. *1* Magnetkörper, *2* Anker, *3* Wicklung, *4* amagnetischer Anschlag, A Anfangslage, E Endlage

gebaut. Die Hubbewegung kann z.B. über Kugeln, die auf einer schiefen Ebene gleiten, in eine Drehung umgesetzt werden (Bild 1.37a). Der Anker kann als verdrehsichere Mutter mit Steilgewinde, die Welle als Schraube, die gegen eine Längsbewegung gesichert ist, ausgeführt sein.

– *Drehmagnete mit radialem Luftspalt* entwickeln nur kleine Anfangs- und End-Drehmomente und sind dadurch auf Drehwinkel bis etwa 65° beschränkt. Bild 1.37b zeigt den Aufbau, bei dem höhere Polzahlen kleinere Drehwinkel ergeben. Die Rückstellung erfolgt durch Federn. Für den Reversierbetrieb werden zwei Drehmagnete spiegelbildlich montiert und je nach Drehrichtung erregt.

Im allgemeinen werden die Magnete über einen Gleichrichter an ein Wechselstromnetz angeschlossen. Soll ein Magnet nach dem Einschalten besonders schnell reagieren, kann die elektrische Zeitkonstante durch Vergrößern des ohmschen Widerstandes verringert werden. Eine weitere Möglichkeit, die Anzugszeit des Ankers zu verkleinern, besteht darin, das Einschalten bei einer höheren Spannung vorzunehmen (Übererregung). Diese muß jedoch alsbald auf die Nennspannung abgesenkt werden, damit der Strom nicht auf einen unzulässig hohen Wert ansteigt.

Wechselstrommagnete. Da infolge des zeitveränderlichen Feldes im Magnetkörper und im Anker von Wechselstrommagneten Eisenwärmeverluste entstehen, müssen alle flußführenden Teile geblecht sein. Die Schaltzeit ist kürzer als die von Gleichstrommagneten. Um auch in der Endlage eine geringe Haltekraft zu erzeugen, haben Wechselstrommagnete immer eine Kurzschlußwindung, in der durch Induktionswirkung ein Strom hervorgerufen wird.

Es gibt eine Reihe von Möglichkeiten, um verschiedene Hub-Kraft-Kennlinien realisieren zu können, siehe Bild 1.38. Die Anordnung (c) ergibt die größte Ausnutzung, da der Streufluß sehr gering ist. Wechselstrommagnete erreichen Kräfte zwischen 1 und 150 N bei Hüben zwischen wenigen Millimetern und fast 100 mm. Nach diesem Prinzip werden *Drehstrommagnete* gebaut, wobei auf den drei Schenkeln Wicklungen angebracht werden. Dabei werden Kräfte von 50 bis 1000 N bei Hüben von 20 bis 60 mm erreicht. Wechselstrom-*Drehmagnete* gibt es kaum.

Schwingankermotoren, Vibratoren. Eine *oszillierende* Ankerbewegung ist dadurch möglich, daß der die Magnetkraft erzeugende Strom in geeigneten Zeitpunkten ein- und ausgeschaltet oder seine Richtung geändert wird. Antriebe mit nur einer Spule benötigen eine Feder, um wieder in die Ausgangsposition zurückzufallen. Bei Antrieben mit zwei Spulen wird die Ankerschwingung durch abwechselndes Einschalten der beiden Spulen bewirkt. Durch geeignete Abstimmung von Feder- und Anker-Trägheitsmoment kann wie beim Einspulenantrieb ein *Resonanzeffekt* als Voraussetzung für einen optimalen Wirkungsgrad erzielt werden.

Bei selbstgeführten Schwingankermotoren schaltet der Anker selbst die Wicklung ein und aus bzw. zwischen beiden Wicklungen hin und her. Die Schwingfrequenz ist wählbar, denn sie hängt von der Auslegung des Motors und von der Belastung ab. Fremdgeführte Antriebe können mit Gleich- oder Wechselstrom betrieben

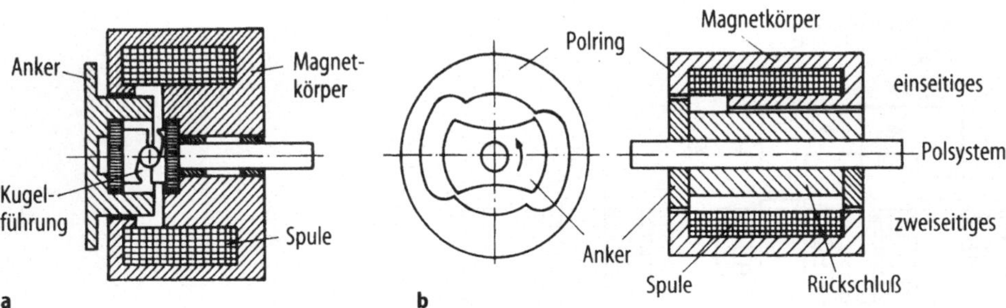

Bild 1.37. Gleichstrom-Drehmagnet. **a** mit Kugelbahn, **b** mit radialem Luftspalt

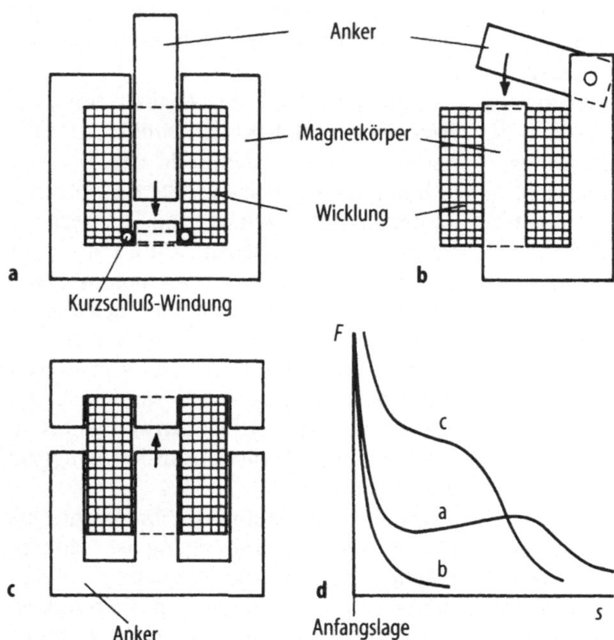

Bild 1.38. Wechselstrommagnete

werden. Der Gleichstrom wird entweder durch einen mechanischen Schalter oder elektronisch geschaltet. Um eine besondere Schalteinrichtung zu vermeiden, werden Schwingankermotoren häufig direkt am Wechselstromnetz betrieben. Diese Antriebe sind besonders robust und kostengünstig.

Bei Schwinkankermotoren sind Magnetkörper und Anker mechanisch nicht miteinander verbunden, sondern nur magnetisch miteinander gekoppelt. Es schwingt allein der Anker, während der Magnetkörper in Ruhe ist. Es können alle in den Bildern 1.36, 1.37b und 1.38 dargestellten Ausführungen auch als Schwingankerantriebe gebaut werden. Das Bild 1.39 zeigt häufige Bauprinzipien. Mit der in (a) gestrichelt angedeuteten horizontalen Bewegungsmög-

lichkeit ist die des konstruktiv besonders einfachen Drehankermotors in (b) verwandt. Diese Konstruktion findet sich oft in Elektrorasierern.

Vibratoren sind ähnlich aufgebaut, Anker und Magnetkörper sind aber durch abgestimmte Federn miteinander auch mechanisch gekoppelt, so daß beide Teile schwingen können (Bild 1.40). Bringt man Vibratoren so an Förderrinnen an, daß die Schwingbewegung schräg aufwärts gerichtet ist (Wurfvibrator), kann man Schüttgüter auch bergauf fördern. Dasselbe Prinzip nutzt man bei Wendelförderern für die Zuführung von Bauteilen in automatischen Fertigungsstraßen.

Antriebe, die im Unterschied zu Elektromagneten wie elektrodynamische Laut-

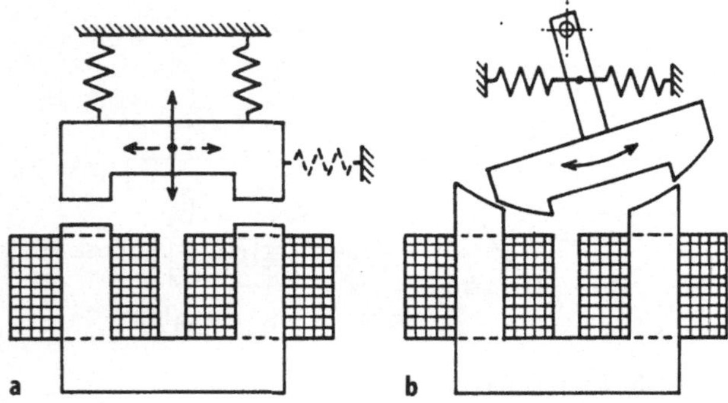

Bild 1.39. Schwingankermotoren

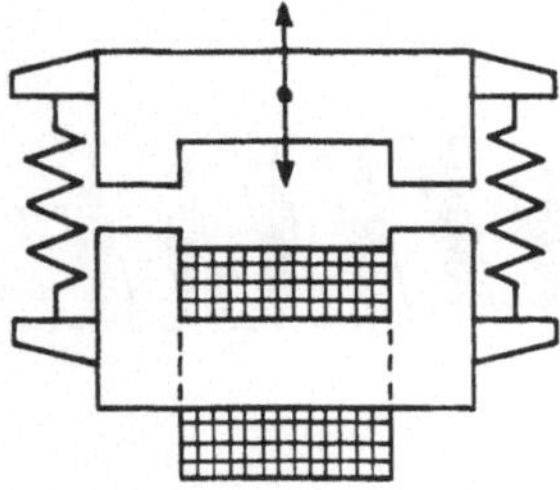

Bild 1.40. Vibrator

Tabelle 1.1. Kennwerte des Standard-Thermobimetalls TB 1577 (nach DIN 1715)

Spezif. Krümmung	$28,5 \cdot 10^{-6}$	1/K
Elastizitätsmodul	$170 \cdot 10^{3}$	N/mm^2
Zulässige Biegespannung	200	N/mm^2
Wärmeleitfähigkeit	13	W/m K
Spezif. Wärmekapazität	460	W s/kg K
Spezif. elektr. Widerstand	$0,78 \cdot 10^{-6}$	Ωm
Dichte	$8,1 \cdot 10^{3}$	kg/m^3

sprecher nach dem *Tauchspulprinzip* arbeiten, bezeichnet man als *Voice-Coil-Motoren*. Hierbei wird die Kraft auf stromführende Leiter in einem Magnetfeld genutzt. Die Kraft ist proportional dem Magnetfluß und dem Spulenstrom. Daher läßt sich die Auslenkung einer federnd aufgehängten Spule durch den Strom steuern; durch Änderung der Stromrichtung wird die Bewegungsrichtung umgekehrt.

1.5.2
Thermobimetalle
1.5.2.1
Physikalisches Prinzip

Thermobimetalle sind Schichtverbundstoffe aus mindestens zwei Komponenten, die untrennbar miteinander verbunden sind und unterschiedliche Wärmeausdehnungskoeffizienten haben. Bei Erwärmung dehnt sich eine Komponente, die sog. aktive, stärker als die andere, und das Thermobimetall krümmt sich. Sofern äußere Kräfte der freien Ausbiegung entgegenwirken, entwickelt das Thermobimetall eine Federspannung (thermische Richtkraft), es kann also mechanische Energie speichern und abgeben [1.19, 1.22].

1.5.2.2
Technische Realisierung

Das wirtschaftlich und technisch günstigste und daher am häufigsten verwendete Thermobimetall ist TB 1577 (DIN 1715). Seine passive Komponente besteht aus Invar (FeNi 36), seine aktive Komponente aus einer Eisen-Nickel-Mangan-Legierung (FeNi20Mn6). Es zeichnet sich im Temperaturbereich –20 °C ... +200 °C durch hohe thermische Empfindlichkeit (spezifische Krümmung) aus, s. Tabelle 1.1 [1.23].

Bild 1.41 zeigt einige verbreitete Ausführungsformen. Scheibenförmige Elemente haben den Vorteil relativ hoher Federkraft bei kleinem Federweg und zeigen eine bessere Raumausnutzung und höheres Arbeitsvermögen. Sie werden in der Regel mechanisch vorgewölbt. Schichtet man solche Scheiben wechselsinnig zu einer Säule, so erhält man besonders große thermische Hübe. Vorgewölbte Scheiben *schnappen* bei einer oberen und bei einer unteren Schnapptemperatur in die jeweils entgegengesetzte Wölbungsrichtung um.

Die Ausbiegung-verursachende Erwärmung des Thermobimetalls erfolgt von seiner Befestigungsstelle aus durch thermische Leitung oder durch Strahlung bzw. Konvektion aus der Umgebung. Das Bimetall kann aber auch elektrisch erwärmt werden, wobei die Beheizung indirekt durch ein elektrisches Heizelement nahe dem Bimetall oder direkt durch unmittelbare Stromleitung erfolgen kann. Direkten Stromdurchgang bevorzugt man bei Strömen > 10 A (Anwendung z.B. als Überstromauslöser in elektrischen Geräten).

Thermobimetalle sind hoch verfügbar (Halbzeug nach DIN 1715) und preiswert. Ihr thermischer Einsatzbereich reicht bis etwa 650°C, die Langzeitstabilität ihres Effektes ist sehr hoch, und der Anwender kann sie selbst konfigurieren. Thermobimetalle zeigen allerdings nur eine Formänderungsart, nämlich die Biegung, und die Energiedichte ist verhältnismäßig gering. Sie finden eine breite Anwendung in Schaltorganen zum temperatur- oder stromabhängigen Öffnen und Schließen elektrischer Kontakte.

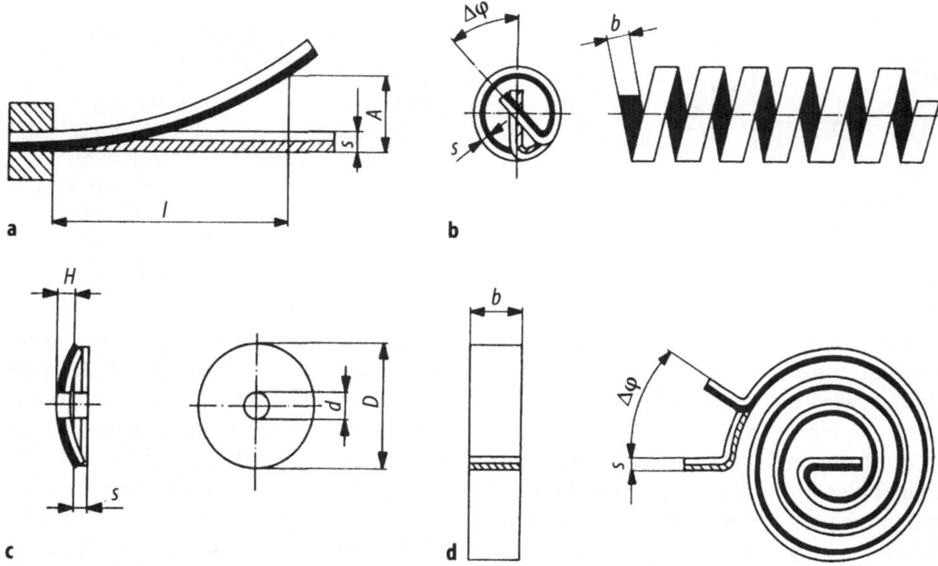

Bild 1.41. Ausführungsformen von Thermobimetall-Elementen. **a** Einseitig eingespannter Streifen, **b** Wendel, **c** Schnappscheibe, **d** Spirale

1.5.3
Formgedächtnis-Legierungen
1.5.3.1
Physikalisches Prinzip

Verformt man ein Bauteil aus einer Formgedächtnis-Legierung (engl.: shape memory alloy, SMA) bei Raumtemperatur, so wird bei Überschreiten einer kritischen mechanischen Spannung in dem vorliegenden austenitischen Gefüge Martensit induziert, s. Bild 1.42a. Erwärmt man das Bauteil dann, so wird das Gefüge oberhalb einer bestimmten Temperatur (A_s-Temperatur) wieder austenitisch und nimmt nahezu vollständig seine ursprüngliche Form an. Verformt man das Bauteil im abgekühlten Zustand wieder, so kann es den Zyklus von neuem durchlaufen.

Während der *einmalige* Memory-Effekt (Einwegeffekt) vor jeder Martensit-Austenit-Umwandlung erneut eine bleibende Verformung des Bauteils erfordert, genügt zum Auslösen des *wiederholbaren* Memory-Effektes (Zweiwegeffekt) nur eine anfänglich bleibende Verformung und anschließend ein bloßes Erwärmen und Abkühlen, s. Bild 1.42b. Bei allen folgenden Temperaturzyklen ändern sich dann Fläche und Lage der je nach Legierung 10 bis 30 K breiten Hystereseschleife nicht mehr.

Ein weiterer Effekt, die sog. *Superelastizität*, zeigt sich durch ein sehr hohes Dehnungsvermögen des Materials. Beim Belasten treten elastische Formänderungen bis max. 8% auf, die beim Entlasten wieder zurückgehen. Diese Erscheinung ist stark temperaturabhängig [1.19, 1.24].

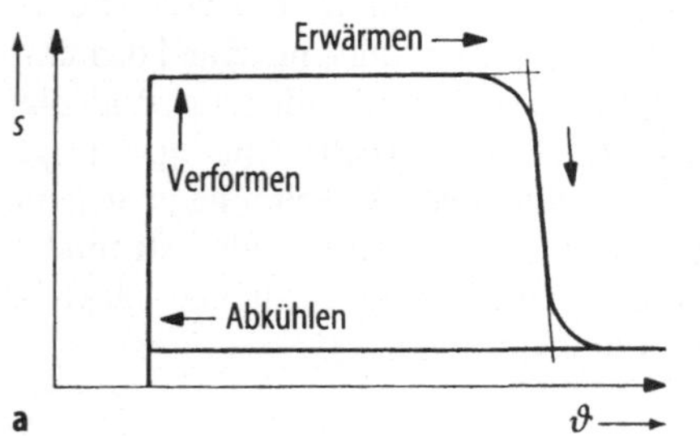
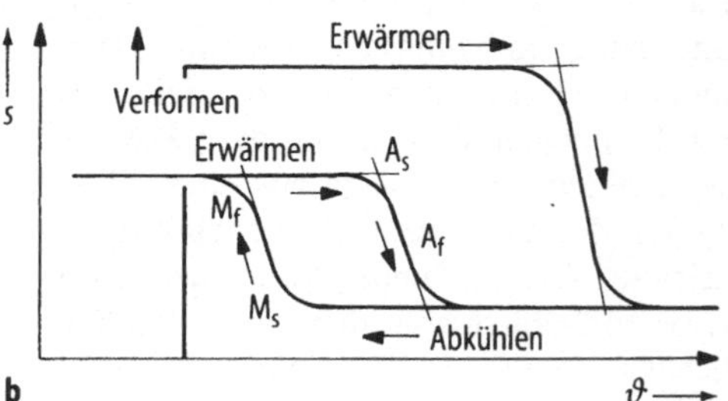

Bild 1.42. Dehnung-Temperatur-Kennlinien von Formgedächtnislegierungen. **a** Einwegeffekt, **b** Zweiwegeffekt

Tabelle 1.2. Kennwerte von Memory-Legierungen

	NiTi	CuZnAl	CuNiAl	
Einwegeffekt (Max. Dehnung)	8	4	5	%
Zweiwegeffekt (Max. Dehnung)	5	1	1,2	%
Max. A_s-Temperatur	120	120	170	°C
Überhitzbar bis	400	160	300	°C
Bruchdehnung	40…50	10…15	5…6	%
Zugfestigkeit	800…1000	400…700	700…800	N/mm^2
Spezif. elektr. Widerstand	0,65…1	0,08…0,13	0,11…0,14	10^{-6} ⎮ m
Dichte	6,4…6,5	7,8…8,0	7,1…7,2	10^3 kg/m^3

1.5.3.2
Technische Realisierung

Die technisch interessanten, kommerziell verfügbaren Memory-Metalle basieren auf Nickel-Titan-(NiTi-) und Kupfer-Zink-Aluminium-(CuZnAl-)Legierungen. Die wichtigsten Kennwerte beider Legierungen sind in Tabelle 1.2 zusammengefaßt. Verfügbar sind heute Legierungen mit Umwandlungstemperaturen von ca. –100 bis +100 °C.

Bei der Auswahl eines Memory-Elementes spielt die Art der Wärmeübertragung eine wesentliche Rolle. Eine günstige Konstellation liegt vor, wenn das Memory-Bauteil von einem flüssigen oder gasförmigen Medium umströmt wird, dessen Temperaturänderung zu einer Formänderung des Bauteils führt. Zum Auslösen des Memory-Effektes kann auch die joulesche Wärme des stromdurchflossenen Bauteils genutzt werden. Als Kontaktheizungen kommen Widerstandsheizdrähte sowie Mantelheizleiter und Heizfolien in Frage. Setzt man *Kaltleiter* (PTC-Widerstände) als Kontaktheizungen ein, so wirkt deren stark ansteigender ohmscher Widerstand bei höheren Temperaturen strombegrenzend.

Im Vergleich zum Bimetall, das aufgrund seiner völlig anderen Wirkungsweise eine zur Temperatur proportionale Formänderung aufweist, zeigt das Memory-Metall eine deutlich höhere Energiedichte. Unterschiedliche Formänderungsarten (Längung, Kürzung, Biegung, Torsion) können auf bestimmte Elementbereiche beschränkt werden. Der thermische Arbeitsbereich ist begrenzt auf etwa –150 bis +150 °C, und der Einsatz erfordert eine intensive Beratung durch den Hersteller.

Einsatzgebiete für Memory-Legierungen sind beispielsweise Antriebs-, Stell- und Auslöseelemente im Automobilbau, Sicherheits- und Verriegelungsmechanismen in der Haushaltsgeräteindustrie und in der Raumfahrt, Klappenverstelleinrichtungen im Bereich Heizung/Klima, Ausrückeinrichtungen als Überhitzungsschutz für Kupplungen und Lagerungen, Befestigungselemente für Rohrverbindungen sowie Kabelkupplungen und Klammern, Sonden und Distanzstücke im Bereich der Medizintechnik.

1.5.4
Dehnstoff-Elemente
1.5.4.1
Physikalisches Prinzip

Bei Dehnstoff-Elementen wird die starke Volumen-Temperatur-Abhängigkeit von festen und flüssigen Stoffen mit großen Wärmeausdehnungskoeffizienten genutzt. Eine mit wachsender Temperatur auftretende Volumenzunahme wird mit Hilfe konstruktiver Mittel in die Hubbewegung eines Arbeitskolbens umgesetzt.

Dehnstoff-Elemente haben abhängig vom verwendeten Dehnstoff sehr unterschiedliche Hub-Temperatur-Charakteristiken. Bei Kohlenwasserstoffen ist die Volumenzunahme im Schmelzbereich höher als in der anschließenden flüssigen Phase. Im Vergleich dazu haben flüssige Dehnstoffe einen größeren linearen Regelbereich, aber kleineren spezifischen Hub [1.19].

1.5.4.2
Technische Realisierung

Der Dehnstoff, z.B. Wachs, Paraffin oder Silikonöl, wird in einem formsteifen Behälter untergebracht, der abhängig von der speziellen Ausführung Betriebsdrücken bis zu mehr als 150 bar (15 MPa) standhalten muß. Zur Erzeugung der gewünschten Hubbewe-

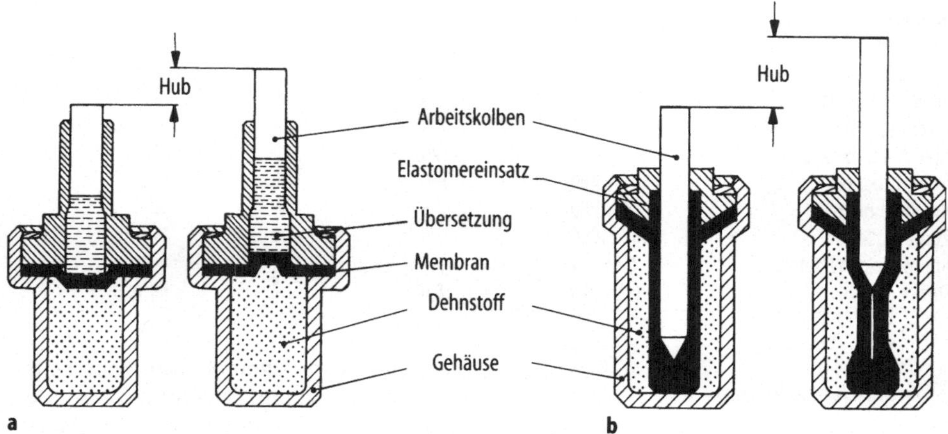

Bild 1.43. Dehnstoff-Elemente, Ausführungsbeispiele. **a** mit Membran, **b** mit Elastomereinsatz

gung existieren verschiedene konstruktive Lösungen.

In Bild 1.43a wird eine Membran verwendet, wobei durch eine elastische Übersetzung eine Hubvergrößerung erzielt wird. Die Ausführung in Bild 1.43b basiert auf einem hutförmigen Elastomereinsatz, in dem sich der Arbeitskolben bewegt. Diese Bauweise erlaubt große Hübe bei gleichzeitig großer Last, während die andere Form wiederum kleine Bauhöhen zuläßt. Dehnstoff-Elemente arbeiten überwiegend als Stellglieder ohne elektrische Hilfsenergie, z.B. in Temperaturreglern. Ihre wichtigsten Kenngrößen überstreichen üblicherweise die in Tabelle 1.3 angegebenen Wertebereiche [1.25].

Durch eine elektrische Ansteuerung werden Dehnstoff-Elemente zu Aktoren. Für die Ansteuerung verwendet man nahezu ausschließlich PTC-Widerstände (s. Abschn. B 6.2.1.3), deren typische Widerstand-Temperatur-Abhängigkeit begrenzend wirkt und ggf. einen besonderen Ausschalter erübrigt. Dehnstoff-Elemente werden in gut besetzten Typenreihen angeboten; sie sind mechanisch robust und ermöglichen größere

Hübe bei gleichzeitig hohen Stellkräften, allerdings ist ihr dynamisches Verhalten nur mäßig. Einsatzbereiche sind Kühlmittelthermostate, z.B. für Motorkühlkreisläufe und Ölkreisläufe, sowie thermostatische Heizkörperventile, Geräte für Warmlauf- und Ansaugluft-Temperaturregelung, Thermoschalter.

1.5.5
Elektrochemischer Aktor
1.5.5.1
Elektrochemische Reaktion

Das Prinzip des elektrochemischen Aktors beruht auf einer Gasentwicklung, die beim Anlegen einer kleinen Gleichspannung einsetzt; dabei wird in einem Ausdehnungselement Druck aufgebaut, also Volumenarbeit verrichtet. Durch Umpolung oder Kurzschluß geschieht der Druckabbau. Je nach Anforderung läßt sich der elektrochemische Aktor mit unterschiedlichen Reaktionen betreiben. Ein Beispiel für Festkörperreaktionen ist die Reaktion einer Silberelektrode in einem alkalischen Elektrolyt. Beim Druckaufbau entsteht an der Gegenelektrode Wasserstoff, während das Silber oxidiert wird [1.19].

Tabelle 1.3. Kennwerte von Dehnstoff-Elementen

Arbeitstemperaturbereich	−20...+120	°C
Hub im Stellbereich	5...15	mm
Max. Hub	6...25	mm
Max. Stellkraft	250...1500	N
Reaktionszeit	8...50	s

Silberelektrode:
$$Ag + 2OH^- \Leftrightarrow AgO + H_2O + 2e^-$$

Kohleelektrode:
$$2H_2O + 2e^- \Leftrightarrow 2OH^- + H_2$$

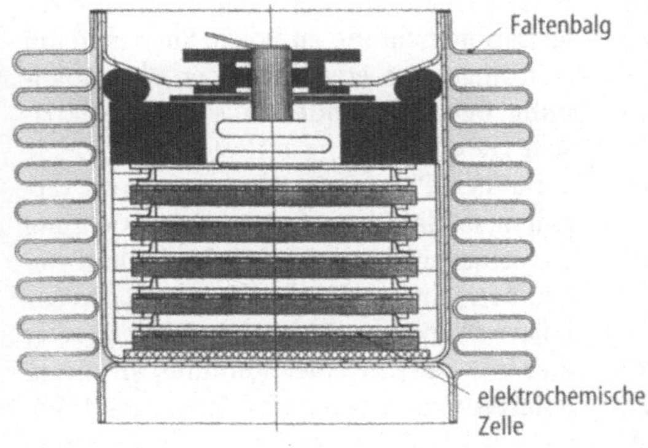

Bild 1.44. Elektrochemischer Aktor mit 5 Zellpaketen

1.5.5.2
Technische Realisierung

Die Silberelektrode bildet zusammen mit der platinierten Kohleelektrode eine elektrochemische Zelle. Für den breiten Einsatz von elektrochemischen Aktoren bietet sich eine Reihenschaltung mehrerer Zellen mit bipolarer Verknüpfung an. Ein solcher modularer Aufbau erlaubt es, die realisierbaren Kräfte und Geschwindigkeiten der Stellaufgabe besser anzupassen, vgl. Bild 1.44 [1.26].

Elektrochemische Aktoren haben ein 3-Punkt-Regelverhalten. Sie benötigen keine Halteenergie, und das Einfahren in eine Sicherheitsstellung erfolgt ohne Energiezufuhr durch Kurzschließen. Reproduzierbare Weg-Zeit-Verläufe erfordern den Betrieb in geschlossener Wirkungskette (Lageregelung). Derzeit wird kommerziell eine Typenreihe mit elektrochemischen Aktoren aufgebaut; den Stand in 1994 repräsentiert Tabelle 1.4.

Das Marktsegment für elektrochemische Aktoren liegt zwischen preiswertem Dehnungselement und teurem Stellmotor. Sie lassen sich beispielsweise einsetzen in Luftklappensteuerungen, Kühlwasserfeinregulierungen, Kalibriergasdosierungen, Posi-

tionierungseinrichtungen, Steuerungen von Raumheizungen und zur Regelung der Brennstoffzufuhr in Brennersystemen.

1.5.6
Piezoelektrische Aktoren
1.5.6.1
Physikalisches Prinzip

Bei bestimmten Kristallen wie z.B. Quarz besteht wirkungsmäßig ein physikalischer Zusammenhang zwischen mechanischer Kraft und elektrischer Ladung. Werden die Ionen eines Kristallgitters durch äußere Belastung elastisch gegeneinander verschoben, so tritt nach außen hin eine resultierende elektrische Polarisation auf, die sich durch Aufladen von metallenen Elektroden auf den Kristallflächen nachweisen läßt. Diese Erscheinung wird als *direkter* piezoelektrischer Effekt bezeichnet und bildet die Grundlage von Piezosensoren. Der Effekt ist umkehrbar und heißt dann *inverser* (auch: reziproker) piezoelektrischer Effekt. Legt man eine elektrische Spannung beispielsweise an einen scheibenförmigen Piezokristall, so tritt aufgrund des inversen piezoelektrischen Effektes eine Dickenänderung auf. Diese Eigenschaft ermöglicht den Bau von Aktoren [1.19, 1.20, 1.27].

1.5.6.2
Technische Realisierung
Werkstoffe

Für den Aktorbau werden überwiegend Sinterkeramiken, insbesondere Blei-Zirkonat-Titanat-(PZT-)Verbindungen eingesetzt, denen das piezoelektrische Verhalten während des Herstellungsvorgangs durch

Tabelle 1.4. Kennwerte von elektrochemischen Aktoren

Max. Hub	5...16	mm
Stellkraft	300...3000	N
Stellzeit	bis 300	s
Versorgungsspannung	12...36	V
Betriebsstrom	0,3...1	A
Einsatztemperatur	-5...+60	°C
Lebensdauer	$10^4...10^5$	Hübe

Anlegen eines starken elektrischen Feldes eingeprägt wird. Piezokeramiken werden als Platten oder Scheiben von 0,3 bis einige Millimeter Dicke hergestellt. Neuerdings gewinnen Multilayer-Keramiken an Bedeutung. Hierbei wird die sogenannte *grüne*, einige 10 μm dicke und mit einem Elektrodenfilm versehene Keramikfolie übereinander geschichtet.

PZT-Keramik gehört zu den *Ferroelektrika*, deren statische Kennlinie hysteresebehaftet ist, vgl. Bild 1.45, was zu einer starken Materialerwärmung im dynamischen Betrieb führen kann. Es muß Vorsorge getroffen werden, daß eine Depolarisierung aufgrund elektrischer, thermischer und mechanischer Überlastung vermieden wird. Piezokeramik verliert schon bei Arbeitstemperaturen weit unterhalb seiner Curie-Temperatur (materialabhängig 200 °C … 500 °C, bei Multilayer-Keramik 80 °C … 220 °C) allmählich die Piezoeigenschaften. Für spezielle Anwendungen ist es möglich, die

Betriebsspannung entgegengesetzt zur Polarisationsrichtung zu polen. Sie darf dann allerdings nur etwa 20% der Nennspannung betragen, andernfalls kann elektrische Depolarisierung auftreten.

Da sich Piezomaterialien anisotrop verhalten, ist der Piezoeffekt von der Richtung des steuernden elektrischen Feldes und von der betrachteten Wirkrichtung relativ zur Polarisationsachse abhängig. Bild 1.46 zeigt dies am Beispiel einer Keramik, an die in Polarisationsrichtung eine Spannung U gelegt wird. Bild 1.46a beschreibt die Dehnung $\Delta l/l$ in Feldrichtung: *Längs- oder Longitudinaleffekt*. Dieser zeigt den größten Wirkeffekt und wird bevorzugt eingesetzt. Bild 1.46b stellt die Dehnung $\Delta s/s$ quer zur Feldrichtung dar: *Quer- oder Transversaleffekt*. Bemerkenswert ist, daß hier der Hub auch von den Materialabmessungen abhängt und der Einfluß des Quotienten s/l auf Steifigkeit und Längenänderung gegenläufig ist.

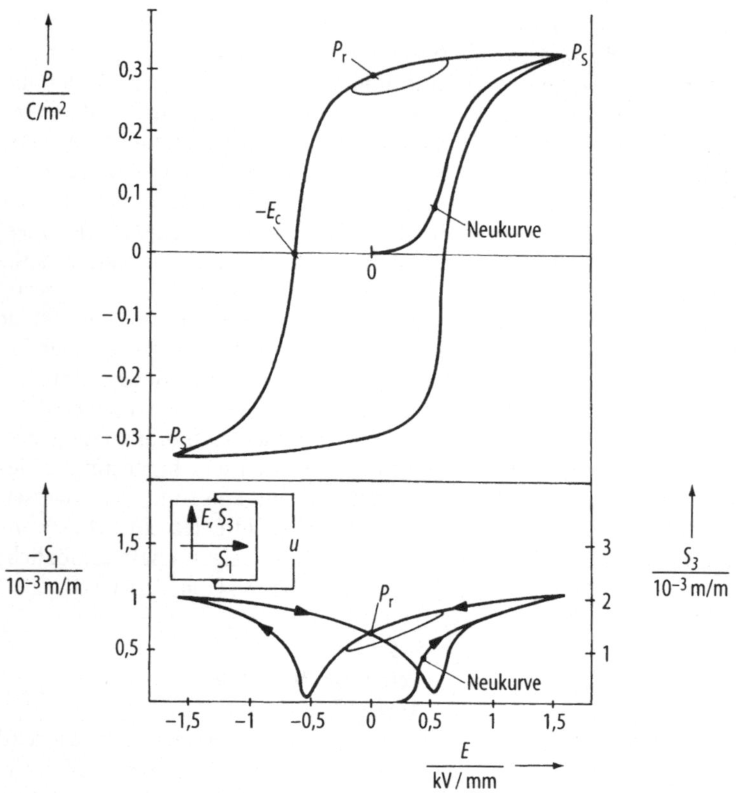

Bild 1.45. Kennlinienverläufe *P(E)* und *S(E)* für die Piezokeramik PXE (Valvo) 52 bei *T* = 0. *P* Elektr. Polarisation, *E* elektr. Feldstärke, *S*₁ Dehnung transversal, *S*₃ Dehnung longitudinal, *T* mech. Spannung

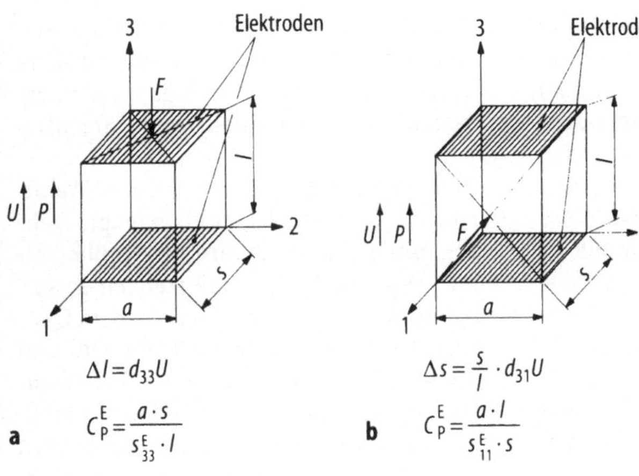

$$\Delta l = d_{33}U$$

$$C_P^E = \frac{a \cdot s}{s_{33}^E \cdot l}$$

a

$$\Delta s = \frac{s}{l} \cdot d_{31}U$$

$$C_P^E = \frac{a \cdot l}{s_{11}^E \cdot s}$$

b

Bild 1.46. Inverser Piezoeffekt in polarisierter Keramik. **a** Längseffekt, **b** Quereffekt, C_P^E Steifigkeit des Piezomaterials bei $E =$ konst, d Piezoelektrische Konstante, s^E Elastizitätskonstante bei $E =$ konst

Aufbau von Piezowandlern. Piezowandler können entweder mit den am Markt verfügbaren Piezokeramiken vom Anwender selbst aufgebaut werden oder er greift auf das vielfältige Angebot einsatzfertiger Wandler in Form konfektionierter Typenreihen zurück.

Stapeltranslatoren. Bei dieser am häufigsten angewendeten Bauweise besteht der Wandler aus einer Vielzahl von Keramikscheiben, meistens mit Dicken zwischen 0,3 und 1 mm, auf denen sich metallene Elektroden befinden. Die Scheiben wirken also elektrisch als Kapazitäten; sie werden paarweise mit entgegengesetzter Polarisationsrichtung übereinander geschichtet und verklebt, anschließend wird der Stapel gegen äußere Einflüsse mit elektrisch hochisolierenden Materialien hermetisch abgeschlossen.

Bild 1.47 zeigt, daß der Stapel elektrisch parallel und mechanisch in Reihe geschaltet ist; sein Stellweg ist die Summe aus den Längenänderungen Δl der Einzelelemente, vgl. Bild 1.46. Das angelegte Feld und die erzeugte Dehnung verlaufen in Polarisationsrichtung. Eine Federvorspannung – meist durch Dehnungsschrauben oder wie in Bild 1.47 durch geschlitzte Rohrfedern realisiert – macht den Wandler auch für Zugkräfte einsetzbar.

Grundsätzlich wird die elektrische Spannung zur Erzeugung der erforderlichen Feldstärke in ihrem Wert durch die Dicke der Keramikscheibe bestimmt. Daher erreichen die dünnen Multilayer-Keramiken bereits bei Nennspannungen um 100 V („Nie-

dervoltaktoren") die gleiche Dehnung wie traditionelle Keramiken mit Spannungen im kV-Bereich. Bei konstanter Bauhöhe verhält sich die Kapazität des Stapeltranslators umgekehrt proportional zum Quadrat der Scheibendicke; daher liegen die Kapazitätswerte von Multilayer-Translatoren im μF-Bereich, und der Lade- oder Umladestrom ist wesentlich größer.

Streifentranslatoren. Im Gegensatz zur Stapelbauweise wird hier die Dehnung senkrecht zur Polarisations- und zur Feldstärkerichtung genutzt (Transversaleffekt). Der Ef-

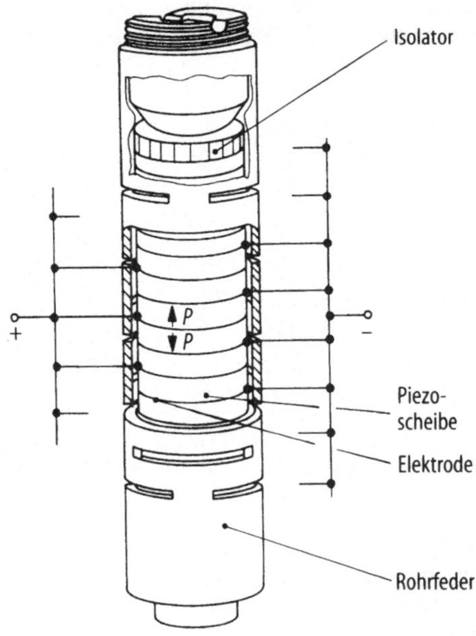

Bild 1.47. Stapeltranslator

fekt ist umso stärker ausgeprägt, je größer der Quotient Länge/Dicke (*s/l*) des Piezoelementes ist, vgl. Bild 1.46b. Dies führt auf streifenförmige Elemente mit geringer Steifigkeit, deshalb schichtet man wie bei den Stapelwandlern mehrere Streifen zu einem sog. Laminat und verbessert auf diese Weise die mechanische Stabilität. Die Anwendung des Transversaleffektes ergibt flach bauende Wandler, die sich proportional zur angelegten Spannung verkürzen, da die verantwortliche Piezokonstante *negativ* ist.

Biegewandler. Biegewandler nutzen ebenfalls den Transversaleffekt. Sie können beispielsweise aus einem Federmetall und einer darauf befestigten PZT-Keramik bestehen („Unimorph"). Erfährt die Keramik eine Längenänderung, während der Metallträger seine Länge beibehält, gleicht das Element das unterschiedliche Dehnungsverhalten aus, indem es sich – phänomenologisch vergleichbar einem Thermobimetall – biegt. Ein ähnliches Verhalten zeigen *Bimorphe*, also Elemente aus zwei untrennbar verbundenen PZT-Keramiken, die in gleicher („Parallelbimorph") oder gegensinniger („Serienbimorph") Richtung transversal polarisiert sind und mit zwei unterschiedlich hohen Spannungen angesteuert werden. In der Ausführung als Disk-Translatoren sind die Elemente kreisförmige Scheiben von wenigen Zentimetern Durchmesser, die Stellwege bis einige 100

µm ermöglichen. Im Vergleich zu Translatoren haben Biegeelemente eine größere Auslenkung, geringere Steifigkeit, kleinere Blockierkraft und niedrigere Eigenfrequenz.

Hybrid-Bauweise. Bei hybriden Wandlern wird die piezoelektrisch erzeugte Dehnung durch eine mechanische Wegübersetzung vergrößert; die Steifigkeit einer solchen Anordnung nimmt aber mit dem Quadrat des Übersetzungsverhältnisses ab und ist wesentlich kleiner als bei der Stapelbauweise. Hybrid aufgebaute Wandler für Stellwege bis 1 mm und mit Kräften von einigen 10 N werden mit Festkörpergelenken (Biegezonen) gefertigt, die als elastische Gelenkpunkte kleine Winkeländerungen spielfrei in Parallelbewegungen umsetzen.

Inchworm-Motor. Bild 1.48 beschreibt den Aufbau: Eine glatte Welle, die axial positioniert werden soll, wird von einem Stator, der drei Piezokeramik-Elemente enthält, auf einem Teil ihrer Länge umschlossen. Die beiden äußeren Tubusse sitzen mit einer Spielpassung auf der Welle. Werden die Elemente elektrisch angesteuert, so klemmen sie die Welle fest. Der mittlere Tubus ist zylinderförmig, ebenfalls konzentrisch zur Welle und dehnt sich beim Anlegen einer Spannung in axialer Richtung.

Der Bewegungsablauf wird von einer elektronischen Steuerung wie folgt koordiniert. Zunächst klemmt Ring 1 die Welle (1),

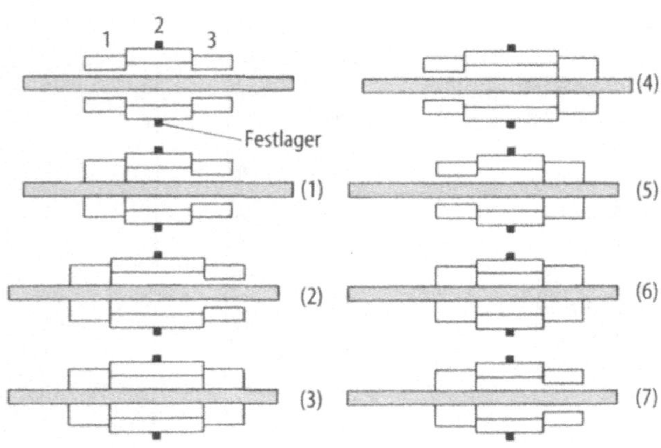

Stellweg	6 … 200 mm
Wegauflösung	2 … 4 nm
Geschwindigkeit	0,5 … 2 mm/s
($v_{max}/v_{min} = 5 \cdot 10^5$)	
Axiale Last	0,5 … 1,5 kg

Bild 1.48. Ichworm-Motor. Bewegungsablauf und Kennwerte

Zylinder 2 dehnt sich (2) und schiebt dabei die Welle nach links. Nun klemmt Ring 3 die Welle ebenfalls (3), danach öffnet Ring 1 wieder (4). Die Welle wird jetzt von Ring 3 gehalten und Zylinder 2 verkürzt sich wieder (5). Nun klemmt Ring 1 die Welle (6) und Ring 3 öffnet sich (7). Der Zylinder 2 dehnt sich wieder und der Ablauf beginnt von neuem.

Die Passung zwischen Welle und Piezoringen muß sehr genau eingehalten werden; sie ist temperaturabhängig und unterliegt Verschleiß. Da die Verbindung reibschlüssig ist, kann eine genaue Positionierung nur in geschlossener Wirkungskette in Verbindung mit einer Lageregelung erfolgen. In Bild 1.48 sind typische Daten einer kommerziellen Typenreihe dieses Antriebs mitgeteilt [1.28].

Ultraschall-Motor. Beim Ultraschall-Motor werden mechanische Schwingungen im Ultraschall-Bereich für den Antrieb genutzt. In Bild 1.49 besteht der Stator aus zwei kreisförmigen Piezokeramikscheiben, die sich aus je acht in Umfangsrichtung abwechselnd polarisierten Segmenten zusammensetzen und die fest miteinander verbunden sind. Beide Scheiben sind um $1/4$ Segment (d.h. $\lambda/4$) gegeneinander versetzt und werden mit je zwei um $1/4$-Periode zeitverschobenen sinusförmigen Wechselspannungen angesteuert. Es entstehen vier umlaufende Ultraschall-Wellen, die auf einen fest mit den Scheiben verbundenen elastischen Körper übertragen werden. Auf den Wellenbergen liegt der Rotor, eine Scheibe mit geeignet ausgelegten Reibeigenschaften, die sich entgegen der Wellenumlaufrichtung dreht.

Ultraschall-Motoren sind relativ kräftige Langsamläufer, die nur bedingt für Dauer-

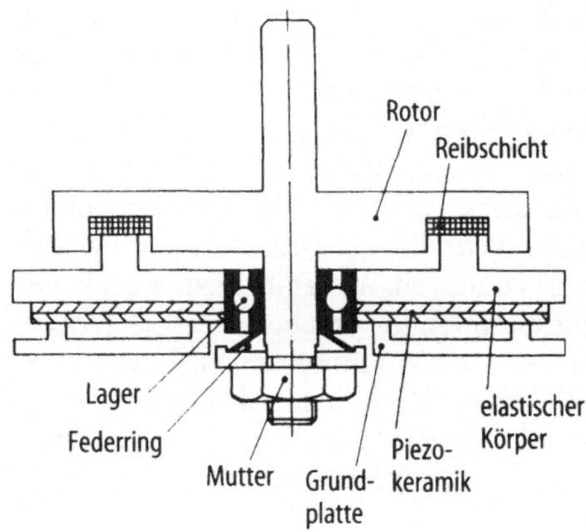

Kennwerte	
Arbeitsfrequenz	40 ... 43 kHz
Nennspannung	100 V(AC)
Nenndrehzahl	100 ... 250 min^{-1}
Nennmoment	0,4 ... 3,8 Ncm
Wirkungsgrad	... 40 %
Mech. Zeitkonst.	1 ms
Gewicht	33 ... 175 g

Bild 1.49. Ultraschall-Motor. Ausführungsbeispiel und Kennwerte

lauf-Anwendungen geeignet sind, aber ohne Getriebe eingesetzt werden können. Sie verfügen im stromlosen Zustand über ein hohes Haltemoment. Bei Überlast übernehmen sie die Funktion einer Rutschkupplung. Die Motoren arbeiten leise und ruckfrei. Da die Kraftübertragung über Reibschluß erfolgt, muß die Positionierung ebenfalls in geschlossener Wirkungskette (Lageregelung) erfolgen. Die Daten einer Baureihe der Firma Shinsei/Japan sind in Bild 1.49 aufgeführt [1.29].

In Tabelle 1.5 sind typische Kennwertebereiche von kommerziellen Piezowandlern verschiedener Bauarten zusammengestellt.

Tabelle 1.5. Kennwerte von Piezowandlern

	Stapelbauweise		Streifen-	Disk-	Hybrid-	
	Normal	Spezial	bauweise	Translator	Bauweise	
Nennstellweg	5...70	...90	...45	50...200	...100	∞m
Steifigkeit	18...260	...2000	...15	0,15...0,3	...1,4	N/∞m
Eigenfrequenz	6...50	...50	...13	1,1...2,5	...2,2	kHz
Druckbelastbarkeit	...1000	...30000	...450	20...50	...50	N
Zugbelastbarkeit	...100	...3500	...100	...20	...50	N
Nennspannung	150...1500	...1500	...1000	...1000	...1000	V
Elektr. Kapazität	...90	...130	...145	16...70	...70	nF
Therm. Stabilität	0,1...0,7	...0,8	...0,7	1,0...4,8	...2,0	∞m/K

Piezowandler werden immer dann vorteilhaft eingesetzt, wenn große Kräfte bei hoher Steifigkeit realisiert werden sollen und gleichzeitig die Reaktionszeit sehr klein sein muß. Von Vorteil ist eine gut besetzte Typenpalette von Werkstoffen und Wandlern und die Möglichkeit, unterschiedliche Effekte (transversal, longitudinal) zu nutzen. Anwendungsmöglichkeiten für Piezowandler ergeben sich beispielsweise in Laserabstimmsystemen, Spiegelnachführungen, Mikromanipulatoren, Dosiersystemen, Einspritzventilen, Schwingerregern und Feinstpositionierungen.

1.5.7
Magnetostriktive Aktoren
1.5.7.1
Physikalisches Prinzip

Die volumeninvariante Längenänderung ferromagnetischer Kristalle bei Anlegen eines magnetischen Feldes wird als magnetostriktiver Effekt bezeichnet. Er basiert darauf, daß die sogenannten *Weissschen Bezirke* sich in die Magnetisierungsrichtung drehen und ihre Grenzen verschieben. Obwohl die Magnetostriktion aus physikalischer Sicht als magnetisches Gegenstück zum quadratischen elektrostriktiven Effekt aufzufassen ist und kein *„inverser"* magnetostriktiver Effekt existiert, erfolgt ihre mathematische Beschreibung in praxi durch ein Gleichungssystem, das formal mit den linearen Zustandsgleichungen für den direkten bzw. inversen Piezoeffekt übereinstimmt [1.19].

1.5.7.2
Technische Realisierung

Werkstoffe. Der magnetostriktive Effekt, der bei Legierungen mit den Bestandteilen Eisen, Nickel oder Kobalt Dehnungen im Bereich von 10 bis 30 µm/m verursacht, erreicht in hochmagnetostriktiven Werkstoffen aus Seltenerdmetall-Eisen-Legierungen Werte bis zu 2000 µm. Das weit überwiegend verwendete Material Terfenol-D hat eine Curie-Temperatur von 380 °C und eine vielfach höhere Energiedichte als piezoelektrische Werkstoffe.

Hochmagnetostriktive Materialien gehören zur Gruppe der Ferromagnetika. Diese Werkstoffe verhalten sich phänomenologisch analog zu den Ferroelektrika. So weist ihre Kennlinie $S(H)$, ähnlich wie die Abhängigkeit $S(E)$ von Piezokeramiken, Sättigung und Hysterese auf, vgl. Bild 1.50.

Aufbau von hochmagnetostriktiven Wandlern. Im Gegensatz zu piezoelektrischen Wandlern, bei denen unterschiedliche Zuordnungen von Feld- und Dehnungsrichtung genutzt werden, spielt bei den heute verfügbaren, ausschließlich stabförmigen Hochmagnetostriktions-Werkstoffen lediglich der *Longitudinaleffekt* eine Rolle (Feldrichtung und Dehnungsrichtung verlaufen parallel).

Kommerzielle Translatoren. Bild 1.51 zeigt den prinzipiellen Aufbau eines kommerziellen magnetostriktiven Wandlers mit seinen wichtigsten Daten. Der Terfenolstab wird durch Permanentmagnete vormagnetisiert und über drei Schrauben mechanisch vorgespannt. Die Flußführung erfolgt über zwei weichmagnetische Polschuhe [1.30].

Wurmmotor. Sozusagen als magnetostriktives Gegenstück zum piezoelektrischen Inch-worm-Motor wurde ein Wurm-

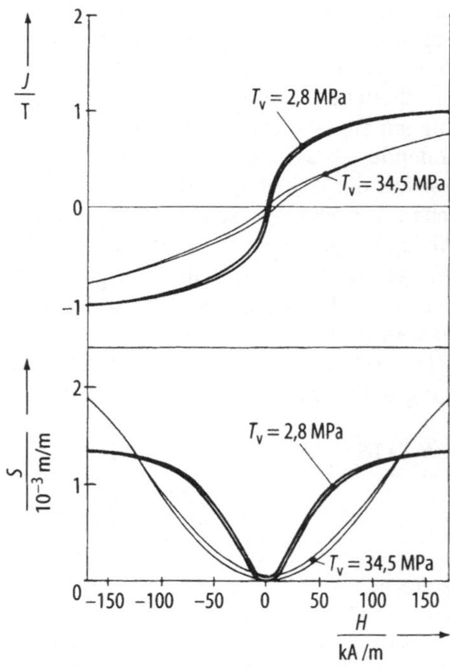

Bild 1.50. Kennlinienverläufe *J(H)* und *S(H)* für Terfenol-D bei unterschiedlicher mechanischer Vorspannung T_v. *J* magnet. Polarisation, *H* magnet. Feldstärke, *S* Dehnung

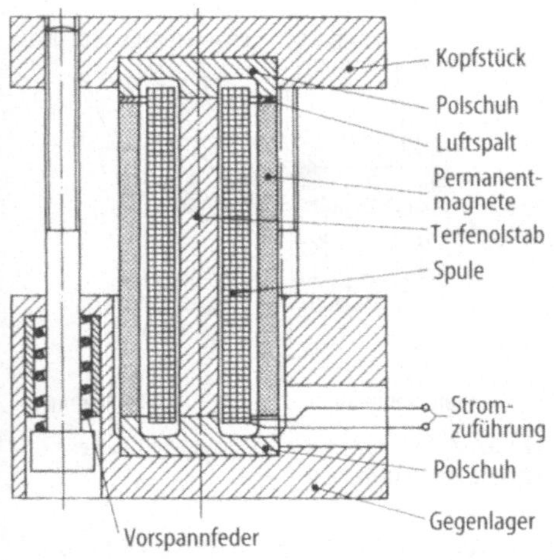

Kennwerte

maximale Last	500 N
maximale Auslenkung*	50 μm
maximaler Strom	2 A
maximale Erregung	50 kA/m
Abmessung des Wandlers	ø 60 × 75 mm
Abmessung des Terfenolstabes	ø 6,4 × 50 mm

* bei höherer Last verändert sich die Auslenkung

Bild 1.51. Magnetostriktiver Translator. Aufbau und Kennwerte (Quelle: Edge Technologies, Ames/USA)

motor konstruiert, der eine schrittweise translatorische Bewegung erzeugt, ohne vergleichbare Klemm-Mechanismen zu erfordern. Er beruht auf dem Gedanken, daß bei konstantem Volumen ein Terfenolstab seinen Durchmesser verringert, wenn er sich in der Länge dehnt. Diese Änderung wird genutzt, um den Terfenolstab aus der Klemmung durch eine umgebende rohrförmige Paßform zu lösen [1.31].

Im Hinblick auf Stellweg, Stellkraft und Arbeitsfrequenzbereich sind magnetostriktive und piezoelektrische Wandler vergleichbar, wodurch zwangsläufig ihre Einsatzfelder ähnlich sind. Es gibt aber auch eine Reihe von Unterschieden, was im Einzelfall zur Bevorzugung des einen oder des anderen Prinzips führen kann. So ermöglicht die höhere Curie-Temperatur des magnetostriktiven Werkstoffes einen im Vergleich zu Piezomaterialien größeren thermischen Arbeitsbereich. Da die Energiedichte in hochmagnetostriktiven Werkstoffen wesentlich größer ist als in Piezomaterialien, erreicht man mit erstgenannten

gleichzeitig größere Dehnungen und Kräfte, während die Forderungen nach großem Stellweg und großer Stellkraft beim Piezomaterial auf unterschiedliche Keramikmischungen führen [1.19].

Piezowandler werden überwiegend mit elektrischer Spannung angesteuert und setzen im statischen Betrieb so gut wie keine Leistung um; magnetostriktive Wandler werden hingegen stromgesteuert. Die Wandler stellen für die Leistungsverstärker kapazitive bzw. induktive Blindlasten dar und werden analog oder schaltend betrieben. Das erstgenannte Verstärkerprinzip ist eine Voraussetzung für hohe Positioniergenauigkeiten, das zweite ermöglicht geringe Verluste in den Leistungstransistoren und große Aktor-Wirkungsgrade, da die in den Blindleistungselementen gespeicherte Energie zurückgewonnen werden kann.

1.5.8
Mikroaktoren
1.5.8.1
Physikalisches Prinzip

Mikroaktoren basieren auf dreidimensionalen mechanischen Strukturen sehr kleiner Abmessungen, die mit Hilfe von Lithographieverfahren und *anisotropen* Ätztechniken hergestellt werden. Zur aktorischen Auslenkung ihrer beweglichen Strukturbereiche werden die unterschiedlichsten Krafterzeugungsprinzipien genutzt wie Bimetalleffekt, Piezoeffekt, Formgedächtniseffekt, aber auch elektrostatische Kraftwirkungen. Charakteristisch für Mikroaktoren im engeren Sinne ist, daß der Mechanismus für die Krafterzeugung *monolithisch integriert* ist.

Elektrostatische Kräfte sind im Mikrobereich von besonderer Bedeutung: Sie nehmen zwar mit dem Quadrat des linearen Verkleinerungsfaktors m ab, weil aber die Durchbruchfeldstärke in Isolatoren mit kleiner werdenden Abmessungen wächst (Paschen-Effekt), darf man die elektrische Feldstärke beispielsweise um $m^{-0,5}$ erhöhen, wodurch die Kräfte dann lediglich um den Faktor m reduziert werden. Ein weiterer Vorteil elektrostatischer Krafterzeugung ist, daß sich bei den mikrometerfeinen Strukturen bereits mit TTL-Spannungswerten (5 V) Feldstärken in der

Größenordnung kV/mm erzielen lassen [1.19, 1.32, 1.33].

1.5.8.2
Technische Realisierung

Zur Herstellung extrem kleiner mechanischer Bauelemente mit bewegbaren Strukturbereichen gibt es im wesentlichen die klassische Mikromechanik, basierend auf einkristallinem Silizium, die Oberflächen-Mikromechanik (surface micromachining) zur Erzeugung von Polysiliziumstrukturen, das LIGA-Verfahren für Metalle, Kunststoffe, Keramiken und die Quarz-Mikromechanik (näheres beispielsweise in [1.32, 1.33]).

Die Mikroaktorik hat derzeit noch keine nennenswerte kommerzielle Bedeutung. Darüber hinaus sind ihre Möglichkeiten, größere Stellwege und Stellkräfte zu erzeugen, naturgemäß beschränkt. Allerdings haben Mikroaktoren hinsichtlich Geschwindigkeit, Genauigkeit und Platzbedarf bei der Steuerung von miniaturisierten Systemen und der Handhabung kleiner Teile Vorteile. Hinzu kommt ihre Integrationsfähigkeit in bezug auf Mikrosensoren und Mikroelektronik (*Mikrosysteme*) sowie die Ansteuerbarkeit mit Mikroelektronik-kompatiblen Spannungen und Strömen. Hiervon können vor allem die Bereiche Elektronikmontage, Medizin und Weltraumforschung profitieren. Zwei Beispiele sollen einen Eindruck vom Stand der Entwicklung vermitteln.

Mikroventil. Das in Bild 1.52 dargestellte Mikro-Ventilsystem für den Einsatz in einem Ballon-Katheter für die minimalinvasive Herz-Chirurgie wird mit Hilfe des LIGA-Verfahrens und weiterer Mikrotechniken hergestellt. Es besteht aus vier unterschiedlich strukturierten Scheibchen aus Polymethylmethacrylat (PMMA) und aus Gold, zwischen denen eine Membran aus Titan montiert wird. Ein solcher *„heteromorpher"* Aufbau ist typisch für viele Mikrosysteme und begründet gleichzeitig einen weitreichenden Bedarf an leistungsfähigen Mikro-Montagetechniken.

Das Ventilsystem hat einen Einlaß und drei um 120° versetzte Auslässe. Seine Funktion beruht darauf, daß die Titan-Membran gegen einen der Ventilsitze gedrückt wird, sobald eine geeignete Flüssigkeit in der zugeordneten Aktorkammer verdampft. Die-

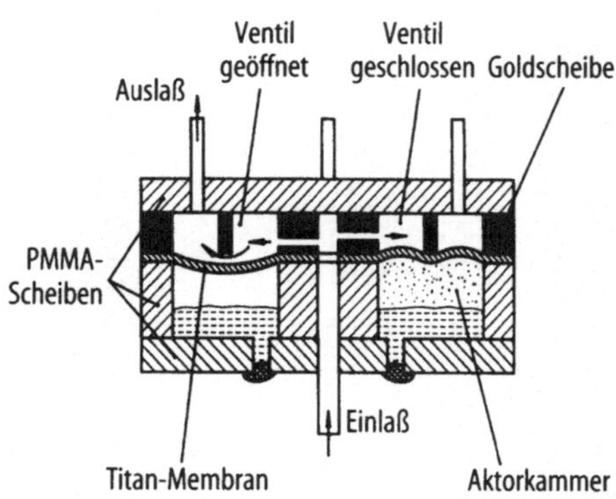

Bild 1.52. Aufbau eines Mikro-Ventilsystems (Quelle: Forschungszentrum Karlsruhe)

ser Vorgang kann beispielsweise elektrisch durch eine Widerstandsheizung initiiert werden; hierbei werden schlagartig Dampfdrücke in der Größenordnung 1 bar erzeugt. Der im Experiment gemessene Wasserdurchfluß pro Einzelventil beträgt etwa 13 µl/s, und die Außenabmessungen (ohne Anschlüsse) sind $\varnothing$ 3 × 1,3 mm [1.34].

Elektrostatischer Linearaktor. Bei dem Linearaktor in Bild 1.53 bewegt sich ein Läufer luftgelagert über einem Stator. Zwischen kammartigen bzw. streifenförmigen Elektroden auf sich gegenüber liegenden Stator- bzw. Läuferflächen werden elektrostatische Kräfte erzeugt, die eine Bewegung des Läufers in x-Richtung, seine Fesselung in y-Richtung und eine gegenseitige Anziehung in z-Richtung bewirken. Durch weitere Elektroden werden Sensoren zur Erfassung

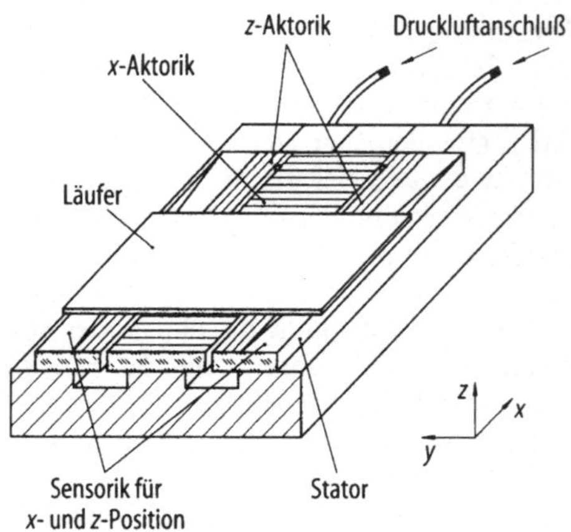

Bild 1.53. Aufbau eines elektrostatischen Linearaktors unter Einsatz von Mikrotechniken (Quelle: PASIM Mikrosystemtechnik)

der x-Position und des z-Abstands gebildet. Alle Strukturen werden in herkömmlicher Weise auf Glassubstrate gesputtert.

Der Antrieb ist ein 3-Phasen-Schrittmotor, der in offener Steuerkette betrieben wird. Dieser Aktor hat in x-Richtung einen Bewegungsbereich von 25 mm bei einer Positionierunsicherheit von 5 µm, zusätzlich kann er kleine Drehungen φ_x, φ_v ausführen. Die Haltekraft beträgt 50 mN und die max. Stellgeschwindigkeit 50 mm/s. Der elektrostatische Linearaktor belegt anschaulich den Trend zum „*Milliaktor*". Diese Aktorspezies wird zwar unter Anwendung von Mikrotechniken realisiert, sie liefert dennoch Kräfte und Wege im Makrobereich [1.35].

Literatur

1.1 Zenkel D (1988) Elektrische Stellantriebe. Hüthig, Heidelberg

1.2 Janocha et al. (1992) Aktoren. Springer, Berlin Heidelberg New York

1.3 Richter Ch (1993) Servoantriebe kleiner Leistung. VCH, Weinheim

1.4 Stölting H-D, Beisse A (1987): Elektrische Kleinmaschinen. Teubner, Stuttgart

1.5 Vogel J (1989) Elektrische Antriebstechnik. Hüthig, Heidelberg

1.6 Miller TJE (1989) Brushless Permanent-Magnet and Reluctance Motor Drives. Clarendon Press, Oxford

1.7 Müller G (1994) Grundlagen elektrischer Maschinen. VCH, Weinheim

1.8 Seinsch HO (1991) Ausgleichsvorgänge bei elektrischen Antrieben. Teubner, Stuttgart

1.9 Brandes J (1990) Beanspruchungen des Wellenstranges bei umrichtergespeisten Asynchronmaschinen. Archiv für Elektrotechnik 73/1990, S 115–130

1.10 Rentzsch H (1992) Elektromotoren. ABB Drives, Turgi/Schweiz

1.11 NN (1980) SEW Eurodrive: Handbuch der Antriebstechnik. Hanser, München

1.12 Kreuth HP (1988) Schrittmotoren. Oldenbourg, München Wien

1.13 Luck K, Modler K-H (1990): Getriebetechnik. Springer, Berlin Heidelberg New York

1.14 Groß H (Hrsg) (1981) Elektrische Vorschubantriebe für Werkzeugmaschinen. Siemens, Berlin München

1.15 Böge A (1980) Die Mechanik der Planetengetriebe. Vieweg, Braunschweig

1.16 Stocker Th (1992) Planetengetriebe mit großem Übersetzungsbereich. Feinwerktechnik und Meßtechnik 100/11, S 481–485

1.17 Harmonic-Drive-Getriebe. Firmenschriften: Harmonic-Drive Antriebstechnik GmbH, Limburg

1.18 Cyclo-Getriebe. Firmenschriften: Cyclo-Getriebebau GmbH, Markt Indersdorf

1.19 Krause W (1993) Konstruktionselemente der Fernmechanik. Hanser, Wien

1.20 Kraus W (1994) Grundlagen der Konstruktion. Elektronik – Elektrotechnik – Fernwerktechnik. Hanser, Wien

1.21 Stölting H-D. Antriebe mit begrenzter Bewegung. Abschn. 3.5 in [1.19]

1.22 Schneider FE (1982) Thermobimetalle. expert, Grafenau/Württemberg

1.23 Thermobimetalle. Techn. Informationsblätter der Vacuumschmelze GmbH, Hanau

1.24 Stöckel D et al. (1988) Legierungen mit Formgedächtnis. expert, Ehningen bei Böblingen

1.25 Dehnstoff-Arbeitselemente. Techn. Prospekt der Behr-Thomson, Dehnstoffregler GmbH, Kornwestheim

1.26 Fleischmann R, Kempe W. Elektrochemischer Aktor. BMFT-Bericht AS00402

1.27 Koch J (1988) Piezoxide (PXE) – Eigenschaften und Anwendungen. Hüthig, Heidelberg

1.28 Micropositioning Systems. Techn. Prospekt der Burleigh Instruments Inc., Fishers, NY/USA

1.29 Ultraschallmotoren. Techn. Prospekt der Shinsei, Fukoku/Japan

1.30 TERFENOL-D. Techn. Prospekte der Edge Technologies Inc., Ames/USA

1.31 Kiesewetter L (1988) The Application of Terfenol in Linear Motors. Proc. 2nd Int. Conf. on Giant Magnetostrictive and Amorphous Alloys for Actuators and Sensors. Marbella, Spain. October 12-14, 1988

1.32 Heuberger A (Hrsg.) (1989) Mikromechanik. Springer, Berlin Heidelberg New York

1.33 Büttgenbach S (1991) Mikromechanik. Teubner, Stuttgart

1.34 Fahrenberg J, Maas D, Menz W et al. (1994) Active Microvalve System Manufactured by the LIGA Process. AXON Technologie Consult (Veranst.): Actuator 94 (Bremen 15.–17.6.1994). Proc. Actuator 94, S 71–74

1.35 Dreifke G, Kallenbach E, Riemer D et al. (1994) Electrostatic x-y-precision drive for large ranges of motion. AMK Berlin (Veranst.): Microsystem technologies '94 (Berlin 19.–21.10.1994). Proc., S 1015–1024

1.36 Janocha H (Hrsg.) (1992) Aktoren – Grundlagen und Anwendungen. Springer, Berlin Heidelberg New York

1.37 Kallenbach E, Bögelsack G (Hrsg.) (1991) Gerätetechnische Antriebe. Hanser, München Wien

2 Stellantriebe mit pneumatischer Hilfsenergie

L. KOLLAR

2.1 Wirkungsweise, Arten und ausgewählte Eigenschaften

Ein pneumatischer Stellantrieb ist ein Wandler mit leistungsverstärkenden Eigenschaften und Druckluft als Hilfsenergie. Zum Antrieb eines Stellgliedes wird die statische Druckenergie über einen Schub- oder Schwenkantrieb in eine Kraft oder in einen Weg umgeformt. In Anlehnung an elektrische Antriebe wird zwischen Stellantrieb und Steuerantrieb unterschieden [VDI/VDE 3844 Bl. 1]. Die Drücke der Hilfsenergie liegen zwischen 1,4 und 4 bar.

Bei pneumatischen Antrieben wirkt das Eingangssignal über eine biegesteife Fläche und erzeugt eine Kraft, die entgegen der Rückstellkraft (Federkraft oder Druckkraft) wirkt (Bild 2.1a, b). Sind die Kraftwirkungen im Gleichgewicht, nimmt das mit einer starren Kopplung (z.B. Ventilstange) verbundene *Stellglied* einen definierten Hub h an. Da zwischen Federweg h und Federspannkraft F_h ein linearer Zusammenhang besteht, der proportional einer Federkonstanten c ist ($F_h = c \cdot h$), ergibt sich theoretisch auch Proportionalität zwischen der Stellgliedeingangsgröße (Stelldruck) und der Stellgliedausgangsgröße h.

Nach dem Wirkungssinn werden Stellantriebe in direkt wirkende Stellantriebe und umgekehrt wirkend unterteilt [VDI/VDE 3844,88.I].

Für *Schubantriebe* gilt:

- Antrieb direkt wirkend
  Der Antrieb fährt bei Luftausfall die Antriebsstange ein (Bild 2.1a). Das wird durch die Federspannkraft erreicht. Direkt wirkende Antriebe werden z.B. angewendet, wenn bei Hilfsenergieausfall das Stellglied geöffnet werden soll (Sicherheitsendlage „drucklos auf").

- Antrieb umgekehrt wirkend
  Der Antrieb fährt bei Luftausfall die Antriebsstange aus (Bild 2.1b). Das Ausfahren der Antriebsstange erfolgt durch die Federspannkraft. Umgekehrt wirkende Antriebe werden z.B. angewendet, wenn bei Hilfsenergieausfall das Stellglied geschlossen werden soll (Sicherheitsendlage „drucklos zu").

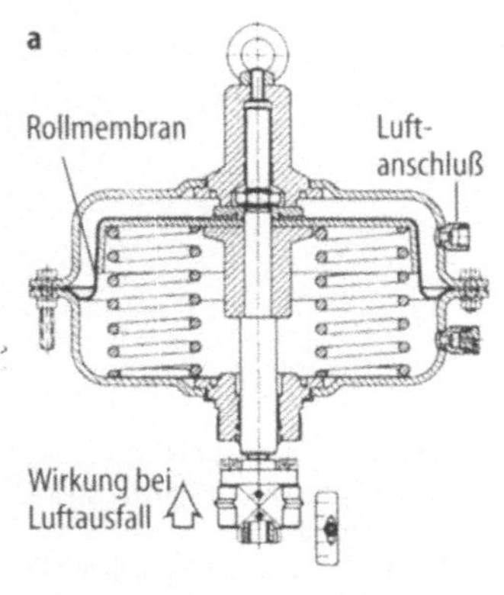

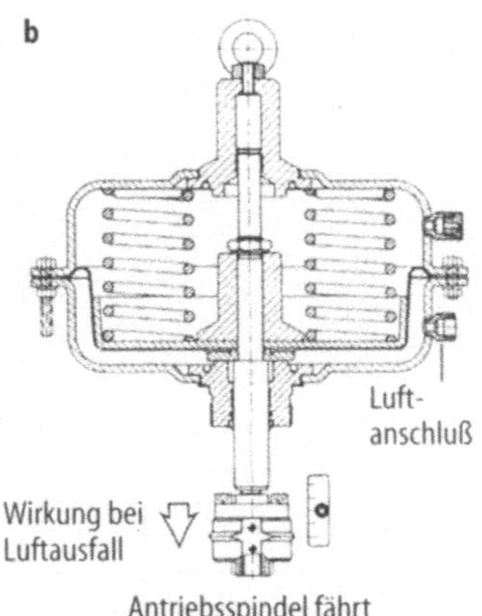
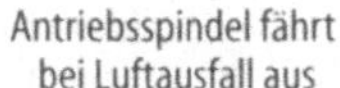

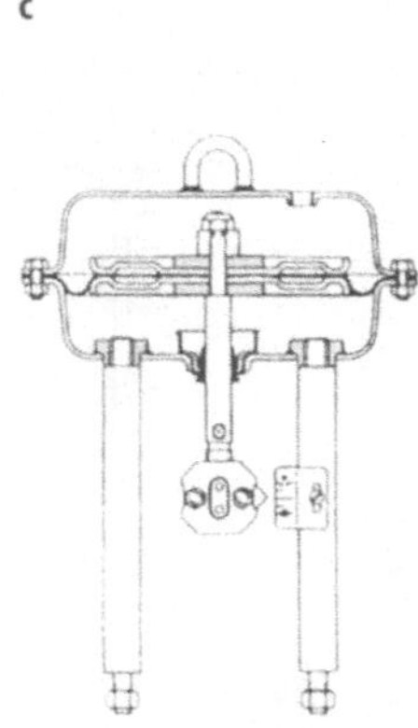

Bild 2.1. Wirkungssinn pneumatischer Stellantriebe.
a direkt wirkend, **b** umgekehrt wirkend [2.1], **c** doppelt wirkend [2.2]

– Antrieb doppelt wirkend
Der Antrieb verbleibt in der Position, die er beim Ausfall der Hilfsenergie gerade einnimmt (Bild 2.1c). Da in dieser Position die Membran kräftefrei ist, entsteht bei Hilfsenergieausfall eine *nichtstabile Position*.

Für *Schwenkantriebe* gilt hinsichtlich der Wirkungsweise:

– Schwenkantrieb direkt wirkend
Der Antrieb dreht bei Luftausfall entgegen dem Uhrzeigersinn.

– Schwenkantrieb umgekehrt wirkend
Der Antrieb dreht bei Luftausfall im Uhrzeigersinn.

Antriebe ohne Rückstellkraft bzw. ohne Hilfsenergiespeicher sind im Sinne der Wirkungsweise undefinierbar [VDI/VDE 3844 Bl. 1].

Für die Umformung des Steuerdrucks in eine Druckkraft werden Membranen (Membranantriebe) und Kolben (Kolbenantriebe) angewendet. Der Hub eines Membranantriebes ist im Vergleich zum Kolbenantrieb klein. Reibung und Abdichtung des Kolbens dagegen erfordern bei der Herstellung eines Kolbenantriebes größere Aufwendungen. In Ausnutzung der guten Eigenschaften von Membran- und Zylinderantrieb entstand der *Rollmembranantrieb*.

Dieser Antrieb hat hinsichtlich der Reibung und Dichtheit die gleichen Eigenschaften wie der Membranantrieb, jedoch bei einem wesentlich größerem Hub.

Bei der Realisierung der angeführten Wirkungsweisen ergeben sich verhältnismäßig einfach aufgebaute und robuste Stellantriebe (Abschn. 2.2). Sie verfügen über (bei Vernachlässigung von z.B. Reibung und Lose) einen proportionalen Zusammenhang zwischen Eingangssignal (*Stelldruck*) und Ausgangssignal (Hub h).

Für pneumatische Hubantriebe werden nahezu ausschließlich

– Membranantriebe und
– Kolbenantriebe

angewendet.

2.2 Bewegungsgrößen

Die Wirkungsweise pneumatischer Stellmotore beruht auf der Umformung eines Eingangsdrucks p_e in die Eingangskraft F_A (Bild 2.2a) mit Hilfe einer biegesteifen Fläche A. Dieser Kraft wirken Federkraft F_C, Trägheitskraft F_m aller bewegten Teile, Reibkraft F_R sowie aus dem Eingriff in einen Fluidstrom verursachte Kräfte F_P entgegen [2.3–2.8]. Das Bewegungs-Modell gilt für Membran- und Kolbenantriebe unabhängig davon, ob die Federkraft durch zentral oder dezentral angeordnete Federn ver-

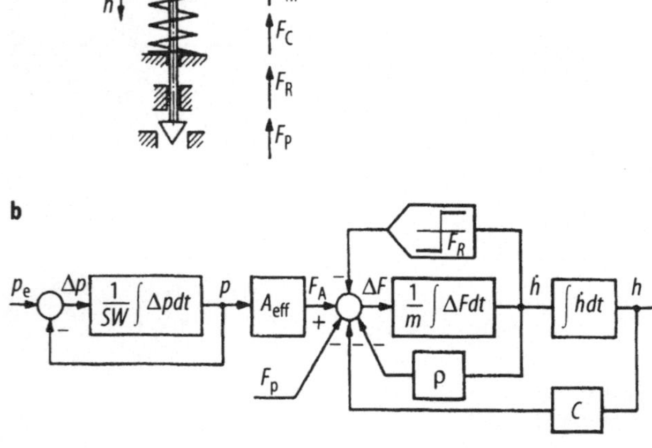

Bild 2.2. Bewegungsgrößen an einem pneumatischen Antrieb mit drosselndem Stellglied [2.5].
a Drücke und Kräfte; b Signalflußbild, F_A Druckkraft, F_C Federkraft, F_m Trägheitskraft, F_R Reibungskraft, F_P Strömungsreaktion, S Speicherkapazität der Membrankammer, W Strömungswiderstand der Zuleitung, p_e Druck der Hilfsenergie

ursacht wird. Da zwischen der Eingangskraft F_A und den ihr entgegenwirkenden Kräften Kräftegleichgewicht bestehen muß, gilt:

$$F_A - F_C - F_m - F_R - F_P = 0 \qquad (2.1a)$$

mit

$F_A = A_{eff}\, p$ Druckkraft,
$F_C = c(h+h_o)$ Federkraft, Feder um h_o vorgespannt,
$m = m\,h$ Trägheitskraft aller bewegten Teile,
$F_R = \rho h + /F_R/s\,i\,g\,n\,h$ Reibungskraft aus geschwindigkeitsproportionaler trockener Reibung.

In Abhängigkeit vom Hub ändert sich die wirksame Fläche, weil an der Randzone der biegesteifen Fläche der auf die Membrane wirkende Druck Kraftkomponenten in und entgegen der Bewegungsrichtung verursacht.

Somit ergibt sich für die Bewegungsverhältnisse eines pneumatischen Stellantriebes die Differentialgleichung zu:

$$m\ddot{h} + \varrho\dot{h} + /F_R/\,signh + c(h + h_0)$$
$$= A_{eff}\, p - F_p. \qquad (2.1b)$$

Hierbei wird unterstellt, daß der Druckaufbau in der Membrankammer S ohne Totzeit mit dem Zeitverhalten eines Verzögerungsgliedes 1. Ordnung erfolgt und das Kammervolumen durch den Hub nicht beeinflußt wird. Dafür gilt:

$$W\,S\dot{p} + p = p_e \qquad (2.2)$$

mit

W Strömungswiderstand der Zuleitung in $[\mathrm{Ns/kg\ m^2}]$,
S Speicherfähigkeit der Membrankammer in $[\mathrm{kg\ m^2/N}]$,
p_e Druck der Hilfsenergie.

Die Bewegungsgleichung (2.1b) beschreibt das dynamische Verhalten eines mit pneumatischem Stellmotor gesteuerten Stellgliedes. Stellantrieb und Stellglied haben das Zeitverhalten eines Verzögerungsgliedes 2. Ordnung (Gl. 2.1b). Die Stellgeschwindigkeit $\dot{h}$ liegt im Bereich $0 \le \dot{h} \le 25\,\mathrm{m/s}$.

Eine Stelleinrichtung kann schwingen, wenn der aus Gl. (2.1b) sich ergebende Dämpfungsgrad kleiner als 1 wird. Durch entsprechende Dimensionierung der Eigenmasse m aller bewegten Teile im Verhältnis zur Federkonstanten c haben die dynamischen Kräfte auf Antriebe mit Einsitzhubventilen vernachlässigbaren Einfluß, weil die statischen Kräfte bei geschlossenem Ventil überwiegen.

Bei Doppelsitzventilen oder Ventilen mit Druckausgleich können die dynamischen Kräfte eines Fluids größer sein als die statischen Kräfte bei geschlossenem Ventilsitz. Dadurch wird eine Regelung erschwert. Sie kann auch instabil werden, vor allem dann, wenn bei direktem Wirkungssinn die Betriebskennlinie des Antriebs soweit abflacht, daß dem Stellsignal (Eingangsgröße) verschiedene Hübe zugeordnet werden können (Bild 2.3). Ein derartiger Kennlini-

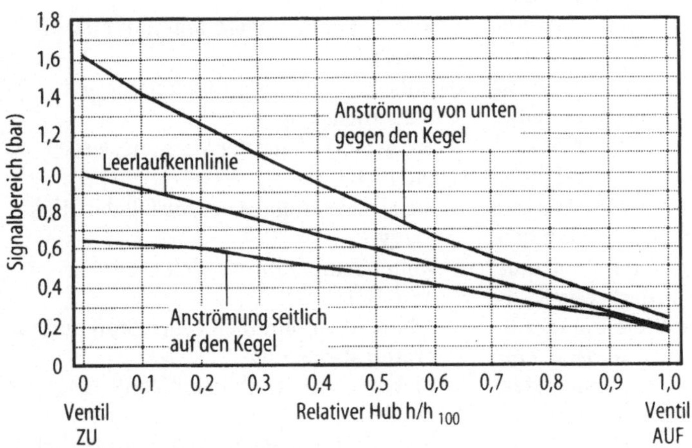

Bild 2.3. Antriebskennlinien bei verschiedenen Strömungsrichtungen [2.6]

enverlauf, der sich hauptsächlich bei seitlich vom Fluid angeströmten Drosselkörpern ergibt, hat nahe an der Zu-Stellung keinen eindeutigen Zusammenhang von Stellsignal und Hub, was zu vermeiden ist.

Während bei normaler Anströmrichtung (Fluid öffnet) der Signalbereich des Stellantriebes größer wird (steigt auf rd. 160%), nimmt er bei umgekehrter Strömungsrichtung (Fluid schließt) auf rd. 65% ab [2.6].

Besonders ungenau wird eine Regelung nahe der Zu-Stellung. In dieser Stellung kann eine Regelung auch instabil werden, weshalb bei der Dimensionierung sehr auf möglichst korrekte Erfassung dieser Einflüsse zu achten ist [2.6].

Da über ein Stellglied in der Zu-Stellung eine Mindestleckage nicht überschritten werden darf, muß die Verschlußkraft ausreichend groß sein. Dabei ist zu beachten, daß die Verschlußkraft annähernd proportional mit dem Differenzdruck ansteigt [2.6].

2.3
Konstruktionsausführung

2.3.1
Membranantriebe

Membranantriebe eignen sich sehr gut für den Einsatz in Regelungen, weil sie geringe Hysterese, minimale Reibung und kleine Zeitkonstanten haben.

Durch die Dimensionierung der biegesteifen Fläche lassen sich Stellkräfte bis zu 60 kPa aufbringen. Dafür geeignete Gehäuse werden aus Grau-, Stahlguß oder Aluminium-Druckguß gefertigt bzw. aus Stahlblech gepreßt. Je nach Einsatzgebiet können die Gehäuse erforderlichenfalls auch kunststoffbeschichtet sein [2.3]. Um schnell zu reagieren, ist die Membrankammer möglichst klein gehalten, damit die Zeitkonstante WS (Gl. 2.2) klein wird. Erreichbar sind z.B. Stellzeiten, abhängig vom Typ des Stellmotors, zwischen 0,8 bis 5,1 Sekunden [2.1]. Die Fläche des biegesteifen Zentrums wird entsprechend den erforderlichen Stellkräften gestuft. Derartige Stufen sind z.B. 175 cm², 350 cm², 700 cm² und 1500 cm² [2.4]. Die Stufensprünge können auch kleiner sein [2.1]. Die Fläche kann erforderlichenfalls auch 2800 cm² oder 2 × 2800 cm² betragen [2.3].

Die Verdopplung wird durch einen *Tandem-Antrieb* erreicht (Bild 2.4a). Tandem-Stellmotore werden eingesetzt, wenn ein Stellglied großen Druckdifferenzen ausgesetzt ist und der vorgegebene Stellbereich klein oder der verfügbare Luftstrom begrenzt ist. Die Membrane besteht aus Kunststoffen (z.B. Polyamid-Gewebe mit Neopren-Beschichtung [2.4], Nitrit-Kautschuk mit Gewebeeinlage [2.3]). Um Biegespannungen der Membranen klein zu halten, werden Membranen mit möglichst großen Rollendurchmessern gefertigt. Die Hübe liegen im Bereich von 10 bis 100 mm bei einer guten Auflösung des Stellbereiches [2.1–2.4]. Membranen können trotz der Druck- und Biegebeanspruchung bis zu vier Millionen Schaltspiele übertragen [2.1].

Die Feder ist aus *korrosionsbeständigem* Federstahl gefertigt, der erforderlichenfalls kunststoffbeschichtet werden kann. Um einen möglichst kleinen Membranraum zu erhalten werden an Stelle zentraler Federn auch dezentrale Federn eingesetzt (Bild 2.1).

Die Hubstange wird aus *nichtrostendem* Stahl hergestellt. Die Gleitlager zur Hubstangenführung bestehen aus Bronze oder aus PTFE-/Graphit-Werkstoffen. Die Hubstange kann auch durch eine Kupplung über das Stellglied geführt werden. Zur Spindelabdichtung werden O-Ringe eingesetzt.

Weitere *Vorteile*, die zu einer breiten Anwendung pneumatischer Membranantriebe geführt haben sind [2.3]:

- kompakt, nur wenige Teile, äußerst zuverlässig,
- hohe Stellkräfte selbst bei niedrigen Steuerdrücken,
- einfache Umkehr der Wirkungsweise möglich,
- Sicherheitsendlage bei Ausfall der Hilfsenergie,
- weiter Temperaturbereich (–60 °C bis +130 °C),
- relativ unempfindlich gegen Stoß und Vibrationsbelastung,
- Einbau und Betrieb in beliebiger Lage möglich,
- hohe Dichtheit ermöglicht längere „Verblockung" (mehrere Stunden),

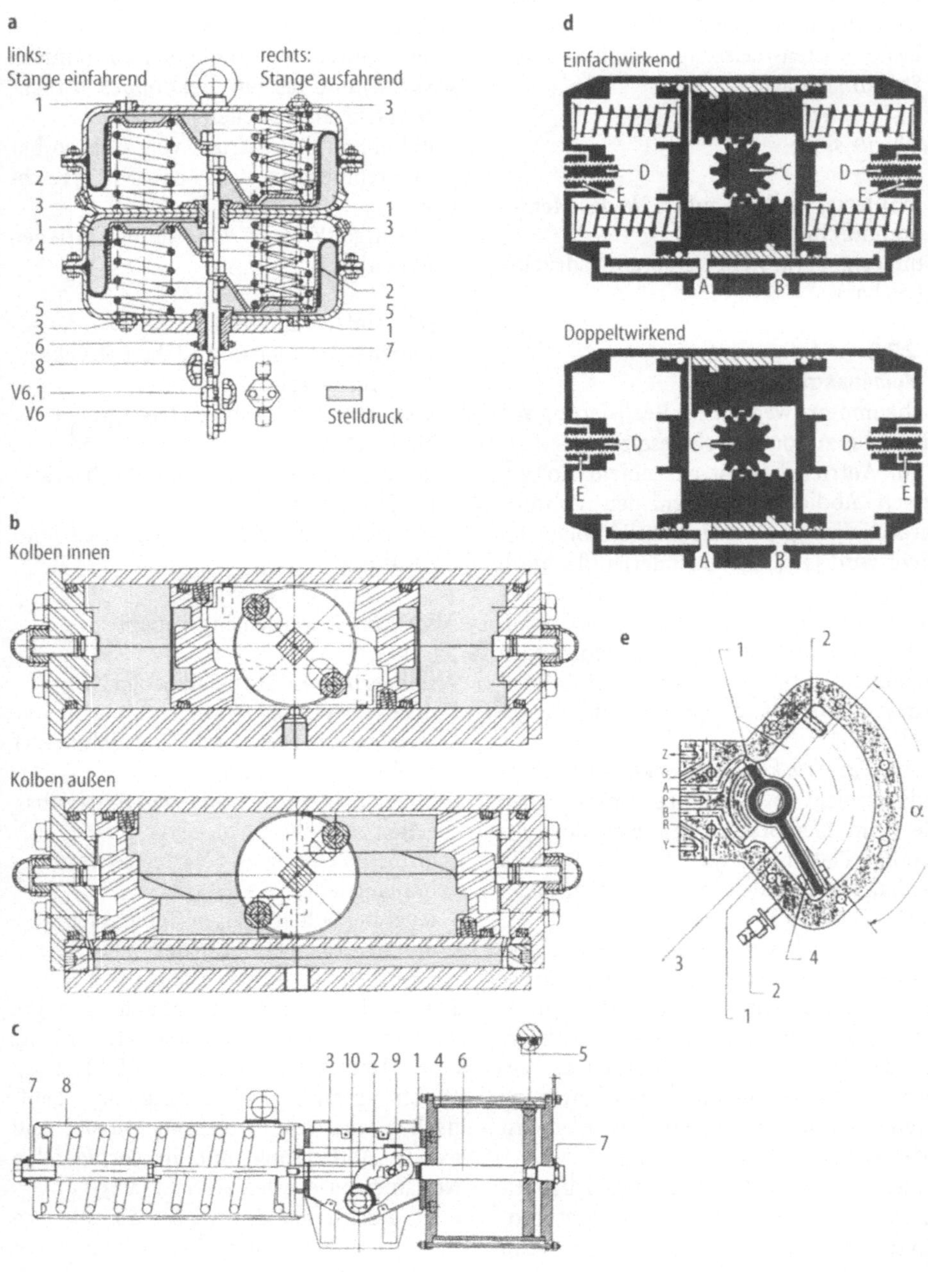

Bild 2.4. Pneumatische Motoren und Getriebe für Stellantriebe. **a** Membranantrieb in Tandemausführung [2.3], *1* Anschluß für Stelldruck, *2* Membran, *3* Entlüftung, *4* Federn, *5* Membranschalen, *6* Ringmutter, *7* Antriebsstange, *8* Kupplung mit Hubanzeige, *V6* Kegelstange des Ventils, *V6.1* Kupplungs- und Kontermutter, **b** Schwenkantrieb mit Doppelschwinge [2.9], **c** Schwenkantrieb mit Kolben [2.11], *1* Gehäuse, *2* Joch-System (formt lineare Bewegung in 90°-Drehbewegung um), *3* Führungsstange, *4* Zylinder, *5* Kolbendichtung, *6* Kolbenstange (verchromt), *7* Endanschläge (extern einstellbar), *8* Federpaket, *9* Kulissenstein, *10* Joch-Lagerbüchse, **d** Schwenkantrieb mit Ritzel [2.10], *A, B* Anschluß, *C* Ritzel, *D* Einstellschraube (Endlage), *E* Kontermutter (Einstellschraube), **e** Schwenkantrieb mit Drehflügel [2.13], *P* Luftanschluß, *A* Zylinderanschluß (sekundär), *B* Zylinderanschluß (primär), *S, R* Entlüftung, *Z, Y* Steuerleitungsanschluß, *1* Montagetasche, *2* Anschlagschraube, *3* Drehflügel, *4* Spezial-O-Ring, α Drehwinkel

- geringstes Leistungsgewicht aller Stellantriebe (Gewicht/Stellkraft),
- bestes Kosten-/Leistungsverhältnis aller Stellantriebsarten.

Nachteile sind:

- limitierter Stellweg auf rd. 1/8 des Membrandurchmessers,
- ungeeignet für hohe Versorgungsdrücke (>6 bar).

2.3.2
Kolbenantrieb

Kolbenmotore werden zur Realisierung von Hüben bis zu 500 mm eingesetzt.

Ein Antrieb besteht aus einem Kolben, dessen Abdichtung gegen den Zylinder durch Nullringe oder Lippendichtungen erreicht wird [2.5]. Die Zylinderlauffläche ist gehont, hartverchromt oder kunststoffbeschichtet, um Reibungskräfte, Verschleiß und Leckverluste gering zu halten. Wegen der hohen Reibungskräfte werden Kolbenantriebe zumeist doppeltwirkend ausgeführt [2.8].

Eine *Federrückstellung* ist konstruktionsbedingt nicht so einfach zu verwirklichen wie beim Membranantrieb, weil der notwendige Platz nicht verfügbar ist. Deshalb werden Rückstellfedern auch außen angebracht (Bild 2.4c).

Zum Antrieb von Stellgliedern mit drehendem (schwenkendem) Drosselkörper werden zunehmend *Doppelmotore* eingesetzt (Bild 2.4b,d). Diese Antriebe unterscheiden sich hauptsächlich durch die Getriebe zur Umformung der Linearbewegung in eine Schwenkbewegung, um möglichst hohe Wirkungsgrade zu erreichen.

Gleichzeitig wird mit der Getriebeoptimierung erreicht, daß große Antriebsmomente dann zur Verfügung stehen, wenn ein Stellglied sie erfordert.

Die Gehäuse von Kolbenantrieben bestehen aus Stahlguß, Aluminium-Legierungen oder aus Kunststoffen.

Die Getriebe zur Umformung der Kolbenbewegung in eine Schwenkbewegung bestehen aus hochwertigen verschleißfesten Werkstoffen. Zur Gewährleistung kleiner Lagerreibung werden gutgleitende Kunststoffe eingesetzt. Die Dichtungen bestehen aus Kunststoffen (z.B. Nitridkautschuk).

Die Schwenkwinkel können 90° (einfach wirkend) und bis 240° bei doppelt wirkenden Antrieben erreichen [2.10].

Bei einem Steuerdruck von 2 bis 10 bar sind Drehmomente von 6000 Nm erreichbar.

Wichtige *Vorteile* von Kolbenantrieben sind [2.6]:

- sehr einfach und robust,
- geeignet für hohe und höchste Drücke der Hilfsenergie,
- kompakte Abmessungen trotz großer Hübe (Drehwinkel),
- kostengünstig bei kleinen Antriebskräften (Momenten),
- betriebssicher bei hohen und tiefen Temperaturen.

Als *Nachteile* werden angegeben:

- nur geringe Kräfte bei üblichen Zuluftdrücken (3 bar),
- meistens unzureichende Kraft (Moment) bei Federrückstellung,
- hohe Leckverluste bei längeren Betriebszeiten,
- größere Reibung und Hysterese als Membranantriebe,
- teuer bei hohen Kräften (Momenten) und niedrigen Drücken der Zuluft.

Eine verhältnismäßig kompakte und gut kapselbare Konstruktion läßt sich mit Hilfe eines Drehflügels aufbauen (Bild 2.4e). Durch spezielle Behandlung der Laufflächen wird eine lange Lebensdauer und exakte Abdichtung mit hervorragenden Notlaufeigenschaften erreicht [2.23].

Als Rückstellfedern werden Spiralfedern in geschlossenen Sicherheitsgehäusen für eine Einstellung der Federspannkraft, z.B. arretierbar in Stufen von 60° gebaut.

2.3.3
Anpassung

Pneumatischer Stellmotor und Stellglied werden durch das *Joch (Laterne)* und eine *Kupplung* miteinander verbunden.

Der Hub wird zumeist symmetrisch zur Hubmitte aufgeteilt, weil auch bei angebauten Zusatzgeräten immer die Mittelstellung als Bezugsgröße eingehalten wird.

Mit Hilfe von *Stellungsreglern* werden zumeist statische und dynamische Eigenschaften verbessert. Richtig bemessene Stellglieder arbeiten mit jedem Stellantrieb stabil. Trotzdem muß beachtet werden, daß bei größeren Stellgliedern die Eigenmasse des Drosselkörpers und die Stopfbuchsenreibung die Stabilität ungünstig beeinflussen [2.8].

Ob ein Stellungsregler oder ein *Leistungsverstärker* zur Verbesserung des Verhaltens eines Antriebes angewendet werden soll, hängt vom Verhältnis der dominierenden Zeitkonstante der Regelstrecke zu der zum Durchfahren des ganzen Stellhubes benötigten Stellzeit ab. Ist dieses Verhältnis kleiner als drei, ist ein leistungsfähiger Verstärker vorteilhafter als ein Stellungsregler [2.5].

Die hauptsächlich in Folge der Reibungskraft F_R sich ergebende *Hysterese* kann verringert werden, wenn das Verhältnis F_A/F_R groß gehalten werden kann. Trotzdem kann die Hysterese durchaus noch 20% betragen [2.8].

Um die *Dichtheitsanforderungen* [DIN/ IEC 534-4] erfüllen zu können, ist zusätzlich zur Zug- oder Druckkraft F_A eine *Anpreßkraft* erforderlich, die den Drossel- bzw. Schließkörper in den Ventilsitz drückt. Bewährt hat sich eine spezifische Anpreßkraft von 5 bis 10 N pro Millimeter Sitzringumfang [VDI/VDE 3844 Bl. 1].

2.4
Stellungsregler und Zusatzausrüstungen

2.4.1
Stellungsregler

Stellungsregler haben die Aufgabe eine bestimmte *Position* eines Stellantriebes zu erreichen und sie einzuhalten. Gleichzeitig wird durch ihre Anwendung die Regelung und Stabilität allgemein verbessert. Sie sind nur wenigen Einschränkungen unterworfen.

Stellungsregler werden nach [2.5] eingesetzt (Bild 2.5) zur

– Verminderung des Einflusses von Reibung und Last auf die statische Genauigkeit von Stellantrieben;

– Realisierung einer Durchflußkennlinie (z.B. linear, gleichprozentig) durch nichtlineares Verhalten des Antriebes. Der Stellungsregelkreis erhält eine nichtlineare, hubabhängige Kennlinie;

– Anpassen an verschiedene Stellsignale, z.B. elektrische (Bild 2.5b, 2.5c) oder an ein Prozeßrechnerausgangssignal (Bild 2.5d);

– Verstärkung eines Stellsignals (z.B. 0,02 bis 0,1 Mpa) auf einen höheren Arbeitsdruck (z.B. 0,6 Mpa) zur Erhöhung der Stelleistung;

– Ansteuerung eines doppelt wirkenden Stellantriebes zur Realisierung eines proportionalen Verhaltens.

2.4.2
Zusatzeinrichtungen

Stelleinrichtungen sind zumeist *im Feld* einer Anlage angeordnet und nicht frei zugänglich. Damit jedoch an ausgewählten Punkten (z.B. Leitstand, Feldwarte) die Stellung eines Stellgliedes bekannt ist, werden Zusatzeinrichtungen angebracht.

Endlagenschalter ergeben binäre Eingangssignale für digitale Steuerungen und zeigen den Hub eines Stellgliedes und damit den Öffnungszustand an. Stellungsregler werden auch als Stellungsgeber eingesetzt.

Umsetzer und Verstärker dienen der Umformung und Verstärkung des Stellsignals auf einen für den Stellantrieb nutzbaren Stelldruck.

Elektropneumatische Umformer formen z.B. elektrische Binärsignale von 6 V-, 12 V- oder 24 V-Gleichspannung oder 20 mA-Gleichstrom in Stelldrücke bis 0,6 Mpa um [2.8].

2.5
Hinweise zur Dimensionierung eines pneumatischen Stellantriebes

Die Dimensionierung eines pneumatischen Stellantriebes setzt Kenntnisse über geforderte dynamische Kennwerte und statische Eigenschaften des anzusteuernden Stellgliedes (Kap. H 4) voraus. Darüber hinaus sind Forderungen entsprechend den Einsatzbedingungen (Abschn. H 1.1) zu berücksichtigen, die sehr unterschiedlich sein können [2.8, 2.9–2.24].

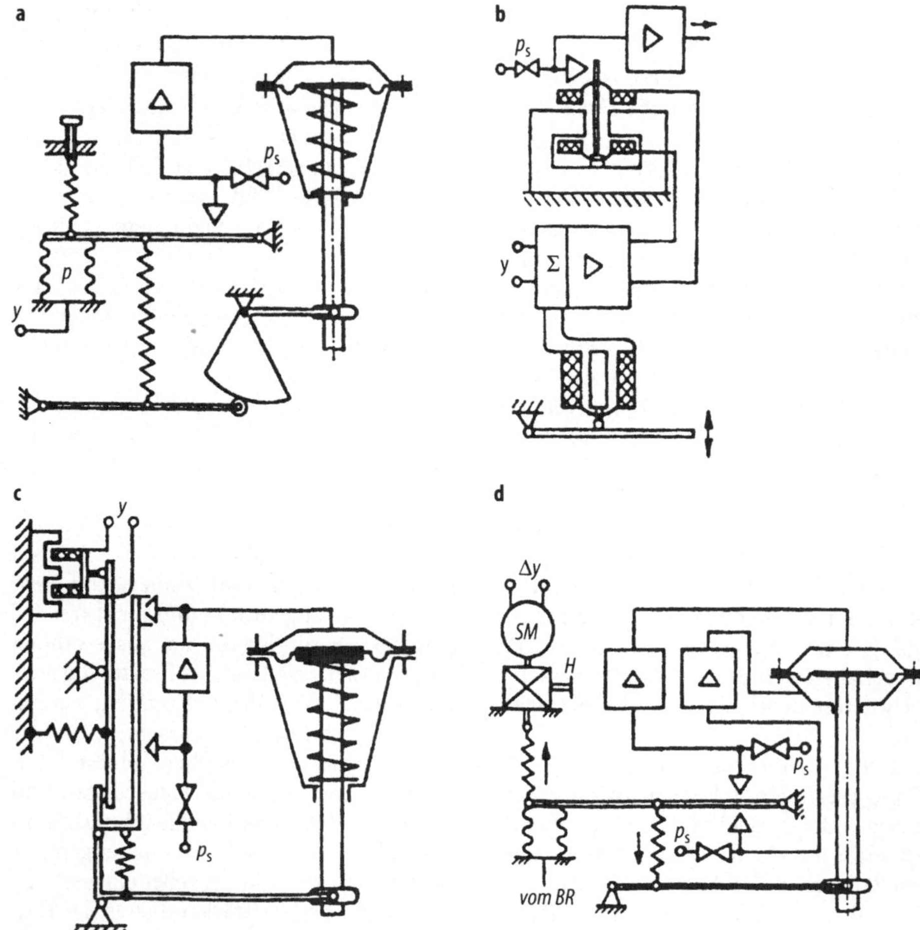

Bild 2.5. Stellungsregler [2.5]. **a** pneumatisches Eingangssignal, Momentenvergleich, **b** elektrisches Eingangssignal, Spannungsvergleich, **c** elektrisches Eingangssignal, Wegvergleich, **d** digitales Impulszahl-Inkrement-Eingangssignal, p_s Speiseluft, *SM* Schrittmotor, *H* Handeingriff, *BR* Bereitschaftsregler, *y* Speisespannung

Hinsichtlich *Lebensdauer* und *Wartung* sollte gelten [2.6]:

- mindestens $2 \cdot 10^5$ Doppelhübe bei Raumtemperatur und 2/3 der auftretenden maximalen Kraft,
- mindestens $1 \cdot 10^5$ Vollhübe bei maximal zulässigem Luftdruck und Umgebungstemperatur unter Einsatzbedingungen,
- mindestens $1 \cdot 10^6$ Schaltspiele etwa in Hubmitte von 10% des Nennhubes im zulässigen Temperaturbereich,
- Klimawechselfestigkeit für die Klimagebiete gemäßigt, kalt, trockenwarm und feuchtwarm.

Die konstruktionsmäßige Ausführung soll so beschaffen sein, daß *Erweiterungen* (z.B. nachträglicher Einbau eines Handantriebes) stets möglich sind und alle sicherheitstechnischen Anforderungen eingehalten werden.

Berechnungsbeispiele zu Stellantrieben mit ausführlichen Kommentaren enthält [2.6].

Literatur

2.1 Pneumatische Stellantriebe einfach wirkend, HATEC Serie 401. Druckschrift Nr. SC 181.1, 05.93. Schmidt Armaturen, Villach/Austria

2.2 Baureihe 2000: Pneumatische Membranantriebe. Geräte-Information. DA-12.4, 02.92. Honeywell, Offenbach

2.3 Stellantriebe: Pneumatische, elektrische und elektrohydraulische Antriebe für Stellventile und Stellklappen. In: SAMSON Katalog Stellgeräte für die Verfahrenstechnik Ausgabe 12.92. Samson AG, Frankfurt a.M. S 161–170

2.4 Pneumatischer Membranantrieb PM 813. Typenblatt 6813 000 Ausgabe 09.01. Eckardt AG, Stuttgart

2.5 Töpfer H (1988) Funktionseinheiten der Automatisierungstechnik: elektrisch, pneumatisch, hydraulisch. 5. stark bearb. Aufl. Verlag Technik, Berlin

2.6 Engel HO (1994) Stellgeräte für die Prozeßautomatisierung: Berechnung – Spezifikation – Auswahl. VDI-Verlag, Düsseldorf S 209–248

2.7 Strohrmann G (1995) atp-Marktanalyse: Stellgerätetechnik (Teil 2). atp – Automatisierungstechnische Praxis 37:8/12–30

2.8 Kecke HJ, Kleinschmidt P (1994) Industrie-Rohrleitungsarmaturen. VDI-Verlag, Düsseldorf S 359–395

2.9 Pneumatische Schwenkantriebe Baureihe AX 90. Chemat Gachot T 10.00.2 D, 3.10.91. Chemat GmbH, Düsseldorf

2.10 Schwenkantriebe der Spitzenklasse. Chemie-Ausführung. Prospekt P044/D0-01/ 95-1 DH/bar. Pneumatische Steuerungssysteme GmbH, Dattenberg

2.11 BIFFI Pneumatische Schwenkantriebe Serie ALGA/ALGAS. Prospekt 12/92 GG-15- E25-92 bis GG-15-E55-92. Keystone GmbH, Mönchengladbach

2.12 Pneumatik Aktuators. Prospekt OMAL Automation, OMAL sas

2.13 Tuflin Antriebe und Zubehör. Prospekt F. Ausgabe 03.95. Xomox International, Lindau/Bodensee

2.14 Baureihe EP2201/2202 Elektro-pneumatischer Stellungsregler. Geräteinformation DA-36, 11.92. Honeywell, Offenbach

2.15 Stellungsregler – pneumatisch und elektropneumatisch mit Rückmeldeeinheit. DS 824. In: ARCA Regler-Informationsmappe. Arca-Regler, Tönisvorst

2.16 Pandit M, König J, Hoffmann H (1993) Ein kommunikationsfähiger elektropneumatischer Stellungsregler. atp – Automatisierungstechnische Praxis 35:7/408–413

2.17 Heer KP, Oestreich V (1993) Moderne elektropneumatische Stellungsregler. In: Industriearmaturen: Bauelemente der Rohrleitungstechnik. 4. Aufl., Zus.stell. u. Bearb.: B Thier. Vulkan-Verlag, Essen S 243–245

2.18 Intelligenter Prozessor-Stellungsregler. DS 828. In: ARCA Regler-Informationsmappe. Arca-Regler, Tönisvorst

2.19 Masoneilan elektropneumatischer Stellungsregler Typ 8013: Bedienungsanleitung (mit Aufbau an CAMFlEX II- Ventile Serie 35002). Anleitung Nr. ES 5000.250 G. Masoneilan, Düsseldorf

2.20 Pneumatischer Stellungsregler Serie 4600. Bedienungsanleitung INS MN Nr. 2205 (G). Masoneilan, Düsseldorf

2.21 Baureihe 2100: FloWing-Drehkegelventil. Geräte-Information Da-11.1, 4.86. Honeywell, Offenbach

2.22 Baureihe HP: Pneumatischer Ventilstellungsregler. Geräte-Information DA-16, 3.82. Honeywell, Offenbach

2.23 Baureihe EP 2201/2202: Elektro-pneumatischer Stellungsregler. Geräte-Information DA-36, 11.92. Honeywell, Offenbach

2.24 Baureihe 200: Obengeführte Regelventile. Geräte-Information Da-13.4, 4.86. Honeywell, Offenbach

3 Stellantriebe mit hydraulischer Hilfsenergie

D. FINDEISEN

3.1 Hydraulische Schwenkmotoren

Schwenkmotoren sind hydraulisch-mechanische Energieumformer, die *rotatorische* mechanische Energie an der Motorwelle abgeben. Weist man der Ventilbaugruppe entsprechende Steueraufgaben zu, erfüllt der H-Schwenkmotor Bewegungsaufgaben, die sich von denen des sich gleichsinnig drehenden Antriebs unterscheiden. Die Drehbewegung bleibt zwar erhalten, die Verknüpfung der Gliedlagen [Getriebefunktion VDI 2727 Bl. 1] zwischen generatorischem Getriebeteil (Winkel Pumpenwelle) und H-Schwenkmotor (Winkel Motorwelle) ist jedoch steuerbar, derart, daß sich mehrfunktionale Zusammenhänge zwischen mechanischem Ein- und Ausgang ergeben und aufeinanderfolgende Bewegungszyklen verwirklichen lassen.

Als mechanischer Ausgang des hydrostatischen Antriebs

- führt der H-Schwenkmotor durch Umsteuern und Aussetzen die Abtriebsbewegung „wechselsinnig Drehen mit Rast" aus. Die beidseitigen Wegbegrenzungen erfolgen durch inneren oder äußeren Festanschlag, ggf. über Signalglied oder Wegmeßsteuerung;
- bildet der H-Schwenkmotor den motorischen Getriebeteil eines *hydraulischen Stellantriebs für Schwenkbewegung*, (Tabelle 3.1), um Arbeitsabläufe variabler Schrittfolge auszuführen [3.16].

Wirkungsweise der Grundbauart Drehflügelmotor. Beim Drehkolben wirkt der Betriebsdruck in Umfangsrichtung, Kolbenkraft und Drehflügelhub setzen sich unmittelbar in Drehmoment bzw. Drehbewegung

um. Ein großes Verhältnis Wirkfläche „Kolbenflügel" zu Wirkradius „Hebelarm bis Druckmittelpunkt" führt auf ein großes Schluckvolumen bezogen auf das Bauvolumen. Die radiale Begrenzung des Verdrängerraums durch konzentrische Kreisbögen (Ringzellen) ergibt eine drehwinkelunabhängige Momentanverdrängung v, damit eine Gleichförmigkeit des Drehmoments über den Schwenkwinkel. Die Ein-/Auslaßsteuerung kann wegen nicht umlaufender Verdrängerelemente statt durch Schlitz nur durch Ventilsteuerung erfolgen.

Erzielbare Kraftdichte und Laufgüte hängen von Merkmalen wie Kolbenflügelkontur und Dichtungsart bei der Trennung des Druck- und Rücklaufraums ab. Die Variante mit Ovalflügel und einseitig wirkender Lippendichtung (Nutringdichtung) führt auf den Niederdruckmotor (p_1 <100 bar), die Baugröße ist auf mittlere Drehmomente (T_e <20 kNm) begrenzt, Endlagen dürfen nicht durch inneren Anschlag angesteuert werden (HDK, Südhydraulik [3.1]; HSKH, Henninger [3.2]).

Die Variante mit Rechteckflügel vereinfacht die Dichtspaltgeometrie zwischen Drehkolben und Gehäuse (Kapsel) und läßt die Trennung des Spaltraums in Abdichtzonen mit kreisringförmigen und mit planen Wirkflächen zu. Der Radialspalt wird durch die vorgespannte Gleitleistendichtung aus modifiziertem PTFE abgedichtet, deren Einbauraum in der breiten Kante des Kolbenflügels achsparallel angeordnet ist. Der Anpreßdruck des Vorspannelements steigt mit dem Betriebsdruck, die Kolbenreibung wird durch die günstige Gleitwerkstoffpaarung gemindert. Der feste Axialspalt läßt sich mittels Dreiplattenbauweise auf ein enges Spiel einstellen (LDK, Südhydraulik [3.1]), (s. Bild 3.1a), oder mittels Gleitringdichtung bei federgestützter oder betriebsdruckabhängiger Anpressung abdichten (HYD-RO-AC, Luftfahrt-Technik [3.3]; HSE, Hense [3.4]), (s. Bild 3.1b).

Das selbstverstärkende Kompaktdichtungssystem sichert druckunabhängiges Dichtverhalten bei günstigem Gleitverhalten, so daß wegen geringen inneren Leck- und Drehmomentverlusts die Grenzleistung des Drehkolben-Kammersystems erhöht werden konnte.

Tabelle 3.1. Systematik der Schwenkmotorbauarten im Sinne eines getriebetechnischen Konstruktionskatalogs nach VDI 2222 Bl. 2 und VDI 2727 Bl. 1; Zugriffsteil mit den Merkmalen max. Schwenkwinkel φ_{max} und Antriebsmoment T_e^M

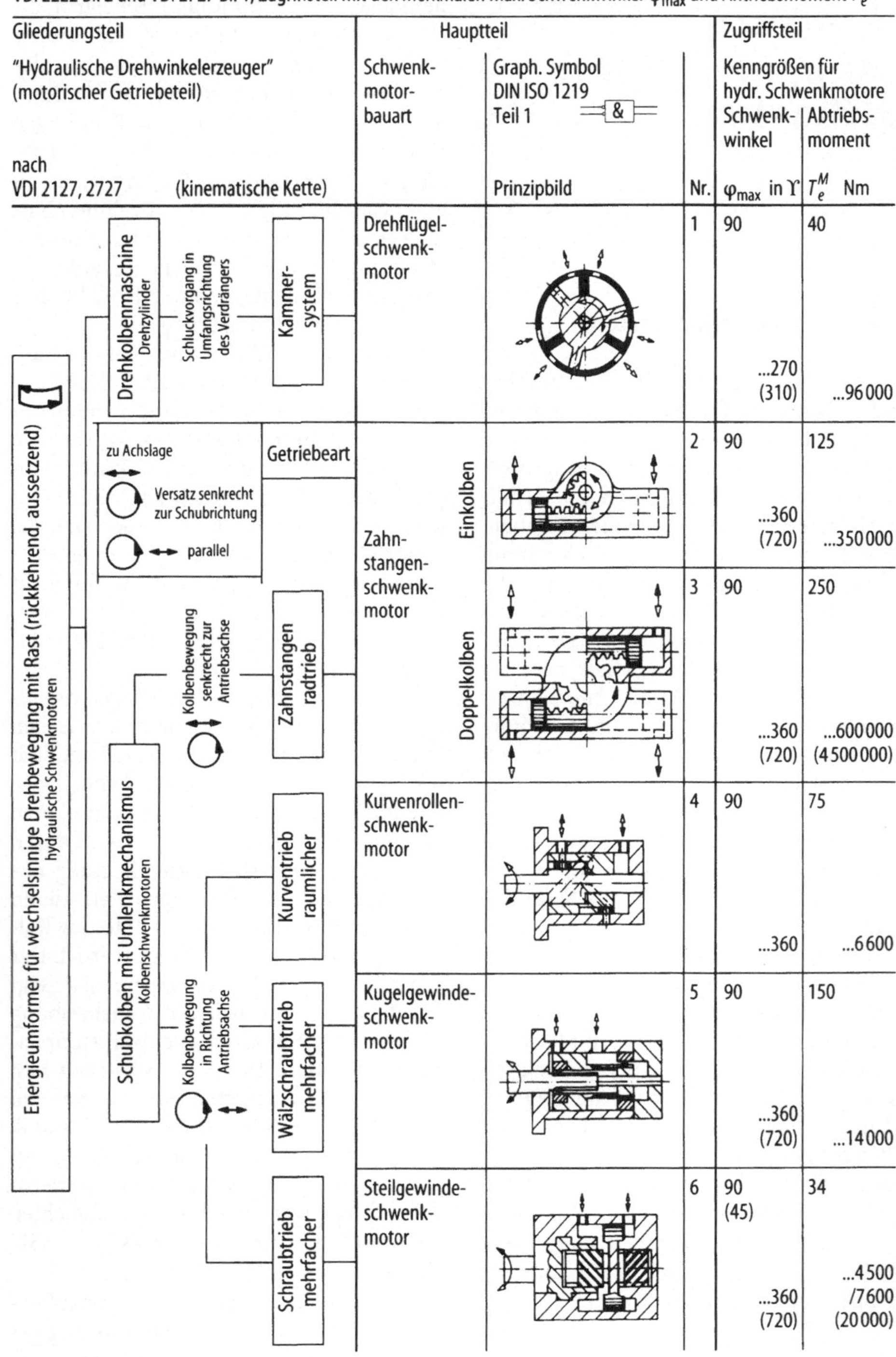

Schwenkmotorbauart	Nr.	φ_{max} in Υ	T_e^M Nm
Drehflügelschwenkmotor	1	90 ...270 (310)	40 ...96 000
Zahnstangenschwenkmotor (Einkolben)	2	90 ...360 (720)	125 ...350 000
Zahnstangenschwenkmotor (Doppelkolben)	3	90 ...360 (720)	250 ...600 000 (4 500 000)
Kurvenrollenschwenkmotor	4	90 ...360	75 ...6 600
Kugelgewindeschwenkmotor	5	90 ...360 (720)	150 ...14 000
Steilgewindeschwenkmotor	6	90 (45) ...360 (720)	34 ...4 500 /7 600 (20 000)

Aktor für Rotation. Aufgrund verbesserter Struktur des Tribosystems Drehflügel/- Kammer stellt sich ein ruckgleitfreies Dre- hen, damit Gleichförmigkeit des Bewegungs- bzw. Drehmomentverlaufs ein, so daß die Einbeziehung des Schwenkmotors in den

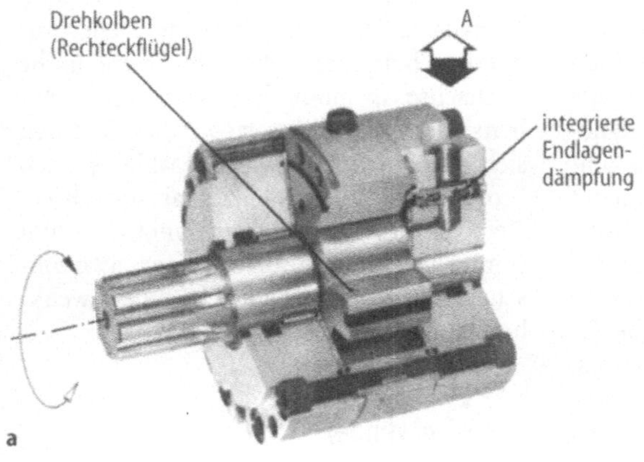

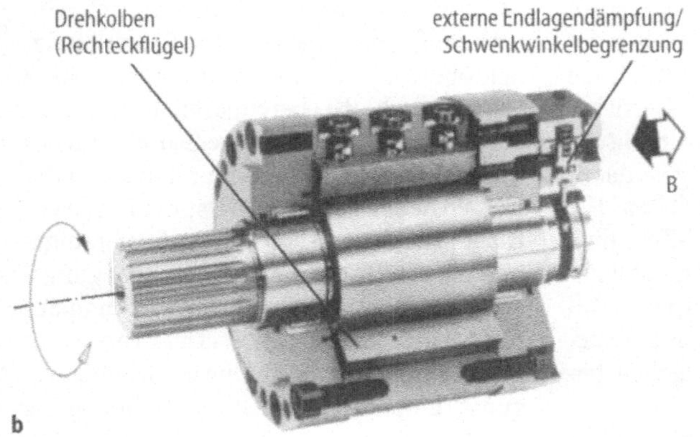

Bild 3.1. Drehflügelschwenkmotor, Gestaltungsvariante mit Rechteckflügel und festem Spalt (Dreiplattenmotor). **a** Schnittmodell mit integrierter Endlagendämpfung im Gehäuseteil (LDK, Südhydraulik), **b** Schnittmodell mit externer Endlagendämpfung und hydraulischer Schwenkwinkelbegrenzungen im angeflanschten Ventilblock (HSE, Hense)

elektrohydraulischen Antriebsregelkreis möglich ist (Bild 3.2). Wegen der durchgehenden Triebwelle läßt sich das 2. Wellenende zur starren Ankopplung eines Meßglieds, z.B. eines Drehwinkelmessers, nutzen, um die zu regelnde Kenngröße des Abtriebs, z.B. den Drehwinkel φ_{ist} (Wellenlage), elektrisch zurückzuführen (s. Abschn. B 5.1 und 5.2). Ein elektrisch angesteuertes Stetigventil stellt unmittelbar den Zu- und Abstrom an den Motorenanschlüssen ein, so daß der Schwenkmotor konstanten Verdrängungsvo-

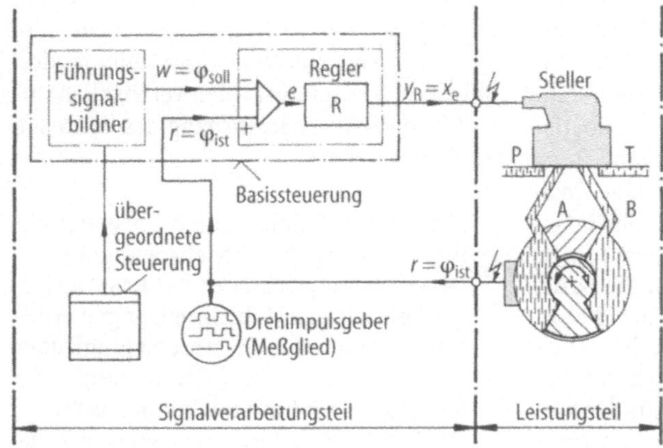

Bild 3.2. Aktor für Rotation (HSL, Hense). Kombiniertes Wirkschema und Signalflußplan mit Gerätebegrenzung Basis- und übergeordnete Steuerung

lumens als *Servoschwenkmotor in hochdynamischer Widerstandssteuerung* arbeitet. Gegenüber der Schubkolbenbauart mit integriertem mechanischem Getriebe weist die Drehkolbenbauart eine hohe Anlaufdynamik auf, denn aufgrund des fehlenden Umlenkmechanismus ist das Trägheitsmoment J_{dry} des Schwenkmotors klein. Das große Schluckvolumen bezogen auf das Bauvolumen bewirkt hinreichend große hydraulische Drehsteife $c_{h,T}$, damit relativ hohe Eigenkreisfrequenz ω_o des Schwenkmotors. Die Stabilität wird ferner durch das reibungsarme Dichtungssystem erheblich verbessert. Bei einer Lageregelung führt die trockene Reibung, insbesondere bei kleinen Lageänderungen, zur Instabilität. Wegen des fehlenden Umlenkmechanismus entfällt die schleifenförmige Nichtlinearität „Getriebelose" (s. Abschn. A 1.5). Der hydraulische Stellantrieb für Schwenkbewegung ist damit frei von wesentlichen Nichtlinearitäten. Die stetige Drehmoment-Drehwinkel-Kennlinie bringt es neben relativ hoher Anlaufdynamik und Eigenkreisfrequenz mit sich, daß die Drehkolbenbauart in Widerstandssteuerung für komplexe Regelungsaufgaben bevorzugt eingesetzt wird.

Drehimpulsgeber (Meßglied), Drehwinkeleinsteller (Führungssignalbildner, Sollwerteinsteller) und digitaler Abtastregler (Lageregler) lassen sich als Bausteine für die Signalverarbeitung unmittelbar am Verbraucher zusammenfassen (local intelligence, LI) und am Servoschwenkmotor anbringen. Die Basissteuerung ist in Mikroprozessortechnik ausgeführt. Die anzufahrenden Drehwinkel (Sollorientierungen) werden über Tastatur oder Dekadenschalter eingegeben, ferner die geforderte Beschleunigungs- und Verzögerungszeit vorgegeben. Da sich die Druckdifferenz Δp_b infolge Verzögerung dem Eingangsdruck p_1 nicht zwangsläufig überlagert, ist die Druckspitze am Ausgang ($\hat{p}_2 = p_d$) durch Regelung vermeidbar. Eine Positioniergenauigkeit mit einem Drehwinkelfehler $\varphi_{dev} < 6'$ kann erreicht werden. Mittels übergeordneter Steuerung, die an die Basissteuerung anzuschließen ist, läßt sich die z.T. aufwendige Anpassung des Signalverarbeitungs- an den Leistungsteil für spezielle Antriebsaufgaben verkürzen. So kann der Servoschwenkmotor über eine speicherprogrammierbare Steuerung (SPS, s. Abschn. F 1) nach aufgabenspezifischem Steuerprogramm betrieben und als hydraulische Drehachse in numerisch gesteuerten Arbeitsmaschinen eingesetzt werden. Es lassen sich automatische Bewegungsabläufe nach Prozeßführung reproduzierbar ausführen. Der Kompakt-Servoschwenkmotor erfüllt somit die Anforderungen eines hydraulischen Präzisions-Stellantriebs für Schwenkbewegung (HSL, Hense [3.5, 3.6]).

3.2
Hydrozylinder

Zylinder sind hydraulisch-mechanische Energieumformer, die von der Druckflüssigkeit übertragene und am Leitungsanschluß (Druckanschluß) bereitgestellte hydraulische Energie in *lineare* mechanische Kraft und Bewegung umformen und diese an der Kolbenstange abgeben. Weist man der Ventilbaugruppe entsprechende Steueraufgaben zu, erfüllt der H-Zylinder Bewegungsaufgaben, die sich von denen des zwangläufigen Linearantriebs wie „Umformen von gleichsinniger Dreh- in lineare Schubbewegung" unterscheiden. Die Schubbewegung am Abtrieb bleibt zwar erhalten, die Verknüpfung der Gliedlagen [Getriebefunktion VDI 2727 Bl. 4] zwischen generatorischem Getriebeteil (Winkel Pumpenwelle) und H-Zylinder (Weg Kolbenstange) ist jedoch steuerbar, derart, daß sich durch Rücklauf des Abtriebs eine wechselsinnige Schubbewegung ergibt. Mit dem hydraulischen Huberzeuger lassen sich außer schwingenden Schubbewegungen auch solche mit Rast, also mehrfunktionale Zusammenhänge zwischen mechanischem Ein- und Ausgang einstellen und aufeinanderfolgende Bewegungszyklen verwirklichen.

Als mechanischer Ausgang des hydrostatischen Antriebs

- führt der H-Zylinder durch Umsteuern und Aussetzen die Abtriebsbewegung „wechselsinnig Schieben mit Rast" aus. Die beidseitigen Hubbegrenzungen erfolgen durch inneren Festanschlag, ggf. über Signalglied oder Wegmeßsteuerung;
- bildet der H-Zylinder den motorischen Getriebeteil (Linearmotor) eines *hydrau-*

lischen Stellantriebs für Linearbewegung (Tabelle 3.2), um Arbeitsabläufe variabler Schrittfolge auszuführen [3.16].

Wirkungsweise der Grundbauart Doppeltwirkender Zylinder. Die direkte Erzeugung der Schubbewegung erfolgt durch die Druck-

Tabelle 3.2. Systematik der Zylinderbauarten im Sinne eines getriebetechnischen Konstruktionskatalogs nach VDI 2222 Bl. 2 und VDI 2727 Bl. 1; Zugriffsteil mit den Merkmalen Kolbenhub S und Nutzkraft F_e

Gliederungsteil		Hauptteil				Zugriffsteil	
"Hydraulische Huberzeuger" (motorischer Getriebeteil) nach VDI 2127, 2727 (kinemat. Bindung)		Hydrozylinderbauart	Prinzipbild	Graph. Symbole DIN ISO 1219 Teil 1	Nr.	Kenngrößen für Hydrozylinder DIN 24 564 T.1 Hub S mm	Nutzkraft F_e kN
Gelenk (Schub- S) Anordnung / Art: S 1, S 2, S-S = S²	S 1	Plunger- oder Tauchkolben-Zylinder			1	25...500 DIN ISO 4393	0,3 (Nenndr. DIN ISO 3322, Bohrungsdm. DIN ISO 3320)
	S 2	einfach wirkender Zylinder	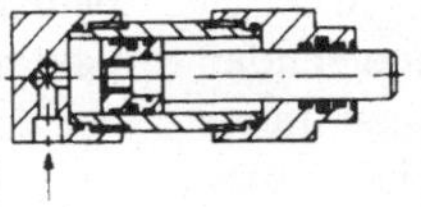	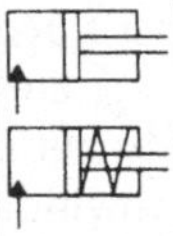	2	(24 000)	...5030 ($3 \cdot 10^5$)
	S^2/S^22 ... S^5/S^52 (2 bis 5 stufig)	Teleskopzylinder einfach-wirkend			3	320 ...8 000 (50 000)	230 ...130
	S 2	doppelt-wirkender Zylinder mit einseitiger Kolbenstange	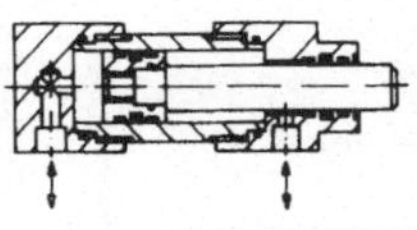	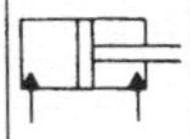	4	25...500 DIN ISO 4393	kolben-/stangen-seitig 0,3/0,1 ...7850 /7360 (Nenndruck DIN ISO 3322, Flächenverhältnis DIN ISO 7181)
	S 3	doppelt-wirkender Zylinder mit zweiseitiger Kolbenstange	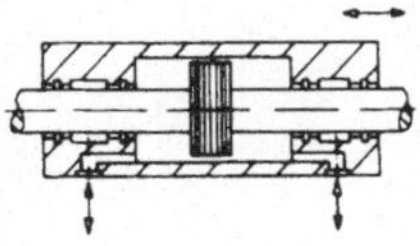	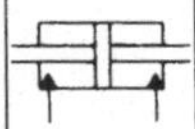	5		0,1 ...7360
	S 2	Differentialzylinder (mit Fläch.verh. 2:1 u. beids. verst. Dämpfg.)	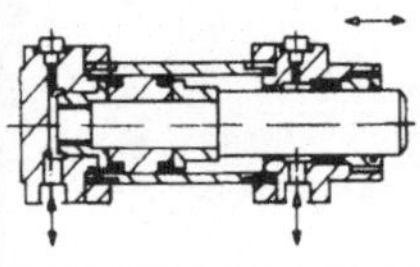	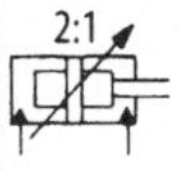 2:1	6	(24 000)	0,3/0,1 ...7850 /7360
	S^22 ... S^42 (2 bis 4 stufig)	Teleskopzylinder doppelt-wirkend			7	320 ...2 500 (12 500)	230/80 ...130 /40

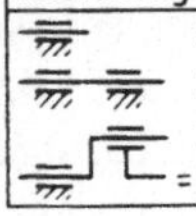

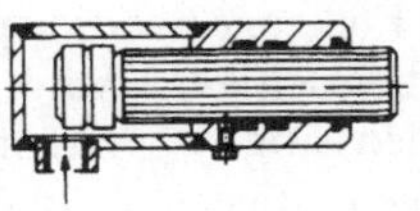

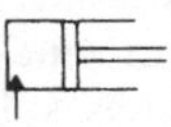

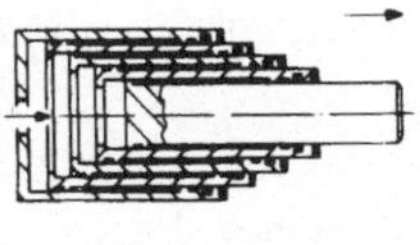

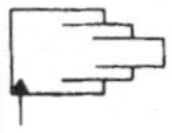

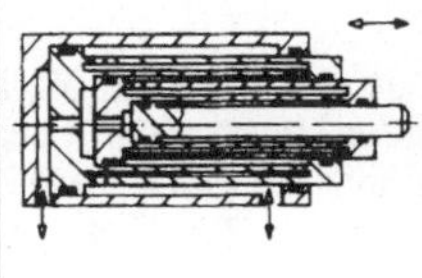

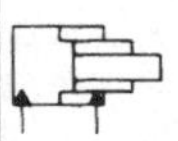

flüssigkeit in einer oder in beiden Hubrichtungen. Bei der einfachwirkenden Hauptgruppe mit nur einem Leitungsanschluß (Tabelle 3.2, Nr. 1–3), wird lediglich die Vorwärtsbewegung hydraulisch, die Rückwärtsbewegung durch eine mechanisch aufzubringende Kraft bewirkt. Die doppeltwirkende Hauptgruppe weist zwei Leitungsanschlüsse auf (Nr. 4–7), so daß sich Vor- und Rückhub hydraulisch herbeiführen lassen.

Der doppeltwirkende Zylinder ist als Zug- und Druckzylinder einsetzbar und stellt mit einseitiger Kolbenstange die verbreitetste Zylinderbauart dar, die in vielfältigen Flächenverhältnissen, Befestigungs- und Verbindungsarten ausgeführt wird. Bei größerer Masselast und/oder Kolbengeschwindigkeit sieht man eine beidseitige Endlagendämpfung mittels kolbenseitigen Dämpfungszapfens und stangenseitiger Dämpfungsbüchse vor.

Der Differentialzylinder nutzt den durch ungleiche Flächen (A_1, A_2) zu erzielenden Effekt, in den beiden Hubrichtungen unterschiedliche Kolbengeschwindigkeit bzw. Nutzkraft erzeugen zu können (s. Bild 3.3), ohne die hydraulischen Kenngrößen am Zylindereingang (effektiver Volumenstrom q_{Ve}, Druckdifferenz Δp) zu ändern.

Aktor für Translation. Um eine optimale Komponentenanpassung rationell durchführen zu können, bedient man sich *modularer* Baugruppen. Diese werden zu Baueinheiten zusammengefaßt, die den Anforderungen einer digitalen Prozeßperipherie genügen [3.7–3.10] (s. Bild 3.4).

Aus einer Anzahl von Grund- und Zusatzbausteinen (Modulen) eines Baukastensystems kann der Komponentenhersteller die erforderliche Variantenvielfalt für den kompakten Linearantrieb zusammenstellen. Kombiniert man die Funktionsbausteine nach einer Anforderungsliste, läßt sich die optimale Variante eines steckerfertigen Vorschubantriebs für eine Antriebsaufgabe zusammenstellen [3.11, 3.12] (s. Bild 3.5).

In Anlehnung an elektromechanische Vorschubantriebe für numerisch gesteuerte Arbeitsmaschinen bezeichnet man diese Kompaktantriebe als *Hydroachsen*. Sie bestehen aus den Baugruppen (Funktionsbausteinen)

– reibungsarmer Zylinder (Präzisionszylinder),

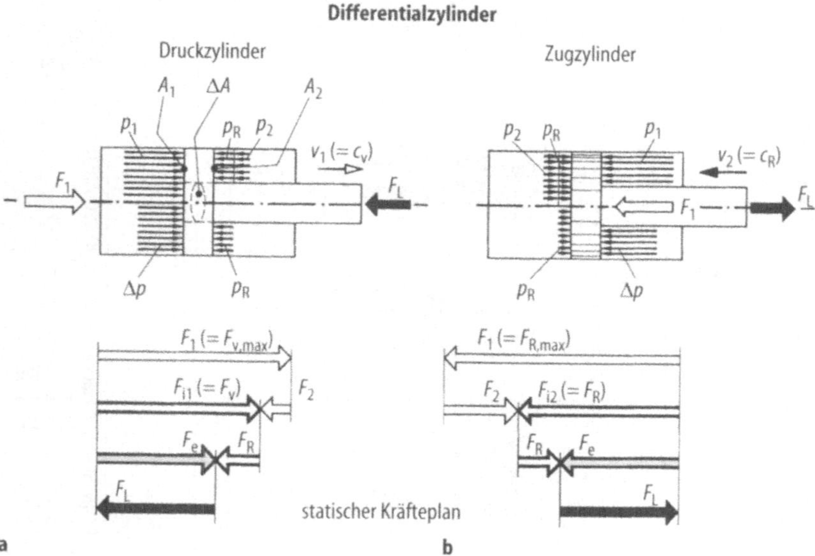

Bild 3.3. Art der Krafterzeugung beim Zylinder, Bauart Differentialzylinder ($\varphi = 2$), statischer Kräfteplan mit Kraftzerlegung in Nutzkraft F_e an der Kolbenstange, aktive Kolbenkraft F_i, Reibungskraft durch Bewegungsreibung F_R, Lastkraft F_L für gleichförmige Bewegungsphase. **a** Unter Vorlaufgeschwindigkeit v_1 als Druckzylinder mit erhöhter maximaler Kolbenkraft F_1, **b** unter Rücklaufgeschwindigkeit v_2 als Zugzylinder mit erhöhter maximaler Kolbenkraft F_1

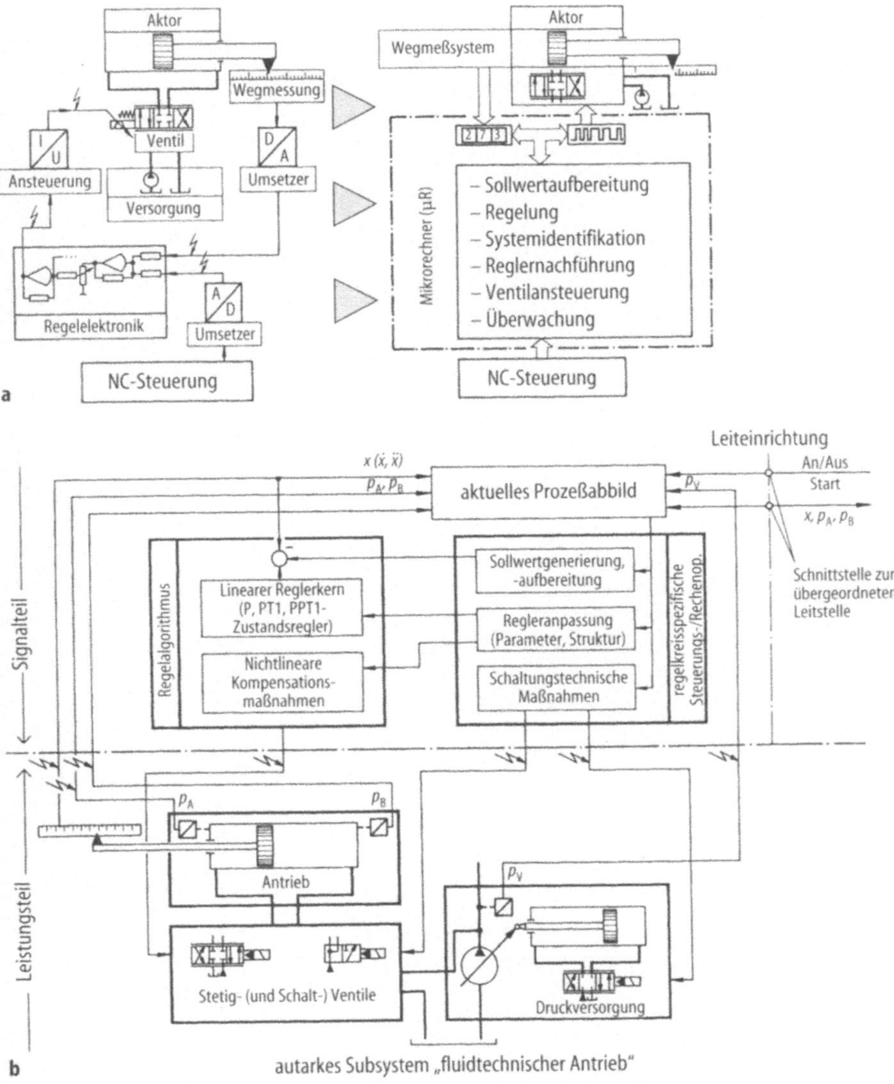

Bild 3.4. Signalverarbeitung an der „hydraulischen Achse". **a** In Maschinensteuerung integrierter lagegeregelter Positionierantrieb mit Übergang von analoger Regelung (linkes Teilbild) zur Abtastregelung (zeitdiskrete Regelung) mit durchgehend digitalem Datenfluß (rechtes Teilbild) nach Backé [G 1.8], **b** Teil einer Leiteinrichtung von hierarchisch aufgebauter Leitstruktur mit den leittechnischen Funktionen Steuern, Regeln, Eingeifen zur gezielten Einwirkung auf den Lastprozeß nach Anders [3.8]

– integriertes Wegmeßsystem (Sensor),
– aufgebautes Stetigventil (Steller).

Der Hydrozylinder wird mit hoher Genauigkeit gefertigt und mit einer reibungsarmen Lippen- oder Gleitringdichtung ausgestattet, die nach der Kolbengeschwindigkeit und der Laufgüte (Langsamlaufverhalten) auszuwählen ist.

Das elektrische Wegmeßsystem für Hydrozylinder [DIN 24564 Teil 2] bildet die Meßgröße „Kolbenlage" analog oder digital als Meßwert ab. Beim inkrementalen digitalen Messen ist nach dem Systemstart stets erst ein Referenzpunkt anzufahren. Vom Meßprinzip her ist eine Reihe von Varianten verfügbar, die nach zulässigem Lagefehler (Positionsgenauigkeit), Hublänge, dyna-

ventils realisiert werden. Die Auswahl nach statischen und dynamischen Ventilkennwerten ist auf die erforderliche Systemgenauigkeit und -dynamik des Achsantriebs abzustimmen.

Da man zunehmend höhere Steuer- und Regelfunktionen als „lokale Intelligenz (LI)" gerätenah auslagert, können Zusatzbausteine wie Ansteuer- und Auswerteelektronik als Anpaßteile in den Ventilsteuerblock bzw. Sensorkopf integriert werden [3.13, 3.14]. So läßt sich der Baustein „Stetigventil" um einen Mikroprozessorzusatz erweitern, der außer zur Anpaßsteuerung für die übergeordnete Leitebene als digitaler Achsenregler prozeßnah am Achsenantrieb genutzt werden kann (z.B. DCL, Vickers Systems [3.9, 3.14]). Man verwirklicht die adaptive Rumpfsteuerung (RU) auf der Einzelleitebene im Leistungsteil, der in die Direktsteuerung numerisch gesteuerter Arbeitsmaschinen einbezogen ist [DNC-Systeme, VDI 3424].

Literatur

3.1 Hydraulisch Schwenken. Firmenschrift: Südhydraulik Kork-Steinbach (SHM), Lübeck

3.2 Hydraulische Schwenkmotore, große Drehmomente auf kleinstem Raum. Firmenschrift: K. Henninger, Marktoberdorf

3.3 Hydraulik-Schwenkmotoren. System HYDRO-AC, ROTAC. Firmenschrift: Luftfahrt-Technik, Düsseldorf

3.4 Hydraulische und pneumatische Schwenkmotoren. Firmenschrift: Hense Systemtechnik, Bochum

3.5 Hense G (1988) Abstimmung überflüssig. Hydraulischer Schwenkmotor mit elektronischem Signalkreis. Fluid 22/1–2:36–37.

3.6 Anonym (1988) Drehen und Wenden. Fluid 22/7–8:29–30

3.7 Anders P (1986) Auswirkungen der Mikroelektronik auf die Regelungskonzepte fluidtechnischer Systeme und der Einsatz von Personalcomputern als Auslegungswerkzeug. Dissertation RWTH Aachen

3.8 – (1988) Symbiose Mikroelektronik/Fluidtechnik. O+P 32/7:487–499 und Proc. Actuator 1988, Bremen, S 41–76

3.9 Xpert. Digital geregeltes Antriebssystem. Integrierte Lösung für Bewegungsabläufe und Kraftübertragung. Firmenschrift: Vickers Systems, Bad Homburg

3.10 Scheffel G (1989) Antreiben mit geregeltem Zylinderantrieb. O+P 33/3–197/208

3.11 Anders P (1991) Hydraulische Systemtechnik auf der Basis von Subsystemen – ein Konzept mit Zukunft. O+P 35/4:320–336

3.12 Firmenschrift E.A. Storz, Tuttlingen. Hydrozylinder.

3.13 Burkel R, Romes R (1986) Integration von Elektronik in hydraulischen Bauelementen der Antriebstechnik. Stand der Entwicklung. 7. AFK Bd. 1, S 151–190

3.14 Fisher C (1987) Systeme der elektrohydraulischen Antriebs- und Steuerungstechnik. O+P 31/4:354–358

3.15 Backé W (1990) Grundlagen und Entwicklungstendenzen in der Ventiltechnik. 9. AFK Bd. 2, S 4–47 u. Actuator 1990, Bremen, Proc. S 5

3.16 Findeisen D, Findeisen F (1994) Ölhydraulik. Handbuch für die hydrostatische Leistungsübertragung in der Fluidtechnik. 4. Aufl. Springer, Berlin Heidelberg New York

Teil K

Schaltgeräte

1 Elektromechanische Relais

2 Relaisausführungen

3 Elektromagnetische Relais

4 Alternativen zu Relais

5 Qualität und Entsorgung

6 Niederspannungsschaltgeräte

1 Elektromechanische Relais

R.-D. Kimpel

1.1 Übersicht

Ein elektromechanisches Relais ist ein elektrisches Schaltgerät. Es entspricht in der Funktion einem mechanischen Schalter, der elektrisch betätigt wird. Die Hauptvorteile eines elektromechanischen Relais sind *Potentialtrennung* zwischen Erregerkreis und Lastseite, der hohe Isolationswiderstand der geöffneten, sowie die Niederohmigkeit der geschlossenen Kontakte. Um dies zu realisieren, besitzen Relais meist zwei elektrisch völlig getrennte Funktionsbereiche. Der erste ist ein beliebig gestalteter elektrischer Antrieb, mit dem der zweite, der Kontaktsatz, gesteuert wird. Hervorhebenswert dabei ist, daß die Spannungen an der Antriebseite und der Kontaktseite völlig unabhängig voneinander sein können. In Bild 1.1 ist die Prinzipschaltung des elektromechanischen Relais dargestellt. Der elektrische Antrieb kann in einem Spannungsbereich von etwa 1 V bis über 200 V durch Gleich- oder Wechselspannung erfolgen. Die Erregerspannung U_1 wird über den Schalter S1 mit dem Relaisantrieb verbunden.

Dadurch werden die Kontakte des Relais betätigt, so daß die Spannung U_2, die ebenfalls wieder Gleich- oder Wechselspannung sein kann, in völliger Potentialtrennung zu U_1 von der Last L_1 getrennt und auf die Last L_2 geschaltet wird. Die Lastseite deckt einen Leistungsbereich ab, der von wenigen Millivolt und Milliampere bis zu einigen 100 V bzw. A reicht. Sowohl auf der Antriebseite als auch auf der Lastseite des Relais stellen kurzzeitige Überlastungen der im Kennwertblatt angegebenen Ströme bis zum Faktor 10 keine Probleme dar. Diese hohe Überlastsicherheit eines Relais führt dazu, daß das Relais oft überschätzt und überfordert wird, was sich hier meist nicht in Spontanausfällen wie bei Halbleitern äußert, aber in verringerter Lebensdauer auswirken kann.

Mit dem beschriebenen Aufbauprinzip lassen sich die zur ausreichenden Spannungsfestigkeit zwischen den stromführenden Teilen erforderlichen Kontaktabstände sowie die Luft- und Kriechstrecken realisieren. Elektromechanische Relais, die den VDE-Anforderungen genügen, besitzen wegen der geforderten Abstände bis zu 8 mm meist ein Volumen von einigen Kubikzentimetern. Dieses garantiert normalerweise einen ausreichend geringen Wärmewiderstand, um die im Relais entstehende Wärme problemlos, d.h. ohne Zusatzkühlkörper abführen zu können. Bei weiterer Verkleinerung der Relais in den Kubikmillimeterbereich hinein, ist ausreichende Potentialtrennung meist nicht mehr oder nur mit sehr großem Aufwand realisierbar. Auch dürfte dann die Elektromechanik nicht das richtige Konzept sein, da hier der Leistungsbedarf größer werden kann, als die abführbare Energie. Bild 1.2 zeigt die Verhältnisse, wenn das Relais in allen Dimensionen unter der Voraussetzung verkleinert wird, daß immer die gleiche magnetische Induktion erreicht wird. Man erkennt, daß die zulässige (abführbare) Energie ebenso wie die erzeugte Kraft stärker abnimmt als die benötigte Energie.

1.2 Relaismarkt

Die Vielseitigkeit und einfache Anwendbarkeit des Relais bedingt die große Beliebtheit

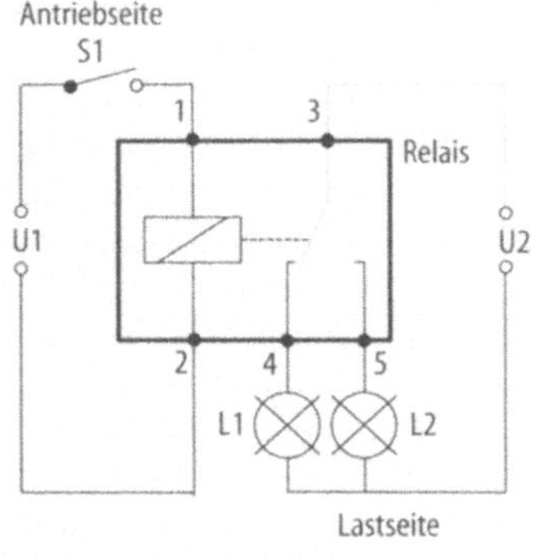

Bild 1.1. Prinzipschaltung eines Relais

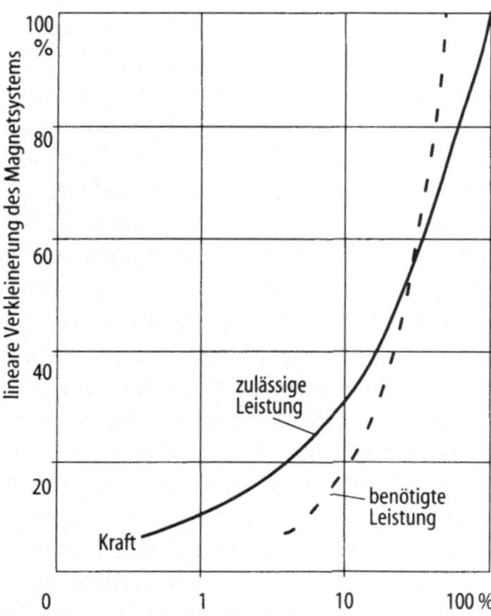

Bild 1.2. Gegenüberstellung von erzeugter magnetischer Kraft, benötigter Leistung und zulässiger Leistung in Abhängigkeit von der prozentualen linearen Verkleinerung eines Relais

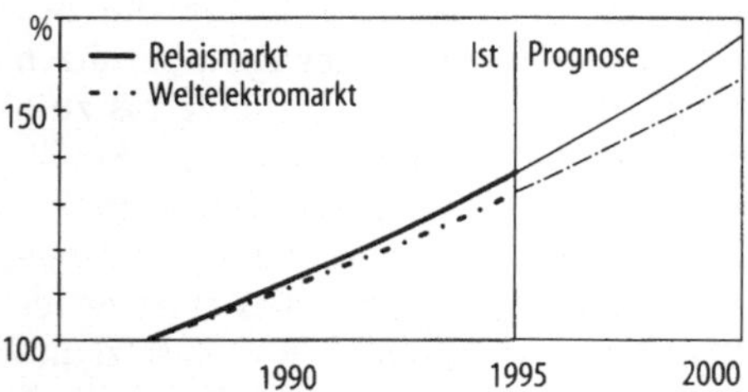

Bild 1.3. Relaismarkt im relativen Vergleich

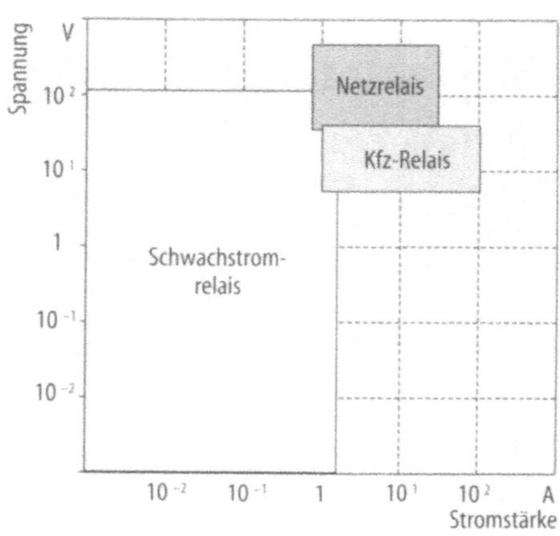

Bild 1.4. Anwendungsbereiche von Relaiskontakten

und hat dafür gesorgt, daß der Markt des Relais stetig und stärker als der zugehörige Markt der Elektrik wächst (Bild 1.3). So wurden 1994 weltweit Relais für über 5 Mrd. DM umgesetzt, obwohl das Relais schon eine 150jährige Geschichte hat.

1.3
Einsatzbereiche

Die gängigsten Anwendungsbereiche sind in Bild 1.4 zusammengestellt.

Es sind im einzelnen die Schwachstromtechnik, die die Anwendungsbereiche Fernsprechtechnik, Meßtechnik und Unterhaltungselektronik abdeckt, deren Spannungsbereich sich bis 100 V, der Strombereich bis 1 A erstreckt.

Ein großer Markt existiert für Relais in Kraftfahrzeugen. Hier werden Spannungen zwischen 6 V und 24 V geschaltet, wobei Ströme von 1 A bis 100 A geführt werden können.

Das dritte große Feld sind Relais für Netzspannungsanwendungen, in dem Haushaltsgeräte (weiße Ware), Unterhaltungselektronik (braune Ware), Installationstechnik sowie Industrieelektrik zu finden sind. Mit Relais dieser Sparte werden bevorzugt Netzspannungen zwischen 100 V und 400 V bei Strömen bis ca. 50 A geschaltet.

Generell gilt, daß sich für jeden angegebenen Anwendungsbereich ein *optimal angepaßtes Relais* finden läßt. Diese Anpassung ist sehr wichtig, da Relais umso zuverlässiger arbeiten, je besser die Anpassung an die zu erledigende Aufgabe erfolgt ist. Man erkennt, daß sich die Anwendungsbereiche z.T. stark überlappen. Dies widerspricht nicht der Forderung nach optimaler Anpassung, sondern unterstreicht, wie groß der Einsatzbereich eines Relais ist.

Wenn ein Relais für einen bestimmten Einsatzfall optimiert wird, ist es wichtig, daß die Einsatzbedingungen genau definiert sind. Die Auswahl der Relais kann nach vielen Gesichtspunkten durchgeführt werden und ist von jedem Anwender nach seinen Bedürfnissen vorzunehmen. Es ist zu klären, ob die *Bauform* eines Relais vorgegeben ist. Man muß entscheiden, ob man Steck- oder Lötrelais einsetzen will und ob das Relais mit Gleich- oder Wechselspannung welcher Höhe betrieben werden soll. Die gleiche Frage muß für die *Lastseite* beantwortet werden. Speziell bei Verwendung von Spannungen größer 24 V müssen die einschlägigen Vorschriften beachtet werden. So gibt es z.B. beim Einsatz von Netzrelais eine Reihe internationaler Vorschriften wie DIN IEC, VDE, U_L, CSA usw. zu beachten. Für viele Anwendungen ist die Einhaltung dieser Vorschriften ein entscheidendes Kriterium.

Aber auch der *Preis* darf letztendlich in der Entscheidungsmatrix nicht fehlen. Ein enger Kontakt zwischen dem Anwender und dem Relaislieferanten hilft, letzte Unsicherheiten zu beseitigen und klärt ggf. in einer eigenen Spezifikation für den Einsatzfall die Eignung des ausgewählten Relais.

1.4
Relaistypen nach DIN

Im folgenden werden die Definitionen und Bezeichnungen nach DIN 1138 (T. 446), DIN 41216 und DIN 41215 benutzt.

Man kann in Anlehnung an DIN 41215 die Relais nach dem Verhalten der Erreger-

seite einteilen (Tabelle 1.1). Hier wird zunächst in monostabile und bistabile Relais unterschieden.

Monostabile Relais reagieren unter Einfluß einer elektrischen Spannung und fallen in die Ruhelage zurück, wenn diese Einwirkung aufhört. Bistabil werden Relais genannt, wenn bei Einwirkung einer elektrischen Spannung die zweite stabile Lage eingenommen wird. Erst durch eine erneute Einwirkung kann das Relais dann in die erste stabile Lage zurückgeführt werden (analog ist die Definition für tristabile Relais).

Die Polarität der Ansteuerung ist dann die nächste Unterscheidungsstufe. Neutrale Relais reagieren bei Erregung gleich, unabhängig von der Polarität, während gepolte Systeme eine bestimmte Polung der Ansteuerspannung voraussetzen. Eine Sonderstellung nehmen Remanenzrelais ein, die sich beim Ansprechen neutral verhalten. Zum Rückwerfen muß dann aber die entgegengesetzte Polung benutzt werden.

Andere Auswahl- und Unterscheidungskriterien sind z.B. die Bauform oder die Verarbeitungstechnik.

Tabelle 1.1. Gliederung der elektromechanischen Relais in Anlehnung an DIN 41215

Elektromagnetische Relais				
Eigenschaften	Typ 1	Typ 2	Typ 3	Typ 4	Typ 5
Mechanisch	monostabil			bistabil	
Elektrisch	monostabil		bistabil		
Schaltverhalten	neutral	gepolt	gepolt	neutral	gepolt
Beispiel	Kfz-Relais	Telegraphenrelais	Remanenzrelais	Stromstoßrelais	Telegraphenrelais

2 Relaisausführungen

R.-D. KIMPEL

2.1
Elektromagnetischer Antrieb

Seit langem haben sich elektromagnetisch angetriebene Relais durchgesetzt. Diese Art des Antriebs hat sich unter vielen Möglichkeiten als die leistungsgünstigste für elektromechanische Relais herausgestellt. Bei ihnen wird die elektrische Energie in elektromagnetische umgesetzt, wobei u.U. ein Dauermagnetfluß zur Steigerung der Ausnutzung der zugeführten Energie zu Hilfe genommen wird.

Mit Hilfe der so erzeugten Kraft wird die Kontaktseite, die meist aus einer Kombination von Kontaktfedern besteht, betätigt.

Je nach Konstruktion des Systems lassen sich mit elektromagnetischen Antrieben alle 5 Typen nach Tabelle 1.1 realisieren.

2.2
Weitere Antriebe

Reedrelais sind Sonderbauformen des elektromagnetischen Relais (Bild 2.1). Bei ihnen werden magnetisierbare Kontaktfedern unter Einfluß des Magnetfeldes direkt angezogen und so der Kontaktkreis geschlossen.

Eine weitere Sonderbauform sind Quecksilberrelais, die wegen des flüssigen Kontaktmaterials nur in Vorzugslagen betrieben werden können.

In der Patentliteratur und in Veröffentlichungen werden weitere Antriebsarten wie Heizantrieb (z.B. Bimetall) oder Piezoantrieb beschrieben. Bisher haben sich diese Bauformen auf dem Markt allerdings nur in Nischenanwendungen durchsetzen können.

2.3
Lötrelais

Bezüglich der Verarbeitung sind Relais für Löttechnik, die bis zu Dauerströmen von ca. 20 A eingesetzt werden können, am weitesten verbreitet. Bei diesem Verfahren werden die Relais üblicherweise auf Leiterplatten gelötet, wobei alle gängigen Prozesse geeignet sind. Diese Technik bietet sowohl von der Ansteuerseite als auch zur Anbindung an die Last optimale Bedingungen. Hier können auf kleinstem Raum die Erregung zugeführt und die Lasten mit den Kontakten verbunden werden, was dichteste Packung erlaubt. Die Stromgrenze ist dabei normalerweise nicht durch das Relais, sondern durch die über normale Leiterbahnen zu führende Stromstärke bestimmt. Inzwischen hat sich weltweit eine Rasterteilung nach DIN 40801 durchgesetzt. Der *minimale* Rasterabstand beträgt dabei 1,25 mm, der von Relais für Spannungen >60 V nicht ausgenutzt werden sollte.

Um den Anwendernutzen zu erhöhen, werden automatisiert verarbeitbare Gehäuseformen angeboten und auch durch Einsatz standardisierter Magazinverpackungen die Weiterverarbeitung erleichtert.

Bei den Lötprozessen werden heute kaum mehr die feststoffhaltigen Flußmittel, sondern die allerdings meist aggressiveren feststoffarmen eingesetzt. Dem Lötprozeß schließt sich deshalb oft ein intensiver Waschprozeß mit heißem Wasser an. Daher geht der Trend bei den Lötrelais zu verbesserten dichten Versionen, die sowohl den Lötprozeß als auch spätere Wasch- und Lackiervorgänge unbeschadet überstehen.

Die einzuhaltenden Prüfbedingungen sind in DIN IEC 68 mit einem Lötprozeß von 260 °C (10 s) und einer Dichtigkeitsprüfung von 85 °C (10 min) für die meisten Anwendungen optimal.

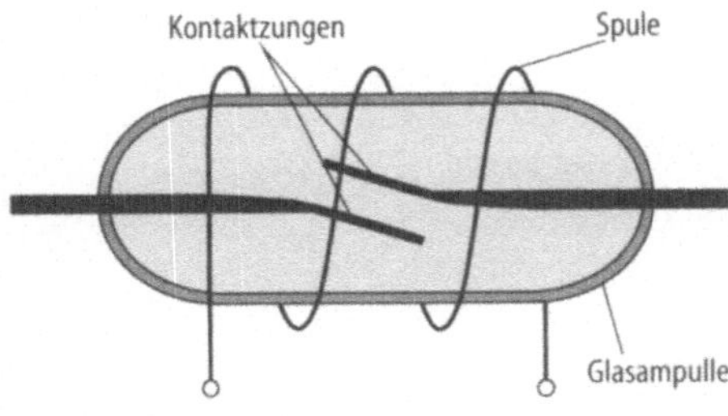

Bild 2.1. Prinzipaufbau des Reedrelais

SMD-Relais

Relais für SMD-Technik (surface mounting device) finden in letzter Zeit ebenfalls steigendes Interesse. Dabei ist die verwendete Prozeßtechnik zu beachten. Heute haben sich die Reflowprozesse Vaporphase-, Heißluft- und Infrarotlöten durchgesetzt. Schwalllöten führte zu sehr hohen Nacharbeitungskosten, während Bügellöten oder Laserlöten sehr kostenintensiv sind.

Zur Zeit ist die SMT (surface mounting technology) auf Miniaturrelais beschränkt. Man kann jedoch davon ausgehen, daß weder auf der Material- noch auf der Prozeßseite alle Möglichkeiten ausgeschöpft sind.

2.4
Steckrelais

Um Relais einzusetzen, gibt es neben Lötverbindungen im wesentlichen die Verbindungstechniken Stecken oder Schrauben.

Gegenüber Lötausführungen haben Steckrelais den Vorteil, daß sie kostengünstiger verarbeitet werden können. Ein weiterer Aspekt ist, daß der zulässige Dauerstrom bei Steckrelais größer sein kann. Entscheidend ist die im und in der Nähe des Relais entstehende Wärme. Durch Verwendung eines größeren Zuleitungsquerschnitts kann der Leitungswiderstand und damit die Erwärmung gesenkt werden. Fast noch wichtiger ist aber die Wahl des geeigneten Steckers. Zunächst muß durch entsprechendes Oberflächenmaterial der Steckpartner für geringste Kontaktwiderstände gesorgt werden. Auch das Material des Steckers selbst muß bei Temperaturproblemen sehr niederohmig gewählt werden.

Ein weiterer wichtiger Aspekt sind die Federeigenschaften des Steckers, die auch nach erhöhten Temperaturen und entsprechenden Klimabelastungen erhalten bleiben sollten. Ströme über 70 A erfordern normalerweise den Einsatz von Schraubverbindungen.

Wenn das Bauelement direkt in die Leiterplatte gesteckt werden kann, ist dies eine kostengünstigere Alternative zum Löten. Diese Technik hat sich bei Leiterplattensteckern schon durchgesetzt und wird z.Z. bei Relais eingeführt.

3 Elektromagnetische Relais

R.-D. Kimpel

3.1 Die Antriebseite elektromagnetischer Relais

Wie Tabelle 1.1 zeigt, lassen sich die Relais bezüglich ihrer Antriebseite in 5 Klassen einteilen, die im folgenden beschrieben werden:

3.1.1 Typ 1 – neutrale monostabile Relais

Neutrale monostabile Relais sind die bei weitem verbreitetste Relaisversion. Das Schaltverhalten entspricht dem einer elektrisch betätigten Taste. Bei neutralen elektromagnetischen Relais, die vorwiegend im Automobil- und Netzrelaisbereich angewendet werden, ist das Funktionsprinzip sehr einfach (Bild 3.1).

Eine Spule erzeugt durch den Strom I, der sie durchfließt, eine magnetische Erregung θ der Größe $n{\times}I$, wobei n die Zahl der Windungen des Cu-Drahtes auf der Spule ist. Diese Erregung θ erzeugt in dem Relaismagnetkreis eine ihr proportionale magnetische Induktion B. Die Kraft F, die durch dieses magnetische Feld auf ein bewegliches Teil, Anker genannt, wirkt, ist proportional θ_2. Bei ausreichender Größe dieses Feldes kann der Anker die Gegenkraft des Kontaktsatzes überwinden. Der Anker betätigt den Kontaktsatz; das Relais spricht an. Bei Niederspannungsrelais (bis 24 V) kann dies direkt geschehen, ohne daß die erforderliche Isolation zwischen Ansteuerspannung und Lastspannung beeinträchtigt ist. Bei Relais für höhere Spannungen wird dann üblicherweise über ein Betätigungselement aus nichtleitendem Material, dem sogenannten Schieber, ausreichende Trennung zwischen Erregerkreis und Lastkreis sichergestellt.

Das Relais braucht zum Ansprechen eine Mindesterregung. Meist wird diese Erregung in Ansprech- oder Betriebsleistung des Relais umgerechnet. Die Ansprechleistung neutraler monostabiler Relais liegt zwischen 100 mW für Schwachstromrelais und 500 mW für Leistungsrelais.

Der Federsatz muß beim neutralen System so dimensioniert sein, daß nach Abschalten der Erregung die Kraft des Federsatzes sowohl die Schaltkontakte als auch das Antriebssystem in die Ausgangslage zurückführen kann. Dabei müssen für die dann zu schließenden Kontakte die Kräfte noch ausreichend groß sein, um die geforderte Schaltleistung zu garantieren. Bild 3.2 zeigt die Kraftverhältnisse eines solchen

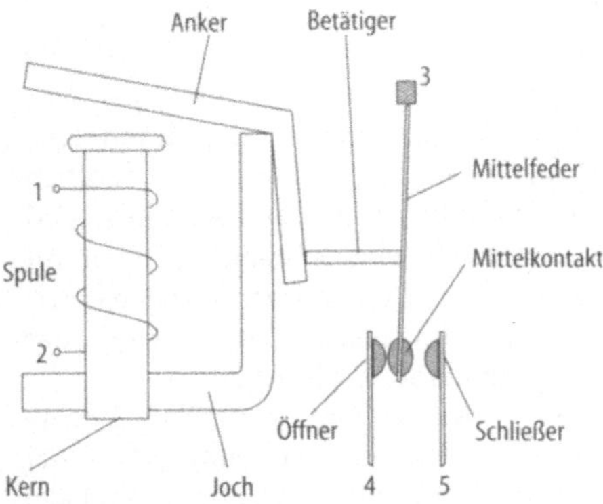

Bild 3.1. Prinzipaufbau eines neutralen monostabilen Relais

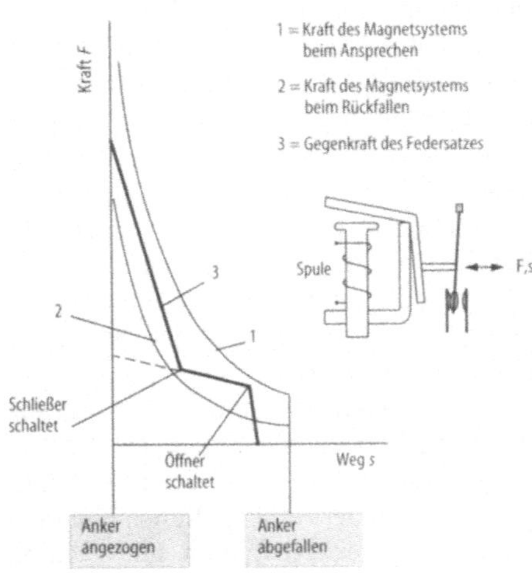

Bild 3.2. Kraft-Weg-Kurve monostabil

neutralen Systems. Optimale Anpassung herrscht, wenn die antreibende Magnetsystemkurve über den gesamten Wegbereich oberhalb der Federsatzkurve liegt.

3.1.1.1
Gleichspannungsrelais nach Typ 1

Optimal ist der Betrieb des Relais mit einer gut stabilisierten Gleichspannung, die in voller Höhe auf die Spule geschaltet und ebenso schlagartig wieder abgeschaltet wird, um die dynamischen Vorgänge beim Schalten so kurzzeitig wie möglich zu halten. Dem wirkt entgegen, daß die Spule eine Induktivität besitzt, die beim Einschalten durch eine Spannung den Strom mit einer gewissen Zeitkonstante ansteigen läßt, so daß sich der Strom erst nach einigen Millisekunden stabilisiert hat. Beim Abschalten wird die in der Spule gespeicherte magnetische Energie abgebaut, was ebenfalls nicht schlagartig erfolgen kann. Der kurzzeitige Abbau dieser Energie führt zu sehr hohen Spannungen, die noch eine gewisse Zeit Stromfluß aufrechterhalten. Normalerweise werden wegen der hohen Abschaltspannungen Schutzbeschaltungen eingesetzt, die die Stromführung gewöhnlich noch verlängern.

3.1.1.2
Wechselspannungsrelais nach Typ 1

Das Wechselstromrelais ist ein neutrales monostabiles Relais, das direkt mit Wechselspannung erregt werden kann. Wird ein Gleichstromrelais an Wechselspannung gelegt, so tritt normalerweise ein Flattern des Ankers mit doppelter Netzfrequenz auf. Um dies zu verhindern, ist bei Wechselstromrelais meist ein Cu-Kurzschlußring so angebracht, daß sich eine geeignete Phasenverschiebung des Magnetflusses im Arbeitsluftspalt ergibt. Es stellt sich dann ein pulsierendes Magnetfeld ein, das eine Glättung des Kraftverlaufs bewirkt und damit stabile Schaltzustände ermöglicht.

Soll ein Wechselstromrelais mit Gleichspannung betrieben werden, ist die Leistungsbilanz zu beachten. Da eine Relaisspule eine von der Ankerstellung abhängige Induktivität besitzt, fließen im Wechselspannungsbetrieb bei gleicher Spannung im angezogenen Zustand sehr viel kleinere Ströme als bei Gleichspannung, bei der nur der ohmsche Anteil wirkt.

3.1.2
Typ 2 – neutrale bistabile Relais

Diese Art von Relais besitzen eine mechanische Verriegelung, die ähnlich funktioniert wie der bei Kugelschreibern verwendete Mechanismus. Nach einem Erregerimpuls wird das System im Arbeitszustand verriegelt, so daß es auch nach Wegnahme der Erregung in dieser Stellung bleibt. Der nächste Impuls löst diese Verriegelung dann wieder und das Relais fällt zurück. Wegen dieser Schaltcharakteristik wird dieser Typ auch Stromstoßrelais genannt.

Der Einsatz erfolgt bevorzugt dort, wo über mehrere parallele Tasten das Relais angesteuert werden soll, z.B. bei Treppenhausbeleuchtungen.

3.1.3
Typ 3 – Remanenzrelais

Remanenzrelais bilden eine Zwischenstellung zwischen neutralen und gepolten, sowie zwischen monostabilen und bistabilen Relais. Der Aufbau entspricht dem eines monostabilen neutralen Gleichspannungsrelais (s. Abschn. 3.1.1.1). Allerdings besteht hierbei der Magnetkreis ganz oder teilweise aus einem Magnetmaterial mit erhöhter Koerzitivfeldstärke. Während beim neutralen Relais Reineisen benutzt wird, das eine Koerzitivfeldstärke von < 1 A/cm besitzt, kommen hier Materialien mit Koerzitivfeldstärken von > 10 A/cm zum Einsatz. Bei Erregung des Relais mit Ansprechspannung wird das Material aufmagnetisiert. Dieser Zustand wird durch den gut geschlossenen Magnetkreis auch nach Wegnahme der Erregung beibehalten. Erst durch das Öffnen des Magnetkreises oder durch eine geeignete Gegenerregung, die deutlich geringer als die Ansprecherregung ist, wird das Magnetfeld wieder beseitigt. So kommt es, daß sich ein Remanenzrelais bei elektrischer Betätigung bistabil, bei mechanischer Betätigung monostabil verhält.

Daher werden Remanenzrelais bevorzugt bei Anwendungen eingesetzt, bei denen die Einnahme einer günstigeren Lage durch mechanische Einwirkung von außen (z.B. Schlag) verhindert werden soll. Dies trifft z.B. bei Tarifumschaltungen in Rundsteueranlagen sowie in Spielautomaten zu.

3.1.4
Typ 4 – gepolte bistabile Relais

Gute bistabile Systeme lassen sich auf die beiden in den Bildern 3.3 und 3.4 dargestellten Grundformen zurückführen. Die erste Variante besitzt einen zweipolig aufmagnetisierten Magneten und führt zu einem optimalen bistabilen Magnetkreis mit 4 Luftspalten (4L-System).

Der *Vorteil* dieses Prinzips liegt darin, daß sämtliche Luftspalten dieses Systems als Arbeitsluftspalte fungieren, so daß keine Erregung in Serienluftspalten verlorengeht. *Nachteil* dieses Systems ist, daß der konstruktive Aufbau meist zu komplizierteren Lösungen führt.

Die zweite Version besitzt einen dreipolig aufmagnetisierten Magneten und 2 Arbeitsluftspalten (2L-System). Der Magnet entspricht in der Funktion zwei gegeneinander geschalteten Magneten. Die konstruktive Lösung ist hier einfacher, die Ausnutzung allerdings nicht so effektiv wie beim 4L-System.

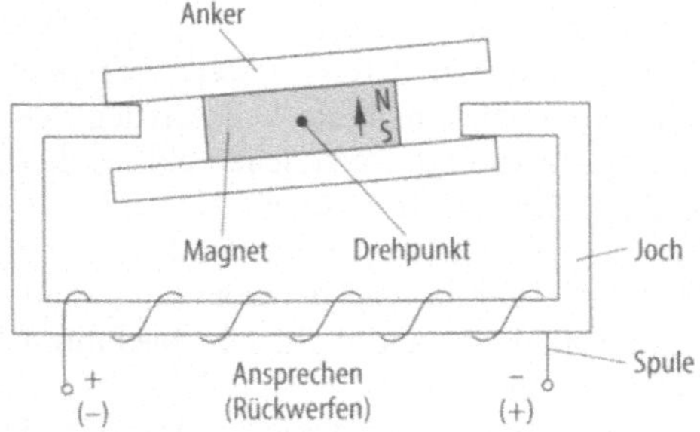

Bild 3.3. Aufbau eines bistabilen 4L-Systems

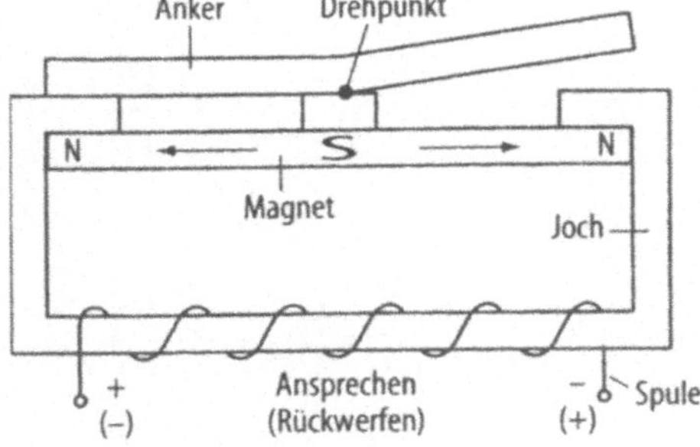

Bild 3.4. Aufbau eines bistabilen 2L Systemes

Bistabile Relais werden mit einer und zwei Wicklungen angeboten:

Relais mit einer Wicklung müssen im Betrieb umgepolt werden. Wenn dagegen ein Relais zwei gegensinnig beschaltete Wicklungen besitzt, können diese an gleichem Potential mit einem Umschalter betrieben werden. Die Ansprechleistung liegt dann bei ca. 30 bis 150 mW und damit etwa doppelt so hoch wie bei der Version mit einer Wicklung.

3.1.5
Typ 5 – gepolte monostabile Relais

Man kann durch geeigneten Abgleich des Magnetkreises oder durch entsprechende Änderung der Federsatzkurve erreichen, daß sich auch in einem bistabilen Relais ein monostabiles Schaltverhalten einstellt.

Das Ergebnis ist dann ein monostabiles Relais, das nur auf Impulse einer Polarität reagiert. Meistens sind diese Relais wesentlich sensitiver als neutrale Relais, weshalb sie bevorzugt bei leistungsfähigen Miniaturrelais zur Anwendung kommen. Die Ansprechleistung beträgt ca. 60 bis 200 mW.

Ist die Polarität nur aus Logikgründen erwünscht, genügt oft auch eine zusammen mit einem neutralen Relais in Reihe geschaltete Diode.

3.1.6
Schutzbeschaltung der Erregerseite

Eine Schutzbeschaltung der Erregerseite wird normalerweise durchgeführt, um die Steuerelektronik zu schützen und ausreichende EMV-Sicherheit zu gewährleisten. Grundsätzlich kann man sagen, daß eine Beschaltung der Erregerseite die Kennwerte im Vergleich zu einem unbeschalteten Relais nicht verbessern kann. Man muß im Gegenteil beachten, daß sie nicht zu sehr verschlechtert werden. Die einfachste Schutzbeschaltung besteht in der Parallelschaltung eines Widerstandes. Dieser begrenzt zwar die Abschaltspitzen der Spannung, verbraucht jedoch zusätzliche Energie. Die Parallelschaltung einer Diode wird aber nicht empfohlen, da sie ein ungünstiges Verhalten auf die Relaislebensdauer haben kann.

Als optimale Lösung wird heute die Parallelschaltung einer Zenerdiode oder eines Varistors gesehen. In Zweifelsfällen ist die Schaltung so zu dimensionieren, daß die

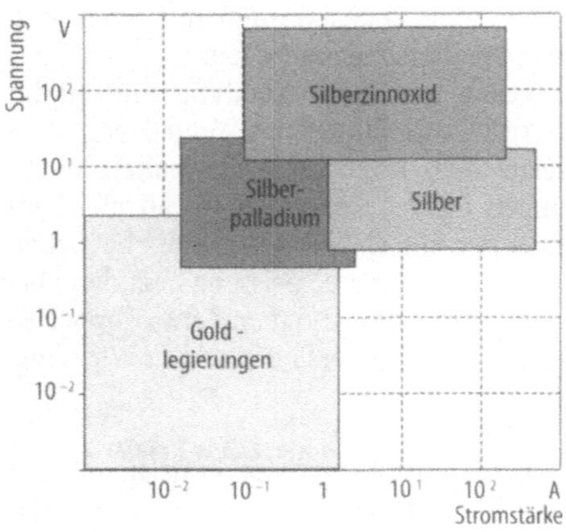

Bild 3.5. Anwendungsbereiche von Kontaktmaterialien

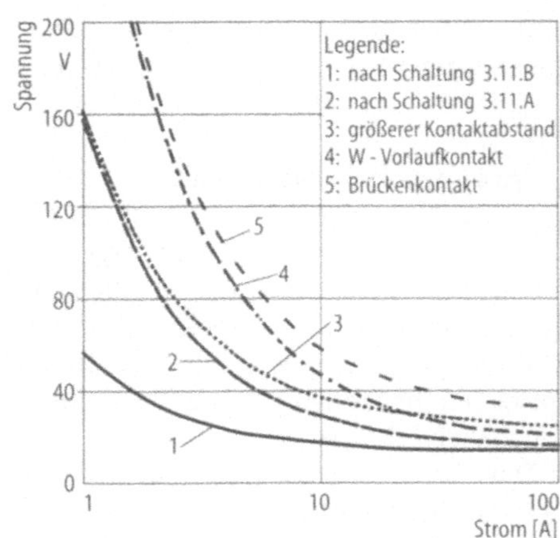

Bild 3.6. Lichtbogengrenzkurve

Dynamik (Schaltzeiten) des Relais im ungeschützten und geschützten Zustand nahezu gleich ist.

3.2
Kontaktseite eines elektromagnetischen Relais

3.2.1
Kontaktmaterialien

Das Feld der Gleichstromlasten für Relais ist nach Bild 1.4 in 4 Bereiche aufgeteilt. Es gibt eine Vielzahl von Möglichkeiten, diese Felder optimal abzudecken. Eine Variable dieser Möglichkeiten ist das Kontaktmaterial. In Bild 3.5 wird gezeigt, nach welchen Kriterien es ausgesucht wird.

Generell gilt: Bei Temperaturproblemen niederohmiges Kontaktmaterial, bei hohen Schaltspielzahlen abbrandfeste Werkstoffe, bei Lichtbogenerscheinungen verschweißfeste Werkstoffe einsetzen.

Neben den rein technischen Kriterien spielen aber auch Umweltgesichtspunkte und Kosten bei der Auswahl eine entscheidende Rolle.

3.2.2
Lichtbogengrenzspannung

Ein wichtiger Parameter, der besonders beim Einsatz von Relais bei höheren Spannungen beachtet werden muß, ist die Lichtbogenbrennspannung. Die Lichtbogenbrennspannungskurven (Bild 3.6) geben an, unter welchen Bedingungen ein Licht

bogen bei Gleichspannung noch selbständig erlischt, wenn Kontakte öffnen. Wechselstromlasten können oberhalb der Lichtbogengrenzspannung betrieben werden, da hier der Lichtbogen normalerweise im nächsten Stromnulldurchgang erlischt. Die Eigenschaften der Kurven 1–6 werden in den folgenden Abschnitten beschrieben.

Bild 3.7 zeigt den Verlauf des Potentials innerhalb eines Gleichstromlichtbogens. Man erkennt, daß zwischen Anode und Kathode kein linearer Spannungsabfall erfolgt, sondern daß es jeweils vor den Elektroden zu einem starken Anstieg der Spannung kommt. Dazwischen gibt es den breiten Bereich der Säulenspannung, die einen relativ kleinen Gradienten besitzt, so daß die Lichtbogenbrennspannung mit dem Kontaktabstand nicht sehr beeinflußt werden kann.

Die Lichtbogengrenzkurven werden in den Datenblättern der meisten Relaisher

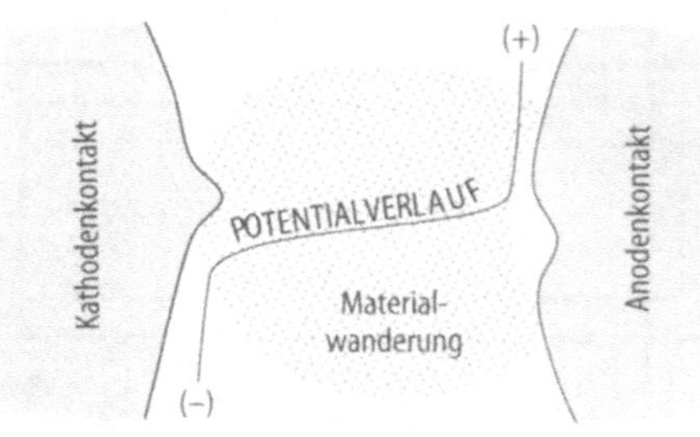

Bild 3.7. Verhältnisse in einem Lichtbogen

steller angegeben. Kurve 2 in Bild 3.6 zeigt am Beispiel eines Schließerkontakts (Lastgrenzkurve II), welcher Strom bei welcher Betriebsspannung und ohmscher Last noch sicher abgeschaltet werden kann, ohne daß nach Abklingen der normalen Lichtbogenerscheinungen ein Lichtbogen stehenbleibt. Die Höhe dieser Kurve und der Verlauf ist abhängig vom verwendeten Kontaktmaterial, vom Kontaktabstand und auch von der Größe der Kontakte.

Die genaue Kenntnis des Lichtbogenverhaltens ist deshalb so wichtig, da das Risiko des Verschweißens der Kontakte dann sehr groß ist, wenn sie in einen brennenden Lichtbogen hinein schließen. Sie treffen dann nämlich in eine Schmelze, die beim Erlöschen des Bogens sofort erstarrt und eine feste Verbindung der beiden Kontakte bilden kann.

Neben der Wirkung des Lichtbogens auf das Verschweißverhalten sollte auch die *Materialwanderung* bei Gleichstromlasten beachtet werden. Beim überwiegenden Teil der Anwendungsfälle wandert das Kontaktmaterial von Plus nach Minus (*Kathodengewinn*). Die wenigen Ausnahmen (*Anodengewinn*), die die Regel bestätigen, sind nicht ohne weiteres vorhersehbar und müssen in Tests ermittelt und berücksichtigt werden.

Wechselströme erzeugen, wenn die Erregung des Relais unabhängig von der Phase erfolgt, nur geringe Materialwanderungen; die Lebensdauer wird durch den Abbrand bestimmt. Ist dagegen die Erregung des Relais bei Wechselstromanwendungen phasensynchron, z.B. durch (ungewollte) Einprägung der Netzspannung, so kann hier auch ein deutlicher Materialwanderungseffekt beobachtet werden, der die Lebensdauer stark verringert.

3.2.3
Kontaktaufbau

Der Kontaktsatz eines elektromechanischen Relais besteht aus einer oder mehreren Kontaktfedern, die dann je nach Ausführung, bei Betätigung entsprechende Stromkreise öffnen oder schließen können. Die Symbole der gängigsten Kontaktvarianten sind in Tabelle 3.1 zusammengestellt.

Ein Ziel bei der Festlegung des Kontaktsatzes ist, den Durchgangswiderstand bei geschlossenen Kontakten so niederohmig wie möglich zu erhalten. Dies setzt eine an das Kontaktmaterial angepaßte Kontaktkraft voraus. Bild 3.8 zeigt für Gold, das niederohmigste Kontaktmaterial, und ein hochohmiges, z.B. Wolfram die Abhängigkeit des Durchgangswiderstands von der Kontaktkraft.

3.2.4
Schließer

Die am häufigsten verwendete Kontaktkonfiguration ist auch die einfachste, nämlich der Schließer. Beim Schließer wird nach Erregung des Relais ein Kontakt geschlossen und nach Betätigung in die andere Richtung wieder geöffnet. Man sollte beim

---

Tabelle 3.1.
Tabelle der wichtigsten Kontaktarten

NO = normally open
NC = normally closed
CO = change over

Benennung	Kurzzeichen / Bezeichnungen			Kontaktbild	Schaltzeichen
	deutsch	englisch	amerikanisch		
Schließer	1	A	SPST-NO		
Öffner	2	B	SPST-NC		
Wechsler	21	C	SPDT-CO		
Wechsler	12	C	SPDT-CO		
Doppelschließer	(11)	U	SPST-NO (DM)		

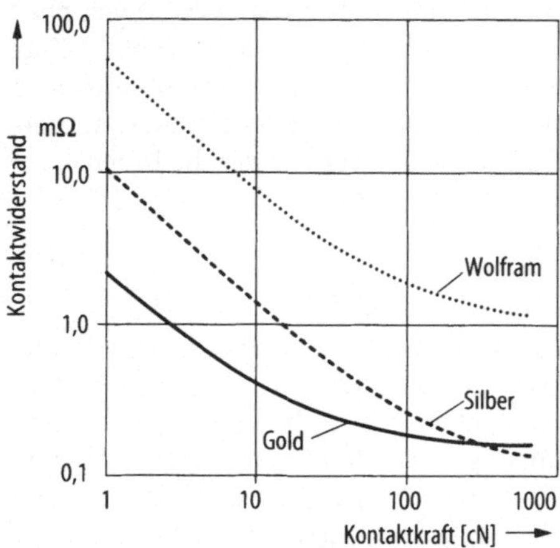

Bild 3.8. Kontaktwiderstand in Abhängigkeit von der Kontaktkraft bei unterschiedlichen Materialien

Einsatz von Relais grundsätzlich die drei in Bild 3.9 beschriebenen Lasttypen analysieren, was ggf. zum Einsatz unterschiedlicher Relais führen könnte.

Typ I   rein ohmsche Last,
Typ II   Last mit Selbstinduktion,
Typ III   Last mit kapazitivem Anteil.

Je nach Lastart liegen unterschiedliche Belastungen der Kontakte vor. Typ I ist relativ unkritisch und im Verhalten leicht zu bewerten. Hier fließt beim Einschalten des

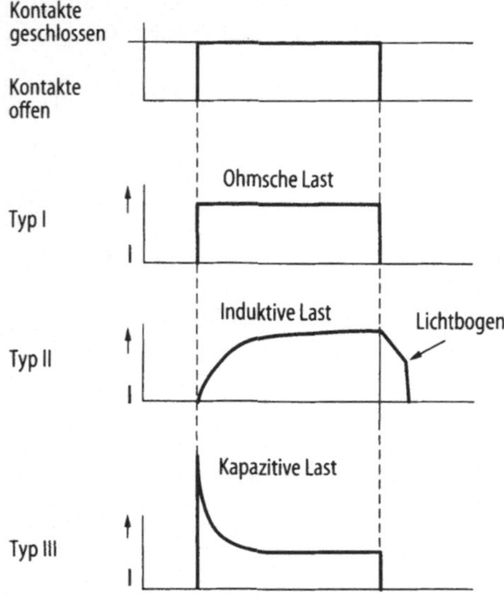

Bild 3.9. Stromverläufe verschiedener Lasten

Kontakts der Strom in der vollen genau berechenbaren Höhe und erlischt beim Ausschalten innerhalb von Mikrosekunden. Der Einsatz von Relais bei solchen Lasten ist unkritisch, solange die in den Datenbüchern angegebenen Werte nicht überschritten werden.

Induktive Lasten nach Typ II bereiten dem Relaiskontakt beim Einschalten normalerweise keine Probleme, da – wie das Bild 3.9 zeigt – beim Einschalten des Kontakts der Strom von Null an relativ langsam ansteigt, so daß innerhalb der Schließphase nur Ströme geringer Größe zu erwarten sind. Dagegen entsteht beim Öffnen des Kontakts ein Lichtbogen, dessen Brenndauer von der Induktivität abhängig ist. Falls hier der Kontakt prellt, besteht ein Risiko des Kontaktverschweißens, d.h. der Öffnungsvorgang ist zu optimieren.

Der umgekehrte Fall liegt bei Lasten mit kapazitivem Anteil (Typ III) vor. Hier steigt der Strom beim Schließen des Kontakts zu sehr hohen Werten an, die dann während des geschalteten Zustandes auf die Werte absinken, die von der ohmschen Last bestimmt werden. Falls beim Einschalten die Kontakte prellen, können sie verschweißen. Daher ist in diesem Fall der Einschaltvorgang zu optimieren.

3.2.4.1
Wolfram-Vorlaufkontakte

Eine Möglichkeit, die Lichtbogenbrennspannung zu vergrößern und den Verschleiß zu verringern, ist der Einsatz von Wolframkontakten. Wolfram besitzt eine Brennspannung von ca. 20 V. Außerdem ist es wesentlich abbrandfester als Silber. Da sein ohmscher Widerstand jedoch sehr hoch ist, sind Wolframkontakte nicht geeignet, höhere Ströme zu führen.

Sie werden daher oft parallel zu Silberkontakten eingesetzt, um diese im Schaltvorgang zu entlasten und damit deren Lebensdauer zu erhöhen. Dabei schaltet der Wolframkontakt etwas *früher*; daher der Begriff Wolframvorlaufkontakt. Beim Öffnen des Kontakts schaltet er dagegen etwas *später*, was ebenfalls für eine Entlastung des Silberkontakts sorgt. Wolframkontakte sollten nicht eingesetzt werden, um Probleme mit verschweißenden Silberkontakten zu lösen. Da Wolframkontakte bei längerer Lagerung, speziell bei feuchter Umgebung, hochohmig und damit unzuverlässig werden, können sie die Situation eher verschärfen. Sinn macht der Einsatz eines Wolframkontakts da, wo seine fehlende Zuverlässigkeit nicht stört. So können sie in der Zeit, in der sie niederohmig sind, die Belastung für einen Silberkontakt stark reduzieren und damit dessen Lebensdauer erhöhen, wenn dieser Silberkontakt dann, wenn diese Unterstützung fehlt, nicht verschweißt. Man sollte daher bei Freigabeuntersuchungen von Wolframvorlaufkontakten darauf achten, daß auch bei Isolierung des Kontaktes keine Probleme auftreten.

3.2.4.2
Brückenkontakte

Um Lasten schalten zu können, die nicht innerhalb der von der normalen Lichtbogengrenzkurve 2 (Bild 3.6) eines Schließers vorgegebenen Grenzen liegen, gibt es auch die Möglichkeit, Brückenkontakte einzusetzen. Brückenkontakte sind im Prinzip zwei in Reihe geschaltete Schließer. Beim Öffnen eines Brückenkontaktes bilden sich zwei Lichtbögen aus, deren Brennspannungen sich addieren, wie es in Bild 3.10 gezeigt wird. Mit dieser Kontaktausführung können dann bei einer bestimmten Stromstärke problemlos doppelt so hohe Spannungen abgeschaltet werden wie beim Einfachschließer.

3.2.5
Wechsler

Ein Wechsler ist eine Kontaktanordnung, die bei Betätigung eine Kontaktstrecke öffnet und eine andere schließt. Die eine Seite ist bei angesteuertem Relais geschlossen,

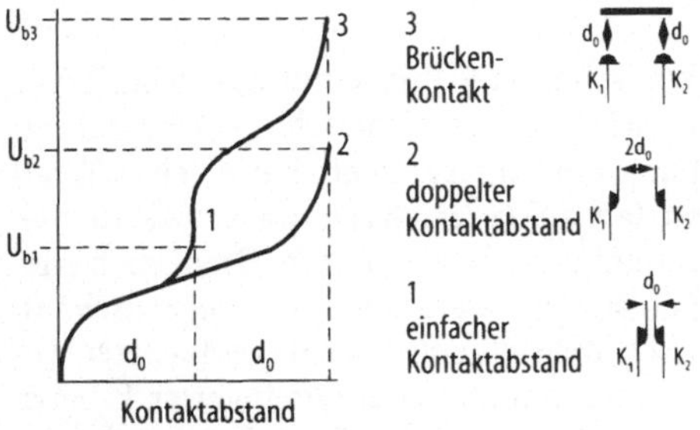

Bild 3.10. Wirkung der Kontaktgeometrie auf die Lichtbogenspannung U_h

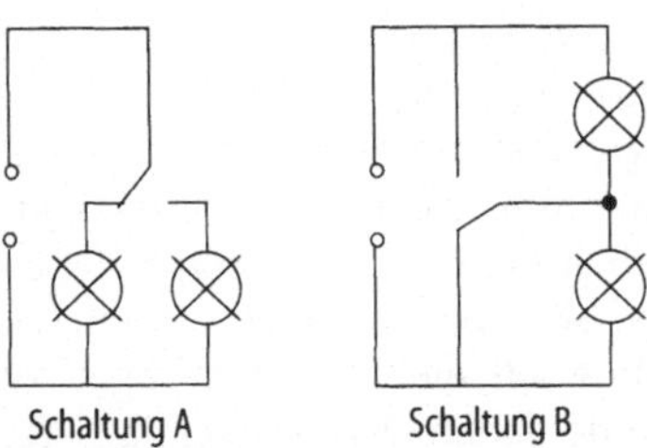

Bild 3.11. Grundschaltungen des Wechslers

die andere, wenn es in Ruhelage ist (s. Bild 1.1). Der bei Erregung arbeitende Kontakt heißt Arbeitskontakt oder *Schließer*, der in Ruhelage geschlossene Kontakt ist der Ruhekontakt oder *Öffner*.

Bei bistabilen Relais sind die beiden Lagen zu definieren.

Die drei Lasttypen, die schon beim Schließer (Bild 3.9) beschrieben wurden, kommen beim Einsatz des Wechslers in beiden in Bild 3.11 beschriebenen Grundschaltungen vor. Bei der Schaltung nach A liegt der Mittelkontakt – ähnlich wie beim Schließer – an einer festen Spannung und wechselt von der einen Last zur anderen, die beide auf gleichem Potential des anderen Spannungspols liegen. Bei dieser Schaltung fließt normalerweise der Strom eindeutig über den jeweils geschlossenen Kontakt. Auch kurzzeitig während des Schaltvorgangs auftretende Lichtbogenbrücken vom Öffner zum Schließer oder in der umgekehrten Richtung bereiten bei dieser Schaltung keine Probleme. Der Lichtbogen erlischt dann nämlich, da er die Last als Vorschaltwiderstand besitzt, wodurch er begrenzt wird.

Anders ist es in Schaltung B: Öffner und Schließer liegen hier auf unterschiedlichem Potential. Beim Umschalten vom Schließer zum Öffner wird die Polarität am Mittelkontakt gewechselt, so daß die Materialwanderung eine völlig andere ist als bei Typ A. Ein beim Umschalten entstehender Lichtbogen kann „durchzünden", wenn der Lichtbogen länger brennt als die Umschlagzeit des Kontakts. Es kann dann zu einem *stehenden* Lichtbogen kommen, da in diesem Fall kein Vorwiderstand den Strom begrenzt. Man darf also bei einer Schaltung nach Typ B nicht von dem Bereich der Lichtbogengrenzspannung des Schließers ausgehen, sondern muß Kurve 1 (Bild 3.6) berücksichtigen. Sollte in diesem Fall die zur Verfügung stehende Spannung nicht ausreichen, müßte über einen Zusatzkontakt – ähnlich dem vorher beschriebenen Brückenkontakt – nachgedacht werden, um die Spannung auf mehrere Lichtbögen zu verteilen. Eine andere Möglichkeit, an dieser Stelle Entlastung zu schaffen, ist der Einsatz von geeigneten *Funkenlöschmaßnahmen*.

3.2.6
Sonstige

Neben den bisher beschriebenen Kontaktsätzen wie Schließer und Wechsler gibt es noch eine Vielfalt von Kombinationen und Variationen dieser Schalter. Hervorzuheben ist die Sonderausführung der *Sicherheitsrelais*, bei denen besondere Anforderungen an das Relais im Störungsfall gestellt werden. So dürfen z.B. bei Verschweißen eines Kontaktes die anderen Kontakte nur noch eingeschränkt schalten. Ebenso dürfen bei Bruch einer Feder Teile dieses Kontaktsatzes nicht zum Kurzschluß der anderen Kontakte führen.

Eine weitere wichtige Relaisklasse sind *Industrierelais*. Sie besitzen einen besonders robusten Aufbau und sind insbesondere für den Einsatz bei Drehstromanwendungen ausgelegt.

3.2.7
Optimale Betriebsbedingungen
der Lastseite

Bei Anwendungen mit größeren Stromstärken sind es die Risiken verschweißender Kontakte, die erhöhter Aufmerksamkeit bedürfen. Bei den sogenannten Schwachstromrelais sind Störungen bekannt, die dadurch auftreten können, daß sich Fremdschichten auf den Kontakten bilden. Diese können sich zumindest in erhöhtem Kontaktwiderstand oder sogar in einer totalen Unterbrechung zeigen. Hier hat der Relaishersteller durch sorgfältigste Auswahl der Kontaktwerkstoffe, der verwendeten Kunststoffkomponenten und entsprechend optimierter Fertigungsprozesse dafür zu sorgen, daß innerhalb des verwendeten Betriebstemperaturbereichs diese Probleme vermieden werden.

3.2.8
Schutzbeschaltung der Lastseite

Der optimalen Beschaltung der Lastseite ist mindestens genauso viel Aufmerksamkeit zu schenken wie der oben beschriebenen Beschaltung der Erregerseite. Am unkritischsten ist für ein Relais der Betrieb mit ohmscher Last. Hier sind sowohl die Einschalt- als auch die Abschaltbedingungen klar definiert und berechenbar. Dies trifft dann nicht mehr zu, wenn während des Schaltvorgangs ein Lichtbogen entsteht, in den hinein ein Schließvorgang erfolgt, so daß es zu Kontaktverschweißen kommen kann. Ziel ist daher einmal, die Entstehung von Lichtbögen zu vermeiden, zum anderen durch Einsatz von optimalem Kontaktmaterial Verschweißungen zu verhindern.

Genau wie die Schutzbeschaltung der Erregerseite dem Schalter, der das Relais schaltet, hilft, erhöht sie für die Lastseite eines Relais die Lebensdauer erheblich. Durch geeignete Maßnahmen kann sowohl die induktive als auch die kapazitive Last so weit entschärft werden, daß Lebensdauern der rein ohmschen Last (Typ I) erreicht werden können. So lassen sich z.B. induktive Lasten wesentlich länger schalten, wenn es zulässig ist, die Induktivität, z.B. ein Motor, durch eine Paralleldiode, zu schützen. Dieses Verfahren ist jedoch nur geeignet, solange die Lichtbogenbrennspannung größer als die Betriebsspannung ist, d.h. z.B. für 12 V Betriebsspannung für Ströme bis max. 20 A. Bei größeren Strömen und induktiven Lasten ist der Einsatz eines RC-Gliedes die optimale Lösung, um den Relaiskontakt zu schonen.

3.3
Leistungsgrenzen

Wie schon erwähnt, kennt das Relais keine Leistungsgrenzen, bei deren Überschreibung ein schlagartiger thermischer Totalausfall zu verzeichnen wäre. Die in den Datenbüchern genannten Grenzen beziehen sich meistens auf eine *Langzeitschädigung*, die sich entweder in veränderter Ansprechspannung oder verringerter Lebensdauer niederschlägt. Trotzdem darf diese Tatsache nicht dazu verführen, das Relais schon in der Auslegung zu überlasten. Man sollte vielmehr den Spielraum, den das Relais besitzt, als Reserve im Einsatzfall nutzen.

Bei Schwachstromrelais sind meistens Thermospannung, Ansprechzeiten und Kontaktwiderstände zu beachten, während bei *Starkstromrelais* die Lichtbogenbrennspannung und die Erwärmung durch hohe Ströme wesentlich sind.

3.3.1
Erwärmung

Die in den Kennwertblättern angegebenen Maximaltemperaturen werden durch die im Anwendungsfall auftretende Umgebungstemperatur bestimmt und durch die verwendeten Materialien begrenzt. Problemlos können Relais zwischen −30 und +60 °C Umgebungstemperatur eingesetzt werden. Darüber hinausgehende Bereiche sollten sorgfältig definiert und untersucht werden. Eines der Hauptkriterien für die Definition des Temperaturbereichs ist die Eigenerwärmung des Relais einerseits und die Aufheizung durch benachbarte Bauteile und Leiterbahnen andererseits. Der Kennwert hierfür ist der *Wärmewiderstand*, der die Erwärmung als Temperaturdifferenz zur Umgebungstemperatur in Abhängigkeit von der zugeführten Leistung beschreibt. Der Wärmewiderstand kann je nach Einsatz und Kühlbedingungen zwischen 10 und 100 K/W liegen. Unter sonst gleichen Bedingungen ist der Wärmewiderstand im wesentlichen von der Relaisoberfläche abhängig. Die Kenntnis der Spulentemperatur ist deshalb erforderlich, weil der Widerstand der Spule, die normalerweise aus Kupfer besteht, bei ansteigender Temperatur mit 0,4%/K zunimmt, so daß die bei Betrieb mit konstanter Spannung entstehende Erregung mit der Temperatur abnimmt.

3.3.2
Betriebsspannungsbereich

Der Betriebsspannungsbereich beschreibt einen Spannungsbereich, in dem das Relais in Abhängigkeit von der Umgebungstemperatur betrieben werden kann. Er definiert die minimal erforderliche Spannung eines Relais U_I und stellt dieser die maximal

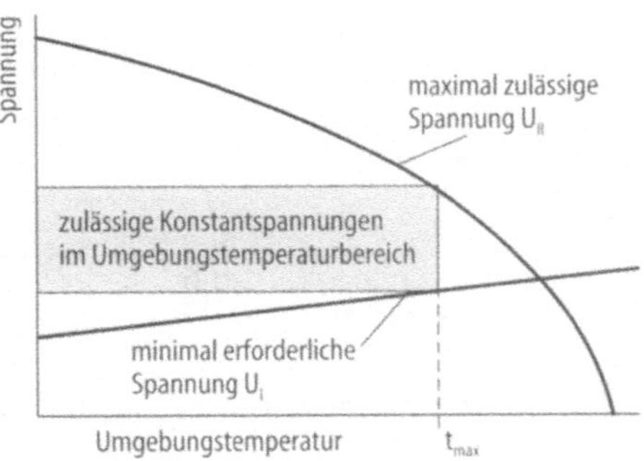

Bild 3.12. Betriebsspannungsbereich

zulässige Spannung U_{II} gegenüber, die noch nicht zu unerlaubter Erwärmung des Relais führt. Bild 3.12 zeigt eine Darstellung dieses Bereichs. Die minimale Betriebsspannung hängt sowohl von der Vorerregung des Relais als auch von benachbarten Bauteilen ab, deren Einfluß sich in Erhöhung der Umgebungstemperatur niederschlagen kann. Sollten bei Anwendung von Relais die eigene Erwärmung zu hoch sein, ist der Einsatz eines bistabilen Relais eine optimale Lösung, da zu seinem Betrieb nur kurzzeitige Impulse nötig sind, so daß die Relaistemperatur immer gleich der Umgebungstemperatur ist.

3.3.3
Schaltzeiten

Die Definition der Schaltzeiten eines Relais sind Bild 3.13 zu entnehmen. Die Reaktionszeiten des Relais, die Ansprech- und die Rückfallzeit bzw. Rückwerfzeit bei bistabilen Relais, werden immer von der Änderung der Erregerspannung bis zum ersten Kontaktereignis auf der Zielseite gerechnet. Die dem Schaltvorgang folgenden Einschwingvorgänge (Prellen) werden diesen Reaktionszeiten nicht zugerechnet, sondern müssen getrennt betrachtet werden.

Die Schaltzeiten des Relais hängen stark von den Betriebsbedingungen und der Beschaltung der Spule ab. Bild 3.14a zeigt die Abhängigkeit der Ansprechzeiten eines Relais von der Übererregung. Die Rückfallzeiten in Bild 3.14b sind, wie oben schon erwähnt, stark von der Beschaltung des Relais abhängig.

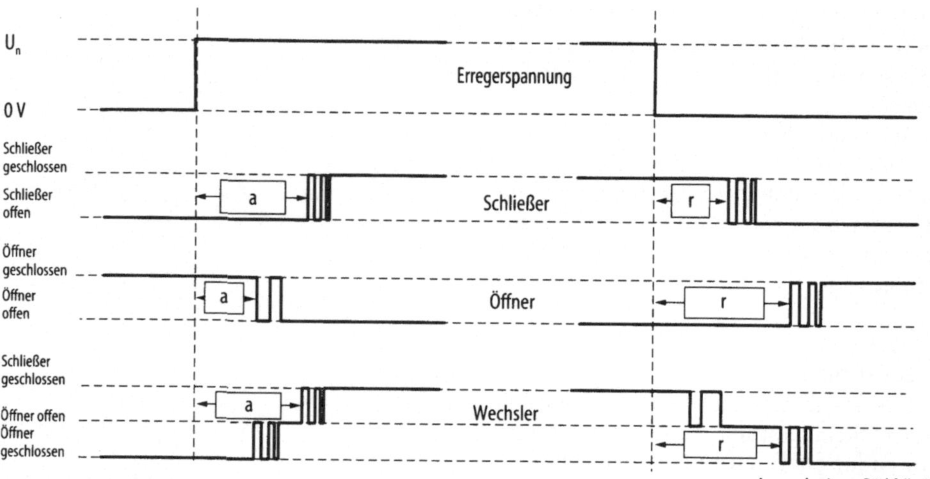

Bild 3.13. Definition der Ansprech- und Rückfallzeiten

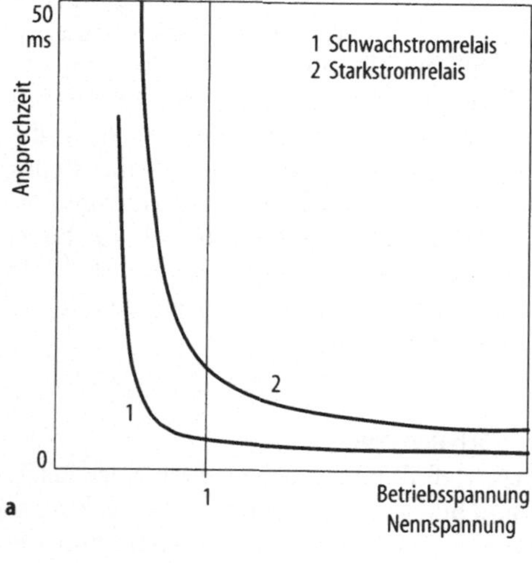

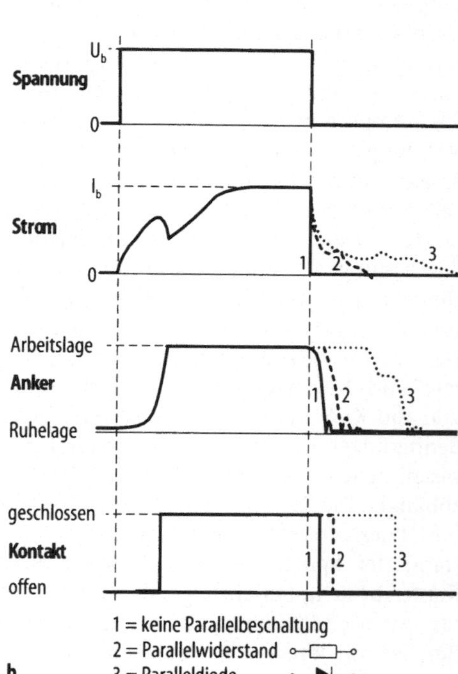

Bild 3.14a. Ansprechzeit in Abhängigkeit
von der Übererregung
Bild 3.14b. Rückfallzeiten in Abhängigkeit
von der Spulenbeschaltung

3.3.4
Grenzdauerstrom und maximaler Spannungsabfall

Die Lichtbogengrenzkurve (Bild 3.6) gibt
die maximal zulässigen Spannungen und
Ströme an, die noch geschaltet werden können, der Betriebsspannungsbereich die
Spannungen, mit denen das Relais betrie-

ben werden kann. Der Grenzstromkurve ist
zu entnehmen, welche Maximalstromstärke
dauernd geführt werden darf. Bild 3.15 zeigt
ein solches Diagramm. Die Kurvenschar 1
gibt die Spannung an, die abhängig vom
Kontaktwiderstand und der Stromstärke
entstehen. Die zulässige Kombination von
Spannung und Strom, bei der die Leistung

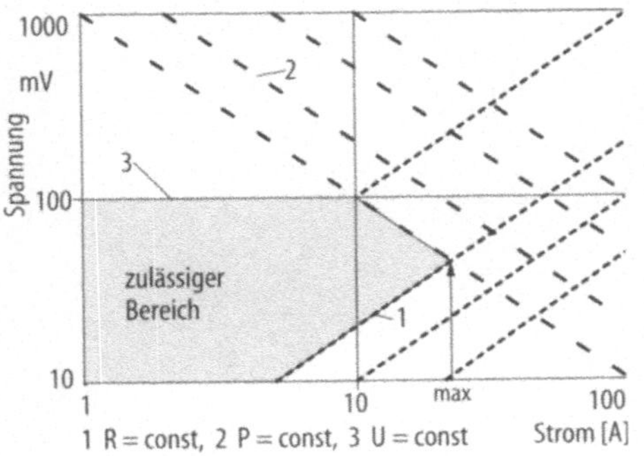

Bild 3.15. Spannungsabfall an Relaiskontakten

konstant ist, kann der Schar 2 entnommen werden. Als dritter Parameter kann die Kundenforderung nach einem maximalen Spannungsabfall hinzukommen (Kurven 3), so daß schließlich der umrahmte Bereich als zulässiger Betriebsbereich entsteht.

Der Grenzdauerstrom I_{max} ist das Minimum der Schnittpunkte der maximalen Widerstandsgeraden 1 mit den maximal zulässigen Kurven 2 und 3.

4 Alternativen zu Relais

R.-D. Kimpel

Wie eingangs schon erwähnt, besteht die Hauptaufgabe des Relais darin, ähnlich wie ein mechanisch betätigter Schalter, Stromkreise zu schließen oder zu öffnen. Tabelle 4.1 zeigt die Gegenüberstellung der Relaiseigenschaften zu denen der elektronischen Alternativen *Hybridrelais* und *Halbleiterschalter*. Dabei ist zu erkennen, daß die Vorteile des Relais im Preis für die Gesamtlösung, der hohen Flexibilität an die Betriebsbedingungen, der Überlastbarkeit und der Kontaktvielfalt zu sehen sind. Vorteile elektronischer Lösungen sind da zu erkennen, wo das Schaltgeräusch eines Relais stört oder wo mit hohen Frequenzen und extrem hohen Lebensdauern geschaltet werden muß.

4.1 Halbleiterrelais

Der Unterschied eines normalen Halbleiterschalters wie Transistor oder Thyristor zu Relais besteht in der Trennung von Steuer- und Lastseite. Diese Trennung wird bei

Tabelle 4.1. Gegenüberstellung und Bewertung charakteristischer Eigenschaften

	Elektromechanische Relais	Solid State Relais
	EMR	SSR
Bistabil	+	−
Größe (incl. Kühlblech)	+	−
Isolation geöffneter Kontakte	+	−
Kostengünstig	+	−
Mehrfachkontakte	+	−
Temperaturfestigkeit	+	−
Überspannungsfestigkeit	+	−
Widerstand geschlossener Kontakte	+	−
Explosionsfest		+
Fehlerdiagnose	−	+
Leise	−	+
Logikkompatibel	−	+
Nullpunktschalter	−	+
Schaltspiele	−	+
Schüttel- und Stoßfestigkeit	−	+
Steuerleistung	−	+

den heute bevorzugt eingesetzten Typen für Netzspannungsanwendungen durch Optokoppler realisiert. Bild 4.1 zeigt die Schaltung eines solchen Relais. Der Steuerkreis besteht hier aus einer Leuchtdiode, die mit Gleichspannung betrieben wird. Der Schaltvorgang wird meist von Thyristoren oder Triacs durchgeführt, die im nicht angesteuerten Zustand nur sehr geringe Leckströme aufweisen. Bei Erregung wird über den Fototransistor der Triac gezündet. Hier gibt es die Option mit Nullspannungsschalter, die erst beim nächsten Spannungsnulldurchgang den Triac ansteuert. Dieser

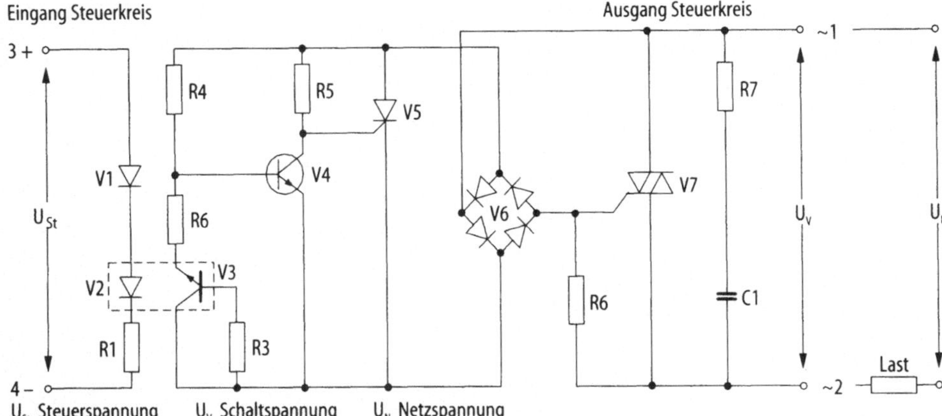

Bild 4.1. Vereinfachtes Schaltbild eines elektronischen Lastrelais

bleibt so lange niederohmig, wie die Ansteuerung bestehen bleibt. Nach Abschalten der Steuerspannung bleibt der Triac bis zum nächsten Stromnulldurchgang leitend.

Der maximal zulässige Strom verringert sich ab 50 °C Umgebungstemperatur und sinkt bis etwa 130°C linear auf Null ab.

Da diese Schaltungen auch diskret aufgebaut werden können, sind diese Halbleiterrelais noch nicht so sehr verbreitet wie die Anwendung der entsprechenden Schaltung.

Wenn eine solche Schaltung jedoch als ASIC (anwendungsspezifische integrierte Schaltung) angeboten würde, könnte dies zu Kostenvorteilen und damit zu wesentlich stärkerer Akzeptanz am Markt führen.

Im Kraftfahrzeugbereich, wo die galvanische Trennung nicht immer erforderlich ist, werden Halbleiterschalter seit einiger Zeit angeboten. Es sind elektronische Schalter, die mit einer gewissen *Intelligenz* ausgestattet sind und einen auf dem gleichen Chip integrierten Leistungs- und Logikteil besitzen. Sie erkennen, wann Überlastgefahr besteht. Solche Schalter werden mit dem Attribut „SMART" gekennzeichnet. TEMP-FET-Typen (Temperature Protected FET) erkennen, wenn der zulässige Temperaturbereich überschritten wird und passen ihr Verhalten so an, daß der Schalter nicht zerstört wird. PROFETs (PROtected FET) sind noch „intelligenter" und schützen sich neben Übertemperatur gegen Kurzschluß, Überspannung und Verpolung. Außerdem besitzen sie eine Statusanzeige, ob und welche Fehler vorliegen.

4.2
Hybridrelais

Eine Möglichkeit, die Vorteile des elektromechanischen Relais mit denen des Halbleiterrelais zu verbinden, stellen die sogenannten Hybridrelais dar. Als Hybridrelais bezeichnet man Schaltgeräte, die mindestens zwei unterschiedliche Technologien vereinen, um einen höheren Nutzen zu erzielen.

Realisiert sind z.Z. Zeitrelais und Relais mit unterschiedlichsten Ansteuerungsvarianten. Es könnten auch SMART-Funktionen in die Erregerseite eingebracht werden, die Plausibilitätschecks durchführen, z.B. auf Kurzschluß im Lastkreis, bevor das Relais schaltet. Ebenso wäre ein adressierbares Relais denkbar, das in Bussystemen eingesetzt werden könnte. Andererseits könnte ein zum Relais parallel geschalteter elektronischer Schalter als elektronischer Vorlaufkontakt (s. Abschn. 3.2.4.1) die Lichtbögen unterdrücken und damit die Lebensdauer eines Relais in die Nähe der mechanischen Lebensdauer bringen, d.h. um 2 bis 3 Zehnerpotenzen steigern.

Die heute unter dem Begriff *Multifunktionsrelais* angebotenen Geräte umfassen allerdings wesentlich mehr. Oft beinhalten sie sogar das Netzteil, die Elektronik, elektromagnetische Schrittschaltwerke, sowie Relais oder elektronische Schalter.

5 Qualität und Entsorgung

R.-D. KIMPEL

5.1 Qualität

Das Relais ist heute ein Produkt, an dessen Zuverlässigkeit sehr hohe Anforderungen gestellt werden. Diese sind auch wegen der Produzentenhaftung erforderlich, nach der die Qualität mindestens nach QS 9000 nachgewiesen werden muß. Die geforderte reproduzierbar hohe Qualität läßt sich bei Massenprodukten nur in automatisierten, mit beherrschten Prozessen laufenden Fertigungen halten. Durch Qualitätsvereinbarungen, Zertifizierungen und Audits wird das Qualitätsniveau festgelegt.

5.2 Entsorgung

Zum Schluß des Kapitels über Relais soll nach Auswahl, Verarbeitung und Einsatz noch kurz auf die Entsorgung der Relais eingegangen werden.

Obwohl Relais bei der Entsorgung z.Z. noch als Elektronikschrott behandelt werden können, ergreifen viele Relaishersteller zusammen mit ihren Zulieferern Maßnahmen, um auch einer in Zukunft sicher verschärften *Umweltgesetzgebung* Rechnung zu tragen. So sollten die im Relais verwendeten Kunststoffe nicht mehr mit den früher üblichen halogenhaltigen Flammschutzmitteln versehen sein. Auch bei den verwendeten Metallegierungen sind entsprechende Umweltgesichtspunkte zu berücksichtigen.

Diese Aktivitäten schließen im Rahmen einer Öko-Gesamtbilanz die Prozesse bei der Herstellung, die verwendeten Materialien, sowie die erforderlichen Weiterverarbeitungsprozesse beim Endkunden ein.

6 Niederspannungsschaltgeräte

G. Schröther

6.1
Überblick über Funktionen

Niederspannungsschaltgeräte haben die typischen Aufgaben

– Schließen von Stromkreisen,
– Führen des Stromes,
– Öffnen von Stromkreisen.

Der leistungsmäßige Einsatzbereich ist gekennzeichnet durch Spannungen und Ströme, wie in Bild 6.1 dargestellt. Die dort verwendeten Begriffe *„Hilfsstromkreis"* und *„Hauptstromkreis"* stehen synonym für Verstärkerfunktionen, was die Darstellung in Bild 6.2 veranschaulicht. Danach werden in Hilfsstromkreisen Schaltgeräte benötigt, mit denen Signale in eine Steuerung eingegeben werden und solche, die diese Signale logisch verknüpfen. Die so gebildeten Ausgangssignale wirken auf Komponenten im Hauptstromkreis, die den Energiefluß steuern. Dort finden wir Schaltgeräte, die den Schutz von Anlagen und Verbrauchern

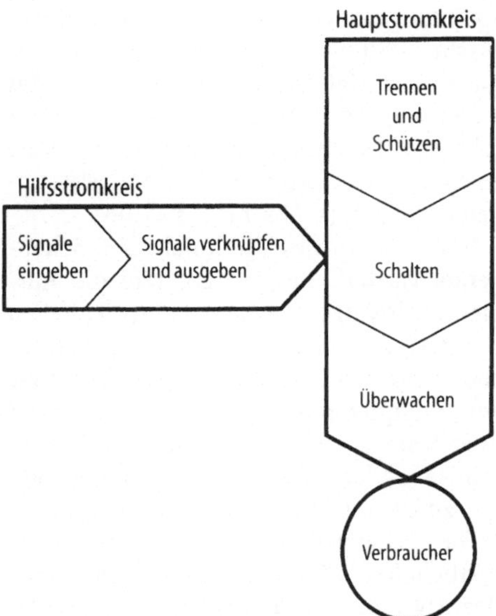

Bild 6.2. Funktionsgliederung von Niederspannungsschaltgeräten

übernehmen und für Wartungsarbeiten eine sichere Trennung von Anlagen bzw. Anlagenteilen ermöglichen. Das betriebsmäßige Ein- und Ausschalten der Verbraucher überträgt man speziell dafür bemessenen Geräten, z.B. fernbetätigten Schützen. Im Hauptstromkreis werden noch Überwachungsgeräte benötigt, die den Schutz der Verbraucher übernehmen.

Mit Ausnahme der Funktion „Schützen und Trennen", die ausschließlich von kontaktbehafteten Geräten ausgeübt wird, werden heute sowohl kontaktbehaftete Nieder-

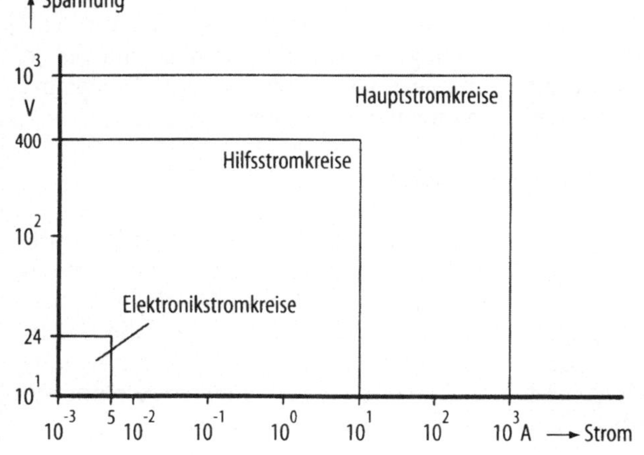

Bild 6.1. Einsatzbereiche von Niederspannungsschaltgeräten

spannungsschaltgeräte als auch vollelektronische Lösungen parallel angeboten. Je nach Einsatzfall lassen sich die Vorteile des einen oder anderen Prinzips nutzen. Kontaktbehaftete Niederspannungsschaltgeräte zeichnen sich durch hohe Überlastfestigkeit und EMV (s. Abschn. A 3.4) aus.

Ein wesentliches Merkmal aller Schaltgeräte ist, daß sie insbesondere die Ausgleichsvorgänge, die sich beim Schließen und Öffnen von Stromkreisen ergeben, sicher beherrschen müssen. Die Übergänge von Energieniveau „null" auf „eins" und umgekehrt spielen sich im Bereich weniger Millisekunden ab und führen im allgemeinen zu Überströmen und -spannungen.

Die Verschleißerscheinungen bei kontaktbehafteten Geräten durch mechanische Beanspruchung und Lichtbogenbeaufschlagung können zu unerwünschten Umgebungsbelastungen führen. Aus diesem Grunde müssen vom Entwickler moderner Niederspannungsschaltgeräte neben der Erfüllung der technischen Anforderungen auch Umweltaspekte ins Kalkül gezogen werden. Als Beispiel sei die Vermeidung von Asbest in Kunststoffen und von Cadmium in Kontaktwerkstoffen sowie in Oberflächenschutzmitteln erwähnt.

Verwendungszweck und typische Beanspruchungen der Niederspannungsschaltgeräte werden durch die Angabe einer Gebrauchskategorie in Verbindung mit einem Bemessungsbetriebsstrom bzw. der Motorleistung bei einer bestimmten Bemessungsbetriebsspannung beschrieben. Eine Auswahl zeigt Tabelle 6.1. Die Geräte können mehreren Gebrauchskategorien zugeordnet werden. Aus der jeweiligen Zuordnung resultieren unterschiedliche Prüfbedingungen und damit auch unterschiedliche Bemessungsbetriebsströme. Hierzu wird auf die Kataloge und Handbücher [6.1-6.13] der Schaltgerätehersteller verwiesen.

6.2
Geräte für Hilfsstromkreise

Wesentlichstes Merkmal dieser Gerätegruppe ist die Zuverlässigkeit der Signalgabe und -verarbeitung. Nachdem in modernen Steuerungen kontaktbehaftete und elektronische Geräte kombinierbar sein

müssen, sind die Kontaktstellen vieler Hilfsstromschalter so ausgeführt, daß sie bei einem typischen Elektronik-Signalniveau von 24 V DC und 5 mA weniger als 1 Fehler auf 10^7 Schaltspiele aufweisen. Im einzelnen sind die Herstellerangaben zu beachten.

Die Anschluß- und Montagetechnik beücksichtigt ebenfalls das breite Feld der Anwendungen. So werden neben dem bewährten und überwiegend benutzten Schraubanschluß mit selbstanhebender Scheibe je nach Geräteart auch Steck- ($1 \times 6{,}3$ mm oder $2 \times 2{,}8$ mm) und Lötstiftanschlüsse sowie vereinzelt Federklemmen angeboten.

6.2.1
Geräte für Signaleingabe
6.2.1.1
Befehlsgeräte

Hierunter fallen alle unmittelbar vom Menschen betätigten Befehlsgeber (Drucktaster, Fußschalter) mit ihrem umfangreichen Zubehör, wie z.B. Leuchtmelder.

Die beiden wesentlichen Baugruppen eines Befehlsgerätes sind das Betätigungs- und das Schaltelement. Es ist möglich, ein Betätigungselement mit mehreren, meist 2poligen Schaltelementen zu koppeln. Sind Schließer und Öffner vorhanden, ist sichergestellt, daß beide Signalstellen *eines* Schaltelementes nicht gleichzeitig geschlossen sind.

Der Schalttafeleinbau ist zwar die häufigste Einsatzart, daneben gibt es jedoch eine Vielzahl von Kapselungen, wenn Befehlsgeräte räumlich getrennt von Steuerungen eingesetzt werden.

Die Einbaumaße sind genormt (IEC 947-5-1). Von den Ausführungen mit den Befestigungsnenndurchmessern 12 mm bis 30 mm liegt das Schwergewicht in Europa bei 22 mm und in USA bei 30 mm.

6.2.1.2
Positionsschalter

Positionsschalter wandeln mittels Kraftschluß mechanische Positionen von bewegten Maschinenteilen in elektrische Signale um. Sie gleichen also bis auf die Betätigungsart funktional den Befehlsgeräten. Sie sind im allgemeinen räumlich getrennt von einer Steuerung angeordnet.

Tabelle 6.1. Gebrauchskategorien für Niederspannungsschaltgeräte gem. IEC 947

Wechselspannung		Gleichspannung	
Gebrauchs-Kategorie	Typische Anwendungen	Gebrauchs-kategorie	Typische Anwendungen
AC-1	Nichtinduktive oder schwachinduktive Last, Widerstandsöfen	DC-1	Nichtinduktive oder schwachinduktive Last, Widerstandsöfen
AC-12	Steuern von ohmscher Last und Halbleiterlast in Eingangskreisen von Optokopplern	DC-12	Steuern von ohmscher Last und Halbleiterlast in Eingangskreisen von Optokopplern
AC-13	Steuern von Halbleiterlast mit Transformatortrennung		
AC-14	Steuern kleiner elektromagnetischer Last (max. 72 VA)	DC-13	Steuern von Elektromagneten
AC-15	Steuern elektromagnetischer Last (größer als 72 VA)	DC-14	Steuern von elektromagnetischen Lasten mit Sparwiderständen im Stromkreis
AC-2	Schleifringläufermotoren: Anlassen, Ausschalten		
AC-3	Käfigläufermotoren: Anlassen, Ausschalten während des Laufes		
AC-4	Käfigläufermotoren: Anlassen, Gegenstrombremsen, Reversieren, Tippen	DC-3	Nebenschlußmotoren: Anlassen, Gegenstrombremsen, Reversieren, Tippen, Widerstandsbremsen
		DC-5	Reihenschlußmotoren: Anlassen, Gegenstrombremsen, Reversieren, Tippen, Widerstandsbremsen
AC-5a	Schalten von Gasentladungslampen		
AC-5b	Schalten von Glühlampen	DC-6	Schalten von Glühlampen
AC-6a	Schalten von Transformatoren		
AC-6b	Schalten von Kondensatorbatterien		
AC-7a	Schwach induktive Last in Haushaltgeräten und ähnlichen Anwendungen		
AC-7b	Motorlast für Haushaltgeräte		
AC-8a	Schalten von hermetisch gekapselten Kühlkompressormotoren mit manueller Rückstellung der Überlastauslöser		
AC-8b	Schalten von hermetisch gekapselten Kühlkompressormotoren mit automatischer Rückstellung der Überlastauslöser		

Je nach Einsatzart gibt es typische Bauformen. Bei einfachen Umweltanforderungen werden ungekapselte, direkt ansteuerbare Schaltelemente eingesetzt. Dort, wo Schutzisolierung oder Beständigkeit gegen Flüssigkeiten und Chemikalien benötigt werden, werden die Schaltelemente in Formstoffgehäuse eingebaut. Höchste Widerstandsfestigkeit bieten Metallgehäuse.

Alle Gehäuse können mit einer Vielzahl von Antriebsköpfen ausgerüstet werden, mit denen die erforderliche Anpassung an die Art der Betätigungseinrichtung, die Anfahrmöglichkeiten und Betätigungsgeschwindigkeiten erfolgen kann. Abmessungen und Funktionsmaße sind in DIN EN 50041 und 50047 definiert.

Bei Positionsschaltern, die in Sicherheitsstromkreisen eingesetzt werden, muß die Bedingung *Zwangsöffnung der Öffnerkontakte* erfüllt sein. Einige Hersteller haben diese Eigenschaft bereits in die Standardgeräte integriert.

6.2.1.3
Näherungsschalter

Derartige Signalgeber werden dort benötigt, wo eine mechanische Berührung gar nicht möglich (stoffliche Zusammensetzung oder Abstand des Objektes), die verfügbare Betätigungskraft zu klein oder die Betätigungsgeschwindigkeit zu groß ist. Für die vielfältigen Erkennungs- und Erfassungsaufgaben werden induktive, kapazitive, optische, magnetische und mit Ultraschall arbeitende Näherungsschalter angeboten. Weitere Informationen enthält Kap. B5.

6.2.2
Geräte für Signalverknüpfung und -ausgabe
6.2.2.1
Hilfsschütze

Hilfsschütze sind fernbetätigbare elektromagnetische Schaltgeräte, die in ihre Ruhelage zurückfallen, sobald der Steuerstromkreis unterbrochen wird. Sie dienen zur logischen Verknüpfung der durch Befehlsgeräte und Positionsschalter eingegebenen Signale. Insofern sind sie funktional eng verwandt mit den Relais (s. Kap. 1–5). Die tatsächlichen Unterschiede zu diesen liegen allein in den durch die spezifischen Einsatzbedingungen bedingten technischen Daten und den konstruktiven Ausprägungen.

Der typische Aufbau von Hilfsschützen ist aus Bild 6.3 zu erkennen. Bei den meisten Hilfsschützen lassen sich weitere Hilfsschalter oder Zubehör nachträglich anbauen. Hilfsschütze können Gleich- und Wechselstromlasten schalten. Die zulässigen Bemessungsbetriebsströme sind von der Art der Last und der Höhe der Spannung abhängig.

Obwohl die Strombahnen der Hilfsschütze vornehmlich zum sicheren Schalten *kleiner* Lasten in Steuer- und Elektronikstromkreisen dimensioniert sind, dürfen sie auch zum Schalten von Lampen oder kleinen Drehstrommotoren verwendet werden.

Abgesehen von Sonderausführungen, sind die Öffner und Schließer von Hilfsschützen nie gleichzeitig geschlossen. Ist diese Bedingung auch im gestörten Betriebszustand (z.B. eine verschweißte Strombahn) gewährleistet, dann besitzt ein Hilfsschütz die Eigenschaft der *Zwangsführung*. Hiermit lassen sich insbesondere Sicherheitsstromkreise einfacher aufbauen.

Ein weiterer Sicherheitsaspekt von Hilfsschützen ist die *galvanische* Trennung von

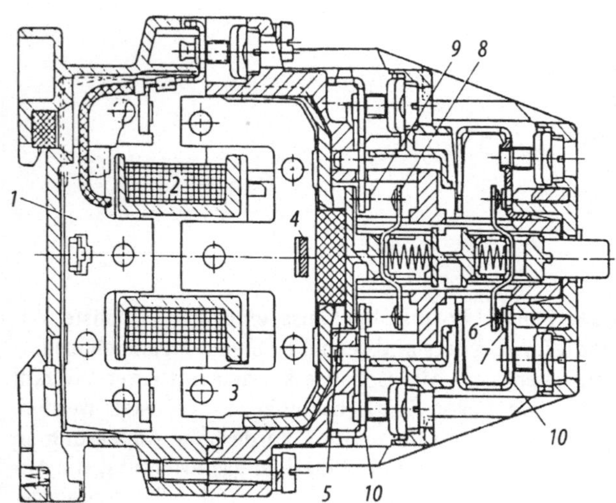

Bild 6.3. Schnittbild eines Hilfsschützes. *1* feststehendes Magnetjoch, *2* Erregerspule, *3* beweglicher Magnetanker, *4* Riegel zur Verbindung von 3 und 5, *5* Kontaktträger, *6* bewegliches Schaltstück für Öffner, *7* feststehendes Schaltstück für Öffner, *8* bewegliches Schaltstück für Schließer, *9* feststehendes Schaltstück für Schließer, *10* Leiteranschluß

Steuerstromkreis (Spule) und Schaltgliedern, aber auch der Schaltglieder untereinander. Dadurch läßt sich die sichere Trennung von „Schutz-Kleinspannungskreisen" und „Funktions-Kleinspannungskreisen mit sicherer Trennung" von den übrigen Stromkreisen zum Schutz gegen gefährliche Körperströme einfach realisieren.

Wegen der guten galvanischen Trennung werden Hilfsschütze bevorzugt auch zur Kopplung von elektronischen Steuerungen mit Starkstromkreisen eingesetzt. Besonders angepaßte Hilfsschütze werden als sog. *Koppelglieder* (vgl. Abschn. 6.2.2.4) angeboten.

Es gibt Hilfsschütze, die mit Gleich- und solche, die mit Wechselspannung angesteuert werden. Bei Wechselspannungsbetätigung ist der Einschaltstrom deutlich höher als der Strom im eingeschalteten Zustand. Dies ist im unterschiedlich großen Luftspalt zwischen den Polflächen des Magnetsystems im aus- und eingeschalteten Zustand begründet. Das Verhältnis beider Ströme kann je nach konstruktiver Ausführung des Magnetantriebs die Werte 2 bis 7 annehmen.

Die Höhe der Steuerspannung innerhalb ihres zulässigen Toleranzbereiches und bei Wechselspannung auch die Phasenlage im Einschaltmoment bestimmen die Schaltzeiten der Schütze. Daher werden reine Schützsteuerungen auch nicht als Zeitfolge-Steuerungen („Wettlaufschaltungen") sondern stets mit gegenseitiger Verriegelung (Funktionsfolge) aufgebaut.

Beim Aufbau räumlich ausgedehnter Steuerungen sind zwei wesentliche Punkte zu beachten:

1. Beim Einschalten des Spulenstromkreises darf die Spannung an den Spulenklemmen nicht unter 80% der Bemessungssteuerspeisespannung absinken.
2. In Wechselstromkreisen kann die Kapazität der Steuerleitungen so groß sein, daß trotz ausgeschalteter Befehlsgeber der durch die Spule fließende *kapazitive* Reststrom das Hilfsschütz nicht ausschalten läßt.

6.2.2.2
Zeitrelais

Zeitrelais werden für *zeitverzögerte* Schaltvorgänge in Steuer-, Schutz-, Anlaß- und Regelschaltungen eingesetzt. Im Gegensatz zu den anderen Schaltgeräten besitzen sie eine große Wiederholgenauigkeit der eingestellten Zeiten.

Als Zeitglied wird entweder ein Synchron-Motor oder eine elektronische Schaltung bis hin zum Quarzoszillator mit Mikroprozessor benutzt. Zeitrelais werden für folgende Funktionen angeboten:

- Ansprechverzögerung,
- Rückfallverzögerung,
- Blinksignal,
- Wischsignal,
- Impulsformung,
- Zeitaddition,
- Schließer-Öffner-Umschaltung mit Zeitverzögerung.

Es gibt Zeitrelais für einzelne dieser Funktionen, aber auch Kombinationen. Multifunktions-Zeitrelais erlauben, die gewünschte Funktion mittels eines Codiersteckers einzustellen. Die meisten elektronischen Zeitrelais haben als Ausgangskreise elektromechanische Schaltrelais. Hiermit ist eine galvanische Trennung von Eingangs- und Ausgangskreis gegeben.

Die Zeiten lassen sich innerhalb eines Einstellbereiches etwa um den Faktor 20 variieren. Kurze Einstellzeiten beginnen bei 50 ms, lange Einstellzeiten reichen bis 100 h.

6.2.2.3
Speicherprogrammierbare Steuerungen

Nach den Hilfsschützen und Zeitrelais sind speicherprogrammierbare Steuerungen (SPS) weitere Steuerungsmittel, mit denen Automatisierungsaufgaben gelöst werden können. Welcher Gerätegruppe (Hilfsschütz u.ä. oder SPS) der Vorzug gegeben wird, muß unter Berücksichtigung wirtschaftlicher Gesichtspunkte von Fall zu Fall entschieden werden (s. Kap. F2).

SPS sind auf jeden Fall dann von Vorteil, wenn Steuerungen rasch bzw. häufig an geänderte Betriebsabläufe angepaßt werden müssen und eine maschinelle Programmdokumentation gefordert wird.

6.2.2.4
Koppelglieder

Koppelglieder sind Betriebsmittel zum Übertragen elektrischer Signale von einem

Stromkreis auf den anderen. Sie werden vor allem bei der Verbindung von *elektronischen* Steuerungen (z.B. SPS) mit Starkstromkreisen benötigt.

Koppelglieder mit galvanischer Trennung sind zweckmäßigerweise Hilfsschütze (Abschn. 6.2.2.1), kleine Schütze (Abschn. 6.3.2.1) oder Relais (Kap. 1–5). Vereinzelt kommen auch Optokoppler zum Einsatz. Damit diese Geräte systemgerecht angesteuert werden können, müssen sie bei einer Bemessungssteuerspeisespannung von 24 V DC im Bereich von 17 V bis 30 V DC sicher einschalten und dauernd betrieben werden können. Außerdem müssen die Eingänge gegen Überspannungen beschaltet sein.

Meist schalten Koppelglieder auf der Ausgangsseite größere Schütze, die wiederum dann die Motoren ein- und ausschalten. Es werden aber auch Koppelglieder angeboten, mit denen Drehstrom-Asynchronmotore bis 11 kW bei 400 V direkt geschaltet werden können.

Koppelglieder gibt es in verschiedenen Bauformen. Schützkoppler werden wie Einzelschütze installiert und angeschlossen. Relais und Optokoppler sind meist in Gehäusen untergebracht, die dann Montage- und Anschlußmöglichkeiten wie Schützkoppler bieten. Koppelglieder in Klemmenform sind insbesondere für die Montage auf Reihenklemmentragschienen vorgesehen.

6.3
Geräte für Hauptstromkreise

Geräte für Hauptstromkreise dienen zum Verteilen und Schalten elektrischer Energie. Diese Geräte zeichnen sich durch hohes Schaltvermögen bei gleichzeitig hoher elektrischer Lebensdauer aus. Im Gegensatz zu den Geräten in Hilfsstromkreisen müssen sie großen elektrodynamischen Kräften und auch den harten Umgebungsbedingungen am Ort der Verbraucher widerstehen können.

6.3.1
Trennen und Schützen
6.3.1.1
Lasttrennschalter
Lasttrennschalter erlauben das betriebsmäßige Ein- und Ausschalten von Abzwei-

gen unter *Last*. Entscheidend ist, daß der Stromkreis allpolig geöffnet und die Schaltstellung zuverlässig angezeigt wird. Die Öffnung der Schaltstellen (Trennstrecke) muß so groß sein, daß die Bedingungen für den Personenschutz gewährleistet sind. An einem so abgeschalteten Abzweig darf also gefahrlos gearbeitet werden. Lasttrennschalter sind handbetätigte Haupt- und NOT-AUS-Schalter. Es gibt sie auch mit integrierten Sicherungen.

6.3.1.2
Sicherungen
Eine Sicherung ist eine vollständige Schutzeinrichtung, die den Stromkreis, in dem sie eingesetzt ist, durch Abschmelzen von Schmelzleitern unterbricht. Das Abschmelzen ist von Größe und Dauer des sie durchfließenden Stromes abhängig. Dieser Zusammenhang wird üblicherweise in einem Strom-Zeit-Diagramm mit logarithmischer Teilung dargestellt.

Im Kurzschlußfall sprechen Sicherungen so schnell an, daß der Strom bereits während des Anstiegs unterbrochen wird. Es tritt also eine *Strombegrenzung* ein, die in den Katalogen anhand von Durchlaßstrom-Diagrammen ausgewiesen wird. Sicherungen sind nach wie vor die Kurzschlußschutzeinrichtungen mit den geringsten Durchlaßströmen und -energien. Hiervon profitieren die nachgeschalteten Geräte.

Für die einzelnen Anforderungen gibt es Sicherungen mit angepaßten Strom-Zeit-Kennlinien, die in IEC 269-1 als Betriebsklassen für den Schutz von Kabeln und Leitungen (gL/gG), Halbleitern (gR), Bergbauanlagen (gB), Schaltgeräten (aM) und Halbleitern (aR) definiert sind.

So vorteilhaft das Schutzverhalten der Sicherungen bei Kurzschlüssen ist, so muß als Nachteil in Kauf genommen werden, daß in mehrphasigen Netzen nicht zwangsläufig allpolig getrennt wird und nach einem Störfall Ersatzsicherungen beschafft und eingesetzt werden müssen.

6.3.1.3
Leistungsschalter
Leistungsschalter können betriebsmäßige Ströme einschalten, führen und wieder aus-

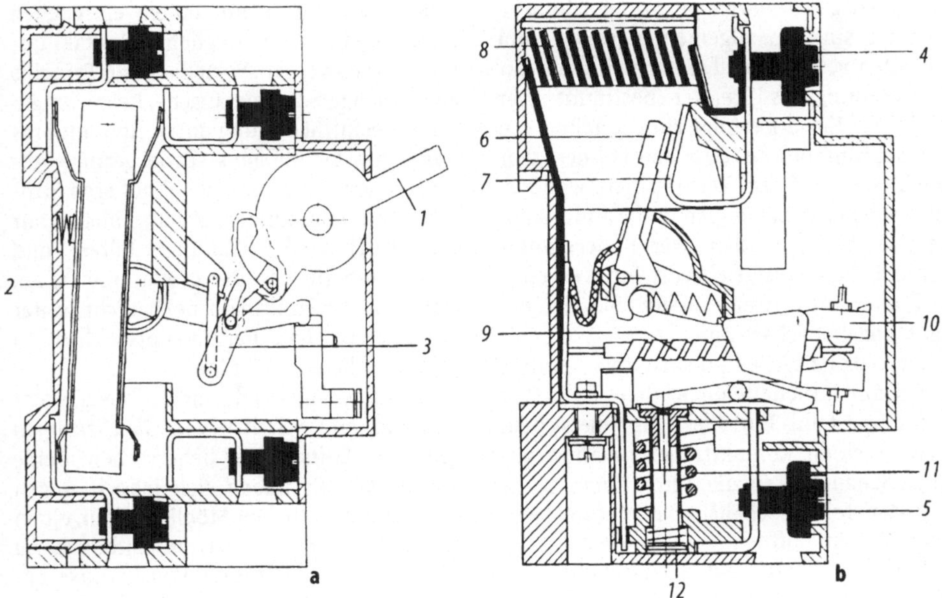

Bild 6.4. Schnittbild eines Leistungsschalters. **a** Schaltschloßebene **b** Hauptstromkreisebene. *1* Kipphebel, *2* Hilfsschalter, *3* Schaltschloß, *4* oberer Anschluß, *5* unterer Anschluß, *6* bewegliches Schaltstück, *7* festes Schaltstück, *8* Lichtbogen-Löscheinrichtung, *9* Überlastauslöser, *10* Justiereinrichtung zu 9, *11* Kurzschlußauslöser, *12* Justiereinrichtung zu 11

schalten. Sie sind jedoch auch im Überlastfall bis hin zum Kurzschluß in der Lage, den Strom einzuschalten, für eine begrenzte Zeit zu führen und ihn zu unterbrechen. Bild 6.4 zeigt die Prinzipdarstellung eines Leistungsschalters für Motorschutz. Das *Schaltschloß* wird beim Einschalten gespannt und dient somit als Kraftspeicher für die sichere Ausschaltung. Der *Kurzschlußauslöser* ist ein kleiner Elektromagnet, der vom Strom im Abzweig durchflossen wird, im Kurzschlußfall unverzögert oder kurzverzögert anspricht und dadurch das Schaltschloß entklinkt. Kleinere Leistungsschalter besitzen zusätzlich *Überlastauslöser*, die den Schutz von Anlagen oder Motoren übernehmen. Es ist möglich, Leistungsschalter als strombegrenzende Verbraucherschalter oder als mit diesen selektiv zusammenarbeitende Verteilerschalter oder als Kuppelschalter für das Parallelschalten von Transformatoren auszuführen. Die Auslösung des Schaltschlosses kann durch zusätzliche Sensoren auch bei Fehlerstrom und Unterspannung erfolgen.

Das Schaltschloß wird üblicherweise bei Geräten bis zu 250 A von Hand betätigt.

Größere Leistungsschalter haben Motorantriebe. Gelegentlich wird auch für kleinere Leistungsschalter ein Fernantrieb benötigt, der dann durch Andocken eines Motor- oder Elektromagnet-Antriebes an die Handbetätigung realisiert wird.

Der große *Vorteil* des Leistungsschalters gegenüber einer Sicherung liegt im Kurzschlußfall darin, daß er allpolig den Abzweig trennt und danach wieder einschaltbereit ist. In modernen Schaltanlagen werden daher Leistungsschalter immer mehr zum Bau sicherungsloser Verbraucherabzweige herangezogen (s.a. Abschn. 6.3.4).

6.3.2
Schalten

6.3.2.1
Schütze

Kontaktbehaftete Schütze

Schütze sind – genauso wie die Hilfsschütze- Schaltgeräte mit nur einer lage, in die sie zurückfallen, wenn der Steuerstromkreis unterbrochen wird. Sie sind für das Einschalten, Führen und Ausschalten von Strömen einschließlich *betriebsmäßiger* Überlast (Ausgleichsvorgänge) dimensioniert. Schütze sind im allgemeinen weder zum Schalten von Kurzschlußströmen noch zur Verwendung als Trenner bestimmt. Der häufigste Einsatz erfolgt zum Schalten von Asynchronmotoren. Daneben können aber auch alle anderen Verbraucher, wie z.B. ohm'sche Lasten, Lampen und Kondensatoren geschaltet werden. Wegen der unterschiedlichen Ausgleichsvorgänge ergeben sich allerdings jeweils andere zulässige Bemessungsbetriebsströme.

Der prinzipielle konstruktive Aufbau eines kontaktbehafteten Schützes ist in Bild 6.5 dargestellt. Ein Elektromagnetsystem bewegt einen Kontaktträger mit beweglichen Schaltstücken, die durch Kontaktgabe mit den festen Schaltstücken Stromkreise schließen und öffnen.

Bei den meisten Schützen schalten die Kontaktstücke in Luft. Ebenso überwiegt die Doppelunterbrechung pro Strombahn. Schütze für Bemessungsbetriebsströme ab etwa 30 A haben zur Unterstützung der Lichtbogenlöschung beim Ausschalten zusätzliche Löscheinrichtungen in Form von Eisenblechen, die den Lichtbogen unterteilen und kühlen.

Eine weitere vorteilhafte Methode zur Lichtbogenlöschung ist das Schalten im *Vakuum*. Dazu müssen die Kontakte in einer evakuierten Röhre mit einem elastischen Federbalg für den beweglichen Kontakt untergebracht werden. Vorteile dieses Prinzips sind geringe Schaltgeräusche, keine Umgebungsbeeinträchtigung durch Abbrandprodukte des Lichtbogens sowie geringe Abmessungen, vornehmlich bei höheren Strömen und Spannungen. Bislang bieten nur wenige Hersteller Vakuumschütze, und diese dann für Ströme größer 160 A, an. Daß sich dieses Prinzip noch nicht weiter durchgesetzt hat, liegt hauptsächlich an wirtschaftlichen Gründen.

Vakuumschütze sind nicht ohne Zusatzaufwand zum Schalten von *Gleichströmen* geeignet. Luftschütze beherrschen beide Stromarten. Es haben sich jedoch wegen der unterschiedlichen Möglichkeiten, einen Wechsel- oder Gleichstromlichtbogen zu löschen, jeweils effiziente konstruktive Lösungen für Gleich- und Wechselstromschütze entwickelt. Für die Anwender, die Gleichstromverbraucher mit Standard-Wechselstromschützen schalten wollen, geben die meisten Hersteller entsprechende Bemessungsdaten in den Katalogen an.

Alle Schütze werden für Gleich- und Wechselstrombetätigung angeboten. Geräte bis zu etwa 90 A besitzen für die Gleichstrombetätigung meist spezielle Magnetsysteme. Bei größeren Schützen wird das

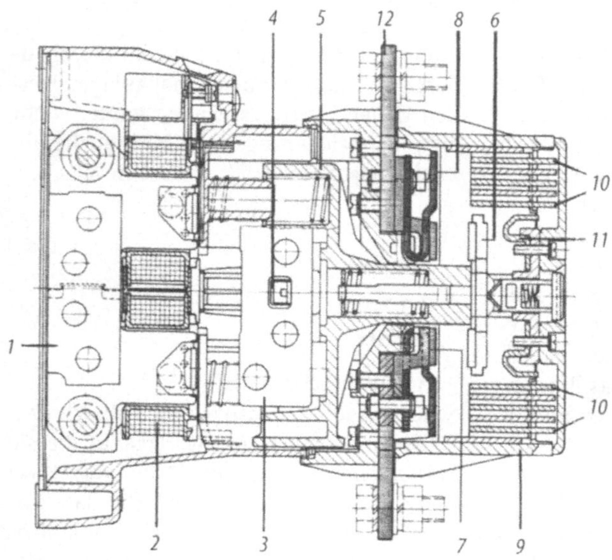

Bild 6.5. Schnittbild eines Schützes. *1* feststehendes Magnetjoch, *2* Erregerspule, *3* beweglicher Magnetanker, *4* Riegel zur Verbindung von 3 und 5, *5* Kontaktträger, *6* bewegliches Schaltstück, *7* feststehendes Schaltstück, *8* Polschuh, *9* Lichtbogenkammer, *10* Lichtbogenlöscheinrichtung, *11* Leitblech, *12* Leiteranschluß

Wechselstrommagnetsystem mit Gleichstrom erregt. Die Anpassung des Durchflutungsbedarfes an den Magnetweg, die bei Wechselstrom „automatisch" erfolgt, erfordert bei Gleichstromspeisung Schaltungsaufwand. Hierzu sind diverse Ausprägungen von sogenannten *Sparschaltungen* entwickelt worden, angefangen von kontaktbehafteten Wicklungs- oder Widerstandsumschaltungen bis hin zu elektronisch getakteten Lösungen.

Vom Aufbau her sind Schütze, genauso wie die Hilfsschütze, für die Eigenschaft „Sichere Trennung" geeignet. Das heißt, Schutzkleinspannungen und Betriebsspannungen bis 1000 V können gleichzeitig von *einem* Gerät geschaltet werden.

Zur Verknüpfung der Informationen über den Schaltzustand sind Schütze zusätzlich mit Hilfsschaltern ausgerüstet. Die Ankopplung der Hilfsschalter wird so gewählt, daß die Hauptstrombahnen und die Schließer der Hilfsschalter niemals *gleichzeitig* mit den Öffnern der Hilfsschalter geschlossen sind. Bei einigen Fabrikaten ist das auch noch gewährleistet, selbst wenn eine der Hauptstrombahnen verschweißt sein sollte. Dieses Merkmal (Zwangsführung) ist wichtig für die sichere Rückmeldung des Schaltzustandes der Hauptstrombahnen.

Halbleiterschütze

Für Anwendungen mit sehr großer Schalthäufigkeit, Schaltgeräuschfreiheit und extrem großen Lebensdauern werden Halbleiterschütze angeboten. Es gibt sie für Bemessungsbetriebsströme bis 200 A (s. Abschn. C 4.1.3). Steuerstromkreis und Hauptstrombahnen sind durch die Verwendung von Optokopplern galvanisch voneinander getrennt.

Die relativ hohen Kosten für diese Geräte werden hauptsächlich vom Aufwand für die Kühlung der Leistungshalbleiter bestimmt. Die Verluste von Leistungshalbleitern sind – bedingt durch den Leitungsmechanismus im Siliziumkristall – um den Faktor 10 bis 20 größer als bei kontaktbehafteten Schützen.

6.3.2.2
Steuerschalter

Steuerschalter sind *handbetätigte* Schaltgeräte zum Schalten von Drehstrommotoren und ohm'schen Verbrauchern. In der Standardausführung sind sie zum Einbau in Schranktüren oder Abdeckungen geeignet.

Hinter dem Drehantrieb sind aneinanderreihbare Schaltelemente mit bis zu je 3 Strombahnen angeordnet. Durch das Aneinanderreihen und entsprechende Gestaltung der internen Nockenscheiben lassen sich mehrere Schalthandlungen gleichzeitig ausführen oder Schaltprogramme (z.B. Stern-Dreieck-Hochlauf) zusammenstellen.

Steuerschalter gibt es auch in der Ausprägung als Haupt- und NOT-AUS-Schalter. Hiermit können Be- und Verarbeitungsmaschinen während der Dauer von Reinigungs-, Wartungs- und Reparaturarbeiten sowie bei längeren Stillstandszeiten freigeschaltet werden.

6.3.3
Überwachen
6.3.3.1
Überlastrelais

Ein Überlastrelais ist ein stromabhängig verzögert schaltendes Relais, das im Überlastfall entsprechend einer Strom-Zeit-Kennlinie reagiert und so einen Verbraucher vor Überlast schützt. Die einzuhaltenden Grenzwerte für die Auslösung sind in IEC 947-4-1 festgelegt.

Thermisch verzögerte Überlastrelais sind die klassischen Vertreter dieser Geräteart (Bild 6.6). Hierbei fließt der Strom des zu überwachenden Zweiges entweder direkt durch ein Bimetall oder durch eine um das bzw. neben dem Bimetall befindliche Heizwicklung, wodurch dieses auslenkt. Über mechanische Koppelelemente wird die Auslenkung auf eine Hilfskontaktanordnung übertragen, die beim Überschreiten eines bestimmten Weges schaltet. Üblicherweise wird hiermit für ein im Stromkreis befindliches Schütz die Steuerspannung unterbrochen, so daß der Stromkreis des gefährdeten Verbrauchers abgeschaltet wird.

Überlastrelais lassen innerhalb eines Bereiches von 1:1,4 bis 1:1,6 die Wahl des Einstellstromes mittels eines Drehknopfes zu. Um die Einflüsse der Umgebungstemperatur am Einbauort der Überlastrelais zu eliminieren, wird eine Temperaturkompensation verwendet.

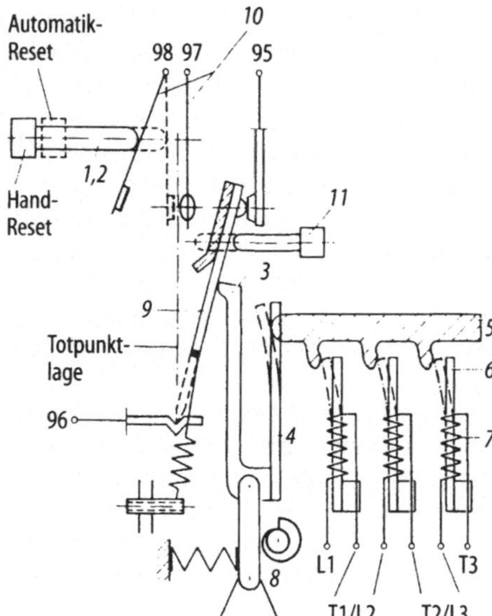

Bild 6.6. Funktionsprinzip eines dreipoligen thermisch verzögerten Überlastrelais. *1* umschaltbare Wiedereinschaltsperre, *2* Reset-Taste, *3* Auslösehebel, *4* Kompensationsstreifen, *5* Schieber, *6* Bimetallstreifen, *7* Heizwicklung, *8* Einstellknopf, *9* Schaltwippe/Öffnerkontakt, *10* Schließerkontakt, *11* Test-Taste

Nachdem die Beheizung der Bimetalle auf den *Effektivwert* des Laststromes reagiert, funktionieren thermisch verzögerte Überlastrelais auch bei Oberschwingungen im Strom noch zuverlässig.

Nach einer Auslösung benötigt jedes thermisch verzögerte Relais zur Abkühlung eine Wartezeit, die je nach Strom bei Auslösung und konstruktiver Ausprägung der Hilfskontaktanordnung einige Minuten beträgt. Die meisten Relais besitzen eine Einstellmöglichkeit, das *selbsttätige* Schließen der Hilfskontaktanordnung nach der Abkühlung zuzulassen oder zu verhindern (Wiedereinschaltsperre).

Um auch bei Zweiphasenlauf eines Asynchronmotors schützen zu können, bieten die Relais einiger Hersteller die Funktion „Phasenausfallempfindlichkeit mit Differentialschieber" an.

Elektronische Überlastrelais sind Schutzgeräte auf Mikroprozessorbasis. Der Motorstrom jeder Phase wird analog erfaßt und für die Weiterverarbeitung digitalisiert. Unterschiede zu den thermisch verzögerten Relais sind:

– Erkennen von Stromunsymmetrien,
– Umschaltbare Auslöseklassen,
– Große Einstellbereiche 1 : 4,
– Hohe Auslösegenauigkeit,
– Selbstüberwachung.

In einer weiteren Ausbaustufe können elektronische Überlastrelais eine Vielzahl von Betriebs- und Statistikdaten, die sie erfaßt und errechnet haben, über Bussysteme (s. Teil D) einer Automatikebene zur Verfügung stellen.

6.3.3.2
Thermistor-Motorschutz

Die Wicklungen von Motoren und Transformatoren können vor unzulässig hoher Erwärmung durch in die Wicklung eingebrachte Halbleiter-Temperaturfühler (s. Abschn. B 6.2.1.3), deren Widerstandswerte abgefragt werden, geschützt werden. Bei Verwendung von *Kaltleitern* ist die Ansprechtemperatur durch die Kennlinie des eingebauten Temperaturfühlers festgelegt. Beim Einsatz von *Heißleitern* kann dagegen die Ansprechtemperatur nachträglich an einem Auslösegerät eingestellt werden. In Kombination mit thermisch verzögerten Überlastrelais bieten Thermistor-Motorschutzgeräte einen vollkommenen thermischen Schutz für läuferkritische Motoren.

µ6.3.4
Gerätekombinationen

Die in den vorstehenden Kapiteln beschriebenen Geräte werden je nach Funktionsumfang einer Steuerung oder Anlage vom Anwender miteinander kombiniert. In der überwiegenden Zahl der Anwendungen erfolgt die Kombination allein durch die leitungsmäßige Verbindung der räumlich getrennt montierten Einzelgeräte. Häufig benötigte Geräte-Kombinationen können vom Hersteller fertig vormontiert bezogen werden. In der Vergangenheit waren das hauptsächlich Einfachstarter (Schütz mit Überlastrelais) sowie Wende- und Sterndreieck-Starter. Neuerdings werden verstärkt komplette, sicherungslose Verbraucherabzweige angeboten.

Wie für fast alle kontaktbehafteten Einzelgeräte gibt es auch bei den Gerätekombinationen ein vollelektronisches Pendant.

Tabelle 6.2. IEC-, DIN EN- und DIN VDE-Bestimmungen

IEC	DIN EN	DIN VDE	
60 158-2	–	0660-109	Halbleiterschütze
60 204-1	60 204-1	–	Sicherheit von Maschinen; Elektrische Ausrüstung von Maschinen
60 255-1-00	–	0435-2011	Elektrische Relais; Maße von Schaltrelais für allgemeine Anwendungen
–	–	0435-302	Elektrische Relais; Elektromechanische Meßrelais
60 269			**Niederspannungssicherungen**
60 269-1	–	0636-10	Allgemeine Festlegungen
60 269-2	60 269-2	–	Zusätzliche Anforderungen an Sicherungen zum Gebrauch durch Elektrofachkräfte ...
60 269-3	60 269-3	–	Zusätzliche Anforderungen an Sicherungen zum Gebrauch durch Laien
60 269-4	60 269-4	–	Zusätzliche Anforderungen an Sicherungen zum Schutz von Halbleiter-Bauelementen
60 439-1	60 439-1	–	Niederspannungsschaltgerätekombinationen; Anforderungen an typgeprüfte und partiell typgeprüfte Kombinationen
61 000-4-1	61000-4-1	–	Elektromagnetische Verträglichkeit; Prüf- und Meßverfahren
60 947			**Niederspannungsschaltgeräte**
60 947-1	–	0660-100	Allgemeine Festlegungen
60 947-2	60 947-2	–	Leistungsschalter
60 947-3	–	0660-107	Lastschalter, Trennschalter, Lasttrennschalter und Schalter-Sicherungseinheiten
60 947-4-1	–	0660-102	Elektromechanische Schütze und Motorstarter
60 947-4-2	60 947-4-2	–	Halbleiter-Motor-Controller und Starter für Wechselspannung
60 947-5-1	–	0660-200	Steuergeräte und Schaltelemente; Elektromechanische Steuergeräte
60 947-5-2	60 947-5-2	–	Steuergeräte und Schaltelemente; Näherungsschalter
60 947-5-4	–	–	Verfahren zur Abschätzung der Leistungsfähigkeit von Schwachstromkontakten
60 947-5-5	–	–	Elektrisches NOT-AUS-Gerät mit mechanischer Verrastfunktion
60 947-6-1	–	0660-114	Mehrfunktion-Schaltgeräte, Automatische Netzumschalter
60 947-6-2	60 947-6-2	–	Mehrfunktion-Schaltgeräte, Steuer- und Schutz-Schaltgeräte
60 947-7-1	–	0611-1	Hilfseinrichtung: Reihenklemme für Kupferleitungen

Insbesondere die Funktion des Sterndreieck-Starters läßt sich durch elektronische Motorsteuergeräte elegant substituieren. Diese Geräte nutzen die Steuerbarkeit von Leistungshalbleitern aus, indem per *Phasenanschnitt* (s. Abschn. C 4.3) einem Asynchronmotor eine reduzierte Spannung zum sanften Hochlauf, Auslauf und auch zum Bremsen angeboten wird. Bei Einsatz einer Mikroprozessor-Steuerung können weitere Funktionen wie Überlastschutz, Fehlerauswertung und Kommunikation realisiert werden.

Diese Motorsteuergeräte sind eine wirtschaftliche Alternative zu Frequenzumrichtern.

6.4
IEC-, DIN EN- und DIN VDE-Bestimmungen

In der Tabelle 6.2 sind die einschlägigen Bestimmungen dargestellt.

Literatur

6.1 Baumann W (Mitverf.) (1984) Technische Akademie Wuppertal: NS-Schaltgeräte-Praxis. VDE, Berlin

6.2 Erk A, Schmelzle M (1974) Grundlagen der Schaltgerätetechnik. Springer, Berlin Heidelberg New York

6.3 Franken H (1967) Schütze und Schützensteuerungen. Springer, Berlin Heidelberg New York

6.4 Keil A, Merl WA, Vinaricky E (1984) Elektrische Kontakte und ihre Werkstoffe. Springer, Berlin Heidelberg New York

6.5 Kesselring F (1968) Theoretische Grundlagen zur Berechnung der Schaltgeräte. de Gruyter, Berlin

6.6 Küpfmüller K (1984) Einführung in die theoretische Elektrotechnik. 11. Aufl., Springer, Berlin Heidelberg New York

6.7 Lindmayer M (1987) Schaltgeräte. Springer, Berlin Heidelberg New York

6.8 Rüdenberg R (1974) Elektrische Schaltvorgänge. (Hrsg.: Dorsch H, Jacottet P), 5. Aufl. Springer, Berlin Heidelberg New York

6.9 Schmelcher Th (1973) Niederspannungs-schaltgeräte. Siemens, Berlin München

6.10 Schmelcher Th (1974) Überstromschutz in Niederspannungsanlagen. Siemens, Berlin München

6.11 Schmelcher Th (Bearb.) (1990) Schalten, Schützen, Verteilen in Niederspannungsnetzen. 2. Aufl., Siemens, Berlin München

6.12 Schreiner H (1964) Pulvermetallurgie elektrischer Kontakte. Springer, Berlin Heidelberg New York

6.13 Strnad H, Korell RH (1984) Sicherheitstechnische Eigenschaften und Einsatzbedingungen von Niederspannungs-Schaltgeräten. Wirtschaftsverlag NW, Bremerhaven

Allgemeines Abkürzungsverzeichnis

L. Schick

A Hilfsachse, Drehbewegung um X-Achse nach →DIN 66025

A Track A oder Spur A von Encoder bzw. Lagemeßgeber

AA Arbeits-Ausschuß

AACC American Automatic Control Council

AAE American Association of Engineers

AAI Average Amount of Inspection

AAL →ATM Adapter Layer

AALA American Association for Laboratory Accreditation

AAM Application Activity Modul, Aktivitäten-Modul für eine Prozeß-Kette von →STEP

AB Ausgangs-Byte, stellt eine 8 Bit breite Schnittstelle vom Automatisierungsgerät zum Prozeß dar

AB Aussetz-Betrieb z.B von Maschinen nach →VDE 0550

ABB →ASEA Brown Boveri

ABB Ausschuß für Blitzschutz und Blitzforschung im →VDE

ABC Asynchronous Bus Communication

ABC Automatic Brightness Control

ABCB Association of British Certification Bodies

ABEL Advanced Boolean Expression Language, Design-Hochsprache bzw. Sprachprozessor

ABI Application Binary Interface

ABIC Advanced →BICMOS

ABM Arbeitsgemeinschaft der Brandschutzlaboratorien der Materialprüfstellen

ABS Association Belge de Standardisation, Belgischer Normenverband (heute NBN)

ABT Advanced →BICMOS Technology

ABUS Automobile Bit-serielle Universal-Schnittstelle, serieller Bus, von VW entwickelt

AC Adaptive Control

AC Automatic Control, Steuer- und Regelungstechnik

AC Advanced →CMOS, Schaltkreisfamilie

AC Advisory Committee, beratendes Normen-Komitee

AC Alternating Current, Wechselstrom

ACC Analog Current Control

ACC Advisory Committee on Standards for Consumers

ACCESS Automatic Computer Controlled Electronic Scanning System

ACE Asynchronous Communication Element

ACE Advanced Computing Environment, Konsortium von →PC-Herstellern

ACE →ASIC Club Europe

ACEC Advisory Committee on Electromagnetic Compatibility

ACF Advanced Communication Function, Kommunikationssystem von →IBM

ACGC Advanced Colour Graphic Computer

ACIA Asynchronous Communications Interface Adapter

ACIA Advisory Committee on International Affairs

ACIS Association for Computing and Information Sciences

ACL Advanced →CMOS Logic, schnelle CMOS-Schaltkreisfamilie mit hoher Treiberfähigkeit

ACL Access Control Lists, Zugangsberechtigungsliste, z.B. für bestimmte Funktionen einer Steuerung

ACM Association for Computing Machinery, Verband der Computer-Industrie in den USA

ACM Automatic Copy Milling, System für die automatische →NC-Programmierung

ACOS Advisory Committee on Safety, beratendes Normen-Komitee für (Maschinen-)Sicherheit

ACR Advanced Control for Robots, Steuerungsfamilie von Siemens

ACRMS Alternating Current Root Mean Square, Effektivwert des Wechselstromes

ACSD Advisory Committee on Standards Development, beratendes Normen-Komitee für Entwicklungsfragen

ACSE Associaton Control Service Element, Übertragungsprotokoll für unterschiedliche Rechnersysteme von →ISO

ACT Advanced →CMOS Technology, →TTL-kompatible CMOS-Schaltkreisfamilie

ACTE Approvals Committee for Terminal Equipment, Zulassungskomitee für Endeinrichtungen der EGK

ACU Access Control Unit, Zugriffs-Regel-Einheit, z.B. für Speicher

ACU Arithmetic Control Unit, Steuer- und Rechenwerk eines Rechners

AD Addendum, Ergänzung zu einem →ISO-Standard

AD Address/Data, gemultiplexter Adress-/Datenbus auf Prozessor-Baugruppen

A&D Automatisierungs- und Antriebstechnik, Geschäftsbereich der SIEMENS AG, ehemals → AYT

ADAR Achsmodulare digitale Antriebsregelung

ADB Address Bus

ADB Apple Desktop Bus, Apple-System-Bus

ADC Analog Digital Converter, Analog-Digital-Umsetzer

ADCP Advanced Data Communications Control Procedure, Protokoll für die Datenübertragung auf Leitungen

ADEPA Association pour le Développement de la Production Automatisée, Verband für die Entwicklung der automatischen Produktion

ADETIM Association pour le Développement des Techniques des Industries Mécaniques, Verband für technische Entwicklung in der Maschinenindustrie

ADF Adressier-Fehler, bei Eingängen und Ausgängen der →SPS, Störungs-Anzeige im →USTACK der SPS

ADIF Analog Data Interchange Format, Standard-Programmiersprache

ADIS Automatic Data Interchange System, System zum automatischen Austausch von Daten

ADKI Arbeitsgemeinschaft Deutscher Konstruktions-Ingenieure

ADLNB Association of Designated Laboratories and Notified Bodies, Zusammenschluß zugelassener Laboratorien und gemeldeter Stellen unter der →EU-Richtlinie 91/263/EWG

ADM Add Drop Multiplexer

ADMA Advanced Direct Memory Access

ADMD Administration Management Domains, Mitteilungs-Verbund der Telekommunikation

ADO Ampex Digital Optical

ADP Advanced Data Path, Baustein des →EISA-System-Chipsatzes von Intel

ADPCM Adaptive Differential Pulse Code Modulation, Form der Sprachcodierung und -kompression

ADPM Automatic Data Processing System

ADR Address

ADr Anlaß-Drosselspule

ADS Analog Design System

ADS Allgemeine Daten-Schnittstelle, Kommunikations-Schnittstelle der →SINUMERIK

ADU Analog Digital Umsetzer

ADX Automatic Data Exchange

AE Auftrags-Eingang

AEA American Engineering Association

AEA American Electronic Association

AECMA Association of Europeen de Constructeurs de Material Aerospatiale

AED →ALGOL Extended Design

AEE Asociacion Electrotecnica Espanola

AEF Ausschuß für Einheiten und Formelgrößen im →DIN

AEI Associazione Elettrotecnica Italiana

AEI Association of Electrical Industries (USA)

AENOR Asociacion Espanola de Normalizacion y Certificacion

AFAQ Association Française pour l'Assurance de la Qualité

AFB Application Function Block

AFC Advanced Function of Communication, Datenübertragungssystem von IBM

AFG Arbritrary Function Generator

AFM Atomic Force Microscope

AFNOR Association Française de Normalisation

AFP Automatic Floating Point

AG Advisory Group

AG Automatisierungsgerät

AG Assemblée Générale, Generalversammlung, z.B. der →EU

AGM Arbeits-Gemeinschaft Magnetismus

AGQS Arbeits-Gemeinschaft Qualitäts-Sicherung e.V.

AGT Ausschuß Gebrauchs-Tauglichkeit im Deutschen Normenausschuß

AGV Automated Guided Vehicle

AGVS Automated Guided Vehicle Systems

AHDL Analog Hardware Description Language

AI Artificial Intelligence

AI Application Interface, Graphik-Software-Schnittstelle

AIC Application Interpreted Construct, Interpretierter Resourcenblock von →STEP

AID Automatic Industrial Drilling, Erstellung von Bohrlochstreifen für →NC-gesteuerte Bohrmaschinen

AIDS Automatic Integrated Debugging System

AIEE American Institute of Electrical Engineers, jetzt →IEEE

AIF Arbeitsgemeinschaft Industrieller Forschungsvereinigungen

AIIE American Institute of Industrial Engineers, amerikanischer Ingenieursverband

AIK Analog Interface Kit

AIM Application Interpreted Modul, aus der produktorientierten Normung von →STEP

AIN Advanced Intelligent Network, Oberbegriff für alle neuen softwaregesteuerten Netze

AIST Agency of Industrial Science and Technology (standards devision), Amt für industrielle Wissenschaft und Technologie in Tokio

AIT Advanced Information Technology in Design and Manufacturing, Forschungsverbund der europäischen Automobil- und Luftfahrt-Industrie

AIU Audio Interface Unit, Baustein für →ISDN

AIX Advanced Interactive Executive, Betriebssystem von IBM

AIZ Ausschuß Internationale Zusammenarbeit des →DAR

AJM Abrasive-Water-Jet-Machining, Abrasiv Wasserstrahl-Bearbeitung

AK Anforderungs-Klassen, z.B. nach nationalen Normen

AK Arbeits-Kreis

AKIT Arbeits-Kreis Informations-Technik im →ZVEI

AKPRZ Arbeits-Kreis Prüfung und Zertifizierung vom →ZVEI

AKQ Arbeits-Kreis Qualitätsmanagement im →ZVEI

AKQSS Arbeits-Kreis Qualitäts-Sicherungs-Systeme vom →ZVEI

AL Assembly Language, interaktives Programmiersystem, z.B. für Montage-Roboter

AL Ausfuhr-Liste, Handels-Embargo-Liste

ALDG Automatic Logic Design Generator, Rechnerunterstützter Schaltungsentwurf von IBM

ALE Address Latch Enable, Mikroprozessor-Signal zum Abspeichern der gemultiplexten Adressen

ALFA Automatisierungs-System für Leiterplatten-Bestückung mit flexibler Automaten-Organisation

ALGOL Algorithmic Language

ALI Application Layer Interface, Schicht vom Profibus

ALS Advanced Low Power Schottky

ALU Arithmetic Logic Unit

AM Amplituden-Modulation, Modulationsart zur Informationsübertragung

AM Asynchron-Motor

AM Arbitration Message, Arbitrierungs-Mechanismus

AM Amendment

AMA Arbeitsgemeinschaft Meßwert-Aufnehmer

AMB Ausstellung für Metall-Bearbeitung, internationale Werkzeugmaschinen-Messe

AMBOSS Allgemeines modulares bildschirmorientiertes Software-System

AMD Advanced Micro Devices, Halbleiter-Hersteller

AME Automated Manufacturing Electronics, internationale Fachmesse für automatisierte Fertigung

AMEV Arbeitskreis Maschinen- und Elektrotechnik staatlicher und kommunaler Verwaltungen von →DIN

AMF Analog Multi-Frequency, Monitortyp

AMI Alternate Mark Inversion, binärer Leitungscode

AMICE Architecture Manufacturing Integrated Computer European, europäisches Entwicklungsprogramm für Informationstechnik

AML A Manufacturing Language, von IBM entwickelte Programmiersprache für Roboter

AML Assembly Micro Library

AMLCD Active Matrix Liquid Crystal Display

AMM Asynchron-Motor-Modul von →SIMODRIVE-Geräten

AMNIP Adaptive Man-Machine Non-arithmetical Information Processing, Sprache für nicht-arithmetische Informationsverarbeitung

AMP Associative Memory Processor

AMP Automated Manufacturing Planning

AMPS Advanced Mobile Phone System, US-Standard für Zellulartelefon

AMT Advanced Manufacturing Technologies

AMT Available Machine Time

AMX ATM-Multiplexer, Teil einer →ISDN Vermittlung

A/N Alpha-/Numerik-Modus des →VGA-Adapters

ANIE Associazione Nazionale Industrie Elettrotecniche

ANL Anlagen, auch Geschäfts-Bereich der Siemens AG

ANP Ausschuß Normen-Praxis in der →DIN

ANS American National Standard

ANSI American National Standards Institute

ANTC Advanced Networking Test Center, s.a. →EANTC

AOQ Average Outgoing Quality, durchschnittlicher Anteil fehlerhafter Bauelemente bei Lieferung

AOW Asia Oceania Workshop, asiatisches Normenbüro für Standards

AP Acknowledge Port, Schnittstelle von →PCs

AP Application Protocol, Anwendungs- und Implementierungs-Spezifikation in →STEP

APA Asien-Pazifik-Ausschuß der Deutschen Wirtschaft

APA All Points Addressable, Graphikmodus des →VGA-Adapters

APC Automatic Pallet Changer

APC Automatic Process Control

APEX Advanced Processor Extension, Computer von Intel mit mehreren Rechenwerken

APF All Plastic Fibre

API Application Programming Interface, Programmiersprachen-Schnittstelle von →ISDN

API Application Interface, Anwender-Schnittstelle

APL A Programming Language, höhere, dialogorientierte Programmiersprache

APM Advanced Power Management

APM Advanced Process Manager

APP Applikation, Datei-Ergänzung von →GEM

APS Advanced Programming System, Programmiersystem für die Offline-Programmierung von Robotern

APS Anwenderorientierte Programmier-Sprache

APS Automated Parts Stoking

APT Automatically Programmed Tools

APT Automatic Picture Transmission

APTS Automatic Program Testing

APU Arithmetic Processing Unit

APX Application Processor Extension, Software-Schnittstelle zwischen →CISC- und →RISC-Prozessor

AQAP Allied Quality Assurance Publication, Qualitätssicherungs-Normen der Alliierten (NATO)

AQL Acceptable Quality Level

AQS Ausschuß Qualitätssicherung und angewandte Statistik im →DIN, jetzt →NQSZ

AR   Autonome Roboter, Firma, u.a. Hersteller
    für automatische Transport-Systeme
ARB   Arbitration(-Error), Entscheidung bzw.
    Zuordnung z.B. von Bus-Zugriffen durch Pro-
    zessoren
ARB   Arbitrary Waveform Generator
ARC   Advanced →RISC Computing
ARC   Attached Resource Computer, Rechner-Ar-
    chitektur
ARC   Archivdatei, Datei-Ergänzung
ARCNET   Attached Resource Computer Net-
    work, Rechner-Netzwerk
ARM   Advanced (ACORN) →RISC Machine
ARM   Application Reference Modul, Beschrei-
    bung eines Applikations-Protokolles von
    →STEP
ARMP   Allied Reliability and Maintainability
    Publications, Zuverlässigkeits- und Instand-
    haltungs-Normen der NATO
AROM   Alterable →ROM
ARP   Address Resolution Protocol, Netzwerk-
    Protokoll
ARPA   Advanced Research Projects Agency, For-
    schungsinstitution des US-Verteidigungsmi-
    nisteriums
ARQ   Automatic Repeat Request
ART   Advanced Regulation Technology, Rege-
    lung für hochgenaue Bearbeitung
AS   Automatisierungs-System
AS   Advanced Schottky, →TTL-Schaltkreis-Fa-
    milie
AS   Anschaltung, Bezeichnung von Koppel-Bau-
    gruppen in der →SIMATIC
AS511   Anschaltung 511 für Programmiergeräte
    von →SIMATIC S5
AS512   Anschaltung 512 für Prozeßrechner von
    →SIMATIC 55
ASA   American Standard Assoziation
ASA   Antreiben Steuern Automatisieren, Fach-
    messe für Automatisierungs-Komponenten in
    Stuttgart
ASB   Associated Standards Body, assoziierte Or-
    ganisation des →CEN
ASB   Antreiben Steuern Bewegen, Fachmesse
    für Antriebe
ASB   Aussetz-Schalt-Betrieb, z.B. von Maschinen
    nach →VDE 0530
ASC   →ASCII-Datei, Datei-Ergänzung
ASCII   American Standard Code for Informati-
    on Interchange
ASCP   Association Suiisse de Contrôle des In-
    stallations sous Pression
ASE   Association Suisse des Electriciens
ASEA   Schwedischer Roboterhersteller
ASG   Arbeitsausschuß Sicherheitstechnische
    Grundsätze im →DIN
ASI   Aktuator/Sensor-Interface
ASI   Antriebs-, Schalt- und Installationstechnik,
    Geschäfts- Bereich der Siemens AG

ASIC   Application Specific Integrated Circuit
ASIS   Application Specific Integrated Sensor
ASIS   American Society for Information Science
ASM   Application Specific Memory
ASM   Asynchron Motor (Machine)
ASM   Automation Sensorik Meßtechnik
ASM   Assembler-Quellcode, Datei-Ergänzung
ASME   American Society of Mechanical En-
    gineers
ASN   Abstract Syntax Notation
ASO   Active Sideband Optimum
ASP   Application Specific Processor
ASP   Attached Support Processor
ASPLD   Application Specific Programmable
    Logic Device, programmierbares Gerät
ASPM   Automated System for Production
    Management
ASPQ   Association Suisse pour la Promotion de
    la Qualité
ASQC   American Society for Quality Control
ASRAS   Application Specific Resistor Arrays
ASRC   Asyncronous Sample-Rate-Converter
ASSP   Application Specific Standard Products
AST   Asymmetrical Stacked Trench, Struktur für
    Halbleiter-Speicherzellen
AST   Active Segment Table
ASTA   Association of Short-Circuit Testing Aut-
    horities (London), Vereinigung der Prüfstel-
    len für Kurzschlußprüfung
ASTM   American Society for Testing and Mate-
    rials (Philadellphia, USA)
ASU   Asynchron-Synchron-Umsetzer
AT   Advanced Technologie
AT   Anlaß-Transformator
ATB   Antriebs-Technik Bauknecht, Antriebs-
    Geräte-Bezeichnung der Firma Bauknecht
ATC   Automatic Tool Changer
ATD   Asynchronous Time Division, Netzwerk-
    Verfahren
ATDM   Asynchronous Time Division Multi-
    plexing
ATE   Automatic Test Equipment
ATF   Automatic Track Finding
ATF   →ASIC Technology File
ATG   Automatic Test Generator
ATIS   A Tool Integrated Standard, objektorien-
    tierte Schnittstelle
ATM   Asynchronous Transfer Mode, Übertra-
    gungs-Modus für Breitband-→ISDN
ATM   Abstract Test Method, abstrakte Test-Me-
    thode
ATMS   Advanced Text Management System,
    Textverarbeitungssystem von IBM
ATN   Attention, Adress- bzw Dateninterpretati-
    on an der →IEC-Bus-Schnittstelle
ATPG   Automatic Test Pattern Generation
ATS   Abstract Test Suite, abstraktes Testverfahren
AUI   Attachment Unit Interface, →Ethernet-
    Schnittstelle

AUT Automatisierungstechnik, Geschäftsbereich der Siemens AG, heute A&D

AUT Automatic, z.B. Betriebsart der →SINUMERIK

AUTOSPOT Automated System for Positioning of Tools

AV Arbeits-Vorbereitung

AVC Audio Video Computer

AVI Arbeitsgemeinschaft der Eisen und Metall verarbeitenden Industrie

AVK Arbeitsgemeinschaft Verstärkte Kunststoffe, u.a. Ersteller der Datenbank für faserverstärkte Kunststoffe in Frankfurt

AVLSI Analog Very Large Scale Integration

AW Ausgangswort, stellt eine 16-Bit breite Schnittstelle vom Automatisierungsgerät dar

AWC Absolut-Winkel-Codierer

AWF Ausschuß für Wirtschaftliche Fertigung e.V.

AWG American Wire Gauge

AWK Aachener Werkzeugmaschinen Kolloquium

AWL Anweisungsliste, Darstellung von →SPS (z.B. →SIMATIC)-Programmen in Form von Abkürzungen

AWS Abrasiv-(Hochdruck-)Wasser-Strahl zur Bearbeitung von Blechen und Kunststoffen

AWV Außen-Wirtschafts-Verordnung, Embargo-Bestimmungen

AZG Ausschuß für Zertifizierungs-Grundlagen im →DIN

AZM Anwendungs-Zentrum Mikroelektronik in Duisburg

AZR Arbeits-Zuteilung und -Rückmeldung, Funktion einer echtzeitnahen Werkstattsteuerung

B Hilfsachse, Drehbewegung um Y-Achse nach →DIN 66025

B Track B oder Spur B vom Encoder bzw. Lagemeßgeber

BA-ADR Baustein-Absolut-Adresse im →USTACK der →SPS, steht für den nächsten Befehl des letzten Bausteins

BAC Bauelemente-Art-Code für Ausfallraten-Prognosen

BAG Betriebsartengruppe, Betriebsartengruppen fassen →NC-Kanäle und Achsen zusammen, die in einer eigenständigen Betriebsart arbeiten

BAK Backup, Sicherungskopie, Datei-Ergänzung

BAM Bit-Serial Access Method

BAM Bitserieller Anschluß für Mehrfachsteuerungen, Übertragungsverfahren für Mehrfachsteuerungen

BAM Bundes-Anstalt für Materialforschung und -prüfung

BANRAM Block Alterable Non-voltage →RAM

BAP Bildschirm-Arbeits-Platz

BAPS Bewegungs-Ablauf Programmier-Sprache für Roboter

BAPT Bundesamt für Post und Telekommunikation

BAS Bildsignal, Austastsignal, Synchronisiersignal

BAS Basic-Quellcode, Datei-Ergänzung

BASEX →BASIC Extension, Erweiterung von BASIC

BASIC Beginners All-Purpose Symbolic Instruction Code

BAT Batch-Datei, Stapel-Datei, Datei-Ergänzung

BAT Batterie, gebräuchliche Abkürzung

Baud Maßeinheit bei der Datenübertragung in Bit/s

BAW Bundes-Amt für Wirtschaft

BAZ Bearbeitungs-Zentrum

BB Betrieb mit Batterien nach →DIN VDE 0558T1

BB1/2 Betriebs-Bereit 1 oder 2, Klarmeldung der →SINUMERIK

B&B Bedienen und Beobachten

BBS Bulletin Board System, Mailbox-System

BBU Batterie Backup Unit

BCC Block Checking Character

BCD Binary Coded Decimal

BCDD Binary Coded Decimal Digit

BCF Befehls-Code-Fehler, Anzeige im →USTACK der →SPS

BCI Binary Coded Information

BCMD Bulk Charge Modulated Device, Bildaufnehmer mit hoher Auflösung

BCO Binary Coded Octal

BCS British Calibration Service

BCT →BI-CMOS-Technology

BCU Bus Control Unit, Bussteuerung eines Computers

BD Binary Decoder, binäre Dekodierschaltung

Bd Baud, Übertragungsrate in Bit/s

BDAM Basic Direct Access Method

BDE Betriebs-Daten-Erfassung

BDE Bundesverband der Deutschen Entsorgungswirtschaft e.V.

BDI Bundesverband der Deutschen Industrie e.V. in Köln

BDI Base Diffusion Isolation, Transistor-Herstellungsverfahren

BDF Bedienfeld

BDL Business Definition Language, allgemeine höhere Programmiersprache

BDM Basic Drive Module, Antriebs-Grund-Modul, bestehend aus Stromrichter und Regelung

BDS Beam Delivery System, Laser-Strahl-Führungs-System für Roboter

BDSB Betrieblicher Daten-Schutz-Beauftragter

BDSG Bundes-Daten-Schutz-Gesetz

BDU Basic Display Unit, Ein-/Ausgabeeinheit der Datenverarbeitung

BE Baustein Ende, Kennzeichnung des Programmendes in der →AWL des →SPS-Programmes

BE Bauelement

BEA Baustein Ende Absolut, Kennzeichnung eines absoluten Programmendes in der →AWL des →SPS-Programmes

BEAMA British Electrical and Allied Manufacturers Association

BEB Baustein Ende Bedingt, Kennzeichnung eines bedingten Programmendes in der →AWL des →SPS-Programmes

BEC British Electrotechnical Committee

BEF-REG Befehls-Register, enthält den zuletzt bearbeiteten Befehl im →USTACK der →SPS

BEM Boundary Element Methode

BER Bit Error Rate, Verhältnis zwischen fehlerhaften und fehlerfreien übermittelten Bits

BERT Bit Error Rate Test, Bit-Fehlerraten-Messung

BESA British Engineering Standards Association

BESY Betriebs-System

BEUG Bitbus European User Group

BEVU Bundesvereinigung mittelständischer Elektronikgeräte-Entsorgungs- und Verwertungs-Unternehmen e.V.

BF Beauftragbare Funktion, kleinste von außen abrufbare Funktion beim Informationsaustausch mit Arbeitsmaschinen nach →DIN 66264

BfD Bundesbeauftragter für den Datenschutz

BFS Basic File System

BG Berufsgenossenschaft

BG Baugruppe, →BGR

BGA Ball-Grid-Array, →PLD-Gehäuse für oberflächenmontierbare Bauelemente

BGFE Berufsgenossenschaft Feinmechanik und Elektrotechnik

BGR Baugruppe, →BG

BGT Baugruppen-Träger

BH Binary to Hexadecimal

BIA Berufsgenossenschaftliches Institut für Arbeitssicherheit

BICMOS Bipolar →CMOS, Halbleiter-Technologie mit hohem Eingangswiderstand, geringer Stromaufnahme und Bipolar-Ausgang

BICT Boundary In-Circuit-Test

BIFET Bipolar Field Effect Transistor

BIMOS Bipolar Metal Oxide Semiconductor

BIN Binärdatei, Ergebnis einer Kompilierung, Datei Ergänzung

BIN Belgisch Instituut voor Normalisatie (Brüssel), belgisches Normen-Gremium, →IBN

BIOS Basic Input Output System, Hardwareorientiertes Basis-Betriebs-System eines Rechners

BIS Business Instruction Set Befehlssatz für kommerzielle Rechnerprogramme

BIS Büro-Informations-System

B-ISDN Broadband-→ISDN, Breitband-ISDN

BIST Built-In Self Test, in Bauteilen oder Baugruppen integrierte →HW oder →SW zum Selbsttest ohne externe Unterstützung

Bit Binary Digit, binäre Informationseinheit

BIT Built-In Test, in Bauteilen oder Baugruppen integrierte →HW oder →SW zur Testunterstützung

BIX Binary Information Exchange

BJF Batch Job Foreground, Stapelverarbeitung aus dem Vordergrundspeicher

BKS Bezugs-Koordinaten-System von Werkzeugmaschinen und Robotern

BKZ Betriebsmittel-Kennzeichen

BL Block Lable, Kennzeichnung eines Datenblockes

BLD Bauelemente-Belegungs-Dichte bei der Entflechtung von Leiterplatten

BLE Block Length Error

BLE Betriebsmittel der Leistungs-Elektronik nach →VDE 0160

BLU Basic Logic Unit

BM Binary Multiply

BME Bundesverband Materialwirtschaft, Einkauf und Logistik e.V.

BMEF British Mechanical Engineering Federation

BMFT Bundes-Ministerium Forschung und Technologie

BMI Bidirectional Measuring Interface, genormte Schnittstelle für Meßdatenübermittlung

BMP Bitmap-Grafik, Datei-Ergänzung bei WINDOWS

BMPM Board Mounted Power Module, direkt auf Leiterplatten montierbare →DC/DC-Module

BMPT Bundes-Ministerium für Post und Telekommunikation

BMSR Betriebs-Meß-, -Steuerungs- und -Regelungstechnik

BMWI Bundes-Ministerium für Wirtschaft

BN Benutzeranleitung, z.B. Geräte-Dokumentation

BNM Bureau de Normalisation de la Mécanique

BO Binary to Oktal

BOF Bedien-Ober-Fläche

BOM Beginning of Message, Steuerzeichen für den Anfang einer Übertragung

BORAM Block-oriented →RAM, Speicher mit Block-Daten-Struktur

BORIS Block-oriented Interactive Simulation System

BOT Beginning of Tape

BOT Beginning of Telegram

BP Batch Processing

BPAM Basic Partitioned Access Method, Zugriffsverfahren auf gespeicherte Daten

BPBS Band-Platte-Betriebs-System
BPI Bits (Bytes) Per Inch
BPM Bundesministerium für Post- und Fern-
meldewesen
BPS Bits (Bytes) Per Second
BPSK Binary Phase Shift Keying
BPU Basic Processing Unit
BPU Betriebswirtschaftliche Projektgruppe für
Unternehmensentwicklung
BQL Basic Query Language
BRA Basic Rate Access
BRI Basic Rate Interface, Netzwerkschnittstelle
von →ISDN
BRITE Basic Research in Industrial Technolo-
gies for Europe
BS Betriebs-System
BS British Standard, britische Norm, auch Kon-
formitätszeichen
BS Bahn-Synchronisation
BS Boundary Scan, Chip-integrierte Test-Archi-
tektur
BS Backspace, Steuerzeichen von Rechnern und
Druckern
BSA British Standards Association (London)
BSAM Basic Sequential Access Method
BSC Binary Synchronous Communication, Pro-
tokoll für die byteserielle Datenübertragung
von IBM
BSC Base Station Controller
BSDL Boundary Scan Description Language,
Eingabe-Sprache für →BICT
BSEA Bedien- und Steuerdaten Ein-/Ausgabe
nach →DIN 66264
BSF Bahn-Schalt-Funktion von Robotern
BSI Bundesamt für Sicherheit in der Informati-
onstechnik
BSI British Standard Institute (London)
BSR Boundery-Scan-Register, Schiebekette mit
Boundery-Scan-Zellen
BSRAM Burst Static →RAM, schnelle statische
Schreib- und Lesespeicher
BSS Base Station Systems
BSS British Standard Specification
BST Binary Search Tree binärer Suchpfad in
einer Datenbank
BSTACK Baustein-Stack, Speicher in der →SPS
BST-STP Baustein-Stack-Pointer, Meldung im
→USTACK der →SPS über die Anzahl der im
→BSTACK eingetragenen Elemente
BT Bureau Technique
BT Bedien-Tafel, z.B. der →SINUMERIK
BTAM Basic Telecommunications Access Me-
thod
BTC Branch Target Cache
BTL Beginning Tape Label
BTR Behind the Tape Reader, Schnittstelle zwi-
schen Lochstreifenleser und Steuerung mit
direkter Dateneingabe durch Umgehung des
Lesers

BTS Base Transceiver Stations
BTS Bureau Technique Sectoriel, technisches
Sektorbüro des →CEN
BTSS Basic Time Sharing System, Betriebssy-
stem für Mehrrechner-Betrieb
BTX Bildschirm-Text, Fernseh-Informations-
System
BUB Bedienen und Beobachten
BUVE Bus-Verwaltung nach →DIN 66264
BV Bild-Verarbeitung
BVB Bundes-Verband Büro- und Informations-
Systeme e.V.
BVS Bibliothek-Verbund-System der Siemens AG
BWB Bundesamt für Wehrtechnik und Beschaf-
fung
BWM Bundes-Wirtschafts-Ministerium
B-W-N Bohrung-Welle-Nut, Meßzyklus in der
→NC für die Werkstück- und Werkzeug-Ver-
messung
BWS Berührungslos wirkende Schutzeinrich-
tung, Roboter-Schutz-Einrichtung nach
→VDI 2853 ·
BZT Bundesamt für Zulassungen in der Tele-
kommunikation in Saarbrücken

C Hilfsachse, Drehbewegung um Z-Achse nach
→DIN 66025
C Höhere komfortable Programmiersprache
CA Conseil d'Administration, Verwaltungsrat,
z.B. der →EU
CA Computer Animation, Bewegungsabläufe
mittels Computer
CAA Computer Aided Advertising (Animation),
Methode zur Rechnerunterstüzten Dokumen-
tation
CAA Computer Aided Assembling, Rechnerun-
terstütze Montage
CACEP Commission de l'Automatisation et de
la Conduite Electronique des Processus, Aus-
schuß für Automatisierung und elektronische
Prozeßsteuerung
CACID Computer Aided Concurrent Integral
Design, Hilfmittel für simultanes Konstru-
ieren
CAD Computer Aided Design, Rechnerunter-
stützte Konstruktion von Produkten
CAD Computer Aided Drafting, Rechnerunter-
stütztes Zeichnen
CAD Computer Aided Detection, Rechnerun-
terstütztes Erkennen
CADAT Computer Aided Design and Test,
Rechnerunterstütztes Konstruieren und Te-
sten
CADD Computer Aided Design and Drafting,
Rechnerunterstütztes Konstruieren und
Zeichnen
CADE Computer Aided Data Entry, Rechner-
unterstütztes Datenerfassungssystem

CADEP Computer Aided Design of Electronic Products, Rechnerunterstütztes Entwickeln von elektronischen Produkten

CADIC Computer Aided Design of Integrated Circuits, Rechnerunterstütztes Entwickeln von integrierten Schaltungen

CADIS Computer Aided Design Interactive System, von Siemens entwickeltes →CAD-System für dreidimensionale Darstellungen

CAD-NT →CAD-Norm-Teile, Normung von Produkt-Daten-Formaten

CADOS →CAD für Organisatoren und Systemingenieure

CAE Computer Aided Engineering, Rechnerunterstützte Entwicklung. →DV-Unterstützung für die technischen Bereiche, mit Sicherstellung des kontinuierlichen Datenflusses vom Entwickler bis zum computergesteuerten Fertigungs- bzw. Prüfmittel

CAE Computer Aided Education, Rechnerunterstützte Ausbildung

CAE Computer Aided Enterprise

CAGD Computer Aided Geometric Design

CAH Computer Aided Handling, Rechnerunterstützte Handhabung

CAI Computer Aided Industry, Rechnereinsatz in der Industrie

CAI Computer Aided Illustration, Methode zur Rechnerunterstüzten Dokumentation

CAI Computer Assisted Instruction, programmierte Unterweisung

CAI Computer Aided Instruction, Rechnerunterstützte Unterweisung

CAL Computer Aided Logistics

CAL Common Assembly Language

CAL Computer Assisted Learning

CAL Computer Animation Language, Programmiersprache zur Erstellung beweglicher Computergrafiken

CAL Conversational Algebraic Language, höhere Programmiersprache für technisch-wissenschaftliche Aufgaben

CAL Calender-Datei, Datei-Ergänzung bei WINDOWS

CALAS Computer Aided Laboratory Automation System, Rechnerunterstützte Labor-Automatisierung

CALS Computer Aided Acquisition and Logistic Support, internationale Standardisierung für technische Dokumentation bzw. Vernetzung von Systemen

CAM Computer Aided Manufacturing

CAM Content Addressable Memory, Speicher für Netzwerke

CAM Central Address Memory, zentraler Speicher eines Datenverarbeitungssystemes

CAM Communication Access Method, Zugriffsverfahren bei der Daten-Fernübertragung

CAMAC Computer Automated Measurement and Control, automatisierte Meß- und Steuertechnik

CAMEL Computer Assisted Education Language, Programmiersprache für den Rechnerunterstützten Unterricht

CAMP Compiler for Automatic Machine Programming

CAMP Computer Assisted Movie Production, Rechnerunterstütztes Erzeugen von bewegten Bildern

CAN Control (Controller) Area Network

CANS Computer Assisted Network System, Rechnerunterstütztes Verwaltungssystem für Netze

CAO Computer Aided Office (Organization)

CAP Computer Aided Planning, Rechnerunterstützte Arbeitsplanung

CAP Computer Aided Publishing, Methode zur Rechnerunterstüzten Dokumentation

CAP Computer Assisted Production

CAPD Computer Aided Package Design, Methode zur Rechnerunterstüzten Dokumentation

CAPE Computer Aided Production Engineering

CAPE Computer Aided Plant Engineering, Rechnerunterstützte Planung

CAPI Common-→ISDN-→API, Anwenderprogramm-Schnittstelle

CAPIEL Comité de Coordination des Associations de Constructeurs d'Appareillage Industriel Electrique du Marché Commun

CAPM Computer Aided Production Management

CAPP Computer Aided Process Planning

CAPS Computer Assisted Problem Solving

CAPSC Computer Aided Production Scheduling and Control, Rechnerunterstützte Produktions-Planung und -Steuerung

CAQ Computer Aided Quality Control

CAQA Computer Aided Quality Assurance

CAR Computer Aided Robotic

CAR Computer Aided Repair

CAR Channel Address Register, Kanal-Adreß-Register einer Rechner-Zentraleinheit

CARAM Content Addressable →RAM, Speicher mit wahlfreiem Zugriff

CARE Computer Aided Reliability Estimation

CARO Computer Aided Routing System, internationale Vereinigung zur Erforschung von Computerviren

CAS Communication (Control) Access System

CAS Computer Aided Service

CAS Columne Address Strobe, Steuersignal für dynamische →RAM

CAS Computer Aided Simulation

CASCO Conformity Assessment Committee, →ISO-Rats-Komitee für Konformitätsbeurteilung

CASD   Computer Aided System Design

CASE   Conformity Assessment System Evaluation

CASE   Computer Aided Software Engineering

CASE   Computer Aided Service Elements, Teil der Schicht 7 des →OSI-Modelles

CAST   Computer Aided Storage and Transportation

CAT   Computer Aided Testing

CAT   Computer Aided Technologies, Fachmesse für Computer-Anwendung

CAT   Computer Aided Teaching

CAT   Computer Aided Translation

CAT   Computer Aided Telephony

CAT   Connector Assembly Tooling(-Kit), Werkzeugsatz für die Montage von Glasfasersteckern

CAT   Character Assignment Table

CATE   Computer Aided Test Engineering, Rechnerunterstützte Entwicklung von Teststrategien

CATP   Computer Aided Technical Publishing

CATS   Computer Aided Teaching System

CATS   Computer Automated Test System

CATV   Community Antenna Television, Kabelfernsehen

CAV   Constant Angular Velocity, Aufzeichnungsverfahren mit konstanter Rotationsgeschwindigkeit

CB   Certification Body, Zertifizierungs-Institution

CB   Circuit Breaker

CBB   Conformance Building Block, Begriff aus der Industrie-Automation

CBC   →CMOS-Bipolar-CMOS, Basis-Zellen einer Gate-Array-Technologie

CBC   Cipher Block Chaining, Schlüsselblockverkettung von Daten

CBEMA   Computer and Business Equipment Manufactures Association, Vereinigung der amerikanischen Computer-Hersteller

CBIC   Cell Based →IC, Standard-Zellen-IC

CBN   Cubic Bor Nitrid, kubisches Bor-Nitrid

CBT   Computer Based Training

CBX   Computerised Branch Exchange, Rechnergesteuerte Telekommunikationsanlage

CC   Cyclic Check

CC   Cable Connector, Kabelanschluß

CC   Communication Controller, Ein-/Ausgabe-Steuerung von Rechnern

CCA   →CENELEC Certification Agreement

CCC   →CEN Certification Committee

CCC   Consumer Consultative Committee, beratender Verbraucherausschuß bei der Europäischen Kommission in Brüssel

CCD   Charge Coupled Devices

CCE   Commission des Communautés Européennes, Kommission der Europäischen Gemeinschaft

CCE   Configuration Control Element

CCEE   Commission de Coopération Economique Européenne, Kommission für die wirtschaftliche Zusammenarbeit Europas

CCFL   Cold Cathode Fluorescence Light, Anzeige-Technologie

CCG   Certification Consultative Group des →IEC

CCH   Coordination Committee for Harmonization, Koordinierungs-Ausschuß für Harmonisierung der →CEPT

CCI   Comité Consultatif International de l'Union Internationale de Télécommunications, Internationales beratendes Komitee der Internationalen Fernmeldeunion

CCIA   Computer and Communications Industry Association, Vereinigung der amerikanischen Computer- und Kommunikations-Industrie

CCIR   Comité Consultatif International des Radiocommunications, internationaler beratender Ausschuß für den Funkdienst

CCITT   Comité Consultatif International Télégrahique et Telephonique, internationales Komitee für Telegraphen- und Fernsprechdienst

CCL   Commerce Control List, Liste der amerikanischen Handelsware

CCM   Coordinate Measuring Machine

CCM   Charge Coupled Memory, ladungsgekoppeltes Schieberegister (Halbleiterspeicher)

CCP   Communication Control Program

CCT   Comite de Coordination des Télécommunications, französische Organisation für Gütesicherung

CCU   Central Control Unit, zentrale Steuereinheit eines Rechners

CCU   Communication Control Unit, Kommunikations-Steuereinheit eines Rechners

CCU   Concurrency Control Unit, externe Parallelverarbeitung beim Mikroprozessor

CCW   Counter-Clockwise, im Gegenuhrzeigersinn

CD   Collision Detection, Kollisions-Erfassung

CD   Carrier Detect, →RS-232-Modem-Signal, das der Gegenstation mitteilt, daß es ein Signal empfangen hat

CD   Compact Disk

CD   Committee Draft, Vorschlag eines Dokumentes, das zur Abstimmung ansteht

CDA   Customer Defined Array

CDC   →CENELEC Decision Committee

CDC   Compact Diagnostic Chamber, z.B. Absorberraum für →EMV-Messungen

CDE   Common Desktop Environment, Standard-Bedienoberfläche von →UNIX

CDI   Compact Disk Interactive, Optisches Speichermedium

CDIL   Ceramic Dual In Line, Gehäuseform von integrierten Schaltkreisen, →CDIP

CDIP   Ceramic Dual Inline Package, Gehäuseform von integrierten Schaltkreisen, →CDIL

CDL Comité de Lecture, Normenprüfstelle bei →CENELEC

CDM Charged Device Model, Prüf-Modell für die Entladung eines Bauteiles gegen Masse

CDM Complete Drive Module, komplettes Antriebs-Modul, z.B. für Wechselstrom-Motore

CDMA Code Division Multiple Access, Zugangsmethode zum Frequenzspektrum in der Mobilkommunikation

CDRAM Cached Dynamic →RAM, dynamischer Speicher

CD-ROM Compact Disk →ROM

CDTI Computer Dependent Test Instruments

CE Communauté Européenne, Konformitäts-Zeichen der →EU

CEB Comité Electronique Belge, belgisches Elektrotechnisches Komitee

CEBIT Centrum für Büro- und Informations-Technik, Messe in Hannover mit internationaler Beteiligung

CEC Commission of the European Communities, Kommission der Europäischen Gemeinschaft

CECA Communauté Européenne du Charbon et de l'Acier, Europäische Gemeinschaft für Kohle und Stahl (→EGKS)

CECAPI Comité Européen des Constructeurs d'Appareillage Electrique d'Installation, europäisches Komitee der Hersteller elektrischer Installations-Geräte

CECC →CENELEC Electronic Components Committee, Komitee für elektronische Bauelemente

CECIMO Comité Européen de Cooperation des Industries de la Machine-Outil, europäisches Komitee für die Zusammenarbeit der Werkzeugmaschinen-Industrie

CECT Center of Emerging Computer Technologies

CEDAC Cause Effect Diagram with Addition of Cards, →QS-Werkzeug, Kombination von Ursachen-, Wirkungsdiagramm, graphischer Darstellung und Maßnahmen

CEE International Commission on Rules for the Approval of Electrical Equipment, internationale Kommission für Regeln zur Begutachtung elektronischer Erzeugnisse. Seit 1985 in die →IEC integriert

CEE Communauté Economique Européenne

CEE Commission Economique pour l'Europe, Wirtschaftskommission für Europa der UN in Genf

CEEC Committee of European Economic Cooperation

CEF Comité Electrotechnique Française

CEI Comitato Elettrotecnico Italiano

CEI Commission Electrotechnique Internationale, entspricht →IEC

CELMA Committee of →EEC Lighting Manufacturers Association, europäischer Verband der Leuchtenhersteller in London

CEM Contract Electronics Manufacturer

CEM Compatibilité Electromagnétique, Elektromagnetische Verträglichkeit →EMC

CEMA Canadian Electrical Manufacturers Association, Verband kanadischer Hersteller elektronischer Geräte

CEMACO Constructeurs Européens de Matériaux de Connexion, →EU-Hersteller-Kommission für Verbindungsmaterial

CEMEC Committee of European Associations of Manufacturers of Electronic Components

CEN Comité Européen de Normalisation

CENCER →CEN Certification, CEN-Zertifizierung

CENEL Comité Européen de Coordination des Normes Electriques; Vorläufer von →CENELEC

CENELCOM Comité Européen de Coordination des Normes Electriques des Pays de la Communauté Economique Européenne, Koordinationsausschuß für elektrotechnische Normen der →EWG-Länder

CENELEC Comité Européen de Normalisation Electrotechnique, europäisches Komitee für elektrotechnische Normung

CEO Chief Executive Officer

CEOC Conféd√ration Européenne d'Organismes de Contrôle

CEPEC Committee of European Associations of Manufacturers of Passive Electronic Components

CEPT Conférence Européenne des Administrations des Postes et des Télécommunications

CES Comité Electrotechnique Suisse

CES Critical Event Scheduling, Simulationsmethode für →PLDs

CESA Canadian Engineering Standards Associacion

CFA Clock Frequency Adjusted, Leistungs-Analyse von Rechner-Systemen bei angepaßter Taktfrequenz

CFG Configuration, Setup-Info, Datei-Ergänzung

CFI →CAD Framework Initiative, →SW-Standardisierung für →CAE

CFP Color Flat Panel, Farb-Flach-Bildschirm

CFR Controlled Ferro Resonance, geregelte Stromversorgung

CG Character-Generator

CGA Color Graphics Adapter

CGI Computer Graphics Interface, Normung von Produkt-Daten-Formaten nach →ISO

CGM Computer Graphics Meta-File, Normung von Produkt-Daten-Formaten nach →ISO

CGMIF Computer Graphics Metafile Interchange Format

CHG Change

CHI Computer Human Interaction

CHILD Computer Having Intelligent Learning and Development, künstliche Intelligenz mit Lerneigenschaften

CHILL →CCITT High Level Language

CIA Computer Interface Adapter, Anpassungs-Adapter für Computer-Schnittstellen

CiA →CAN in Automation, Vereinigung der Industrieautomatisierung

CIAM Computer Integrated and Automated Manufacturing, Rechnerunterstützte Produkterzeugung

CIAS Computer Integrated Administration und Service

CIB Computer Integrated Business, Integriertes Gesamtkonzept von Entwicklung, Verwaltung, Fertigung, Service usw.

CID Computer Integrated Documentation

CID Computer Integrated Development

CID Contactless Identification Devices, kontaktlos arbeitende Identifikations-Schaltungen in ICs

CIGRE Conférence Internationale des Grands Réseaux Electriques, internationale Konferenz für Hochspannungsnetze in Paris

CIL Controllorate of Inspection Electrics

CIL Computer Integrated Logistics

CIM Computer Integrated Manufacturing

CIME Computer Integrated Manufacturing and Engineering →CIM

CIMEC Comité des Industries de la Mesure Electrique et Electronique, EWG-Hersteller-Komitee für elektrische und elektronische Meßtechnik

CIM-TTZ →CIM-Technologie-Transfer-Netz

CIO Computer Integrated Office

CIOCS Communications Input/Output Control System, Steuerung der Datenfernübertragung

CIP Compatible Independent Peripherals

CIP Computer Integrated Processing

CIPM Comité International des Poids et Mesures, Internationales Komitee für Maße und Gewichte

CIPS Common Information Processing Service von →CEN/CENELEC

CIS →CENELEC Information System

CIS Character Imaging Systems

CIS Communication Information System

CISC Complex Instruction Set Computer, Computer mit sehr umfangreichem Befehlssatz

CISPR Comité International Spécial des Perturbations Radioélectriques, Internationaler Ausschuß für Funkstörungen in Genf und London

CISQ Certificazione Italiana dei Sistemi Qualita delle Aziende, italienische Zertifizierungsstelle für Qualitäts-Management-Systeme

CIT Computer Integrated Telephony

CITT Computer Integrated Telephone and Telematics

CK Chloropren-Kautschuk

CKW Chlor-Kohlen-Wasserstoff

CL Control Language, Programmiersprache der Steuer-und Regelungstechnik

CL Cycle Language, zyklenorientierte Programmiersprache

CL800 Cycle Language 800, Programmiersprache von Siemens für die Erstellung von Bearbeitungszyklen auf dem Programmierplatz WS800

CLB Configurable (Combinational) Logic Block, kombinierbare Logik mit Speicherelementen bei →LCAs

CLC →CENELEC (Kurzform)

CLCC Ceramic Leaded Chip Carrier, Gehäuseform von integrierten Schaltkreisen in →SMD

CLCS Current Logic Current Switching, stromgesteuerter integrierter Schaltkreis

CLC/TC →CENELEC Technical Committee

CLDATA Cutter Location Data

CLF Clear File, Löschanweisung

CLM Closed Loop Machining

CLR Clear, löschen

CLT Communications Line Terminal, Datenendgerät

CLT Computer Language Translator

CLUT Color Look Up Table, Farben-(Speicher-)Such-Tabelle

CLV Constant Linear Velocity, Aufzeichnungsverfahren mit konstanter Datendichte

CM Common Modification, gemeinsame Abweichungen

CM Cache Memory, Hintergrundspeicher

CM Central Memory

CMC Certification Management Committee for Electronic Components, Komitee des →IEC-Gütebestätigungs- Systems für elektronische Bauelemente

CMI Coded Mark Inversion, binärer Leitungskode

CMI Cincinnati Millacron Incorporated, Werkzeugmaschinenhersteller der USA

CMIP Common Management Information Protocol →OSI-Netzwerk-Management-Protokoll

CMIS Common Manufacturing Information System

CML Current Mode Logic, →ASIC-Technologie mit hoher Treiberfähigkeit

CMM Coordinate Measuring Machine

CMMA Coordinate Measuring Machine Manufactures Association

CMMU Cache Memory Management Unit

CMOS Complementary Metal Oxide Semiconductor, Halbleiter-Technologie mit hohem Eingangswiderstand und geringer Stromaufnahme

CMOT →CMIP over →TCP/IP, Netzwerkmanagement für TCP/IP-Netze

CMRR Common Mode Rejection Ratio

CMS →CAN-based Message Specification, Sprache für die Beschreibung verteilter Anwendungen

CMS Computer Marking System

CMYK Cyan Magenta Yellow Black, Druck-Farb-Standard

CNC Computerized Numerical Control

CNET Centre National d`Etudes de Télécommunication

CNF Configuration, Setup-Info, Datei-Ergänzung

CNMA Communication Network for Manufacturing Applications

CNS Communications Network System, Telekommunikations-Netz

CNV Convertierungs-Datei, Datei-Ergänzung von WINDOWS

CO Central Office

COB Chip on Board

COB →COBOL-Quellcode, Datei-Ergänzung

COBOL Common Business Oriented Language

COBRA Common Object Broker Request Architecture, objektorientierte Schnittstelle

COC Coded Optical Character

COF Customer Oriented Function

COLIME Comité de Liaison des Industries Métalliques, Verbindungsausschuß der Verbände der europäischen metallverarbeitenden Industrien

COM Communication (-Bereich), Kommunikations-Bereich der →SINUMERIK, führt den Dialog mit der Bedientafel und den externen Komponenten durch

COM Computer Output Microfilm, Ausgabe alphanumerischer oder graphischer Daten über Mikrofilm-Aufzeichnungsgeräte

COM Command-Datei

COMEL Comité de Coordination des Constructeurs de Machines Tournantes Electriques du Marche Commun, europäische Vereinigung der Hersteller von rotierenden elektrischen Maschinen

COMFET Conductivity Modulated →FET

COMSEC Communications Security

COMSOAL Computer Method of Sequencing Operations for Assembly Lines

CONCERT European Committee for Conformy Certification

COO Cost of Ownerchip, Bausteinkosten

COOL Control Oriented Language

COP CO-Processor

COPICS Communications Oriented Production and Control System, Produktionskontrolle mittels Fernübertragung

COQ Cost of Quality, Qualitätskosten

CORA →CIM-orientierte Anfertigung, z.B. von Baugruppen

COREPER Comité des Représentants Permanents, Ausschuß der ständigen Vertreter der Mitgliedstaaten der →EU

COROS Control and Operator System, Bedien- und Beobachtungs-Konzept von →SIMATIC

COS Corporation for Open Systems, Zusammenschluß von Computer- und Kommunikations-Firmen

COS Cooperation for the Application of Standards for Open Systems (USA)

COS Chip On Silicon, Silizium- verdrahtete Schaltkreise

COSINE Cooperation for →OSI Networking in Europa

COSMOS Complementary Symmetric Metal Oxide Semiconductor

COSYMA Computerized System for Manpower and Equipment Planning

CP Communication Processor

CP Communication Phase, Übertragungsphase

CP Circuit Package, Gehäuse für integrierte Schaltkreise

CP Check Point, Anlaufpunkt nach Programmunterbrechung

CP Continuous Path (Controlled Path)

CP Card Punch, Lochkartenstanzer

CP Command Port, Schnittstelle am →PC

CPC →CENELEC Programming Committee

CPC Customer Programmable Cycles

CPC Computer Process Control

CPD Construction Products Directive

CPE Customer Premises Equipment, Kunden-Endgeräte, z.B. Telefone, Computer usw.

CPE Computer Performance Evaluation, Leistungsermittlung von Datenverarbeitungsanlagen

CPGA Ceramic Pin Grid Array, Bezeichnung von Logikbausteinen mit hoher Pin-Zahl in Keramik-Ausführung

CPI Cycles Per Instruction

CPI Clock Per Instruction

CPI Characters Per Inch

CPI Code-Page-Information, Zeichensatz-Tabellen-Datei, Datei-Ergänzung von →MSDOS

CPL Customer Programmable Language

CPLD Complex Programmable Logic Device, komplexe anwenderspezifische programmierbare Bausteine

CPM Critical Pass Methods

CPS Characters Per Second

CPU Central Prozessor Unit

CQC Capability Qualifying Components, Eignungstest bei Spezifikationen

CR Carriage Return, Wagen-Rücklauf

CR Central Rack

CRAM Card →RAM, Magnetkartenspeicher

CRC Cutter Radius Correction, Fräser- bzw. Schneiden-Radius-Korrektur von Werkzeugmaschinen-Steuerungen

CRC Cyclic Redundancy Check, spezielles Fehlerprüfverfahren zur Erhöhung der Datenübertragungs-Sicherheit

CRD Cardfile

CRDR Cyclic Request Data with Reply, zyklischer →RDR-Dienst

CRISP Complex Reduced Instruction Set Processor, Kombination von →RISC- und →CISC-Prozessor

CRL Communication Relations List, vom →PROFIBUS

CROM Control →ROM, Nur-Lese-Speicher für feste Abläufe

CRT Cathode Ray Tube

CRTC Cathode Ray Tube Controller, Video-Baustein (Prozessor) zur Monitor-Steuerung

CS Chip Select

CS Central Secretariat

CS Companion Standard, Begriff aus der Industrie-Automation

CSA Client Server Architecture

CSA Canadian Standards Association, kanadischer Normenausschuß, gleichzeitig Bezeichnung für Norm und Normenkonformitäts-Zeichen

CSB Channel Status Byte, Anzeige eines Prozessor-Ein-/Ausgabekanales

CSBTS China State Bureau of Technical Supervision, nationales chinesisches Normungsinstitut

CSC →CENCER Steering Committee

CSG Constructive Solid Geometrie, Volumenorientiertes 3D-→CAD-Modell

CSIC Computer System Interface Circuit, Rechner-Schnittstelle

CSMA Carrier Sense Multiple Access, Mehrfach-Zugriff mit Signal-Abtastung

CSMA/CA Carrier Sense Multiple Access with Carrier Avoidance, Zugriffsverfahren, bei dem die Datenkollission durch Vergabe von Prioritäten verhindert wird

CSMA/CD Carrier Sense Multiple Access with Collision Detection, Mehrfach-Zugriff mit Signalabtastung und Kollisions-Erkennung. Ein Protokoll vom→ IEEE 802.3 für lokale Netze, z.B. →ETHERNET

CSMB Continuous System Modeling Program, Simulationsprogramm für Großprojekte

CSPC Companion Standard for Programmable Controller, offene Kommunikation für →SPS

CSPDN Circuit Sitched Public Data Network

CSRD Cyclic Send and Request Data, zyklischer →SRD-Dienst

CSTA Computer Supported Telecommunication Application, Standard für Rechner-Vernetzung per Telefon der →ECMA

CT Cordless Telephone

CTI Section on Communications Terminals and Interfaces, Arbeitsgruppe für Datenübertragungsgeräte und Schnittstellen

CTI Colour Transient Improvement, Schaltung zur dauerhaften perfekten Bildwiedergabe

CTI Computer Telephony Integration, Rechnerunterstütztes Telefonsystem

CTI Cooperative Testing Institute for Electrotechnical Products, Gesellschaft zur Prüfung elektrotechnischer Industrieprodukte GmbH

CTIA Cellular Telecommunications Industry Association, Herstellervereinigung in USA

CTP Composite Theoretical Performance, gesamte theoretische Rechner-Leistung

CTR Common Technical Regulations

CTRL Control

CTS Clear To Send, Meldung der Sende-Bereitschaft bei seriellen Daten-Schnittstellen

CU Central Unit

CUA Common User Access, Leitlinie für die Benutzeroberfläche von IBM

CVD Chemical Vapor Deposition

CVI C for Virtual Instrumentation, Meßtechnik-System für WINDOS und Sun

CVT Continuously Variable Transmission

CVW Codeview Debugger for WINDOWS

CW Clockwise

CW Continuous Wafe, Dauer-Sinussignal (Störimpuls)

CXC Controller Extension Connector

D Werkzeug-Korrektur-Speicher nach →DIN 66025

DA Digital to Analogue

DAA Data Access Arrangement

DAB Dauerlaufbetrieb mit Aussetz-Belastung, z.B. von Maschinen nach →VDE 0550

DAC Digital Analog Converter

DAC Design Automation Conference, wichtige →CAE-Messe

DAC Discretionary Access Control, Begriff der Datensicherung

DAC Dual Attachment Concentrator →FDDI-Anschluß

DAD Draft Addendum, Vorschlag eines →AD

DAE Deutsche Akkreditierungsstelle Elektrotechnik, Dienststelle der →EU

DAL Digital Access Line, Leitung zwischen Rechner und Peripherie zur Informationsübertragung

DAM Direct Access Memory

DAM Deutsche Akkreditierungsstelle Metall und verbundene Werkstoffe, Dienststelle der →EU

DAN Desk Area Network, optoelektronisches Netzwerk für die Vernetzung von →PCs

DAP Data Acquisition and Processing

DAP Deutsche Akkreditierungsstelle Prüfwesen, Dienststelle der →EU

DAPR Digital Automatic Pattern Recognition

DAQ Data Acquisition, Daten-Erfassung

DAR Deutscher Akkreditierungs-Rat, Dienststelle der →EU

DAS Data Acquisition System

DASET Deutsche Akkreditierungsstelle Stahlbau und Energie-Technik

DASM Drehstrom Asynchron Maschine

DASP Digital Array Signal Processor

DASSY Daten-Transfer und Schnittstellen für offene, integrierte →VLSI-Systeme, →BMFT-Projekt für →EDIF und →VHDL

DAST Direct Analog Storage Technology, direkte analoge Sprachspeicherung

DAT Digital Audio Tape

DAT Durating of Drive Telegram, Zeiteinheit bei der Antriebs-Steuerung

DAT Data, Datei-Ergänzung

DATech Deutsche Akkreditierungsstelle Technik

DATEL Data Telecommunication (Telephonie, Telegraph), Datenübertragung der Deutschen Bundespost

DATEX Data Exchange Service, Dienst der Deutschen Bundespost für Datenübertragung

DAU Digital Analog Umsetzer →DAC

DAV Data Valid, Anzeige der Datengültigkeit an der →IEC-Bus-Schnittstelle

DB Daten Baustein bei →SIMATIC S5

DB Data Byte

DB Daten-Block, Anwenderdaten einer →BF beim Informationsaustausch mit Arbeitsmaschinen nach →DIN 66264

DB Dauer-Betrieb

DB Drehstrom-Brückenschaltung

dB Dezibel

DB Digital to Binary

DBA Data Base Administration

DB-ADR Daten-Baustein-Adresse

DBC Data-Bus-Controller, Baustein des →EISA-System-Chipsatzes von Intel

DBF DBASE-File, Datei-Ergänzung

DBL-REG Daten-Baustein-Länge-Register im →USTACK der →SPS

DBMS Data Base Management System

DBP Deutsches Bundes-Patent(-Amt)

DBP Deutsche Bundes-Post

DBS Datenbank im →SQL-WINDOWS-Format, Datei-Ergänzung

DBV Daten-Block-Verzeichnis, Adressentabelle, die einer →BF die →DBs zuweist beim Informationsaustausch mit Arbeitsmaschinen nach →DIN 66264

DC Direct Current

DC Direct Control, Steuerzeichen der Datenübertragung

DC Device Control

DCB Direct Copper Bonding, Verfahren zum Verknüpfen von Keramik-Substraten in der Halbleiter-Technik

DCC Digital Compact Cassette, digitales Aufzeichnungs- und Abspielsystem für Magnettonbänder

DCC Display Combination Code, Funktion des →VGA-Adapters zur Erkennung des Bildschirmtyps

DCCS Distributed Computer Control System

DCCU Detached Concurrency Control Unit, Kontroll- bzw. Zähl-Register eines →RISC-Prozessors

DCD Data Carrier Detect, Empfangs-Signal-Pegel von seriellen Daten-Schnittstellen

DCE Data Circuit terminating Equipment

DCE Data Communications Equipment

DCE Distributed Computing Environment, Verarbeitung von Daten auf unterschiedlichen Rechnern nach →OSF

DCI Display Control Interface, Standard in der Video-Darstellung

DCLK Data Clock, Taktleitung von seriellen Daten-Schnittstellen

DCM Data Communications Multiplexer, im Multiplexverfahren gesteuerte Datenfernübertragung

DCN Data Communications Network

DCS Distributed Control System, dezentrale Steuerung

DCS Digital Communication Service, Erweiterung des →GSM-Standards

DCS Data Communications System, Steuerung der gesamten Datenübertragung eines Rechners

DCS Digital Cellular System →GSM-Standard mit hoher Kapazität

DCT Discreet (Direct) Cosinus Transformation

DCT Dictionary, Lexikondatei, Datei-Ergänzung

DCTL Direct Coupled Transistor Logic, integrierte Schaltung mit direkt gekoppelten Transistoren

DCU →DSP Chipselect Unit, Baustein-Auswahl beim DSP

DD Double Density, doppelte Speicherdichte einer Diskette

DDBMS Distributed Data-Base Management System, Verwaltung einer Datenbank

DDC Direct Digital Control, Digitalrechner, der direkt mit seinen Ein-/Ausgängen verbunden ist

DDCMP Digital Data Communications Message Protocol, Übertragungsprotokoll für Weitverkehrsnetze

DDE Dynamic Data Exchange, →SW-Paket für den Datenaustausch bei WINDOWS

DDL Device Description Language, standardisierte, objektorientierte Metasprache

DDM Desting Drafting and Manufacturing, Rechnerunterstütztes System für Konstruktion und Fertigung von GE

DDMS Design Data Management System, Framework-Architektur für die Produkt-Entwicklung

DDP Distributed Data Processing, Datenvertei-
lung auf einem Mehrrechner-System

DDRS Digital Data Recording System, System
zum Aufzeichnen digitaler Daten

DDS Digital Data Storage, Aufzeichnungs-For-
mat von Laufwerken

DDS Data Display System, Daten -Anzeigegerät

DDT Data Description Table, Tabelle für Daten-
festlegung

DDTE Digital Data Terminal Equipment, digitale Daten-Endeinrichtung

DDTL Diode Diode Transistor Logic, Schaltung
für Verknüpfungslogik

DDTN Domain Divided Twisted Nematic, Flüs-
sigkristall-Technik

DE Data Entry, Dateneingabe

DEC Decodierung

DECT Digital European Cordless Telephone, europäischer Standard für schnurlose Telefone

DEE Daten-Endeinrichtung, Empfangs-Station
bei serieller Datenübertragung

DEEP Design Environment with Emulation of
Prototypes, Projekt für Entwurfs-Rationalisie-
rung am Fraunhofer Institut für Mikroelektronische Schaltungen und Systeme, Duisburg
und Dresden IMS

DEF Definitionsdatei, Datei-Ergänzung

DEK Dansk Elektroteknisk Komite, dänisches
Elektrotechnisches Komitee

DEKITZ Deutsche Koordinierungsstelle für Informations-Technik, Normen-Konformitäts-
Prüfung und -Zertifizierung

DEL Delete, Löschen

DEMKO Danmarks Elektriske Materiel-Kon-
trol, dänische Elektrotechnische Prüfstelle

DEMVT Deutsche Gesellschaft für →EMV-
Technologie, Vereinigung von EMV-Fachleu-
ten

DES Data Encryption Standard →PC-Schlüssel-
Algorithmus

DEVO Datenerfassungsverordnung

DF Disk File, auf Diskette gespeicherte Datei

DFA Design for Assembly, Methode zur Fehlervermeidung

DFAM Deutsche Forschungsgesellschsft für die
Anwendung der Mikroelektronik e.V. in
Frankfurt

DFG Deutsche Forschungs-Gemeinschaft

DFKI Deutsches Forschungszentrum für Künstliche Intelligenz

DFM Design for Manufacture

DFN Deutsches Forschungs-Netz, deutsche
Netzwerk-Technologie

DFP Digital Fuzzy Processor

DFS Direct File System

DFT Design for Testability

DFT Discrete Fourier Transformation, Rechen-
verfahren zur Ermittlung der Zusammensetzung periodischer Signale

DFÜ Daten-Fern-Übertragung

DFV Daten-Fernverarbeitung in der Fernmel-
detechnik

DFV Druckformatvorlage, Datei-Ergänzung

DGD Deutsche Gesellschaft für Dokumentation
e.V.

DGFB Deutsche Gesellschaft für Betriebswirt-
schaft, deutscher Verband der Betriebswirte

DGIS Direct Graphics Interface Standard, Schnitt-
stellen-Standard von Graphik-Prozessoren

DGPI Deutsche Gesellschaft für Produkt-Information

DGQ Deutsche Gesellschaft für Qualität, Vereinigung der deutschen Industrie für Qualitäts-
themen

DGW Deutsche Gesellschaft für Wirtschaftliche
Fertigung und Sicherheitstechnik

DGWK Deutsche Gesellschaft für Waren-Kenn-
zeichnung GmbH

DH Decimal to Hexadecimal

DI Data Input, Daten-Eingabe, Betriebart der
→SINUMERIK

DI Deutsches Industrieinstitut

DIA Display Industry Association, Vereinigung
für Anzeigeeinheiten in der Industrie

DIANE Direct Information Access Network Europe

DIBA Dialog Basic, einfache, dialogfähige,
höhere Programmiersprache

DIC Dictionary, Lexikondatei

DIF Design Interchange Format, Datenstruktur
ähnlich →EDIF

DIF Data Interchange Format

DIHT Deutscher Industrie- und Handelstag

DIL Dual-in-line, Gehäuse für integrierte
Schaltkreise

DIN Deutsches Institut für Normung e.V., ehemals Deutsche Industrie-Normen

DINZERT →DIN Zertifizierungsrat

DIO Data In/Out, Datentransfer, Betriebsart der
→SINUMERIK

DIO Data Input Output, Datenleitungen der
→IEC-Bus-Schnittstelle

DIO Digital Input/Output

DIOS Distributed →I/O-System, →SPS-System
von Philips

DIP Dual-in-line Package, Gehäuse für integrierte Schaltkreise

DIR Directory, bei →PCs Auflistung des Datei-
Verzeichnisses unter →DOS

DIR Data Input Register

DIS Distributed Information System

DIS Draft International Standard

DISPP Display Part Program

DITR Deutsches Informationszentrum für
Technische Regeln des →DIN

DIU Data Interface Unit, Baustein für →ISDN

DIW Deutsches Institut für Wirtschaftsfor-
schung in Berlin

DIX-Ethernet Digital/Intel/Xerox →Ethernet, Netz für hohe Übertragungsraten

DKB Dauerlaufbetrieb mit Kurzzeit-Belastung, z.B. von Maschinen nach →VDE 0550

DKD Deutscher Kalibrier-Dienst

DKE Deutsche Elektrotechnische Kommision, vertreten im →DIN und →VDE

DL Datenbyte Links, Operand im →SPS-Programm

DL Diode Logic, integrierte Schaltkreise mit Dioden-Logik

DL Data Length, Länge eines Datenbereiches

DLC Data Link Controller, →ISDN-Funktion

DLC Diamant-Like Carbon, Diamant-ähnlicher Kohlenstoff für die Werkzeugherstellung

DLC Duplex Line Control, Steuerung der Datenübertragung in beiden Richtungen

DLE Data Link Escape, Datenübertragungs-Umschaltung, Steuerzeichen bei der Rechnerkopplung

DLL Dynamic Link Library, Datei-Ergänzung

DLM Double Layer Metal, Halbleiter-Technologie

DLP Double Layer Polysilicium, zweilagige integrierte Schaltung

DLR Deutsche Forschungs-Anstalt für Luft- und Raumfahrt

DM Dreh-Melder, elektromagnetischer Positionsgeber mit analoger Ausgangsspannung

DMA Direct Memory Access

DMACS Distributed Manufacturing Automation and Control Software

DMC Digital Motion Control

DMC Digital Micro Circuit

DMD Digital Micro-mirror Device, Speicher-Spiegel-Chip für hochauflösende Bilder

DMDT Durating of Master Date Telegram

DME Design Management Environment, Framework-Architektur für die Produkt-Entwicklung

DME Distributed Management Environment, →OSF-Standard für →PCs

DMF Digital Multi-Frequency, Monitortyp

DMI Deutsches Maschinenbau-Institut

DMIS Dimensional Measuring Interface Specification, Herstellerneutrale →CNC-Programme für Meßmaschinen

DMM Digital-Multimeter

DMOS Double Diffused MOS für Transistor mit kurzen Schaltzeiten

DMP Dezentrale Maschinen-Peripherie

DMS Data Management System

DMS Digital Memory Size

DMS Dehnungs-Meß-Streifen für Drucksensoren

DMST Durating of Master Telegram

DMT Design Maturing Testing

DNA Deutscher Normen-Ausschuß, Vorläufer des →DIN

DNAE Daten-Netz-Abschluß-Einrichtung

DNC Direct Numerical Control, Beeinflussung und Verkettung von →CNCs durch einen übergeordneten Leitrechner

DNC Distributed Numerical Control, verkettete numerische Steuerungen

DNC Digital Netwerk Control, über ein Netzwerk verbundene numerische Steuerungen

DNP Direct Numerical Processing, →DNC

DOC Decimal to Octal Conversion

DOC Document, Datei-Ergänzung

DOE Design of Experiments, Methode zur Fehlervermeidung

DOF Degree Of Freedom

DOMA Dokumentation Maschinenbau e.V.

DOPP Doppelfehler, Anzeige im →USTACK der →SPS bei Aktivierung einer aktiven Bearbeitungsebene

DOR Data Output Register

DOS Disk Operating System

DOT Dokument-Vorlage, Datei-Ergänzung

DP Draft Proposal, erster Schritt für →ISO-Normen

DP Data Port, Schnittstelle vom →PC

DPCM Differential Pulse Code Modulation

DPG Digital Pattern Generator

DPI Dots per Inch

DPL Design and Programming Language, höhere Programmiersprache zur Programmerstellung

DPLL Digital Phase Locked Loop

DPM Defects Per Million

DPM Dual Ported Memory, Speicher-Schnittstelle, →DPR und →DPRAM

DPMI →DOS Protected Mode Interface, PC-Standard zur Nutzung von 16 MByte Arbeits-Speicher

DPN Data Processing Network

DPR Dual Port →RAM, Speicher-Schnittstelle, →DPRAM und →DPM

DPRAM Dual Port →RAM, Speicher-Schnittstelle, →DPR und →DPM

DPS Data Processing System

DPSS Data Processing System Simulation

DQC Data Quality Control

DQDB Dual Queue Data (Dual) Bus für Breitband-→ISDN

DQDB Distributed Queue Dual Bus nach →IEEE 802.6

DQS Deutsche Gesellschaft zur Zertifizierung von Qualitäts-Sicherungs- und Management-Systemen mbH

DR Datenbyte Rechts, Operand im →SPS-Programm

DR (Test)-Data Register der Boundary Scan Architektur

DRAM Dynamic →RAM

DRC Design Rule Check, Überprüfung der Entwurfs-Regeln

DRF Differential Resolver Function

DROS Disk Resisdent Operating System, Betriebssystem auf Magnetplattenspeicher

DRT Digital Real Time

DrT Dreh-Transformator

DRTL Diode Resistor Transistor Logic, integrierte Schaltung mit Dioden, Widerständen und Transistoren

DRV Drive, Antrieb

DRV Driver, Treiber, Datei-Ergänzung

DRY Dry run, Probelauf-Vorschub der →SINU-MERIK

DS Data Security, Datensicherung

DS Dansk Standardiseringsrad, dänisches Normen-Gremium

DS Disc Storage, Magnetplattenspeicher

DS Double Sided, beidseitig beschreibbare Diskette

DS Doppelstern-Schaltung

DSA Direct Storage Access, direkte Datenübertragung zwischen einem Gerät und einem Speicher

DSA Digital Signal Analysator

DSB Daten-Schutz-Beauftragter

DSB Decoding Single Block, Dekodierungs-Einzelsatz

DSB Dauerlauf-Schalt-Betrieb z.B. von Maschinen nach →VDE 0530

DSL Data Structure Language, höhere Programmiersprache für strukturierte Programmierung

DSM Deep Submicron Technology, Halbleiter-Technologie mit sehr feinen Strukturen, z.B 0,25 Mikrometer

DSMC Dynamic System Matrix Control, prädikatives Regelverfahren für hochgenaue Bahnbewegungen

DSN Distributed System Network, proprietäres Netzwerk von Hewlet Packard

DSO Digitales Speicher Oszilloskop

DSP Digital Signal Processor zur →HW-nahen Signalverarbeitung

DSR Data Set Ready, Meldung der Betriebs-Bereitschaft von seriellen Daten-Schnittstellen

DSS Decision Support System, Framework-Architektur für die Produkt-Entwicklung

DSS Daten-Sicht-Station

DSS Doppelstern-Schaltung mit Saugdrossel

DSSA Daten-Sicht-Station Ausgabe

DSSE Daten-Sicht-Station Eingabe

DST Digital Storage Tape

DSTN Double Supertwisted Nematic, gegensinnige Schichten in der →LCD-Technik

DSU Disc Storage Unit, Magnetplattenspeicher

D-Sub →Sub-D

DSV Deutscher Schrauben-Verband e.V.

DT Data Terminal, Datensichtgerät/-station

DTA Data, Datei-Ergänzung

DTC Desk Top Computer, Tischrechner

DTC Direct Torque Control, Regelungskonzept für Standard-Drehstromantriebe

DTC Data Transfer Controller, Datenübertragungs-Steuerung

DTD Dokument-Typ-Definition, deutsche Dokumentations-Norm

DTE Data Terminal Equipment, Daten-Sichtstation

DTE Daten-Transfer-Einrichtung

DTE Desk-Top Engineering →DTP mit →CAD verknüpfte Systeme

DTL Diode Transistor Logic, Logikfamilie, bei der die Verknüpfungen über Dioden erfolgt, mit einem Transistor als Ausgangstreiber

DTP Desk-Top Publishing

DTP Data Transfer Protocol

DTPL Domain Tip Propagation Logic, Technik zur Herstellung von →ICs

DTR Data Terminal Ready, Meldung der Betriebsbereitschaft des Daten-Endgerätes bei seriellen Daten-Schnittstellen

DTR Draft Technical Report

DTS Desk-Top System

DTV Deutscher Verband Technisch- Wissenschaftlicher Vereine

DUAL Dynamic Universal Assembly Language, maschinennahe Programmiersprache

DÜE Daten-Übertragungs-Einrichtung

DUSt Daten-Umsetzer-Stelle

DUT Device under Test

DÜVO Daten-Übertragungs-Verordnung

DV Daten-Verarbeitung von digitalen und analogen Daten

DVA Daten-Verarbeitungs-Anlage

DVE Digital Video Effects, digitale Beeinflussung bzw. Nachbearbeitung von Videoaufnahmen

DVI Digital Video Interaktive, Einbindung von Videofilmen und Fotos auf →PCs

DVI Design Verification Interface

DVM Digital-Volt-Meter

DVMA Direct Virtual Memory Access

DVN Device Number, Geräte-Nummer

DVO Durchführungs-Verordnung

DVS Digital Video System

DVS Doppelt Versetzt Schruppen, Bearbeitungsgang von Werkzeugmaschinen

DVS Daten-Verwaltungs-System

DVS Design Verification System →IC-Test-System

DVS Deutscher Verband für Schweißtechnik

DVSt Daten-Vermittlungs-Stelle

DVT Design Verification Testing

DW Daten-Wort, Operand im →SPS-Programm

DX Duplex, gleichzeitige Übertragung auf einer Leitung in beiden Richtungen

DXC Data Exchange Control, Datenaustausch zwischen Zentraleinheiten

DXF Drawing Exchange Format →PC-Dateiformat, Datei-Ergänzung

DYCMOS Dynamic Complementary →MOS
DZP Distanz zum Ziel-Punkt, Roboter-Begriff

E Programmierung des 2. Vorschubes nach
→DIN 66025
E Eingang, z.B. von der Maschine zur →SPS
E/A-Baugruppe, Binäre Ein-Ausgabe-Baugruppe
mit 24V-Schaltpegel und genormten Aus-
gangsströmen von 0,1A; 0,4A und 2,0A
EAC European Groups for the Accreditation of
Certification, europäische Organisation für
Akkreditierung und Anerkennung von Prüf-
und Zertifizierungsstellen
EACEM European Association of Consumer El-
ectronics Manufacturers, europäische Vereini-
gung der Fachverbände der Unterhaltungse-
lektronik
EAE Eingabe/Ausgabe-Einheit
EAFE Europäischer Ausschuß für Forschung
und Entwicklung
EAL European Accreditation of Laboratories,
Europäische Akkreditierung von Laboratori-
en
EAN Europäische Artikel-Norm, Norm über
maschinenlesbaren Kode z.B. Barcode
EANTC European Advanced Networking Test
Center
EAP Eingabe/Ausgabe-Prozessor, Rechner zur
Steuerung von Ein- und Ausgaben
EAPROM Electrically Alterable →PROM
EAR Eingabe/Ausgabe-Register, Zwischenspei-
cherung von Ein- und Ausgaben
EAROM Electrically Alterable →ROM
EASL Engineering Analysis and Simulation
Language, Programmiersprache für Analyse
und Simulation
EAST European Academy of Surface Technolo-
gy →EU-Bildungsinstitut für Oberflächen-
Montage
EB Electron Beam
EB Eingangs-Byte, z.B. 8-Bit-breite-Schnittstelle
vom Prozeß- zum Automatisierungsgerät
EB Elektronisches/Elektrisches Betriebsmittel,
in der →DIN VDE gebräuchliche Bezeich-
nung eines elektrischen Gerätes
EB Erschwerter Betrieb, z.B. von Maschinen
nach →VDE 0552
EBB →EISA Bus Buffer, Baustein des EISA-Sy-
stem-Chipsatzes von Intel
EBC →EISA Bus Controller, Baustein des EISA-
System-Chipsatzes von Intel
EBCDIC Extended Binary-Coded Decimal In-
terchange Code, Zeichendarstellung in
Großrechnern
EBFE Europäische Behörde für Forschung und
Entwicklung
EBI Elektronisches Betriebsmittel zur Informa-
tionsverarbeitung nach →VDE 0160

EB-ROM Electronic Book-→ROM, Dokumenta-
tion auf →CD
EBV Elektronische Bild-Verarbeitung
EC Electromagnetic Compatibility →EMC
EC European Commission
EC European Communities →CE
EC Export Control, Handels-Embargo
ECA Economic Cooperation Administration,
Verwaltung für wirtschaftliche Zusammenar-
beit in Washington
ECAD Electronic-→CAD, Rechnerunterstütztes
Entwerfen von elektrischen Schaltungen
ECAP Electronic Circuit Analysis Program,
Analyse-Programm für passive und aktive li-
neare und nichtlineare Netzwerke
ECC Error Correction Code, Fehler-Korrektur-
Verfahren
ECCL Error Checking and Correction Logic, Er-
kennung und Korrektur von falschen Zeichen
bei der Datenübertragung
ECCN Export Control Classification Number
ECCSL Emitter Coupled Current Steering
Logic
ECDC Electro-Chemical Diffused Collector
ECE Economic Commission for Europe, Wirt-
schaftskommission der Vereinten Nationen
für Europa
ECHO European Commission Host Organizati-
on, europäische Datenbank in Luxemburg
ECI European Cooperation in Informatics, eu-
ropäische Informatiker-Vereinigung
ECIF Electronic Components Industry Federa-
tion, Verband der britischen Bauelemente-In-
dustrie
ECIP European →CAD Integration Project,
→ESPRIT-Projekt für →EDIF-Datenaus-
tauschformate
ECISS European Committee for Iron and Steel
Standardization, europäisches Komitee für
Eisen- und Stahlnormung
ECITC European Committee for Information
Technology Certification, europäisches Komi-
tee für Zertifizierung in der Informations-
technik
ECL Emitter Coupled Logic
ECM Electro Chemical Machining
ECM European Common Market
ECMA European Computer Manufacturers As-
sociation, Vereinigung der europäischen
Rechner-Hersteller in Genf
ECP Emitter Coupled Pair, emittergekoppeltes
Transistorpaar
ECPSA European Consumer Product Safety Or-
ganization, europäische Oraganisation für
Produkt-Sicherheit
ECQAC Electronic Components Quality Assu-
rance Committee, Komitee für Gütesiche-
rung von Bauelementen der Elektro-Indu-
strie

ECRC European Computer Industry Research Centre, von Bull, →ICL und Siemens gegründetes Forschungszentrum für Rechner

ECSA European Computing Services Association, europäische Vereinigung für Computer-Dienstleistungen

ECSEC European Council Security, Begriff der Datensicherung

ECSL Extended Control and Simulation Language

ECTC Europea Council for Testing and Certification, jetzt →EOTC

ECTEL European Telecommunication and Professional Electronics Industry, europäischer Verband für Telekommunikation und Elektronik

ECTRA European Committee for Telecommunications Regulatory Affairs, europäischer Verband für Telekommunikation

ECU European Currency Unit

ECU European Clearing Unit

ECUI European Committee of User Inspectoratres, Europäisches Komitee der Überwachungsstellen von Betreibern in London

ED →EWOS Document

ED Relative Einschalt-Dauer, z.B. von Maschinen nach →VDE 0550

EDA Electronic Design Automation, Entwicklungsumgebung für den rechnergestützten Entwurf von Produkten

EDAC Error Detection And Correction, Schaltkreis zur Erkennung und Korrektur von Fehlern in Speichersystemen

EDAC European Design Automation Conference

EDC Error Detection and Correction

EDDM Electric Design Data Model, Datenverwaltung für elektrische Verbindungen

EDI Electronic Data Interchange, Daten-Kommunikations-System, auch →CIM-Fachverband

EDI Emulator-Device-Interface, Schnittstelle von WINDOWS

EDIF Electronic Data (Design) Interchange Format, Internationaler Standard für Datenaustausch der Hersteller elektronischer Bauelemente

EDIFACT Electronic Data Interchange for Administration, Commerce and Transport, →OSI-Standard, elektronischer Datenaustausch für Verwaltung, Wirtschaft und Transport

EDIS Engineering Data Information System, Datenbank für technische Informationen

EDM Engineering Data Management

EDM Electrical Discharge Machining

EDMS Engineering Data Management System

EDO-DRAM Extended Data Out →DRAM, dynamischer Schreib- und Lesespeicher mit lange offenen Ausgängen

EDP Electronic Data Processing

EDPD Electronic Data Processing Device

EDPE Electronic Data Processing Equipment

EDPS Electronic Data Processing System

EDR Sternpunkt-Erdungs-Drosselspule

EDRAM Enhanced Dynamic →RAM, großer dynamischer Speicher

EDS Electronic Data Switching, Daten- und Fernschreib-Vermittlungstechnik

EDS Electronic Design System, Leiterplatten-Entflechtungs-System

EDT Editor

EdT Erdungs-Transformator

EDU Electronic Display Unit

EDV Electriktronische Daten-Verarbeitung

EDVA Electriktronische Daten-Verarbeitungs-Anlage

EDVS Electriktronisches Daten-Verarbeitungs-System

EE End-Einrichtung der Telekommunikation

EEA European Environmental Agency, europäische Umwelt-Agentur

EEA European Economic Area, Einheitliche Europäische Akte

EEC European Economic Community →EWG

EECL Emitter-Emitter Coupled Logic

EECMA European Electronic Components Manufacturers Association, Verband der europäischen Hersteller elektronischer Bauelemente

EEM Energy Efficient Motor

EEMS Enhanced Expanded Memory Specification, vergrößerter Erweiterungsspeicher vom →PC

EEN Environment Electromagnetic Noise, elektromagnetisches Rauschen

EEPLA Electrically Erasable Programmable Logic Array

EEPLD Electrically Erasable Programmable Logic Device

EEPROM Electrically Erasable Programmable →ROM

E2PROM →EEPROM

EEZ Erstfehler-Eintritts-Zeit, Zeitspanne, in der die Wahrscheinlichkeit für das Auftreten eines sicherheitskritischen Fehlers gering ist

EF Einzel-Funktion, selbständige Funktion einer →BF beim Informationsaustausch mit Arbeitsmaschinen nach →DIN 66264

EFDA Eluropean Federation of Data processing Associations, europäischer Verband der Vereinigung für Datenverarbeitung

EFIMA Europäische Fachmesse für Instrumentierung, Meß- und Automatisierungs-Technik

EFL Emitter Follower Logic

EFM Eight to Fourteen Modulation, Umsetzung 8-Bit-Code in 14-Bit-Code

EFQM European Foundation for Quality Management in Eindhoven, Niederlande

EFS Error Free Seconds, Maß für die Übertragungsqualität, entspricht bitfehlerfreien Sekundenintervallen

EFSG European Fire and Security Group, Europäische Gruppe Brandschutz und Sicherheitstechnik

EFTA European Free Trade Association, Europäische Freihandelszone

EG Erweiterungs-Gerät, Bezeichnung der →SIMATIC-Peripherie-Geräte für →E/A-Erweiterung

EG Expert Group, z.B. von Normen-Gremien

EG Europäische Gemeinschaft, jetzt →EU

EGA Enhanced Color Graphics Adapter →PC-Ausgabe-Standard

EGB Elektrostatisch gefährdete Bauelemente, internationale Bezeichnung →ESD

EGK →EG-Kommission

EGKS Europäische Gemeinschaft für Kohle und Stahl →CECA

EGMR EG-Maschinen-Richtlinie, Richtlinie des Rates der Europäischen Gemeinschaft für Maschinensicherheit

EGN Einzel-Gebühren-Nachweis der Telekommunikation

EHF Extremely High Frequencies, Millimeterwellen

EHKP Einheitliche höhere Kommunikations-Protokolle

EIA Electronic Industries Association, Normenstelle der USA, unter anderen für Schnittstellen und deren Protokolle, z.B. →RS-232-C, →RS-422, →RS-485 u.a.

EIAJ Electronic Industries Association of Japan, Verband der Elektronischen Industrie von Japan

EIAMUG European Intelligent Actuation and Measurement User Group, Anwendervereinigung für intelligente Bedien- und Meßmittel

EIB Electronical Installation Bus

EIBA Electronical Installation Bus Association

EIDE Enhanced Integrated Drive Electronics, Steuerelektronik für (Festplatten-) Laufwerke

EIJA →EIAJ

EIM Electronic Image Management

EISA Extended Industrial Standard Architecture, erweiterte Industrie-Standard-Architektur von Rechnern, z.B. auch für Standard-Bus

EITI European Interconnect Technology Initiative, Leiterplatten-Hersteller-Initiative für neue Technologien

EITO European Information Technology Observatory

EJOB European Joint Optical Bistability, europäisches Forschungsopjekt für einen optischen Rechner

EKL Elektronische Klemmleiste →SIMATIC-→E/A-Modul, das direkt an die Maschine montiert werden kann

EL Erhaltungs-Ladung nach →VDE 0557

ELD Electro-Lumineszenz-Display

ELF Extremely Low Frequencies

ELG Elektronisches Getriebe der →SINUMERIK

ELITE European Laboratory for Intellegent Techniques Engineering

ELKO Elektrolyt-Kondensator

ELOT Hellenic Organization for Standardization, griechisches Normen-Gremium

ELSECOM European Electrotechnical Sectoral Committee for Testing and Certification, europäisches Komitee für Prüfung und Zertifizierung elektronischer Systeme

ELSI Extra Large Scale Integration

ELTEC Elektro-Technik, Fachausstellung der Elektro-Industrie

ELTEX Electronic Time Division Telex, elektronische Übermittlung von Fernschreiben

ELV Extra Low Voltage

EMA Elektro-Magnetische Aussendung, Elektromagnetische Beeinflussung der Umwelt durch ein Betriebsmittel

EMA Enterprice Management Architecture, Netzwerkmanagement

EMail Electronic Mail, elektronische Versendung und Empfang von Nachrichten mittels →PC

EMB Elektromagnetische Beeinflussung, Funktionsstörung von elektrischen oder elektronischen Betriebsmitteln durch elektromagnetische Impulse

EMC Electromagnetic Compatibility, Elektromagnetische Verträglichkeit →EMV, →EC

EMD Electrical Manual Design, Methode zur Computerunterstüzten Dokumentation

EME Electromagnetic Emmission

EMI Electromagnetic Influence

EMI Electromagnetic Incompatibility

EMI Elektro-Magnetische Interferenzen (Störungen)

EMK Elektro-Motorische Kraft

EMM Expanded Memory Manager, →PC-Treiber für den Erweiterungs-Speicher

EMO Exposition Européenne de la Machine-Outil, auch Euro Mondial, europäische Werkzeugmaschinen-Ausstellung mit internationaler Beteiligung

EMP Electromagnetic Pulse

EMR Elektro-Magnetisches Relais

EMS Electronic Mail System, elektronisches Mitteilungs-System

EMS Expanded Memory Spezification, Speichererweiterung vom →PC

EMS Electronic Mail System, Integriertes Büro-Kommunikations-System

EMTT European →MAP/→TOP Testing

EMUF Einplatinen-Computer mit universeller Festprogrammierung

EMUG European →MAP Users Group, europäische MAP-Anwender-Vereinigung

EMV Elektromagnetische Verträglichkeit, darunter versteht man die Fähigkeit eines elektrischen Gerätes in einer vorgegebenen elektromagnetischen Umgebung fehlerfrei zu funktionieren, ohne dabei die Umgebung in unzulässiger Weise zu beeinflussen

EMVG →EMV-Gesetz der Bundesrepublik

EN European Norm, Europäische Norm, ersetzt in zunehmendem Maße die nationalen Normen

ENCMM →Ethernet Network Control- und Management-Modul

ENQ Enquiry, Sendeaufforderung, Steuerzeichen bei der Rechnerkopplung

ENV Europäische Norm zur versuchsweisen Anwendung bzw. Vornorm

EOA End Of Address

EOB End Of Block

EOD End Of Data

EOD Erasable Optical Disk, wiederbeschreibbare optische Speicherplatte

EOF End Of File

EOI End Of Interrupt, Prozessor-Register

EOI End Or Identify, Ende einer Datenübertragung an der →IEC-Bus-Schnittstelle

EOL End Of Line, Zeilenende

EOLT End Of Logical Tape, Ende eines Magnetbandes

EOM End Of Massage

EOQC European Organization for Quality Control, europäische Organisation für Qualitätskontrolle in Rotterdam

EOQS European Organization for Quality Systems, europäische Organisation für Qualitäts-Systeme

EOR End Of Record, Satzende bei der Daten-Fernübertragung

EOR End Of Reel, Band- oder Lochstreifenende

EOS European Operating System

EOS Electrical Over Stressed, Störspannung unter 100 V mit hoher Ladungsmenge

EOT End Of Tape, Lochstreifen-Ende

EOT End Of Telegram, Ende der Übertragung

EOT End Of Transmission, Ende der Übertragung, auch Steuerzeichen bei der Rechnerkopplung

EOTA European Organization for Technical Approvals, europäische Organisation für Technische Zulassungen

EOTC European Organization for Testing and Certification, europäische Organisation für Prüfung und Zertifizierung

EOQ European Organization for Quality, europäische Organisation für Qualität

EPA Enhanced Performance Architecture

EPA Event Processor Array, erweiterte →MAP-Architektur für Echtzeit-Kommunikation

EPA Europäisches Patent-Amt in München

EPD Electric Power Distribution

EPD Electrical Panel Design, Methode zur Computerunterstüzten Dokumentation

EPDK Enhanced Postprocessor Development Kit, Entwicklungswerkzeug für →CAD-Postprozessoren

EPE European Power Electronics and Applications

EPG European Publishing Group

EPHOS European Procurement Handbook on Open Systems, europäisches Beschaffungs-Handbuch für offene Systeme

EPIC Enhanced Performance Implanted →CMOS, Halbleiter-Technologie auf →CMOS-Basis

EPLD Erasable Programmable Logic Devices, Bezeichnung für UV-Licht löschbare, anwenderprogrammierbare Bausteine

EPMI European Printer Manufacturers and Importers, Arbeitsgemeinschaft des →VDMA

EPO Europäische Patent-Organisation

EPP Expanded Poly-Propylen, Kunststoff für die Herstellung geschäumter Gehäuse

EPR Ethylene Propylene Rubber, Werkstoff für Leitungs- und Kabelmantel

EPROM Erasable Programmable →ROM, mit UV-Licht löschbarer und elektrisch programmierbarer nur Lesespeicher

EPS Encapsulated Post-Script, →PC-Datei-Format

EPS Electric Power System

EPS Elektronisch Programmierbare Steuerung, Variante der →SPS

EPS Entwicklungs-Planung und -Steuerung

EPTA Association of European Portable Electric Tool Manufacturers in Frankfurt

EQA European Quality Award, Selbstbewertung der Qualität nach →TQM- bzw. →EFQM-Modell

EQNET European Quality Network for System Assessment and Certification, europäisches Netzwerk für die Beurteilung und Zertifizierung von Qualitäts-Sicherungs-Systemen

EQS European-Committee for Quality System Assessment and Certification, europäisches Komitee für die Beurteilung und Zertifizierung von Qualitäts-Management-Systemen

ER Extension Rack, Erweiterungs-Rahmen z.B. der →SIMATIC S5

ER Erregung, z.B. von Gleichstrom-Antrieben

E/R Einspeise-/Rückspeise-Einheit der →SIMODRIVE-Antriebe von Siemens

ERA Electrical Research Association, Forschungsgesellschaft für Elektrotechnik in Leatherhead, GB

ERA Electronic Representatives Association, Verband der Vertreter elektronischer Erzeugnisse der USA

ERASIC Electrically Reprogrammable →ASIC

ERC Electrical Rule Check, Simulations-Programm

ERR Error, Fehlermeldung

ES902 Einbau-System 902

ESA Ein-Stations-Montage-Automat

ESB Electrical Standards Board, Ausschuß für elektische Normen in New York

ESC Engineering Standards Committee, Ausschuß für technische Normen des →BSI

ESC Escape

ESC European Sensor Committee, europäisches Komitee für Sensor-Technik

ESCIF European Sectorial Committee for Intrusion and Fire Protection, Europäisches Sektor-Normen-Gremium für Sicherheitstechnik und Brandschutz

ESD Electrostatic Sensitiv Device, Internationale Bezeichnung für elektrostatisch gefährdete Bauelemente →EGB

ESD Electro Static Discharge, Störspannung über 100V mit geringer Ladungsmenge, d.h. kurze Impulsdauer

ESD European Standards Data Base

ESDI Enhanced Small Devices Interface →PC-Controller-Schnittstelle

ESF European Standards Forum

ESF Extended Spooling Facility, Betriebssystem-Erweiterung von →DOS

ESFI Epitaxialer Silizium-Film auf Isolator zur Herstellung eines →IC

ESI European Standards Institution

ESK Edelmetall-Schnell-Kontakt(-Relais), eingetragenes Warenzeichen der Siemens AG

ESp Erdschluß-Lösch-Spule

ESPITI European Software Process Improvement Training Initiative, europäische Trainings-Initiative zur Verbesserung des Software-Erstellungs-Prozesses; Förderung durch die →EU

ESPRIT European Strategic Programme for Research and Development in Information Technology, Forschungs- und Entwicklungs- Rahmenprogramm der →EU

ESR Effective Serial Resistor (Widerstand), Vorwiderstand von Kondensatoren, mit dem bei hohen Strömen gerechnet wird

ESR Essential Safety Requirement, grundlegende Sicherheitsanforderung z.B. einer →EU-Richtlinie

ESRA European Safety and Reliability Association, europäischer Verband für Sicherheit und Zuverlässigkeit

ESSAI European Siemens Nixdorf Supercomputer Application Initiative, →SNI-Projekt mit Universitäten zur Förderung der Forschung für einen Supercomputer

ESSCIRC European Solid State Circuits Conference, europäische Halbleiter-Konferenz

ESSD Edge Sensitive Scan Design, Regeln beim →ASIC-Design-Test

ESVO Elektronik-Schrott-Verordnung

ETA Emulations- und Test-Adapter, Testsystem für Mikroprozessorsysteme

ETB Elektronisches Telefon-Buch

ETB Erweitertes Tabellen-Bild der →SINUMERIK-Mehr-Kanal-Anzeige

ETC Etcetera, z.B. Taste bei der →SINUMERIK zum Weiterschalten

ETCCC European Testing and Certification Coordination Council, Europäischer Rat für die Prüf- und Zertifizierungs-Koordination

ETCI Electro-Technical Council of Ireland, Verband der Elektrotechniker in Irland

ETCOM European Testing and Certification for Office and Manufacturing Protocols

ETEP European Transactions on Electrical Power Engineering

ETFE Ethylene Vinyl Flour Ethylene, Werkstoff für Leitungs- und Kabelmantel

ETG Energie-Technische Gesellschaft im →VDE

ETHERNET Lokale Netzwerk-Architektur, die einen Industrie-Standard darstellt

ETL Electrical Testing Laboratories Ltd., elektrische Prüflaboratorien der USA

ETL Electrotechnical Laboratory, staatliches elektrotechnisches Labor in Japan

ETS European Telecommunications Standard, europäische Telekommunikations-Norm

ETSI European Telecommunication Standard Institute, Europäisches Institut für Telekommunikationsnormen

ETT European Transactions on Telecommunications and Related Technologies

ETX End Of Text

ETZ Elektrotechnische Zeitschrift des →VDE

EU Europäische Union, Europäische Gemeinschaft, früher →EG

EU Extension Unit, Erweiterungsgerät, z.B. für Binäre →E/A-Baugruppen

EUCERT European Council for Certification, jetzt →EOTC

EUCLI European Communication Line Interface, europaweit zugelassener Schnittstellen-Baustein für öffentliche Netze

EUCLID Easily Used Computer Language for Illustration and Drawings, höhere Programmiersprache für die Erstellung von Zeichnungen und Illustrationen

EUFIT European Congress on Fuzzy and Intelligent Technologies, europäischer Kongreß für Fuzzy-Logik und neuronale Netze

EURAS European Academy for Standardization e.V., europäische Akademie für Normung in Hamburg

EUREKA European Research Coordination Agency, Koordination der Entwicklungsvorhaben von Frankreich und Deutschland

EUROLAB European Laboratories, europäischer Zusammenschluß von Prüflaboratorien

EUT Equipment under Test, z.B. Prüflinge bei →EMV-Messungen

EUUG European Unix-System User Group, Vereinigung der europäischen →UNIX-Anwender

EVA Ethylene Vinyl Acetate Copolymer, Werkstoff für Leitungs- und Kabelmantel

EVR Electronic Video Recording, elektronische Aufzeichnung von Bildern

EVT Engineering Verification Testing

EVU Elektrizitäts-Versorgungs-Unternehmen

EVz End-Verzweiger der Telekommunikation

EW Eingangswort, stellt eine 16 Bit breite Schnittstelle vom Prozess zum Automatisierungsgerät dar

EW Early Warning, Information, daß das Bandende folgt

EWA Europäische Wekzeugmaschinen-Ausstellung, Vorläufer der →EMO

EWG Europäische Wirtschafts-Gemeinschaft

EWH Expected Working Hours, angenommene Betriebszeit eines Gerätes

EWICS European Working Group for Industrial Computer Systems, europäischer Arbeitskreis für industrielle Rechner-Systeme

EWIV Europäische Wirtschaftliche Interessen-Vereinigung, Rechtsform der Europäischen Gemeinschaft

EWOS European Workshop for Open System, Arbeitsgruppe für offene Netze

EWR Europäischer Wirtschafts-Raum, →EWG und →EFTA

EWS European Workstation, Entwicklungsprojekt des →EOS

EWS Engineering Workstation

EWS Europäisches Währungs-System

EWS Elektronisches Wähl-System

EWSA Elektronisches Wähl-System Analog

EWSD Elektronisches Wähl-System Digital

EXACT Exchange of Authenticated electronic Component performance, Testdata, Internationale Organisation für den Austausch beglaubigter Prüfdaten über elektronische Bauelemente

EXAPT Extended Subset of →APT, Teile-Programmier-System, entwickelt an den Technischen Hochschulen Aachen, Berlin und Stuttgart. Untermenge von APT

EXAPT Exact Automatic Programming of Tools, Programmerstellung für numerisch gesteuerte Maschinen

EXE Externe Impulsformer Elektronik, Signalanpassung von Meßimpulsen an die Werkzeugmaschinen-Steuerung

EXE Executable-Datei, Programmdatei, Datei-Ergänzung

EXT Extension, Erweiterungs-Datei, Datei-Ergänzung

EXU Execution Unit, Baustein zur schnellen Interruptverarbeitung

EZS Eingabe Zwischen-Speicher

F Programmierung des Vorschubes nach →DIN 66025

FA Folge-Achse

FA Flexible Automation

FACT Fairschild Advanced →CMOS Technology, Hochgeschwindigkeits-CMOS-Schaltkreisfamilie

FACT Flexible Automatic Circuit Tester, Einrichtung zum Testen unterschiedlicher Schaltkreise

FAIS Factory Automation Interconnection System, japanisches Mini-→MAP-Konzept

FAMETA Fachmesse für Metallbearbeitung in Nürnberg

FAMOS Flexibel automatisierte Montage-Systeme, →CIM-orientierte Montage von Roboterkomponenten

FAMOS Flexible Automated Manufacturing and Operating System, Standard-Software für integrierte Werkstatt-Organisation

FAMOS Floating Gate Avalanche →MOS

FANUC, japanischer Hersteller von →NC- und →RC-Steuerungen sowie →SPS

FAPT Fanuc →APT, Teile-Programmier-Sprache der Fa. Fanuc, die den Sprachaufbau von APT verwendet

FAST Fairchild Advanced Schottky →TTL, Hochgeschwindigkeits-TTL-Schaltkreisfamilie

FAST Facility for Automatic Sorting and Testing, automatisches Prüf- und Sortiersystem

FAT File Allocation Table von →MS-DOS

FAW Forschungsinstitut für anwendungsorientierte Wissensverarbeitung (Umweltinformatik)

FB Funktions-Baustein, Anwenderfunktionen im →SPS-Programm

FB Funktions-Block, eine oder mehrere →BFs beim Informationsaustausch mit Arbeitsmaschinen nach DIN 66264

FBA Fehlerbaum-Analyse →FTA

FBAS Farb-Bildsignal Austastsignal, Synchronisiersignal, Monitor- Eingangs- Signal, bei dem Farbinformation, Bildinformation und Synchronisiersignal auf einer Leitung moduliert übertragen werden

FBD Funktion Block Diagram

FBG Flach-Bau-Gruppe, gebräuchliche Bezeichnung von Leiterplatten

FB-IA Fachbereich Industrielle Automation und Integration im →NAM

FB-MHT Fachbereich Montage und Handhabungs-Technik im →NAM

FBO Fernmelde-Bau-Ordnung

FBS Funktions-Baustein-Sprache nach →IEC 65 für →SPS

FC Fan Control

FCC Federal Communication Commission, USA-Bundesbehörde für Telekommunikation

FCI Flux Changes per Inch, Magnetisierungsdichte in Flußwechsel je Zoll, z.B. bei Magnetplatten

FCKW Fluor Chlor Kohlen Wasserstoff

FCPI Flux Changes Per Inch, Zahl der Flußwechsel pro Zoll auf einem Magnetspeicher

FCS Frame Check Sequence, Übertragungs-Sequenz mit Fehlerauswertung z.B. nach →CRC

FD Floppy Disk, magnetischer Datenträger für Rechner

FDAP Frequency Domain Array Processor

FDC Floppy Disk Controller

FDC Factory Data Collection

FDD Floppy Disk Drive

FDD Frequency Division Duplex, Variante der →FDMA, bei dem der Übertragung und dem Empfang je eine Trägerfrequenz zugewiesen ist

FDDI Fibre Distributed Data Interface, Glasfaser-Verteiler-Schnittstelle für die Datenübertragung

FDL Fieldbus Data Link Layer, Feldbus-Datensicherungs-Schicht

FDM Frequency Division Multiplexor, Einrichtung, die den Frequenzbereich in separate Kanäle aufteilt

FDMA Frequency Division Multiple Access, Netzzugangsverfahren für Frequenzbänder

FDOS Floppy Disk Operating System, Betriebssystem auf Diskette

FDX Full Duplex, Vollduplex, gleichzeitige Datenübertragung in beiden Richtungen

F&E Forschung & Entwicklung, →R&D

FEB Front End Processor, Vorschaltrechner zur Entlastung des Hauptrechners, z.B. zur Schnittstellenbedienung

FED Field Emission Display, elektronenemitierende Schicht in der →LCD-Technik

FED Fachverband Elektronik Design

FEEPROM Flash Electrical Erasable Programmable Read Only Memory, schnelle elektrisch programmierbare →EPROM

FEEI Fachverband der Elektro- und Elektronik-Industrie

FELV Functional Extra-Low Voltage

FEM Finite Elemente Methode, Simulation von Prozessen, bzw komplexe Rechner-unterstützte Berechnungsverfahren

FEN Förderverein für Elektrotechnische Normung e.V. der →CECC in Frankfurt

FEPROM Flash Erasable Programmable Read Only Memory, schnelle →EPROM

FET Field Effect Transistor

FF Flip Flop

FF Form Feed, Steuerzeichen für Seiten-Vorschub

FFA Fahren auf Fest-Anschlag, Arbeitsweise an Werkzeugmaschinen

FFM Fest-Frequenz-Modem

FFS Flexibles Fertigungs-System, Rechnergeführtes Produktions-System, mit dem beliebige Werkstücke in beliebigen Losgrößen gefertigt werden können

FFS Flash File System

FFS Fast File System

FFT Fast Fourier Transformation

FFZ Flexible Fertigungs-Zelle

FGA Future Graphics Adapter, Farbgraphik-Anschaltung für Monitore

FGEA Forschungs-Gemeinschaft Elektrische Antriebe

FGS Fördergemeinschaft SERCOS-Interface e.V.

FIFO First in/First out, Speicher, der ohne Adressangabe arbeitet und dessen Daten in der selben Reihenfolge gelesen wie gespeichert werden

FILO First in/Last out, Speicher, der ohne Adressangabe arbeitet und dessen Daten in der umgekehrten Reihenfolge gelesen wie gespeichert werden

FIM Field Induced Model, Simulations-Modell für →EGB

FIMS Flexible Intelligent Manufacturing System

FIP Factory Instrumentation Protocoll, Vorarbeit für Feldbus-Standard, →Flux d'Information (FIP)

FIP Feldbus Industrie Protokoll

FIP International Federation for Information Processing

FIP Flux d'Information du et vers le Processus

FIPS Federal Information Processing Standard

FIS Flexibles Inspektions-System, System zur frühzeitigen Erkennung von Störgrößen bei →FFS

FIT Failures In Time, Anzahl von Ausfällen je Zeiteinheit

FITL Fibre in the Loop, Glasfaser-Meßtechnik

FKM Forschungs-Kuratorium, Maschinenbau e.V.

FKME Fachkreis Mikroelektronik des →VDI/VDE

FL Fuzzy-Logic, zum Definieren mathematisch ungenauer Aussagen

FLAT Flat Large Area Television, ferroelektrisches →LC-Display

FLCD Ferro Liquid Crystal Display, Flüssigkristall-Display auf Eisen-Basis

FLOP Floating Octal Point, Oktalzahlen bei der Gleitkommarechnung

FLOPS Floating Point Operation Per Second

FLP Fatigue Life Prediction

FLR Fertigungs-Leit-Rechner

FLT Fertigungs-Leit-Technik

FLXI Force Local Expansion Interface, Schnittstelle zum →VME-Bus

FLZ Fertigungs-Leit-Zentrale(-Zentrum)
FM Frequenz-Modulation
FM Funktions-Modul, z.B. der →SIMATIC S5
FM Fachnormen-Ausschuß Maschinenbau
FMA Fieldbus Management
FMC Flexible Manufacturing Cell
FMC Fuzzy-Micro-Controller, Regelungsbaustein
FMEA Failure Modes and Effects Analysis
FMECA Failure Mode and Effect Criticality
   Analysis
FM-NC Funktions-Modul Numerical Control,
   Funktions-Modul der →SIMATIC für Nume-
   rische Steuerung
FMS Flexible Manufacturing System
FMS Fieldbus Message Specification, Spezifika-
   tion der Kommunikationsdienste nach →OSI
   Schicht 7
FMU Flexible Manufacturing Unit
FMV Full Motion Video
FNA Fachnormen-Ausschuß
FNC Flexible Numerical Controller
FND Firmen-Neutrales Datenübertragungs-
   Protokoll nach →DIN
FNE →FAIS Networking Event, Automatisie-
   rungs-Netzwerk
FNE Fach-Normenausschuß Elektrotechnik im
   Deutschen Normen-Ausschuß
FNIE Fédération Nationale des Industries Elec-
   troniques, nationaler französischer Verband
   der elektronischen Industrie
FNL Fach-Normenausschuß Lichttechnik
FOAN Flexible Optical Access Network, Glasfa-
   ser-Meßtechnik
FOL Fiber Optic Link
FOR →FORTRAN-Quellcode, Datei-Ergänzung
FORTRAN Formula Translator, höhere Pro-
   grammiersprache
FOV Field of View
FP Flat Panel, Flach-Bildschirm
FP File Protect, Zugriffsschutz für Dateien
FP Fixed Point, Festpunkt
FPAD Field Programmable Adress Decoder,
   →PLA für Adreßdekodierung
FPAL Field Programmable Array Logic, vom
   Anwender programmierbare Logik-Arrays
FPD Fine-Pitch-Device, Leiterplatten-Entflech-
   tung mit Raster <0,635 mm
FPD Flat Panel Display, Flachbildschirm
FPGA Field Programmable Gate Array, vom An-
   wender programmierbare UND-Arrays
FPL Fuzzy Programming Language, Makro-
   Sprache für Fuzzy-Technologie
FPLA Field Programmable Logic Array, vom
   Anwender programmierbare Logik-Arrays
FPLD Field Programmable Logic Device, vom
   Anwender programmierbare Logik
FPLS Field Programmable Logic Sequencer
FPM Field Programmable Micro-Controller,
   Anwenderorientierter Micro-Controller

FPM-DRAM Fast Page Mode-→DRAM, schnel-
   le dynamische Schreib- und Lesespeicher
FPML Field Programmable Macro Logic
FPP Floating Point Processor
FPS Frei programmierbare Steuerung
FPS Forschungs- und Prüfgemeinschaft Soft-
   ware des →VDMA
FPT Fine Pad Technique, →SMD-Feinätztechnik
FPU Floting Point Unit, Gleitkomma-Rechnung
   für arithmetische Operationen
FQM Fachgesellschaft für Qualitäts-Manage-
   ment
FQS Forschungsvereinigung Qualitäts-Sicherung
FRAM Ferroelectrical →RAM, schneller nicht-
   flüchtiger Schreib-Lese-Speicher
FRC Frame-Rate-Control, Verfahren zur Erzeu-
   gung von Graustufen auf →ELDs
FRED Fast Recovery Epitaxial Diode
FROM Factory Programmable →ROM, vom
   Hersteller eingestellter Festwertspeicher
FRK Fräser-Radius-Korrektur bei der Werk-
   zeugmaschinen-Steuerung
FRN Feed Rate Number, Vorschubzahl, Schlüs-
   selzahl für die Vorschubgeschwindigkeit
FRPI Flux Reversals Per Inch, Zahl der
   Flußwechsel pro Zoll auf einem Magnetspei-
   cher
FS File Server, zentraler Speicher eines Rech-
   nersystemes
FS Fernschreiber bzw. Fernschreiben
FS Field Separator, Steuerzeichen für die Fernü-
   bertragung
FS Full Scale
FSB Functional System Block, vordefinierter,
   layoutoptimierter →ASIC-Funktionsblock
FSK Frequency Shift Key, Frequenz-Modulati-
   ons-Technik
FSR Full Signal Range
FST Flat Square Tube, flacher, fast rechteckiger
   Bildschirm
FST Feed Stop, Vorschub Halt, Maschinen-Steu-
   er-Funktion der →SINUMERIK
FSTN Film Super-Twisted Nematic, Folien in
   der →LCD-Technik zum Farbausgleich
FSZ Fertigungs- und Service-Zentrum der Sie-
   mens AG in München; eigenständiges Dienst-
   leistungs-Unternehmen
FT File Transfer, Programm zur Datenübertra-
   gung
FTA Fault Tree Analysis
FTAM File Transfer Access and Management,
   →OSI-Standard
FTK Fertigungs-Technisches Kolloquium
FTL Fuzzy Technologies Language, →HW-un-
   abhängiges Beschreibungsformat
FTL Flash Translation Layer, →PCMCIA-Datei-
   system-Standard
FTN Film Twinsed Nematic, →LC-Display-
   Technik

FTP File Tranfer Protocol, standardisierte Datenübertragung

FTP Foiled Twisted Pair, paarweise verdrillte Leitung mit Folienschirm

FTS Fahrerlose Transport-Systeme

FTS Flexible Toolhandling System, flexible Werkzeugverwaltung an Werkzeugmaschinen

FTZ Fernmelde-Technisches Zentralamt (Zulassung) der Bundespost

FTZ Fehler-Toleranz-Zeit, Zeitspanne, in der ein Prozeß durch Fehler beeinträchtigt werden kann

FU Frequenz-Umrichter

FUBB Funktion Unter-Bild-Beschreibung der →SINUMERIK-Mehr-Kanal-Anzeige

FuE Forschung und Entwicklung

FUP Funktions-Plan, Darstellung eines →SIMATIC-Programmes mit Funktions-Symbolen, ähnlich der Logik- Schaltzeichen

FVA Forschungs-Vereinigung Antriebstechnik

FVK Faser-Verbund-Kunststoff

FW Firmware, Hardware-nahe Software, z.B. Betriebssysteme

FWI Fachverband Werkzeug-Industrie

FZI Forschungs-Zentrum für Informatik in Karlsruhe

G Grinding, Steuerungsversion für Schleifen

G Wegbedingung im Teileprogramm nach →DIN 66025

GaAs Gallium-Arsenid

GAB Grundlastbetrieb mit zeitweise abgesenkter Belastung nach →DIN VDE 0558 T1

GAL Generic Array Logic, flexibles, elektrisch lösch- und programmierbares Gate-Array

GAM Graphic Access Methode, Zugriff auf gespeicherte grafische Information

GAN Global Area Network

GARM Generic Application Reference Model, Spezifikations-Methode in →STEP

GASP General Analysis of System Performance

GATT General Agreement on Tariffs and Trade

GB Gleichrichter-Betrieb von Stromrichtern

GBIB General Purpose Interface Bus

GCI General Circuit (Computer) Interface, →ISDN-Protokoll

GCR Group Code Recording, Daten-Aufzeichnungs-Verfahren mit hoher Dichte

GDBMS Generalized Data Base Management System, Verwaltung einer universellen Datenbank

GDC Graphic Display Controller, Ansteuer-Einheit oder Baustein für Bildschirm-Ansteuerung

GDDM Graphical Data Display Manager, Großrechner-Graphik-System

GDI Graphics Device Interface, Schnittstelle unter WINDOWS

GDM Graphic Display Memory, Graphik-Bild-Speicher

GDS Graphic Design System

GDT Global Descriptor Table, Descriptor-Tabelle der Prozessoren 386 und 486 von Intel

GDU Graphic Display Unit, Graphik-Bildschirm

GE General Electric, amerikanischer Steuerungs-Hersteller

GE Grinding Export, Exportversion der →SINUMERIK-Schleifmaschinen-Steuerungen

GEA Gesellschaft für Elektronik und Automation mbH

GEDIG German →EDIF Interest Group

GEF General Electric Fanuc, Werkzeugmaschinen-Vertriebs-Gesellschaft von →GE und →FANUC in den USA

GEMAC Gesellschaft für Mikroelektronik-Anwendung Chemnitz mbH

GEN Generator, Datei-Ergänzung

GENOA Generieren und Optimieren von Arbeitsplänen, Arbeitsplanungs-Prozess mit →DV-Techniken rationalisieren

GEO Geometrie(-Datenverarbeitung)

GET →VDI-Gesellschaft Energie-Technik

GFI Gesellschaft zur Förderung der Elektrischen Installationstechnik e.V.

GFK Glas-Faser-verstärkter Kunststoff

GFLOPS Giga Floating Point Operations Per Second

GFO Gesellschaft für Oberflächen-Technik mbH

GFPE Gesellschaft für praktische Energiekunde e.V.

GGS Güte-Gemeinschaft Software, Zertifizierungsstelle für SW-Prüflabors

GHDL Genrad Hardware Description Language, Hardware- Beschreibungssprache für →VLSI von Genrad

GHz Giga-Hertz

GI Gesellschaft für Informatik e.V. in Bonn

GIF Graphics Interchange Format, Protokoll zum Austausch von Grafik-Daten, Datei-Ergänzung

GIFT General Internal →FORTRAN Translator

GIM Generalized Information Management System, Verwaltung von Datenbanken

GIRL Graphic Information Retrieval Language, Programmiersprache für das Wiederfinden grafischer Information

GIRLS Generalized Information Retrieval and Listing System, Programm für das Wiederfinden grafischer Information

GIS Generalized Information System, Informationssystem von IBM

GISP Generalized Information System for Planning, Informationssystem für die Planung

GKB Grundlastbetrieb mit zusätzlicher Kurzzeit-Belastung z.B. von Werkzeugmaschinen nach →DIN VDE 0558 T1

GKE Graphische Kontur-Erstellung, Simulations- und Schulungs-Software für Werkzeugmaschinen-Steuerungen

GKS Graphical Kernel System, Graphisches Kernsystem. Internationale Norm (→ISO 7942) für graphische Daten-Verarbeitung

GL Gleichrichter

GLATC Graphics and Languages Agreement Group for Testing and Certification

GLT Gebäude-Leit-Technik nach →DIN

GMA Gesellschaft Mess- und Automatisierungs-Technik des →VDI/VDE

GMD Gesellschaft für Mathematik und Datenverarbeitung mbH

GME Gesellschaft für Mikro-Elektronik des →VDE/VDI (alt)

GMF Gesellschaft für Mikro- und Feinwerktechnik des →VDI/VDE (alt), →GMM

GML Graphical Motion Control Language von Allen-Bradley

GMM →VDE/VDI-Gesellschaft Mikroelektronik, Mikro- und Feinwerktechnik

GMSK Gaussian Mean (Minimum) Shift Keying, Modulationstechnik zur Übertragung von digitalen Daten auf einer Funkfrequenz

GN General Numerik, gemeinsame ehemalige Vertriebsfirma von →FANUC und Siemens für Werkzeugmaschinen-Steuerungen in den USA

GND Ground, Bezeichnung für elektrische Bezugsmasse (oV)

GNS Global Network Service, Datenkommunikations-Dienst

GOL General Operating Language, Programmiersprache für die Bedienoberfläche

GOPS Giga Operations Per Second

GOS Global (Graphic) Operating System, Betriebssystem für Rechner

GOSIP Government Open System Interconnection Profile, standardisierte Computernetze

GPC General Policy Committee des →IEC

GPIB General Purpose Interface Bus, Meßgeräte-Bus nach →IEEE-488

GPL General Purpose Logic, applikationsorientierte Funktions-Logik

GPL Generalized Programming Language, allgemeine Programmiersprache

GPOS General Purpose Operating System, universelles Betriebssystem

GPPC General Purpose Power Controller, →C-CITT-kompatibler Schaltnetzteil-Regler

GPS Global Positioning System

GPSC General Purpose Control System, universelles Steuer- und Regelsystem

GPSL General Purpose Simulation Language, allgemeine Simulation von Netzen

GPSS General Purpose Simulation System, allgemeines Simulationssystem

GQFP Guarding Quad Flat Package, Gehäuseform von Integrierten Schaltkreisen mit

hoher Pinzahl

GRID Graphic Interaktive Display, grafisches Datensichtgerät

GRIT Graphical Interface Tool, graphische →PC-Bedienoberfläche für Werkzeugmaschinen-Steuerungen

GRP Group, Gruppen-Datei, Datei-Ergänzung

GS Geprüfte Sicherheit, Konformitätszeichen für Sicherheit

GS General Storage

GSF Gesellschaft für Strahlen- und Umwelt-Forschung mbH

GSG Geräte-Sicherheits-Gesetz, Gesetz über technische Arbeitsmittel in Deutschland

GSM Group Speciale Mobile, Standard für digitale zellulare Mobil-Kommunikation

GSM Global System for Mobil-Communication

GSP Graphic System Processor, Graphik-Prozessor

GTI Graphics Toolkit Interface, 2D-/3D-Schnittstelle von Graphik-Prozessoren

GTO Gate Turn Off, abschaltbarer Thyristor

GTO Graduated Turn On, Groundbounce-Begrenzung bei →ICs

GTT Gesellschaft für Technologie-Förderung und Technologie-Beratung in Duisburg

GTW Gesellschaft für Technik und Wirtschaft e.V.

GTZ Gesellschaft für Technische Zusammenarbeit mbH

GUI Graphical User Interface, graphische Benutzer-Schnittstelle von →PCs

GUS Gesellschaft für Umwelt-Simulation bei Karlsruhe

GUUG German →UNIX User Group

GZF Gesellschaft zur Förderung des Maschinenbaus

GZP Gütegemeinschaft Zerstörungsfreie Werkstoff-Prüfung im →RAL

H Hexadezimalzahl

H High-Pegel, logischer Pegel = 1

H Programmierung einer Hilfsfunktion

HAL Hard Array Logic, allgemein gebräuchliche Abkürzung für festverdrahtete →PLDs

HAL Hardware Abstraction Layer

HAL Hot-Air-Levelling-Process, Prozeß zur Leiterplattenherstellung

HAR Harmonization Agreement for Cables and Cords

HART High Adressable Remote Transducer

HAST Highly Accelerated Stress Technique, Zuverlässigkeitsuntersuchung von Halbleitern

HAZOP Hazard and Operability Study, Untersuchung der Gefahrenquellen und der Bedienbarkeit, z.B. von Maschinen

HBM Human Body Model, Simulations-Modell für →EGB

HBT Heterojunction Bipolar Transistor, Transistor-Technologie

HBZ Hochgeschwindigkeits-Bearbeitungs-Zentrum

HC High Speed →CMOS, →HCMOS

HC High Current

HCMOS High Speed →CMOS, schnelle CMOS-Schaltkreisfamilie

HCR Host Control Register

HCS Host Chip Select, →IDE-Schnittstellen-Signal

HCT High Speed →CMOS Technology, →TTL-kompatible schnelle CMOS-Schaltkreisfamilie

HD Harmonization Document, Harmonisierungs-Dokument der →CEN/CENELEC-Norm

HD Hard Disk, magnetischer Datenspeicher, Festplattenlaufwerk von Rechnern

HD High Density, z.B. hohe Speicherdichte bei →FDs

HDA Head Disk Assemblies, Zugriffs-Mechanismen für Festplattenlaufwerke

HDCMOS High Density →CMOS, Schaltkreisfamilie mit sehr feiner Silicium-Struktur

HDD Hard Disk Drive, →PC-Festplatten-Laufwerk

HDDR High Density Digital Recording, Aufzeichnung digitaler Daten mit hoher Speicherdichte

HDI Haftpflichtverband der Deutschen Industrie

HDL Hardware Description Language, Hardware-Beschreibungssprache für →VLSI

HDLC High Level Data Link Control, von der →ISO genormtes Bit-orientiertes Protokoll für die Datenübertragung

HDSL High Bit-Rate Digital Subscriber Line, Übertragungstechnik auf Basis bestehender Telefonleitungen

HDTV High Definition Tele-Vision, Breitwand-Bildformat mit hoher Auflösung

HDX Half Duplex, Halbduplex, Datenübertragung in beiden Richtungen, jedoch nicht gleichzeitig

HDZ Hochschul-Didaktisches Zentrum der RWTH Aachen

HE Höhen Einheit, Angabe der Baugruppenhöhe im 19"-System. Eine HE = 44.45 mm

HELP Highly Extandable Language Processor, erweiterbarer Sprachprozessor

HEMT High Electron Mobility Transistor-Technology, leistungsfähiger →FET

HF High Frequencies

HFDS High Frequency Design Solution

HGA Hercules Graphic Adapter, Graphik-Anschaltung für Monitore

HGB Hoch-Geschwindigkeits-Bearbeitung

HGC Hercules Graphic Controller, →PC-Ausgabe-Standard

HGF Hochschul-Gruppe Fertigungstechnik

HGF Hoch-Geschwindigkeits-Fräsen

HGÜ Hochspannungs-Gleichstrom-Übertragung

HIC Hybrid Integrated Circuit, integrierte Schaltung mit diskreten Bauelementen

HICOM High Communication, Telefonanlage von Siemens

HIFO Highest In First Out

HIPER Hierarchically Interconnected and Programmable Efficient Resources

HIT Hamburger Institut für Technologie-Förderung

HKW Halogen-Kohlen-Wasserstoff

HL Halbleiter, auch Bereich der Siemens AG

HLC High Level Compiler, Übersetzung von Programmiersprachen

HLC Hot Liquid Cleaning, Leiterplatten-Reinigungsverfahren

HLCS High Level Control System

HLDA High Level Design Automation

HLDA Hold Acknowledge, Bestätigung der Halt-Anforderung vom Prozessor

HLG Hochlaufgeber

HLL High-Speed Low Voltage Low Power, →CMOS-Schaltkreisfamilie mit niedriger Versorgungsspannung (3,3V)

HLL High Level Language, Hochsprache

HLM Heterogeneous →LAN Management, Netzwerkmanagement von IBM

HLP Help, Hilfe-Datei, Datei-Ergänzung

HLR Home Location Register

HLTTL High Level Transistor - Transistor Logik, bipolare Transistortechnik

HMA High Memory Area, Speicherbereich oberhalb der 1 MByte-Grenze bei →PCs

HMI Hannover Messe Industrie

HMOS High Performance →MOS, →NMOS-Technologie mit hoher Gatterlaufzeit

HMS High Resolution Measuring System, hochauflösendes Meß-System, z.B. der Istwertaufbereitung von Strom- oder Spannungs-Rohsignalen von Lagegebern

HMT Hindustan Machine Tools, indische Werkzeugmaschinen-Fabrik

HMTF Hub Management Task Force der →IEEE 802.3

HNI Heinz Nixdorf Institut der Universität Paderborn

HNIL High Noise Immunity Logic, Logik-Familie mit hoher Störsicherheit

HP Hewlett Packard, u.a. Hersteller hochwertiger Meßgeräte

HPFS High Performance File System von OS/2

HPG Hand-Puls-Generator, Elektronisches Handrad, auch →MPG

HPGL Hewlett Packard Graphic Language

HPMS High Performance Main Storage, zentraler Speicher mit kurzen Zugriffszeiten

HPU Hand Programming Unit, Programmier-Handgerät, z.B. für die Roboter-Programmierung

HRM High Reliability Module, Element mit hoher Zuverlässigkeit

HS Haupt-Spindel von Werkzeugmaschinen

HSA Haupt-Spindel-Antrieb, Antrieb der Arbeitsspindel von Werkzeugmaschinen

HSA Highest Station Address, höchste z.B. Feldbus-Adresse

HSA High Speed Arithmetic, schnelle arithmetische Recheneinheit

HSC High Speed Cutting, Hochgeschwindigkeits-Bearbeitung, →HSM

HSCX High- Level Serial Communication Controller Extended, leistungsfähiger 2-Kanal-→HDLC-Controller mit Protokoll-Unterstützung

HSD High Speed Data, Datenübertragung mit hoher Geschwindigkeit

HSDA High Speed Data Aquisition

HSDC High Speed Data Channel

HSEZ Hohl-Schaft-Einfach-Zylinder, Steilkegel der Werkzeugaufnahme für den automatischen Werkzeugwechsel

HSI High Speed Input, Controller-Funktions-Einheit

HSIO High Speed Input / Output, Controller-Funktions-Einheit

HSLN High Speed Local Network

HSO High Speed Output, Controller-Funktionseinheit

HSP High Speed Printer

HSK Hohl-Schaft-Kegel, Steilkegel der Werkzeugaufnahme für den automatischen Werkzeugwechsel

HSM High Speed Machining, Hochgeschwindigkeits-Bearbeitung, →HSC

HSM High Speed Memory, Speicher mit kurzer Zugriffszeit

HSS High Speed Steel, Hochleistungs-Schnellarbeits-Stahl für Zerspanungs-Werkzeuge

HSS High Speed Storage, Speicher mit kurzer Zugriffszeit

HST High Speed Technology, Übertragungs-Standard für hohe Datenraten

HSYNC Horizontal Synchronisiersignal, horizontale Bild-Synchronisation bei Kathodenstrahl-Röhren

HSZ Hohl-Schaft-Zylinder, Steilkegel der Werkzeugaufnahme für den automatischen Werkzeugwechsel

HT Horizontal Tabulator, Anzeige-Steuerzeichen

HTCC High Temperature Cofired Ceramic, Keramik für Multilayer-Leiterplatten für hohe Temperaturen

HTL High Threshold Logic, Logik-Familie mit höherer Versorgungsspannung (+15 V) und dadurch störsicherer

HTL High-Voltage Transistor Technology, Transistoren für Hochvolt-Anwendungen

HTML Hyper-Text Markup Language, Programmiersprache der →WWW -Benutzeroberfläche

HTTL High Power Transistor - Transistor Logik, bipolare Transistortechnik hoher Leistung

HV High Voltage

HVOF High Velocity Oxygen Fuel, Flammspritzen mit hoher Partikelgeschwindigkeit, über 300 m/s

HW Hardware, z.B. Geräte und Baugruppen von Rechen-Anlagen

Hz Hertz, Zyklen pro Sekunde

I Interpolationsparameter oder Gewindesteigung parallel zur X-Achse nach →DIN 66025

IACP International Association of Computer Programmers, internationaler Programmierer-Verband

IAD Integrated Access Device

IAD Integrated Automated Docomentation, per Programm erstellte Dokumentation

IAF Identification and Authentication Facility, Begriff der Datensicherung

IAM Institut für Angewandte Mikroelektronik e.V. in Braunschweig

IAO Institut für Arbeitstechnik und Organisation in Stuttgart

IAQ International Academy for Quality, internationale Akademie für Qualität in New York

IAR Integrierte Antriebs-Regelung

IAW Institut für Arbeits-Wissenschaft der RWTH Aachen

IBC Integrated Broadband Communication

IBC →ISDN Burst Transceiver Circuit, 2-Draht-Übertragungsbaustein bis 3 km

IBCN Integrated Broadband Communications Network

IBF Institut für Bildsame Formgebung der RWTH Aachen

IBI Intergovernment Bureau for Informatics, Büro für internationale Aufgaben der Informatik

IBM International Business Machines Corporation, Computerhersteller der USA

IBN Inbetriebnahme, z.B. von Werkzeugmaschinen, →IBS

IBN Institut Belge de Normalisation, belgisches Normen-Gremium, →BIN

IBS Inbetriebsetzung, z.B. von Werkzeugmaschinen, →IBN

IBST International Bureau of Software Test

IBU Instruction Buffer Unit, Befehlsaufnahme-Register eines Rechners

IC Integrated Circuit, Integrierte Halbleiterschaltung auf einem Chip

ICA Internationales Centrum für Anlagenbau, Teil der →HMI

ICAM Integrated Computer Aided Manufacturing, Integration von Fertigungs-, Handhabungs-, Lagerungs- und Transportsystemen

ICC →ISDN Communication Controller, Ein-Kanal-→HDLC-Controller

ICC International Computer Conference

ICC International Congress Center in Berlin

ICC International Conference on Communications, internationale Konferenz für Übertragungstechniken

ICC International Chamber of Commerce, Internationale Handelskammer in Genf

ICC Intelligent Communication Controller

ICC Inspectorate Coordination Committee von →IECQ

ICCC International Council for Computer Communication, internationale Vereinigung für Übertragungstechnik

ICD In Circuit Debugger

ICDA International Circuit Design Association, internationaler Verband für Schaltungstechnik

ICE In-Circuit Emulation, Testsystem für Mikroprozessorsysteme

ICE Integrated Circuit Engineering, amerikanisches Marktforschungs-Institut für →IC

ICIP International Conference on Information Processing, internationale Konferenz für Informationsverarbeitung

ICL International Computer Ltd., Computer-Hersteller von Großbritannien

ICO Icon, Datei-Ergänzung

ICP Interactiv Contour Programming

ICR Intermediate Code for Robots, Vereinheitlichung des Roboter-Steuer-Codes

ICR International Congress of Radiology, internationaler Kongreß für Strahlenschutz

ICRP International Commission on Radiological Protection, internationale Strahlenschutz-Kommission

ICS Integrierte Computerunterstützte Software-Entwicklungsumgebung

ICS Informations-Centrum Schrauben

ICT In Circuit Test, Testwerkzeug für →FBGs in der Produktion

ID Identifier, Kennzeichnung

IDA Intelligent Design Assistant, Expertensystem zur Unterstützung der Konstruktion

IDA Industrielle Datenverarbeitung und Automation

IDAS Interchange Data Structure, Schnittstelle des Manufacturing Design System (→MDS)

IDC Isolation Displacement Connector, Schneidklemmtechnik für Kabelkonfektionen

IDE Integrated Drive Electronics, Schnittstelle zur Ansteuerung eines Massenspeichers

IDE Integrated Disk Environment, Festplatten-Schnittstelle von →PCs

IDEA International Data Encryption Algorithmus, universeller Blockchiffrier-Algorithmus für die Datenübertragung und -speicherung

IDMS Integrated Data Base Management System, Programmsystem für Management-Aufgaben

IDN Integrated Digital Network

IDN Identification Number

IDP Integrated Data Processing, Programmablauf eines Rechners

IDPS Integrated Design and Production System, standardisierte →ASIC-Entwicklungs-Biblothek

IDR Identification Register von Boundary Scan

IDS Information and Documentation Systems, Programm für Informationsverarbeitung und Dokumentation

IDT Institut für Datenverarbeitung in der Technik

IDT Interrupt Descriptor Table, Descriptor-Tabelle der Prozessoren 386 und 486 von Intel

IDTV Improved Definition Tele-Vision, 100Hz-Ablenktechnologie für flimmerfreie Darstellung

IEC International Electrotechnical Commission

IEC →ISDN Echo Cancellation(-Circuit), Voll-Duplex- Übertragungs- Baustein für Leitungen bis 8 km

IECEE →IEC-System for Conformity to Standards for Safety of Electrical Equipment

IECQ →IEC Quality Assessment System for Electronic Components

IEEE Institute of Electrical and Electronics Engineers, Verein der Elektro- und Elektronik-Ingenieure der USA

IEMP Internal →EMP, energiereiche Gammastrahlen als Störquelle in elektronischen Schaltungen

IEMT International Electronic Manufacturing Technology

IEN Instituto Elettrotecnico Nazionale, nationales italienisches Institut für Elektrotechnik

IETF Internet Engineering Task Force, Gremium für Netzwerkprotokolle

IEV International Electrotechnical Vocabulary

IEZ Internationales Elektronik Zentrum in München

IFA Internationale Funk-Ausstellung

IFAC International Federation of Automatic Control, internationaler Verband der Steuer- und Regelungstechniker

IFC Interface Clear, definiertes Setzen der →IEC-Bus-Schnittstelle

IFC International Fieldbus Consortium, Gremium für die Standardisierung des Feldbusses

IFE Intelligent Front End, intelligente Schnittstelle mittels Rechner

IFET Inverse Fast Fourier Transormation

IFF Interchange File Format, Standard für Graphik- und Text-Dateien

IFF Institut für Industrielle Fertigung und Fabrikbetrieb der Universität Stuttgart

IFFT Inverse Fast Fourier Transformation

IFG International Field-Bus Group

IFL Integrated Fuse Logic, freiprogrammierbare Bausteine in Sicherungstechnik

IFM Institut für Montage-Automatisierung

IFMS Integriertes Fertigungs- und Montage-System

IFOR Interactive →FORTRAN, dialogorientierte FORTRAN-Sprache

IFR International Federation of Robotics, internationale Vereinigung der Roboter-Anwender

IFSA International Fuzzy System Association, internationale Fuzzy-System-Vereinigung

IFSW Institut für Strahl-Werkzeuge, z.B. für Laser

IFT Institut für Festkörper-Technologie in München

IFU Institut für Umformtechnik der Universität Stuttgart

IFUM Institut für Umformtechnik und Umform-Maschinen in Hannover

IFW Institut für Fertigungstechnik und Werkzeugmaschinen in Hannover

IFW Institut für Werkzeug- Maschinen der Universität Stuttgart

IG Industrie-Gewerkschaft

IGD Institut für Graphische Datenverarbeitung in Darmstadt

IGES Initial Graphics Exchange Specification

IGFET Insulated Gate Field Effect Transistor

IGMT Interessenverband Gerätetechnik für Feinwerk- und Mikro-Technik in Chemnitz

IGBT Insulated Gate Bipolar Transistor, Leistungs-Bauelement, ansteuerbar wie ein →MOS-FET, mit niedrigem Durchlaßwiderstand

IGES Initial Graphics Exchange Specification Schnittstelle des Manufacturing Design System (MDS) nach →ANSI

IGW Interaktive Graphische Werkstattprogrammierung, Bedienoberfläche einer →CNC-CAD zur Erstellung eines Teileprogrammes direkt aus der Werkstückzeichnung mit graphischen Elementen

IHK Industrie- und Handels-Kammer

IHK Internationale Handels-Kammer in Paris

IIASA International Institute for Applied Systems Analysis

IIF Image Interchange Format

I²ICE Integrated Instrumentation and In-Circuit Emulation System, Testsystem für Mikroprozessorsysteme

I²L Integrated Injection Logic, bipolare Technik für Schaltungen mit hoher Bauteildichte und geringer Leistungsaufnahme

IIOC Independent International Organisation for Certification

IIR Infinite Impulse Response Filter, rekursives Filter

IIRS Institute for Industrial Research and Standards, Institut für industrielle Forschung und Normung in Dublin

IIS Institut für Integrierte Schaltkreise in Erlangen

IKA Interpolatorische Kompensation mit Absolutwerten, frühere Bezeichnung: Durchhang-Kompensation, z.B. bei Drehmaschinen

IKTS Institut für Keramische Technologie und Sinterwerkstoffe in Dresden

IKV Institut für Kunststoff- Verarbeitung in Aachen

IL Instruction List Language, Anweisungsliste

ILAB Irish Laboratory Accreditation Board, irische Akkreditierungsstelle für Labors in Dublin

ILAC International Laboratory Accreditation Conference, internationales System für die Anerkennung von Prüfstellen

ILAN Industrial Local Area Network

ILB Inner Lead Bonding, Bond-Kontakte von →SMD-Bauelementen

ILF Infra Low Frequencies

ILMC Input Logic Macro Cell, Gate-Array-Eingang

ILO International Labour Organization

IM Interface Modul, →SIMATIC-S5-Koppel-Baugruppe, z.B. zu Erweiterungsgeräten

IMD Inter-Modulation Distortion, Intermodulations-Verzerrungen, z.B. von →D/A-Umsetzern

IMECO International Measurement Confederation, Gesellschaft für Mess- und Automatisierungs-Technik, →GMA

IMIS Integrated Management Information System, Informationssystem für Führungs- und Entscheidungsdaten

IML Institut für Materialfluß und Logistik in Dortmund

IMMAC Inventory Management and Material Control

IMO Institut für Mikrostruktur-Technologie und Optokoppler in Wetzlar

IMP Integrated Multiprotocol Processor

IMPATT Impact Avalanche and Transit Time, Schaltverhalten von Dioden

IMQ Institute Italiano del Marchio de Qualita, italienische Zeichen-Prüfstelle

IMR Interaction-Modul Receive

IMS Interaction-Modul Send

IMS Information Management System, Datenbanksystem der IBM

IMS Intellectual Manufacturing System, Studie über Normen-Vereinheitlichung computerkontrollierter Fertigungsautomatisierung

IMS Institut für Mikroelektronische Schaltungen und Systeme in Duisburg

IMS Institut für Mikroelektronik Stuttgart, Stiftung des Öffentlichen Rechts

IMST Insulated Metal Substrate Technology, Halbleiter-Hybrid-Technologie

IMT Insert Mounting Technique, Technologie zur Widerstandsverarbeitung auf Leiterplatten

IMTS International Machine-Tool Show, Internationale Maschinen-Messe

IMTS International Manufacturing Technology Show, internationale Messe für Fertigungstechnik

IMW Institut für Maschinen-Wesen

IN Intelligent Network, Oberbegriff für alle Softwaregesteuerten Netze

INA Inkrementale Nullpunktverschiebung im Automatikbetrieb, bei konventionellen Impulsgebern

INC Incremental

INC Include-Datei, Datei-Ergänzung

IND Institut für Nachrichtentechnik und Datenverarbeitung der Universität Stuttgart

INF Informations-Datei, Datei-Ergänzung

INI Initialisierungs-Datei, Datei-Ergänzung

INL Integral Non-Linearity

INPRO Innovationsgesellschaft für fortgeschrittene Produktions-Systeme in der Fahrzeugindustrie mbH in Berlin

INRIA Institut National de Recherche en Informatique et en Automatique, französisches Institut für Informatik und Automatisierung

INT Interrupt, maskierbare Unterbrechungs-Anforderung an den Prozessor

INTA Interrupt Acknowledge, Bestätigung der Interrupt-Anforderung an den Prozessor vom Prozessor

INTAP Interoperability Technology Association for Information Processing in Japan

INTEL Integrated Electronics Corporation, Halbleiterhersteller der USA

INTERKAMA Internationaler Kongreß mit Ausstellung für Meßtechnik und Automation

INTUC International Telecommunication Users Group

I/O Input/Output-Interface, binäre Ein-/Ausgabe-Baugruppe mit 24V-Schaltpegel und genormten Ausgangsströmen von 0,1A, 0,4A und 2,0A

IOB →IO-Block, Ein-/Ausgabe der →LCAs

IOCS Input/Output Control System

IOE International Organization of Employers, Internationaler Arbeitgeber-Verband

IOM →ISDN Oriented Modular(-Interface)

IOP Input-Output Processor

IOR Input-Output-Register

IP Internet Protocol, Ebene 3 vom →ISO/OSI-Modell

IPA Institut für Produktionstechnik und Automatisierung in Stuttgart

IPC Institute for Interconnecting and Packaging Electronic Circuits, Institut für Verbindung und Gehäuse elektronischer Schaltungen der USA

IPC Industrie Personal Computer

IPC Integrated Process Control

IPC Inter-Process Communication, Kommunikation zwischen Steuerungs-, Regelungs-, Überwachungs- und Prozeßeinheiten

IPDS Intelligent Printer Data Stream

IPI Image Processing and Interchange, Bildverarbeitungs-Standard von →ISO/IEC

IPK Institut für Prozess- Automatisierung und Kommunikation

IPK Institut für Produktionsanlagen und Konstruktionstechnik in Berlin

IPM Inter-Personelle Mitteilungs-Dienstleistung der Telekommunikation

IPM Intelligent Power Modul

IPMC Industrial Process Measurement and Control

IPO Interpolation, funktionsmäßige Verknüpfung von →NC-Achsen

IPP Integrierte Produktplanung und Produktgestaltung, Begriff aus dem Produktmanagement

IPQ Instituo Portugues da Qualidada, portugiesisches Normen-Gremium

IPS Intelligent Power Switch, itelligente getaktete Stromversorgung

IPS Internal Backup System, automatisches Datensicherungs-System

IPS Interactive Programming System

IPS Inch Per Second, Maßeinheit für Verarbeitungsgeschwindigkeit

IPSJ Information Processing Society of Japan, japanische Gesellschaft für Informationsverarbeitung

IPSOC Information Processing Society of Canada, kanadische Gesellschaft für Informationsverarbeitung

IPT Institut für Produktions-Technologie in Aachen

IPU Instruction Processor Unit, Zentraleinheit des Prozessors, auch →CPU

IPX Internetwork Packet Exchange, Netzwerk-Protokoll

IQA Institute of Quality Assurance

IQM Integrated Quality Management

IQSE Institut für Qualität und Sicherheit in der Elektrotechnik des TÜV Bayern

IR Industrial Robot

IR Instruction-Register, z.B. der Boundary Scan Architektur

IR Internal Rules (Regulations)

IR Infra Red

IRDATA Industrial Robot Data, genormter Code zur Beschreibung von Roboter-Befehlen nach →VDI 2863

IRED Infra-Red Emitting Diode, Infra-Rot-Leucht-Diode

IRL Industrial Robot Language, Programmiersprache für Roboter

IROFA International Robotics and Factory Automation

IRPC →ISDN Remote Power Controller, →C-CITT-kompatibler Schaltnetzteil-Regler mit integriertem Schalttransistor

IS International Standard

IS Integrierte Schaltung, deutsche Bezeichnung für →IC

ISA International Federation of the National Standardizing Associations, internationaler Bund der nationalen Normenausschüsse

ISA Industry Standard Architecture, z.B. für Standard-Bus

ISAC →ISDN Subscriber Access Controller, Interface-Baustein für Sprach- und Daten-Kommunikation über 4-Draht-Bus

ISAM Index Sequential Access Method, Direktzugriffs-Datei nach einem Schlüssel

ISC International Standards Committee, Ausschuß für internationale Normung

ISDN Integrated Services Digital Network, öffentliches Netz zur Übertragung von Sprache, Daten, Bildern und Texten

ISEP Internationales Standard-Einschub-Prinzip für elektronische Baugruppen

ISF Institut für Sozialwissentschaftliche Forschung e.V. in München

ISFET Ion Sensitive Field Effect Transistor, Ionen-dotierter Feldeffekt-Transistor

ISI Institut für Systemtechnik und Innovationsforschung in Karlsruhe

ISI Indian Standards Institution, indisches Normen-Gremium

ISI Industrielles Steuerungs- und Informationssystem der →SNI

ISM Industrial Scientific Medical, Gerätekategorie mit eingeschränkten →EMV-Parametern

ISM Intelligent Sensor Modul, Sensor-Modul von Siemens

ISM Information System for Management, System für Steuerung und Verwaltung

ISO International Standard Organization, Internationale Organisation für Normung

ISONET →ISO Information Network

ISP Integrated System Peripheral(-Controller), Baustein des →EISA-System-Chipsatzes von Intel

ISP Interoperable Systems Project, Projekt zur Standardisierung des Feldbusses der Prozeßautomatisierung

ISPBX Integrated Services Private Branch Exchange

ISRA Intelligente Systeme Roboter und Automatisierung, Dienstleistungs-Unternehmen, daß sich mit Roboter-Programmierung befaßt

ISSCC International Solid State Circuit Conference, internationale Halbleiter-Konferenz

ISST Institut für Software- und System-Technik in Berlin

IST Institut für System-Technik und Innovationsforschung in Karlsruhe

ISTC Industry Science and Technology Canada

ISW Institut für Steuerungstechnik der Werkzeugmaschinen und Fertigungs-Einrichtungen der Universität Stuttgart

IT Information Technology

ITAA Information Technology Association of America, Verband der Informationstechnik der USA

ITAC →ISDN Terminal Adapter Circuit, Schnittstellen-Baustein für Nicht-ISDN-Terminals

ITAEGM Information Technology Advisory Experts Group Manufacturing, →IT-Beratungsgruppe Fertigungs-Technik

ITAEGS Information Technology Advisory Experts Group Standardization, →IT-Beratungsgruppe Normung

ITAEGT Information Technology Advisory Experts Group Telecommunication, →IT-Beratungsgruppe Telekommunikation

ITC Inter-Task-Communication

ITC International Trade Commission

ITG Informations-Technische Gesellschaft im →VDE

ITK Institut für Telekommunikation in Dortmund

ITM Inspection du Travail et des Mines, luxemburgisches Normen-Gremium

ITOS International Teleport Overlay System

ITQA Information Technology Quality Assurance

ITQS Information Technology Quality Systems

ITQS Institut für Qualität und Sicherheit in der Elektronik der Unternehmensgruppe TÜV Bayern

ITR Internal Throughput Rate, Bestimmung der internen Leistung eines Rechners von IBM

ITS Integriertes Transport-Steuerungs-System der Deutschen Bundesbahn

ITSEC Information Technology Security Evaluation Criteria, →EU-Standard für Datensicherheit

ITSTC Information Technology Steering Committee, →IT-Lenkungs-Komitee

IT&T Information Technology and Telecommunications

ITT International Telephon and Telegraph Corporation, Telefon- und Telegrafengesellschaft der USA

ITU International Telecommunication Union, Internationale Fernmeldeunion

ITUT Internationales Transferzentrum für Umwelt-Technik in Leipzig

IU Integer Unit

IUC Intelligent Universal Controller

IUT Implementation Under Test

IVPS Integrated Vacuum Processing System, Wafer-Handhabungs-System

IWF Institut für Werkzeugmaschinen und Fertigungstechnik der TU Berlin

IWS Incident Wave Switching(-Driver), Bus-Treiber von →TI

IWS Industrial Work Station, Industrie-Arbeitsplatz-Rechner

IZE Informations-Zentrale der Elektrizitätswirtschaft e.V.

IZT Institut für Zukunftsstudien und Technologiebewertung in Berlin

J Interpolationsparameter oder Gewindesteigung parallel zur Y-Achse nach →DIN 66025

JAN Joint Army Navy, eingetragenes Warenzeichen der US-Regierung, erfüllt MIL-Standard

JBIG Joint Bilevel Image Coding Group, Standard zur Komprimierung von →S/W-Bildern

JCG Joint Coordinating Group des →CEN/→CLC/→ETSI

JEC Japanese Electrotechnical Committee, japanisches elektrotechnisches Komitee

JEC Journées Européennes des Composites, Fachmesse für Verbund-Werkstoffe

JECC Japan Electronic Computer Center

JEDEC Joint Electronic Devices Engineering Council, technischer Gemeinschaftsrat für elektronische Anforderungen

JEIDA Japan Electronic Industrie Development Association, japanischer Normenverband

JESA Japan Engeneering Standard Association, japanischer Normenverband

JESSI Joint European Submicron Silicon Initiative, europäisches Forschungsprojekt der Elektroindustrie

JET Just Enough Test, Teststrategie für Leiterplatten

JFET Junction Field Effect Transistor, Feldeffekt-Transistor mit pn-Steuerelektrode

JGFET Junction Gate Field Effect Transistor, Feldeffekt-Transistor mit einem Gatter als Steuerelektrode

JIMTOF Japan International Machine Tool Fair, internationale Werkzeugmaschinenmesse in Osaka

JIPDEC Japanese Information Processing Development Center

JIRA Japan Industrial Robots Association, Verband der japanischen Roboter-Hersteller

JIS Japanese Industrial Standard, japanische Industrienorm, auch japanisches Konformitätszeichen

JISC Japanese Industrial Standards Committee, japanisches Normen-Komitee der Industrie

JIT Just-in-time Production, bedarfsorientierte Fertigung

JLCC J-Leaded (Ceramic) Chip Carrier, Gehäuseform von integrierten Schaltkreisen in →SMD

JMEA Japan Machinery Exporters Association, Verband der japanischen Maschinen-Exporteure

JMS Job Management System, Programm zur automatischen Bearbeitung von Aufträgen

JOG Jogging, Betriebsart von Werkzeugmaschinen, konventionelles Verfahren der Achsen

JOR Jornal-Datei, Datei-Ergänzung

JPC Joint Programming Committee

JPEG Joint Photographics Experts Group, Normen-Gremium für farbige Standbilder

JPG Joint Presidents Group des →CEN/→CLC/→ETSI

JSA Japanese Standards Association, japanischer Normenverband

JTAG Joint Test Action Group, Testverfahren für Baugruppen

JTC Joint Technical Committee, gemeinsames technisches Komitee von →ISO und →IEC für Kommunikationstechnik

JTPC Joint Technical Program Committee

JUSE Japanese Union Scientists and Engineers

JWG Joint Working Group

K Interpolationsparameter oder Gewindesteigung paralell zur Z-Achse nach →DIN 66025

KB →KByte

KB Kurzzeit-Betrieb, z.B. von Maschinen nach →VDE 0550

Kb Kilo-bit, 1024 Bit

KBD Keyboard, Tastenfeld, z.B. einer Bedien-Einheit

KBM Knowledge Base Memory, Fuzzy-System-Speicher

KByte Kilo-Byte; KByte werden im Dualsystem angegeben: 1 KByte = 1024 Byte

K-Bus Kommunikations-Bus, z.B. der →SIMATIC

KCIM Kommision Computer Integrated Manufacturing, Normungs-Kommision, die sich mit Rechnerunterstützter Fertigung befaßt

KD Koordinaten-Drehung, Funktion bei der →SINUMERIK-Teile-Programmierung

KDCS Kompatible Daten-Kommunications-Schnittstelle für Rechnersysteme von unterschiedlichen Herstellern

KDr Kurzschluß-Drosselspule

KDS Kopf-Daten-Satz

KDZ Kopf-Daten-Zeile

KEG Kommission der Europäischen Gemeinschaften

KEMA Keuring van Electrotechnische Materialen Arnheim NL, niederländische Vereinigung zur Prüfung elektrotechnischer Materialien

kHz Kilo-Hertz, tausend Zyklen pro Sekunde

KI Künstliche Intelligenz

KIS Kunden-Informations-System der Siemens AG

KMG Koordinaten-Meß-Gerät

KO Kathodenstrahl-Oszillograph

KOM Kommunikation, →SINUMERIK-Funktions-Komponente

KOP Kontakt-Plan, Darstellung eines →SPS-Programmes mit Kontakt-Symbolen

KpDr Kompensations-Drosselspule

KRST Kunden-Roboter-Steuer-Tafel der Siemens Robotersteuerungen →SIROTEC

KSS Kühl-Schmier-Stoff, Schmier-und Kühlmittel bei spanabhebenden Werkzeugmaschinen

KST Kunden-Steuer-Tafel, z.B. von Robotersteuerungen

KUKA Größter deutscher Roboter-Hersteller in Augsburg

KV Kreis-Verstärkung, Verstärkungsfaktor des gesamten Lageregel-Kreises

KVA Kilo-Volt-Ampere, Leistungseinheit

KVP Kontinuierlicher Verbesserungs-Prozeß, Verbesserungswesen der Deutschen Industrie mit direkter Umsetzung von Verbesserungen

KW Kilo-Watt, Leistungseinheit

KW Kilo-Worte

KW Kalender-Woche

L Unterprogramm-Nummer von Teileprogrammen für Werkzeugmaschinen-Steuerungen

L Low-Pegel, logischer Pegel = o bei TTL o.ä.

L Lasern, Steuerungs-Version für Lasern

LA Leit-Achse, z.B. einer Werkzeugmaschine

LA Lenkungs-Ausschuß z.B der →DKE oder des →DIN

LAB Logic Array Block, logische Schaltungseinheit

LAN Local Area Network, lokales Netz für die Verbindung von Rechnern, Terminals, Überwachungs- und Steuereinrichtungen sowie alle Automatisierungsgeräte

LANCAM Local Area Network →CAM

LANCE Local Area Network Controller for →Ethernet

LAP-B Link Access Procedure- Balanced, Protokoll der →OSI-Schicht 2

LAP-D Link Access Procedure-Data, Link-Layer-Protokoll für den D-Kanal von →ISDN

LASER Light Amplification by Stimulated Emission of Radiation

LASIC Laser-→ASIC, kundenspezifischer Schaltkreis für die Lasertechnik

LAT Lehrstuhl für Angewandte Thermodynamik der →RWTH Aachen

LBL Label-Datei, Datei-Ergänzung

LBR Laser Beam Recorder, Aufzeichnungsgerät mit Laser

LC Liaison Committee

LC Line Conditioner, Spannungsstabilisierung, z.B. für Computeranlagen

LC Line of Communication

LC Liquid Crystals, Flüssigkristall mit durch Spannung veränderbaren optischen Eigenschaften

LCA Logic Cell Array, umprogrammierbare Logik-Arrays in →CMOS-SRAM-Technologie

LCB Line Control Block, Steuerzeichen zur Zeilenfortschaltung

LCC Leaded (Leadless) Chip Carrier, Gehäuseform von integrierten Schaltkreisen in →SMD

LCC Life Cycle Costs, Lebenslauf-Kosten eines Produktes

LCCC Leaded (Leadless) Ceramic Chip Carrier, Gehäuseform von integrierten Schaltkreisen in →SMD

LCD Liquid Crystal Display, optoelektronische Anzeige mit Flüssigkristallen

LCID Large Color Integrated Display, Flüssigkristall-Anzeige

LCID Low Cost Intelligent Display, →LED-Anzeigen mit geringer Leistungsaufnahme von Siemens

L.C.I.E Laboratoire Central des Industries Electriques, Zentrallaboratorium der Elektroindustrie Frankreichs

LCP Liquid Cristal Polymer, Hochtemperaturbeständiger Kunststoff

LCR Inductance Capacitance Resistance, Schaltungsanordnung aus Induktivität, Kapazität und Widerstand

LCS Lower Chip Select, Auswahlleitung vom Prozessor für den unteren Adressbereich

LCU Line Control Unit, Steuerung einer Datenübertragungseinrichtung

LCV →LWL-Controller →VME-Bus, Steuerbaustein für Lichtwellenleiter

LD Ladder Diagram Language, Kontaktplan

LDI Laser Direct Imaging, Laser-Plotter-Prinzip zur Leiterplatten-Herstellung

LDT Local Descriptor Table, Descriptor-Tabelle der Prozessoren 386 und 486 von Intel

LED Light Emitting Diode, Leuchtdioden, farbiges Licht aussendende Halbleiterdioden

LEMP Lighting Electro-Magnetic Pulse, elektromagnetischer Blitzimpuls

LES Lesson, Lernprogramm-Datei, Datei-Ergänzung

LEX Lexikon-Datei, Datei-Ergänzung

LF Line Feed, Zeilen-Vorschub oder Kennzeichnung eines Satzendes im →NC-Programm

LF Low Frequencies, Kilometerwelle

LG Landes-Gesellschaft, Siemens-Vertretung im Ausland

LGA Land Grid Array(-Gehäuse) von hochintegrierten Schaltkreisen

LGA Landes-Gewerbe-Anstalt

LIC Linear Integrated Circuit

LIB Library, Bibliothek-Datei, Datei-Ergänzung

LIFA Lastabhängige Induktions- und Frequenz-Anpassung, z.B. von Frequenzumrichtern

LIFE Logistics Interface for Manufacturing Environment, logistische Schnittstelle des Manufacturing Design System (→MDS)

LIFO Last in / First out

LIFT Logically Integrated →FORTRAN Translator

LIGA Lithografie mit Synchrotronstrahlung, Galvanoformung und -abformung. Verfahren zur Herstellung von Mikrostruktur-Teilen

LIN Linear, z.B. Bewegung von Robotern

LIOE. Local →IO Peripheral, Baustein des →EISA-System-Chipsatzes von Intel

LIPL Linear Information Processing Language, Programmiersprache für lineare Programmierung

LIPS Logical Inference per Second

LIS Language Implementation System, Programmiersprache für Systemprogramme

LISP List Processing Language, höhere Programmier-Sprache, vorwiegend im Bereich der "Künstlichen Intelligenz" eingesetzt

LIU Line Interface Unit, →ISDN-Funktion

LIW Long Instruction Word

LK Lochkarte, Speicherung durch Löcher auf einer Karte

LKA Lochkartenausgabe, Ausgabe von Information durch Stanzen von Löchern auf einer Karte

LKE Lochkarteneingabe, Eingabe von Information durch Lesen von Lochkarten

LKL Lochkartenleser, Gerät zum Lesen der Information von Lochkarten

LK/min Lochkarten pro Minute, Arbeitsgeschwindigkeit von Lochkarten-Ein- und Ausgabegeräten

LKST Lochkartenstanzer, Gerät zum Ausgeben von Information auf Lochkarten

LLC Logical Link Control, Teil des →ISO-Referenzmodells

LLCS Low Level Control System, Steuerungs-System mit niedriger Versorgungsspannung

LLI Low Layer Interface vom →PROFIBUS

LLL Low Level Logic, Logikschaltung mit niedriger Versorgungsspannung

LMA Logic Macro Cell, Gate Array Zelle

LMS Large Modular System, →SPS-System von Philips

LMS Linear-Meß-System, z.B. für Werkzeugmaschinen

LNE Laboratoire National d'Essais, nationales Forschungsinstitut Frankreichs

LO Local Oscillator, Überlagerungsoszillator in Mischstufen

LOG Logbuch von Backup (→DOS), Datei-Ergänzung

LON Local Operating Network

LOP Logik-Plan, Darstellung eines →SPS-Planes mit Logik-Symbolen

LOVAG Low Voltage Agreement Group unter →ELSECOM

LP Leiterplatte

LP Lean Production, schlanke bzw. optimierte Produktion

LP Load Point, physikalischer Punkt auf dem Magnetband

LP Line Printer, Drucker mit Zeilenvorschub, →LPT

LPA Lehrstuhl für Prozeß-Automatisierung der Universität Saarbrücken

LPC Link Programmable Controller

LPI Lines per Inch, Maß für den Zeilenabstand

LPM Lines per Minute

LPS Lines per Second

LPS Low Power Schottky, →LS

LPT Line Printer, Drucker mit Zeilenvorschub, →LP

LPZ Lighting Protection Zone

LQ Letter Quality, Korrespondenz-Qualität der Schrift bei Druckern

LQL Limiting Quality Level

LRC Longitudinal Redundancy Check, Fehlerprüfverfahren zur Erhöhung der Datensicherheit

LRQA Lloyds Register Quality Assurance

LRU Last Recently Used, Abarbeitung von Aufträgen

LS Lochstreifen, Speicherung durch Löcher auf einem Papierstreifen

LS Low Power Schottky, →TTL-Schaltkreis-Familie

LS Luft-Selbstkühlung von Halbleiter-Stromrichter-Geräten

LSA Lochstreifenausgabe (-gerät), Gerät zum Ausgeben von Information auf Lochstreifen

LSB Least Significant Bit

LSD Least Significant Digit

LSE Lochstreifeneingabe(-gerät), Gerät zum Lesen von Information auf Lochstreifen

LSI Large Scale Integration, Bezeichnung von integrierten Schaltkreisen (→IC) mit hohem Integrationsgrad

LSL Langsame Störsichere Logik, Logik-Familie mit hohem Störabstand, die mit 15V betrieben werden kann

LSP Logical Signal Processor

LSS Lochstreifenstanzer, Gerät zum Ausgeben von Information auf Lochstreifen

LSSD Level Sensitive Scan Design, Regel für →ASIC-Design-Test

LST Liste, Datei-Ergänzung

LSZ Lochstreifen-Zeichen, Informationseinheit auf Lochstreifen

LT Leistungs-Transformator

LTCC Low Temperature Cofired Ceramik, Keramik für Multilayer-Leiterplatten für niedrige Temperaturen

LTPD Lot Tolerance Percent Defective, Rückzuweisende Qualitätslage

LU Logical Unit

LUF Umluft-Fremd-Lüftung von Halbleiter-Stromrichter-Geräten

LUM Luminaires Components, Agreement Group unter →ELSECOM

LUS Umluft-Luft-Selbstkühlung von Halbleiter-Stromrichter-Geräten

LUT Look Up Table, (Speicher-)Such-Tabelle

LUW Umluft-Wasserkühlung von Halbleiter-Stromrichter-Geräten

LVD Low Voltage Directive, Niederspannungs-richtlinie der →EU

LVE Liefer-Vorschriften für die Elektische Ausrüstung von Maschinen, maschinellen Anlagen und Einrichtungen des →NAM

LVE Low Voltage Equipment, Agreement Group unter →ELSECOM

LVM Lose-verketteter Mehrstations-Montage-Automat

LVS Lager-Verwaltungs-System, z.B. durch ein Fertigungsleitsystem

LWL Licht-Wellen-Leiter, sie dienen der Daten-Übertragung in Kommunikations-Netzen und sind aus Glas- oder Kunststoff-Fasern hergestellt

LZB Liste der zugelassenen Bauelemente vom →BWB

LZF Laufzeit-Fehler, Anzeige im →USTACK der →SPS bei Fehlern während der Befehlsausführung

LZN Liefer-Zentrum Nürnberg der Siemens AG

M Zusatzfunktion nach →DIN 66025, Anweisung an die Maschine

M Milling, Steuerungsversion für Fräsen

M Merker, Speicherplatz in der →SPS

MA Montage-Abteilung

MAC Multiplexed Analogue Components

MAC Multiplier Accumulator

MAC Man and Computer, Mensch und Maschine

MAC Measurement and Control

MAC Macintosh-Computer von Apple

MAC Media Access Control, Element von →FDDI für die Paket-Interpretation, Token Passing und Paket-Framing

MAC Mandatory Access Control, Begriff der Datensicherung

MACFET Macro Cell →FET

MAD Mean Administrative Delay, mittlere administrative Verzugsdauer

MADT Mean Accumulated Down Time, mittlere addierte Unklardauer

MAK Maximale Arbeitsplatz-Konzentration (von Schadstoffen), Begriff aus dem Umweltschutz

MAN Metropolitan Area Network, spezielle →LAN-Version für den innerstädtischen Verkehr

MAN Manchester, binärer Leitungscode

MANUTEC Manufacturing Technology, Roboter-Hersteller, Siemens-Tochter-Firma

MAP Manufacturing Automation Protocol, Standardisierung der Kommunikation im Fertigungsbereich nach →ISO

MAP Main Audio Processor, →ISDN-Funktion

MAPL Multiple Array Programmable Logic, programmierbare Mehrfach-Logik-Bausteine

MAR Manufacturing Assembly Report, Bericht aus der Fertigung

MARC Machine Readable Code, maschinenlesbarer Code

MARS Marketing Activities Reporting System, Marktbeobachtungs-System

MARS Multiple Aperatured Reluctance Switch, Verzögerungsschalter

MAS Microprogram Automation System, mikroprogrammiertes Steuerungssystem

MAT Machine Aided Translation, Maschinengestützte Übersetzung

MAU Medium Attachement Unit, Medienanschlußeinheit nach →IEEE oder Transceiver für Ethernet

MAX Multiple Array Matrix

MB →MByte

MB Merker Byte, Speicherplatz mit 8-Bit-Breite in der →SPS

MB Mail-Box, Daten-Briefkasten

MB Magnet-Band, elektomagnetisches Speichermedium

Mb Mega-bit, 1048576 Bit

MBC Multiple Board Computer, auf mehreren Baugruppen untergebrachter Rechner

MBD Magnetic Bubble Device, Magnetblasen-Speicher, früher in Steuerungen verwendet

MBF Mini-Bedien-Feld, z.B. einer Steuerung

MBG Magnetband-Gerät, Gerät zur Informationsspeicherung

MBV Maschinenbau-Verlag in Stuttgart

MBX Mailbox, elektronischer Briefkasten

MByte Mega-Byte, MByte werden im Dualsystem angegeben: 1 MByte = 1048576 Byte

MC Milling Center, Steuerungsversion Fräsenzentrum

MC Magnetic Card

MC Memory Card, Speicherkarte

MC Marks Committee, Prüfzeichen-Komitee von →CENELEC

MC Micro Computer, Zentraleinheit eines Rechners

MC Management Committee

MC Micro Controller, programmierbarer Rechnerbaustein

MC Machine Check, Maschinen- bzw. Anlagen-Überprüfung

MC Maschinen Code, maschinell lesbarer Code

MC Mode Control, Betriebsarten-Steuerung

MC5 Maschinen Code der Step 5-Sprache

MCA Micro Channel Architecture, →PC-System-Bus

MCA Multiplexing Channel Adapter, Steuerungsanschluß an einen Multiplexkanal

MCAD Mechanical Computer Aided Design

MCAE Mechanical Computer Aided Engineering. DV-Unterstützung für die technischen Bereiche, mit Sicherstellung des kontinuierlichen Datenflusses vom Entwickler bis zum computergesteuerten Fertigungs- bzw. Prüfmittel

MCB Moulded →CB

MCB Multi-Chip-Bauelement, mehrere integrierte Schaltungen in einem Gehäuse

MCC Motor Control Center

MCD Memory Card Drive, →RAM-Speicher-Laufwerk

MCI Moulded Circuit Interconnect, Bezeichnung von dreidimensionalen Leiterplatten bzw. Schaltungsträgern

MCI Machine Check Interruption, (Maschinen-) Programmunterbrechung zwecks Überprüfung der Anlage

MCM Magnetic Card Memory, Speichermedium Magnetkarte

MCM Magnetic Core Memory, Speichermedium Magnetkern

MCM Monte Carlo Method, Methode zur Ermittlung des Systemverhaltens

MCM Modular Chip Mounting, Bezeichnung einer →SMD-Bestückungs-Maschine

MCM Multiple Chip Module, Integration von →ICs auf einem Modul, z.B. Komplettrechner auf einem Modul

MCP Master Control Program, Grundprogramm einer Steuerung

MCPR Multimedia Communication Processing and Representation, Forschungs- und Rahmenprogramm der →EU zum Thema Kommunikation

MCR Multi Contact Relay, Relais mit mehreren Kontakten

MCR Molded-Carrier-Ring, Anschlußtechnik von →ICs

MCS Maintenance Control System, Wartungs-Steuer-System

MCS Mega Cycles per Second, →MHz

MCS Micro Computer System, Rechner-System

MCS Modular Computer System, modular aufgebauter Rechner

MCS Midrange Chip Select, Auswahlleitung vom Prozessor für den mittleren Adressbereich

MCT →MOS-Controlled Thyristor, abschaltbarer MOS-gesteuerter Thyristor

MCU Machine Control Unit, Maschinen-Steuereinheit oder Maschinen-Steuertafel

MCU Microprogram Control Unit, programmierbare Steuerung

MCU Motion Control Unit, Antriebs-Steuer- und Regeleinheit

MD Maschinen Daten, Maschinen-relevante Daten in der →NC

MD Magnetic Disk, Magnetplatte als Speichermedium

MDA Manual Data Input/Automatic, Handeingabe/Automatik, Betriebsart der →SINUMERIK

MDA Monochrom Display Adapter, →SW/WS-Anschaltung für Monitore

MDA Manufacturing Defect Analyzer, System zur Untersuchung von Leiterplatten auf Fertigungsfehler

MDA →MOS Digital Analogue, Bibliothek von spezifizierten analogen und digitalen Standardzellen von Motorola

MDE Manufacturing Data Entry, Betriebsdaten-Erfassung

MDE Maschinen-Daten-Erfassung

MDI Manual Data Input, Handeingabe der Steuerungs-Daten, Betriebsart von Werkzeugmaschinen-Steuerungen

MDI-PP Manual Data Input Part Program, Handeingabe des Teile-Programmes, Betriebsart der →SINUMERIK

MDI-SE-TE Manual Data Input Setting Data Testing Data, Handeingabe der Werkzeugkorrekturen, Nullpunktverschiebungen und Maschinendaten; Betriebsart der →SINUMERIK

MDRC Manufacturing Design Rule Checker

MDS Maschinen-Daten-Satz, z.B. einer →SPS

MDS Magnetic Disc Store, Magnetplattenspeicher, →MD

MDT Mean Down Time, gesamte Ausfallzeit eines Systems oder Gerätes, von der Fehlererkennung bis zum Wiederanlauf

MDT Master Data Telegram

ME Milling Export, Exportversion der →SINUMERIK-Fräsmaschinen-Steuerungen

MEEI Magyar Elektronikal Egyesuelet Intzet, ungarisches Institut für die Prüfung elektronischer Erzeugnisse in Budapest

MELF Metal Electrode Face-Bonding, mit ihrer Metalloberfläche auf der Leiterplatte befestigte Bauelemente

MEM Memory, Speicher
MEPS Million Events Per Second, Meßgröße für die Bewertung der Geschwindigkeit von Simulatoren
MEPU Measure Pulse, Meßpuls, z.B. Eingang einer Werkzeugmaschinen-Steuerung
MES Mechanical Equipment Standards
MES Mikrocomputer-Entwicklungs-System
MESFET Metal Semiconductor Field Effect Transistor, mittels elektrischem Feld steuerbarer Transistor
MEU Menügruppe, →DOS-Shell-Datei-Ergänzung
MEZ Mehrfachfehler-Eintritts-Zeit, Zeitspanne, in der die Wahrscheinlichkeit für das Auftreten von kombinierten Mehrfachfehlern gering ist
MF Multi-Function(-Tastatur)
MF Medium Frequencies, Hektometer-Welle, (Mittelwelle)
MFC Multi Function Chip (Card)
MFC Metallschicht-Flach-Chipwiderstand, →SMD-Bauteil
MFD Microtip Fluorescent Display, flacher Kathodenstrahlröhren-Bildschirm
MFLOPS Million Floting-Point Operations per Second
MFM Modified Frequency Modulation, →PC-Controller-Schnittstelle
MFS Material-Fluß-System
MG Magnet-Band(-Gerät)
MGA Multimedia Graphics Architecture
MHI Messe Hannover Industrie, größte Industrie-Messe der Welt
MHI Montage Handhabung Industrie-Roboter, Fachgemeinschaft der →VDMA und Messe für Industrie-Roboter
MHT Montage- und Handhabungs-Technik, Roboter-Fachbereich des →NAM
MHS Message Handling System
MHz Mega-Hertz, Million Zyklen pro Sekunde
MIB Management Information Base, Netzwerk-Management
MIC Media Interface Connector, optischer Steckverbinder
MICR Magnetic Ink Character Recognition
MICS Manufacturing Information Control System
MICS Mechanical Interface Coordinate System
MID Moulded Interconnection Device, Bezeichnung von dreidimensionalen Leiterplatten bzw. Schaltungsträgern
MIGA Mikrostrukturierung, Galvanoformung, Abformung, Herstellung von Chip-Aufnahme-Kunststoff-Formen
MIL STD Military Standard, Militär-Standard, Norm für Produkte der Rüstungs-Industrie
MIM Metal-Isolator-Metal, Technologie einer Flüssigkristall-Anzeige

MIMD Multiple Instruction-Stream, Multiple Data-Stream, Rechner-Klassifizierung von Flynn
MIPS Million Instructions Per Second
MIPS Microprocessor without Interlocked Pipeline Stages
MIPS Most Insignificant Performance Standard
MIS Mikrofilm Information System, Informationssystem per Mikrofilm
MISD Multiple Instruction-Stream Single-Data-Stream, Rechner-Klassifizierung von Flynn
MISP Minimum Instruction Set Computer, Rechner mit geringem Befehlsvorrat
MIT Massachusetts Institute of Technology, Forschungseinrichtung der USA
MITI Ministry of International Trade and Industry, japanisches Industrie- und Handels-Ministerium
MIU Multi Interface Unit
MK Magnet-Karte, →MC
MK Metallisierter Kunststoff-Kondensator
MKA Mehr-Kanal-Anzeige am Bildschirm der →SINUMERIK
MKS Maschinen-Koordinaten-System, z.B. von Werkzeugmaschinen
MKT Metall Kunststoff Technik, Polyester-Kondensator
ML Machine Language, Rechnerinterne Maschinensprache
ML Markierungs-Leser, Erkennung von Strichmarkierungen
MLB Multi Layer Board, Mehrlagen-Leiterplatte, →MLPWB
MLD Mean Logistic Delay, Mittlere Logistische Verzugsdauer
MLFB Maschinenlesbare Fabrikate-Bezeichnung
MLP Multiple Line Printing, gleichzeitiger Druck von mehreren Zeilen
MLPWB Multi Layer Printed Wiring Board, Mehrlagen-Leiterplatte, →MLB
MLZ Mobiles Laser-Zentrum, gegründet von Daimler Benz
MM Milling/Milling, Steuerungsversion für Doppelspindel-Fräsmaschine
MMA Microcomputer Managers Association, Verband von PC-Spezialisten
MMC Man Machine Communication, z.B. Bedienoberfläche von Werkzeugmaschinen-Steuerungen für Bedienen, Programmieren und Simulieren, siehe auch MMK
MMC Multi-Micro-Computer
MMC Memory-Cache-Controller, Speicher-Verwaltung
MMFS Manufacturing Message Format Standard
MMG Multibus Manufacturing Group, technisches Komitee
MMH Maintenance Man-Hours, Instandhaltungs-Mann-Stunden

MMI Manufacturing Message Interface, Schnittstelle von Kommunikationssystemen im Fertigungsbereich

MMI Man Machine Interface, Schnittstelle Mensch-Maschine

MMI Memory Mapped Interface, Speicher-Schnittstelle

MMIC Monolithic Microwave Integrated Circuit

MMK Mensch-Maschine-Kommunikation, z.B. Bedienoberfläche von Werkzeugmaschinen-Steuerungen für Bedienen, Programmieren und Simulieren, →MMC

MMS Manufacturing Message Specification, Kommunikationssystem zwischen intelligenten Einheiten im Fertigungsbereich

MMS Mensch-Maschine-Schnittstelle, z.B. Bedienoberfläche von Werkzeugmaschinen-Steuerungen

MMSI Manufacturing Message Specification Interface, Schnittstelle von Kommunikationssystemen im Fertigungsbereich

MMU Memory Management Unit, Speicherverwaltungseinheit für den virtuellen Adreßraum

MNLS Multi National Language Supplement, Begriff der Datensicherung

MNOS Metal Nitride Oxide Semiconductor, unipolarer Halbleiter

MNP Microcom Networking Protocol, fehlertolerantes Kommunikationssystem von Microcom

MNPQ Meß-, Normen-, Prüf- und Qualitätsmanagementwesen

MNT Menue-Table, Datei-Ergänzung

MO Magneto Optical (Diskette), →MOD

MO Memory Optical, optisches Speichersystem

MOD Modul

MOD Magneto Optical Disk, Speicher mit magnetischer Lese- und optischer Schreibeinrichtung

MODEM Modulator und Demodulator, Umsetzer für die Datenübertragung in der Nachrichtentechnik

MOP Monitoring Processor, Test-/Hilfs-Prozessor zur Analyse von Multiprozessor-Systemen unter Echtzeit-Betrieb

MOPS Million Operations per Second

MOS Metal Oxide Semiconductor (Silizium), Halbleiter-Technologie mit hohem Eingangswiderstand und geringer Stromaufnahme

MOS Modular Operating System

MOSAR Method Organized for a Systematic Analysis of Risks, Analyse von Gefährdungs-Situationen z.B. an Maschinen

MOSFET Metal Oxide Semiconductor Field Effect Transistor, →MOS und →FET

MOST Metal Oxide Semiconductor Transistor, unipolarer Transistor in →MOS-Technik

MOT Motor

MOTBF Mean Operating Time Between Failure, →MTBF

MOTEK Montage- und Handhabungs-Technik, Fachmesse

MP Magnet-Platte, Speicher in Plattenform

MP Metall-Papier-Kondensator

MP Mikro-Prozessor, Recheneinheit auf einem Chip

MP Multi-Prozessor, mehrere zusammenarbeitende Recheneinheiten

MPA Material-Prüfungs-Amt

MPC Multi-(Media-)Personal-Computer, →PC für den Netz-Verbund

MPC Multi-Port-Controller, Steuereinheit für mehrere verknüpfte Schnittstellen

MPC Message Passing Coprocessor, Schnittstellenprozessor für Multibus II

MPCB Moulded Printed Circuit Board, Bezeichnung von dreidimensionalen Leiterplatten bzw. Schaltungsträgern

MPEG Motion (Moving) Picture Experts Group, Normen-Gremium für bewegte Videobilder

MPF Main Program File, Teileprogramm von Werkzeugmaschinen-Steuerungen

MPG Manual Pulse Generator, Elektronisches Handrad, auch →HPG

MPI Micro-Processor Interface, →ISDN-Funktion

MPI Man Process Interface, Schnittstelle zwischen Mensch und Prozeß

MPI Multi Processor Interface, Schnittstelle im Rechnerverbund

MPI Multi Point Interface, mehrpunktfähige Schnittstelle

MPIM Multi Port Interface Modul von →ETHERNET

MPLD Mask Programmed Logic Device

MPM Metra Potential Methods, Management- und Planungs-Verfahren mit Computerunterstützung

MPR Multi Port →RAM, Speicherschnittstelle von Rechnereinheiten, z.B. zum Bussystem

MPS Magnet-Platten-Speicher

MPS Materialfluß-Planungs-System

MPS Meter per Second

MPSS Mehrpunktfähige Schnittstelle z.B. der →SIMATIC S5

MPST Multi-Processor Control System for Industrial Machine Tool, Mehrprozessor-Steuersystem für Arbeitsmaschinen nach →DIN 66264

MP-STP Mehrprozessor-Stopp, Störungs-Anzeige im →USTACK der →SPS bei Ausfall einer Prozessor-Einheit

MPT Multi Page Technology, →PC-Datei-Format

MPU Micro-Processor Unit, Teileinheit eines Rechners

MQFP Metal Quad Flat Pack, Gehäuse für integrierte Schaltkreise mit einer Leistungs-Aufnahme von max. 10 W

MQW Multi Quantum Wells, alternierende dünne Lagen von Halbleitern

MRA Mutual Recognition Arrangement, gegenseitige Anerkennungsvereinbarung von Zertifikaten, z.B. unter →EOTC

MRP Machine Resource Planning

MRP Manufacturing Resource Planning

MRP Material Requirements Planning

MRT Mean Repair Time, mittlere Instandhaltungsdauer

MS Microsoft, Softwarehaus, vor allem für →PC-Programme

MS Message Switching, Speicher-Vermittlungs-Technik

MS Mobile Station

MSB Most Significant Bit

MSC Manufacturing Systems and Cells

MSC Mobile Switching Center

MSD Machine Setup Data, Maschinen-Einrichte-Daten, auch Maschinendaten oder Maschinen-Parameter genannt

MSD Most Significant Digit

MSD Machine Safety Directive, Maschinen-Richtlinie 89/392/EWG

MSDOS Microsoft-→DOS, →PC-Betriebssystem

MSG Message, Meldungen, Datei-Ergänzung

MSI Medium Scale Integration, Bezeichnung von integrierten Schaltkreisen (→IC) mit mittlerem Integrationsgrad

MSNF Multi System Networking Facility von IBM

MSP Machine System Program, Betriebssystem

MSPS Mega Samples Per Second

MSR Messen Steuern Regeln, Normbezeichnung in →DIN und →VDE

MSRA Multi-Standard Rate Adapter, Adapter zum Anschluß an →ISDN-Netzwerke

MST Maschinen-Steuer-Tafel, →MSTT

MST Micro System Technologies, Hochintegration von elektrischen und nichtelektrischen Funktionen

MSTT Maschinen- Steuer- Tafel, →MST

MSV Medium Speed Variant, zeichenorientiertes Protokoll von Siemens für Weitverkehrsnetze

MSZH Magyar Szabvanyügyi Hivatal, nationales Normeninstitut von Ungarn

MT Magnetic Tape

MTBF Mean Time Between Failure, Mittlere Betriebsdauer (Zeit zwischen zwei Fehlern, Ausfällen). Sie gilt nur für reproduzierbare Hardwarefehler und Bauteileausfälle, für Serienprodukte, bezogen auf die Gesamtzahl der gelieferten Produkte und bei 24-Stunden-Betrieb

MTBM Mean Time Between Maintenance

MTBR Mean Time Between Repair

MTE Multiplexer Terminating Equipment, Funktion von →SDH

MTF Mean Time to Failures

MTF Message Transfer Facility

MTOPS Million Theoretical Operations per Second

MTM Maschinen Temperatur Management, Erfassung und Verarbeitung der thermischen Einflüsse bei Werkzeugmaschinen

MTR Magnetic Tape Recorder

MTS Multi Tasking Support, Betriebssystem für Standard-→PC

MTS Machine Tool Supervision

MTS Mega-Transfer per Second

MTSO Mobile Telephone Switching Office

MTTF Mean Time To Failure

MTTFF Mean Time To First Failure

MTTR Mean Time To Repair (Restoration), mittlere Reparaturzeit. Sie kennzeichnet die Zeit, die zur Lokalisierung und Behebung eines Hardwarefehlers benötigt wird

MUAHAG Military Users Ad Hoc Advisory Group, Liste der für den militärischen Bereich zugelassenen Bauelemente

MULTGAIN Multiply Gain, Multiplikations-Faktor für die Sollwertausgabe der →SINUMERIK

MUT Mean Up Time, mittlere Klardauer

MUX Multiplexer, u.a. →ISDN-Funktion

MVI Metallverarbeitende Industrie

MVP Multimedia-Video-Processor

MW Merker Wort, Speicherplatz 16-Bit in der →SPS

MXI Multisystem Extension Interface, Standard-Bus-Schnittstelle

N Negativ

N Satznummer von Teileprogrammen nach →DIN 66025

N Nibbling, Steuerungsversion für Nippeln

NACCB National Accreditation Council for Certification Bodies, nationaler britischer Akkreditierungsrat für Zertifizierung in London

NAGUS Normen-Ausschuß Grundlagen des Umwelt-Schutzes

NAK Negative Acknowledge, Negative Rückmeldung, Steuerzeichen bei der Rechnerkopplung

NAM Normen-Ausschuß Maschinenbau

NAMAS National Measurement Accreditation Service, nationales britisches Akkreditierungssystem für das Meßwesen, Kalibrierstellen und Prüflaboratorien

NAMUR Normen Arbeitsgemeinschaft Meß- und Regeltechnik der chemischen Industrie in Deutschland mit Sitz in Leverkusen

NAPCTC North American Policy Council for →OSI Testing and Certification

NAS Network Application Support, Client-Server-Strategie von Digital Equipment

NAT Network Analysis Technique

NATLAS National Testing Laboratory Authorities, nationale englische Behörde für Prüflabors

NB Negativ-Bescheinigung des →BAW für Exportgüter

NBS National Bureau of Standards, Department of Commerce, nationales Normen-Büro der USA unter →ANSI

NC Network Computer

NC No connected, z.B. nicht angeschlossene Pins von →ICs

NC Numerical Control, Numerische Steuerung. Numerisch heißt "zahlenmäßig", das heißt die einzelnen Befehle werden einer Werkzeugmaschine mit Hilfe einer "Zahlen verstehenden Steuerung" eingegeben

NC National Committee von →CENELEC

NCAP Nematic Curvilinear Aligned Phase, Flüssigkristall-Technologie

NCB Network Control Block, Nachrichtenträger auf Datennetzen

NCC National Computing Conference, nationale Computerkonferenz in USA

NCMES Numerical Controlled Measuring and Evaluation System, Programmiersystem für die maschinelle Programmierung von Meßmaschinen

NCP Network Control Program, Programm zur Steuerung von Datennetzen

NCRDY NC-Ready, Klarmeldung von Werkzeugmaschinen-Steuerungen

NCS Norwegian Certification System, norwegisches Zertifizierungs-System

NCS Network Computing System

NCS Numerical Control Society, Vereinigung von NC-Maschinen-Anwendern der USA

NCS Numerical Control System

NCSC National Computer Security Council, Begriff der Datensicherung

NCVA →NC-Daten-Verwaltung und -Aufbereitung nach →DIN 66264

NDAC Not Data Accepted, Daten-Annahme-Verweigerung an der →IEC-Bus Schnittstelle

NDIS Network Driver Interface Specification, Schnittstelle von Computernetzen

NDT Non Destructive Testing

NE Nibbling Export, Exportversion der →SINUMERIK-Nippel-Steuerungen

NE Normenstelle Elektrotechnik, eigenständige Normenstelle des →BWB

NEC National Exhibition Centre, Messezentrum in Birmingham

NEC Nederlands Elektrotechnisch Comite, niederländisches Normen-Gremium

NEC Nippon Electric Corporation, japanischer Halbleiter- und Geräte-Hersteller

NEK Norsk Elektroteknisk Komite, norwegisches Elektrotechnisches Komitee

NEMA National Electrical Manufacturers Association, Notionalverband der Elektroindustrie der USA

NEMKO Norges Elektriske Materiellkontroll, norwegisches Prüfinstitut für elektrotechnische Erzeugnisse in Oslo

NEMP Nuclear Electro-Magnetic Pulse, elektomagnetischer Impuls, der von einer Atom-Explosion ausgeht

NEP Noise Equivalent Power

NET Norme Européenne de Telecommunication, europäische Fernmelde-Norm

NET Noise Equivalent Temperature

NF Normes Françaises, Herausgeber →AFNOR und →UTE, zugleich Normenkonformitätszeichen Frankreichs

NFM Network File Manager, Netzwerk-Dateiverwaltung

NFS Network File System, Netzwerk-Dateiverwaltung von SUN

NI Normenausschuß Informations-Verarbeitungs-Systeme von →DIN und →VDE

NI Network Interworking

NIC Network Interface Card, Netzwerk- oder →LAN-Adapter-Karte

NIN Normenausschuß Instandhaltung, vertreten im →DIN

NIPC Networked Industrial Process Control

NIST National Institute of Standards and Technology, amerikanisches Normenbüro für Standards

NK Natur-Kautschuk, Werkstoff für Leitungs- und Kabelmantel

NL New Line, Zeilenvorschub mit Wagenrücklauf

NLM Netware Loadable Module, Gateware-Software zur Verbindung von →SINEC-H1 und Novell-Teilnehmern

NLQ Near Letter Quality, Drucker-Schönschrift

NLR Non Linear Resitor, nichtlinearer Widerstand

NMC NUMERIK Motion Control, Siemens-NUMERIK-Vertriebs-Gesellschaft in den USA

NMF Network Management Forum

NMI Non Maskable Interrupt, nicht maskierbare Unterbrechungsanforderung an den Prozessor

NMOS →N-Channel-→MOS, Halbleiter-Technologie

NMR Normal Mode Rejection

NMS Network Management Station (System), zum Verwalten, Warten und Überwachen von Netzwerken

NMT Netzwerk-Management, →NMS

NNI Nederlands Normalisatie Instituut, niederländisches Normen-Gremium

NORIS Normen-Informations-System der Siemens AG

NOS Network Operating System

NP Negativ-Positiv, Struktur von Halbleitern

NPL New Programming Language, Programmiersprache, →PL1

NPN Negativ-Positiv-Negativ(-Transistor), Halbleiteraufbau

NPR Noise Power Ratio, Rauschleistungsabstand von Meßgeräten

NPT Netzplantechnik, graphische Darstellung zeitlicher Abläufe

NPT Non-Punch-Through

NPX Numeric Processor Extension, Erweiterung mit einem numerischen Prozessor

NQC National Quality Campaign, Aktion zur Verbesserung des Qualitätsgedankens in Großbritannien

NQSZ Normenausschuß Qualitätsmanagement, Statistik und Zertifizierungsgrundlagen

NRFD Not Ready For Data, Unklarmeldung zur Datenübernahme an der →IEC-Bus-Schnittstelle

NRM Natural Remanent Magnetization, Restmagnetismus

NRZ Non-Return to Zero, Übertragungsverfahren mit Information per Spannungspegel

NS National Standard

NSAI National Standard Authority of Ireland, irisches Normen-Gremium in Dublin

NSC National Semiconductor, Halbleiter-Hersteller

NSF Norges Standardiserings-Forbund, norwegisches Normen-Gremium in Oslo

NSI National Supervising Inspectorate, vergleichbar mit der →VDE-Prüfstelle

NSM Normenausschuß Sach-Merkmale im →DIN

NSTB National Science and Technology Board, behördliche Organisation für Wissenschaft und Technologie in Singapur

NT Nachrichten-Technik

NT Network Termination

NT New Technologies

NTC Negative Temperatur Coeffizient, Heißleiter, Widerstandsabnahme bei Temperaturanstieg

NTG Nachrichten-Technische Gesellschaft

NTSC National Television Standards Committee, →TV-Standard mit 30 Bildern pro Sekunde

NTT Nippon Telegraph and Telephone, japanische Telefon- und Telegrahpengesellschaft

ntz Nachrichten-Technische Zeitschrift

NUA Network User Address, Telefonnummer eines Datex-P-Teilnehmers

NUI Network User Identification, Kennung eines Datex-P-Teilnehmers

NUM NUMERIK, französischer Steuerungs-Hersteller

NURBS Non Uniform Rational Base Spline, nicht uniforme rationale B-splines, mathematische Methode für Freiformflächen in →CAD-Systemen

NV Nullpunkt-Verschiebung, Eingabe im Anwenderprogramm

NVLAP National Voluntary Laboratory Accreditation Programme der USA

NVS Norsk Verkstedsindustris, Norwegian Engineering industries in Oslo

NWIP New Work Item Proposal, Vorschlag für eine neue Arbeit in →IEC

NWM Normenausschuß Werkzeug-Maschinen

OA Office Automation, Büro-Automatisierung

OACS Open-Architecture-→CAD-System von Motorola

OATS Open Area Test Sites, Freifeld-Meßgelände für →EMV

OAV Ost-Asiatischer Verein, Träger des →APA

OB Organisations-Baustein, Organisations-Teil im →SPS-Anwenderprogramm

OBJ Objekt-Code-Datei, Datei-Ergänzung

OC Open Collector, Ausgang von ICs mit offenem Kollektor des Ausgangstransistors

OC Operation Code, Befehlskode von Rechnern

OC Operation Control, (automatische) Prozeß-Steuerung

OCG →OSTC Certification Group

OCI Online Curve Interpolator, Funktion von Werkzeugmaschinen-Steuerungen

OCL Operation Control Language, Programmiersprache für die Prozeß-Steuerung

OCL Over Current Limit, Stromüberwachung

OCP Operators Control Panel, Bedientafel bzw. -pult, z.B. von Werkzeugmaschinen

OCP Over Current Protection

OCR Optical Character Recognition, optische Zeichenerkennung, Maschinenlesbarkeit von gedruckten Zeichen

OCS Office Computer System

OCW Operating Command Word

OD Optical Disk

ODA Office Document Architecture, →OSI-Standard

ODCL Optical Digital Communication Link, optische digitale Kommunikation

ODI Open Datalink Interface, Datenschnittstelle

ODIF Open Document Interchange Format, standardisierte Form von Dokumenten

OEC Output Edge Control, Schaltung zur Verminderung von Störungen

OECD Organization for Economic Cooperation and Development, Organisation für Europäische Wirtschaftliche Zusammenarbeit und Entwicklung

OEEC Organization for European Economic Cooperation, Organisation für Europäische Wirtschaftliche Zusammenarbeit in Paris

OEM Original Equipment Manufacturer, Hersteller von Geräten für Anlagen und Systeme, z.B. Hersteller von Steuerungen für Maschinen

OF Öl-Fremdlüftung, z.B. von Halbleiter-Stromrichter-Geräten

OIC Optical Integrated Circuit

OIML Organisation Internationale de Mesure Légale, Internationale Organisation für gesetzliches Meßwesen in Frankreich

OIW →OSI Implementors Workshop in →NIST

OLB Outer Lead Bonding, Bond-Kontakte von →SMD-Bauelementen

OLD Old-Datei, alte Datei, Datei-Ergänzung

OLE Object Linking and Embedding, Verbindung von →PC-Anwender-Dateien

OLIVA Optically Linked Intelligent →VME-Bus Architecture

OLM On-Line Monitor, Direktsteuerung bzw. -überwachung

OLMC Output Logic Macro Cell, Gate-Array-Ausgang

OLP Off-Line-Programming, Anwendung bei der Roboter-Programmierung

OLTP On-Line Transaction Processing, Fehlertolerantes Computer-System

OLTS On-Line Test System, mitlaufendes Fehlererkennungs-System

OM Operational Maintenance, Wartung während des Betriebs

OME On-board Module Expansion, Schnittstelle für Multibus II Module

OMG Object Management Group, Herstellervereinigung für objektorientierte Datenbanksysteme

OMI Open Microprocessor Initiative, Bibliotheks-Programm zum Projekt →ESPRIT der →EU

OMP Operating Maintenance Panel, Wartungsfeld, z.B. einer Werkzeugmaschinen-Steuerung

OMP Operating Maintenance Procedure

ON Österreichisches Normungsinstitut

ÖN Österreichische Norm

ONA Open Network Access

ONC Open Network Computing

OnCE On Chip Emulation

ONE Optimized Network Evolution

ONI Optical Network Interface, Schnittstelle für Glasfaser-Kabel

ONPS Omron New Production System, neues Produktionssystem

OOA Object Oriented Analysis, Analyse von objektorientierten Lösungen

OOD Object Oriented Design, an der Analyse orientiertes Entwickeln

OOP Object-Oriented Programming, Programmierung mit projektorientierten, gekapselten Daten

OP Operators Panel, Bedientafel z.B. von Werkzeugmaschinen-Steuerungen

OPAL Open Programmable Architecture Language, Hardware-Entwicklungs-Software von →NSC

OPC Operating-Code, Befehlsverschlüsselung

OPPOSITE Optimization of a Production Process by an Ordered Simulation and Iteration Technique, Produktions-Optimierung durch Simulations-und Iterationstechniken

OPT Optimized Production Technology, detailliertes Netzwerk eines Fertigungsmodelles

OPV Operations-Verstärker

ÖQS Österreichische Vereinigung zur Zertifizierung von Qualitätssicherungs-Systemen

ORCA Optimised Reconfigurable Cell Array, →FPGA mit automatischer Plazierung und Verdrahtung der Schaltung

ORGALIME Organisme de Liaison des Industries Métalliques Européenes, Verbindungsstelle der europäischen Maschinenbau-, metallverarbeitenden und Elektro-Industrie in Brüssel

ORKID Open Real Time Kernel Interface Definition, Standardisierung verschiedener Betriebssysteme

OROM Optical →ROM, optischer nur Lese-Speicher

ORT Ongoing Reliability Testing

OS Operating System

OS Öl-(Luft)-Selbstkühlung von Halbleiter-Stromrichter-Geräten

OSA Open Systems Architecture

OSACA Open System Architecture for Controls within Automation systems, Gremium der Werkzeug-Maschinen-Steuerungs-Hersteller zur Erarbeitung eines Steuerungs-Standards

OSC Oscillator, →OSZ

OSD On Screen Display, Bedienerführung am Bildschirm

OSE Open System Environment

OSF Open System (Software) Foundation, graphische Bedienoberfläche für →PCs auf →UNIX

OSI Open Systems Interconnection, →ISO-Referenzmodell für Rechner-Verbundnetze

OSITOP →OSI Technical and Office Protocols

OSP Operator System Program

OSP Organic Solderability Protection, Feinleitertechnik zur Erzielung flacher Bestückoberflächen

OSTC Open Systems Testing Consortium

OSZ Oszillator, →OSC

OT Optical Transceiver, optischer Leitungsverstärker

OTA Open Training Association, Verein namhafter Hersteller von Informations- und Automatisierungsgeräten

OTDR Optical Time Domain Reflectometer, Meßgerät für Rück-Streumessung von Lichtwellenleitern
OTL OSI Testing Liason Group
OTP One Time Programmable, Bezeichnung von →EPROMs ohne Lösch-Fenster
OTPROM One Time Programmable Read Only Memory
OUF Öl-Umlauf-Fremdlüftung von Halbleiter-Stromrichter-Geräten
OUS Öl- Umlauf- Luft- Selbstkühlung von Halbleiter-Stromrichter-Geräten
OUT Output
OUW Öl-Umlauf-Wasserkühlung von Halbleiter-Stromrichter-Geräten
OVD Outside Vapor Deposition, Verfahren zur Herstellung von Glasfasern für Lichtwellenleiter
ÖVE Österreichischer Verband für Elektrotechnik
OVFL Over-Flow, Überlauf von Speichern oder Registern, auch Störungsanzeige im →U-STACK der →SPS
OVG Obere Vertrauens-Grenze, →UCL
OVL Over Voltage Limit, Spannungsüberwachung
OVL Overlay-Datei, Datei-Ergänzung
ÖVQ Österreichische Vereinigung für Qualitätssicherung
OW Öl-Wasserkühlung von Halbleiter-Stromrichter-Geräten
OWG Optical Waveguide Cables

P Dritte Bewegung parallel zur X-Achse nach DIN 66025
P Positiv
P Pressing, Steuerungsversion für Pressen
PA Polyamid, Werkstoff für Leitungs- und Kabelmantel
PA Prüfstellen-Ausschuß des →VDE
PAA Prozess-Abbild der Ausgänge, z.B. einer →SPS
PABX Private Automatic Branch Exchange
PAC Programmable Array Controller
PAC Project Analysis and Control
PAC Personal Analog Computer
PACE Precision Analog Computing Equipment, analoger Präzisionsrechner
PACS Peripheral Address Chip Select, Prozessor-Register
PACT Programmed Automatic Circuit Tester, automatisches Testgerät für elektronische Schaltungen
PAD Packet Assembly Disassembly facility, telefonischer Zugangspunkt zum Datex-P-Netz der →DBP
PADT Programming and Debugging Tool
PAE Prozess-Abbild der Eingänge, z.B. einer →SPS

PAG Programm-Ablauf-Graph, Hilfsmittel für Problementwurfs- und SPS-Programmierung
PAG Siemens Protokoll Arbeits-Gruppe
PAI Polyamidimide, hochtemperaturbeständiges Thermoplast
PAL Programmable Array Logic, allgemein gebräuchliche Abkürzung für anwenderspezifische Bausteine mit programmierbarem UND-Array
PAL Phase Alternation Line, Farbfernsehsystem, Phasenwechsel von Zeile zu Zeile
PAM Puls-Amplituden-Modulation
PAMELA Produktorientiertes Auskunftsystem mit einheitlichem Datenpool für Lieferstellen und Abnehmer im →SIMATIC-Geschäft
PAR Polyarcrylate, hochtemperaturbeständiges Thermoplast
PAS Process Automation System
PAS Pascal-Quellcode, Datei-Ergänzung
PASS Personal Access Satellite System, Telekommunikationssystem per Satellit der NASA
PATE Programmed Automatic Test Equipment, programmierbare automatische Testeinrichtung
PB Programm-Baustein, Teil des →SPS-Anwenderprogrammes
PB Peripherie Byte, Peripherie-Abbild 8 Bit in der →SPS
PB Puffer-Betrieb, z.B. von Maschinen nach →VDE 0557
PBM Puls-Breiten-Modulation
P-Bus Peripherie-Bus z.B. der →SIMATIC
PC Parity Check, Paritätsprüfung, z.B. bei der Daten-Übertragung
PC Personal-Computer, allgemeine Bezeichnung von Einzelplatz-Rechnern
PC Programmable Control, alte Bezeichnung der →PLC (→SPS)
PC Printed Card, gedruckte Schaltung, auch Flachbaugruppe
PC Punched Card
PC Process Control
PC Production Control
PC Program Counter
PC Programm Committee des →CEN
PCA Programmable Logic Control Alarm, →PLC-Alarme
PCA Policy Group on Conformity Assessment des →IEC
PCB Printed Circuit Board, Leiterplatte, gedruckte Schaltung usw.
PCC Process Control Computer, Prozeßrechner
PCC Plastic Chip Carrier, Gehäuseform von integrierten Schaltkreisen
PCD Poly-Crystalline Diamond, Schneidwerkzeug für →CNC-Werkzeugmaschinen, →PKD
PC-DOS Personal Computer – Disk Operating System, Betriebssystem für Personal Computer
PCE Process Control Element

PCF Plastic Cladded Silica Fibre, Glasfaser-Kabel

PCG Printed Circuit Generator, Programm für die Schaltungs-Entflechtung

PCI Personal Computer Instruments, Meßgerät auf →PC-Basis

PCI Peripheral Component Interconnect, Prozessor-unabhängiges Bussystem

PCI Peripheral Components Interface

PCI Programm Controlled Interrupt

PCIM Power Conversion and Intelligent Motion, Kongreßmesse der Elektronik

PCL Programmable Control Language, Programmiersprache von →GE für integrierte Anpaßsteuerungen

PCL Printer Command Laguage, Drucker-Steuer-Sprache, z.B. für Schriftenanwahl, Blocksatz usw., Datei-Ergänzung

PCM Pulse Code Modulation

PCM Plug Compatible Manufacturing, Herstellung von steckkombatiblen Einheiten

PCM Process Communication Monitor, Steuerung und Überwachung der Prozeß-Kommunikation

PCMC →PCI, Cache and Memory Controller, PCI-Chipset

PCMCIA Personal Computer Memory Card International Association, PC-Karten-Standard

PCMS Programmable Controller Message Specification, offene Kommunikation für →SPS

PCN Personal Communications Network, europäische Norm für drahtlose Telefone

PCP Programmable Control Programm, →SPS-Programm in Maschinen-Code

PCS Peripheral Chip Select, Auswahlleitungen für Prozessor-Peripherie mit definierter Byte-Länge

PCS Process Control System

PCS Personal Communication Services, Dienste für mobile Sprach- und Datenkommunikation

PCTE Portable Common Tool Environment, Schnittstelle für Software-Entwicklungssysteme

PD Peripheral Device

PD Proportional-Differential(-Regler)

PDA Percent Defective Allowed, maximal erlaubter Ausfallprozentsatz

PDA →PCB Design Alliance

PDA Personal Digital Assistant, tragbares Rechner-Kommunikationssystem

PDE Personal-Daten-Erfassung

PDC Plasma Display Controller, Steuerung der Plasma-Display-Anzeige

PDDI Product Data Definition Interface, Schnittstelle zwischen Konstruktion und Fertigung

PDES Product Data Exchange Spezifikation, Normung von Produkt-Daten-Formaten nach →NBS

PDIF Product Definition Interchange Format

PDIP Plastic Dual In-line Package, Gehäuseform von integrierten Schaltkreisen

PDK Postprocessor Development Kit, Entwicklungswerkzeug für →CAD-Postprozessoren

PDL Page Description Language, Seiten-Beschreibungs-Sprache für Drucker

PDM Produkt-Daten-Management, Verwaltung von Produkt-Informationen

PDN Public Data Network, öffentliches Paketvermittlungsnetz für die Datenübertragung

PDP Plasma Display Panel

PDR Processing Data Rate, Rechnerleistung nach Millionen Bit pro Sekunde

PDS Produkt-Daten-Satz, Produkt-Parameter-Programmierung einer →SPS

PDU Protocol Data Unit, Software-Schnittstelle von →MAP

PDV Prozeß-Daten-Verarbeitung

PE Polyäthylene, Werkstoff für Leitungs- und Kabelmantel

PE Protective Earth, Schutzleiter-Kennzeichnung

PE Peripheral Equipment

PE Phase Encoding, phasenkodiertes Aufzeichnungs-Verfahren

PEARL Process and Experiment Automation Real Time Language, Programmiersprache für die Prozeßdaten-Verarbeitung

PEB Peripherie-Extension Board, externe Erweiterungs-Einheit

PEEL Programmable Electrically Erasable Logic, →PALs und →PLAs in →EEPROM-Technik

PEG Produkt-Entwicklungs-Gruppe

PEI Polyetherimide, hochtemperaturbeständiges Thermoplast

PEIR Process Evaluation and Information Reduction

PEK Polyetherketone, hochtemperaturbeständiges Thermoplast

PEL Picture Element (→PIXEL), Bildpunkt eines →VGA-Monitors

PELV Protective Extra Low Voltage, Schutz durch Funktionskleinspannung mit "Sicherer Trennung"

PENSA Pan European Network Systems Architecture

PEP Planar Epitaxial Passivated, passivierter Planar-Transistor

PERT Program Evaluation Review Technic, Management- und Planungs-Verfahren mit Computer-Unterstüztung

PES Polyethersulfon, hochtemperaturbeständiges Thermoplast

PES Programmierbares Elektronisches System, Begriff aus →IEC-Normen

PET Patterned Epitaxial Technology, Herstellungs-Verfahren für →ICs

PEU Peripherie Unklar, Störungs-Anzeige im →USTACK der →SPS

PF   Power Factor

PFC   Power-Factor-Correction, Eingangsschaltung von Stromversorgungen zur Leistungsfaktor-Korrektur

PFM   Pulse Frequency Modulation

PFM   Postsript Font Metric, Schriftinformation, Datei-Ergänzung

PFU   Prozeß-Fähigkeits-Untersuchung, Begriff der →SMT-Technik

PG   Programmier-Gerät, z.B. für eine →SPS

PGA   Programmable Gate Array, allgemein gebräuchliche Abkürzung für hochkomplexe Logikbausteine

PGA   Pin Great Array, Bezeichnung von Logikbausteinen mit hoher Pin-Zahl

PGC   Professional Graphics Controller, Video-Baustein von IBM für Vektorgraphik

PHA   Preliminary Hazard Analysis, vorläufige Fehlerquellen-Analyse

PHF   Parts History File, Qualitäts-Sicherungs-Programm der →CNC

PHG   Programmier-Hand-Gerät, z.B. für Roboter-Steuerungen

PHIGS   Programmers Hierarchical Interactive Graphics System, Norm der →ANSI, USA, für den Austausch von graphischen Programmen

PHP   Personal Handy Phone, Standard für digitale schnurlose Telefone

PHY   Physical Layer Control, Element von →FDDI für Kodierung/Dekodierung und Taktgeber

PI   Polyimide, hochtemperaturbeständiges Thermoplast

PI   Programm-Instanz, →STF-ES-Protokoll

PI   Proportional-Integral(-Regler)

PIA   Peripheral Interface Adapter, Schnittstellen-Anpassung

PIC   Programmable Interrupt Controller

PIC   Personal Intelligent Communication

PIC   Programmable Integrated Circuit

PICS   Protocol Implementation Confirmance Statement

PICS   Production Information and Control System, Produktions-Steuerung und -Information von IBM

PID   Proportional-Integral-Differential(-Regler)

PIF   Program Information File, Datei-Ergänzung

PIM   Personal Information Manager, →EDV-Datenbank-Manager

PIN   Personal Identification Number, Paßwort, z.B. von Rechner

PIN   Positive Intrinsic Negative, Diode mit der Zonenfolge P-I-N

PIO   Parallel Input Output, →E/A-Ports von Mikroprozessor-Schaltungen

PIP   Picture in Picture

PIPS   Production Information Processing System

PIU   Plug In Unit

PIXEL   Picture Element, kleinstes darstellbares Bildelement oder kleinster Bildpunkt

PIXIT   Protocol Implementation Extra Information for Testing

PKD   Poly-Kristalliner Diamant, Schneidwerkzeug für →CNC-Werkzeugmaschinen, →PCD

PKP   Produkt Konzept Planung, Begriff aus dem Produktmanagement

PKS   Produkt Komponenten Struktur, Begriff aus dem Produktmanagement

PL1   Programming Language 1, ursprünglich NPL "new PL". Höhere Programmier-Sprache mit Elementen von →ALGOL, →COBOL und →FORTRAN, von IBM entwickelt

PLA   Programmable Logic Array, allgemein gebräuchliche Abkürzung für anwenderspezifische, programmierbare UND/ODER-Array

PLC   Programmable Logic Controller, Speicherprogrammierbare Steuerung (→SPS)

PLCC   Plastic Leaded Chip Carrier, Gehäuseform von integrierten Schaltkreisen in →SMD

PLD   Programmable Logic Device, allgemeine Abkürzung für anwenderspezifische, programmierbare Bausteine

PLE   Programmable Logic Element, Oberbegriff für programmierbare Bausteine

PLL   Phase Locked Loop

PL/M   Programmimg Language for Microcomputer, Programmiersprache für Mikrocomputer

PLP   Physical Layer Protocol, →FDDI-Standard für die Festlegung von Takt, Symbolsatz sowie Kodierungs- und Dekodierungsverfahren

PLR   Programming Language for Robots

PLS   Programmable Logic Sequencer

PLS   Prozeß-Leit-System

PLT   Prozeß-Leit-Technik

PLV   Production Level Video, Video-Daten-Kompressions-Algorithmus

PM   Preventive Maintenance

PM   Process Manager

PMAG   Project Management Advisory Group, Gruppe des →ISO/TC

PMC   Programmable Machine Controller, →FANUC-SPS

PMD   Physical Medium Dependent, Element der FDDI für die Festlegung der Wellenformen optischer Signale und der Verbinder in →ISO DIS 9314-3

PML   Programmable Macro Logic, Anwenderspezifische, mit Makro-Funktionen programmierbare Schaltkreise

PMMU   Paged Memory Management Unit

PMOS   →P-Channel-→MOS, Halbleiterbauelement in MOS-Technologie

PMS   Process Monitoring System

PMS   Project Management System

PMS   Peripheral Message Specification

PMT   Parallel Modul Test, Verfahren zum Testen von Speichern

PMU Processor Management Unit

PMU Parameter Measuring Unit, Prüfautomat zur Messung analoger Parameter

PN Positiv-Negativ, pn-Struktur von Halbleitern

PNA Project Network Analysis, projektabhängige Netzplantechnik

PNC Programmed Numerical Control, numerisch gesteuerte Maschine

PNE Présentation des Normes Européennes, Gestaltung von Europäischen Normen

PNO Profibus-Nutzer-Organisation

PNP Positiv-Negativ-Positiv(-Transistor), pnp-Struktur von Halbleitern

POF Plastic Optical Fiber

POH Path Over-Head, Funktion von →SDH

POI Point of Information, Informations-Zentrale

POL Process Oriented Language

POL Problem Oriented Language, Problemorientierte Programmiersprache

POS Program Option Select, →BIOS-Programm zur Lokalisierung des Bildschirmtyps bei →PS/2-Computern

POSAT →POSIX Agreement Group for Testing and Certification

POSI Promotion Group for →OSI, Normungsgruppe japanischer Computer-Hersteller

POSIX Portable Operating System Interface Unix, Arbeitsgruppe des →IEEE für →UNIX-Standards

POST Power On Self Test, →BIOS-Programm zum Test des →VGA-Adapters bei →PS/2-Computern

POTS Plain Old Telephone Service, analoges stationäres Telefon

PP Part Program, Teile-Programm von Werkzeugmaschinen-Steuerungen

PP Peripheral Processor

PP Polypropylene, Werkstoff für Leitungs- und Kabelmantel

PPAL Programmed →PAL, allgemein gebräuchliche Abkürzung für festprogrammierte PALs

PPC Production Planning and Control

PPC Parallel Protocol Controler, Baustein vom Futurebus +

PPDM Puls-Pausen-Differenz-Modulator z.B. von →D/A-Wandlern

PPE Polyphenylenether, hochtemperaturbeständiges Thermoplast

PPE Produkt-Planung und -Entwicklung

PPH Produkt-Pflichten-Heft

PPI Pixels per Inch, Pixeldichte in →PIXEL pro Zoll

PPM Part per Million

PPM Puls-Phasen-Modulation

PPP Point to Point Protocol, Zugangs-Software für →WWW-Netze

PPP Produkt Profil Planung, Begriff aus dem Produktmanagement

PPS Parallel Processing System, System zur parallelen Bearbeitung von Programmen

PPS Polyphenylensulfid, hochtemperaturbeständiges Thermoplast

PPS Produktions-Planung und -Steuerung

PPS Production Planning and Control-System

PPSS Produktions-Planung und -Steuerungs-System

PQFP Plastic Quad Flat Package, Gehäuseform von integrierten Schaltkreisen

PR Prozeß-Rechner

PR Printer, Drucker

PRAM Programmable →RAM, programmierbare RAMs mit wahlfreiem Zugriff

PRBS Pseudo Random Binary Signal

PRCB Printed Resistor Circuit Board, Leiterplatten oder Keramiksubstrate mit Widerstands-Paste

PRCI →PC Robot Control Interface, schnelle Kopplung zwischen Personal-Computer und Roboter-Steuerung

PRD Printer Definition, Datei-Ergänzung

prEN preliminary European Norm, europäischer Normentwurf

prENV preliminary European Norm Vornorm, europäischer Vornorm-Entwurf

PRG Programm-Quellcode, Datei-Ergänzung

prHD preliminary Harmonization Document, Harmonisierungs-Dokument-Entwurf

PRI Primary Rate Interface, Nutzer-Netzwerk-Schnittstelle von →ISDN

PRI Precision Robots International

PRISMA Permanent reorganisierendes Informations-System merkmalorientierter Anwenderdaten

PRN Printer, Druckertreiber, Druck-Datei, Datei-Ergänzung

PRO Precision →RISC Organization, Interessengemeinschaft der RISC-Anwender

PROFIBUS Process Field Bus, Normbestrebung achtzehn deutscher Firmen für einen Standard im Feldbusbereich

PROFIT Programmed Reviewing Ordering and Forecasting Inventury Technique, Lagerverwaltungs-Programm

PROLAMAT Programming Language for Numerically Controlled Machine Tools

PROLOG Programming in Logic, höhere Programmier-Sprache für "Künstliche Intelligenz"

PROM Programmable Read Only Memory, allgemeine Abkürzung für anwenderspezifische Bausteine mit programmierbaren ODER-Array

PRPG Pseudo Random Pattern Generator

PRS Prozeß-Regel-(Rechner) -System

PRT Partial Data Transfer, Transfer-Kommando

PRZ Prüfung und Zertifizierung, Arbeitsgruppe des →ZVEI

PS Programming System

PS Programmable Switch, programmierbarer
Schalter
PS Power Supply
PS Proportional-Schrift, Schriftart, bei der jedes
Zeichen nur den Platz einnimmt, den es
benötigt
PS/2 Personal System/2, Personal Computer von
IBM
PSC Process Communication Supervisor, Steue-
rung von Prozeß-Daten
PSD Position Sensitive Device
PSD Programmable System Device, program-
mierbare Systembausteine
PSDN Packet Switched Digital Network, Netz
für die Paketvermittlung
PSO Power Supply O.K., Klarmeldung der →SI-
NUMERIK-Stromversorgung
PSP Produkt Strategie Planung, Begriff aus dem
Produktmanagement
PSP Program Segment Prefix, Datenstruktur
z.B. im →PC
PSPDN Packet Switched →PDN, →PSDN
PSPICE →SPICE der Firma Microsim
PSRAM Pseudo Static Random Access Memory
PST Programmable State Tracker, Baustein des
→EISA-System-Chipsatzes von Intel
PST Preset Actual Value, Istwertsetzen, Betriebs-
art von Werkzeugmaschinen-Steuerungen
PSTN Public Switched Telephone Network, öf-
fentliches Telefon- und Telekommunikations-
netz
PSTS Profile Specific Test Specification
PSU Polyphenylensulfon, hochtemperaturbe-
ständiges Thermoplast
PSU Power Supply Unit
PT Punched Tape
PT Punch-Through
PTC Positive Temperatur Coeffizient, Kaltleiter,
Widerstandszunahme bei Temperaturanstieg
PTB Physikalisch Technische Bundesanstalt in
Braunschweig
PTE Path Terminating Equipment, Funktion
von SDH
PTFE Poly Tetra Flour Ethylene, Werkstoff für
Leitungs- und Kabelmantel sowie Leiterplat-
ten-Material
PTH Plated Through Hole
PTM Point to Multipoint
PTMW Platin-Temperatur-Meß-Widerstand,
präziser temperaturabhängiger Widerstand
PTP Point to Point
PTP Paper Tape Punch
PTZ Post-Technisches Zentralamt
PU Peripheral Unit
PV Photo Voltaic
PV Prozess-Verwaltung
PVC Polyvinyl Chloride, Werkstoff für Lei-
tungs- und Kabelmantel
PVR Photo-Voltaik-Relais

PVT Process Verification Testing, Prüfung des
Fertigungs-Prozesses während der Entwick-
lung
PW Pass-Wort, dient dazu, ein Programm oder
Dateien vor unbefugten Zugriffen zu schützen
PW Peripherie Wort, Peripherie-Abbild 16 Bit in
der →SPS
PWB Printed Wiring Board
PWG Preparatory Working Group, vorbereiten-
de Arbeitsgruppe im →IEC
PWM Pulse Width Modulation, Puls-Weiten-
Modulation z.B. im Regelkreis von Stromver-
sorgungen
PWR Puls-Wechsel-Richter
PZI Prüf- und Zertifizierungs-Institut im
→VDE

Q Dritte Bewegung parallel zur Y-Achse nach
→DIN 66025
Q0-7 Qualitätsstufen 0 bis 7
QA Quality Assurance
QA Quality Audit, Begutachtung der Wirksam-
keit einer Qualitätssicherung
QAP Quality Assurance Program
QB Quittungs-Bit der Rechner-Kopplung
QBASIC Quick-→BASIC
QC Quality Control, Qualitätskontrolle
QDES Quality Data Exchange Specification
QFD Quality Function Deployment, Metho-
de zur qualitätsgerechten Prozeß-Entwick-
lung
QFP Quad Flat Package, Gehäuseform von inte-
grierten Schaltkreisen in →SMD
QG Qualitäts-Gruppen
QIC Quarter Inch Cartridge, Magnetband in
Viertelzoll-Diskette
QIC Quarter Inch Compatibility, Interessenge-
meinschaft zum Standardisieren von Lauf-
werken
QIS Qualitäts-Informations-System, z.B. einer
Produktionseinheit
QIS Quality Insurance System
QIT Quality Improvement Team, Qualitäts-
Prüf-Gruppe
QLS Quiet Line State, Meldung einer freien Leitung
QM Quality Management
QMI Quality Management Institute in Ka-
nada
QML Quality Manufacturers List, Liste zugelas-
sener Hersteller
QMS Quality Management System
QP Questionnaire Procedure, Umfrage-Verfah-
ren bei Normungs-Instituten
QPL Qualified Products List, Liste zugelassener
Produkte
QPS Qualitäts-Planung und -Sicherung
QS Quality System
QSA Qualitäts-Sicherung Auswertung

QSM Qualitäts-Sicherung Mitschreibung
QSM Quality System Manual, Qualitäts-Richtlinien
QSOP Quality Small Outline Package, Gehäuseform von integrierten Schaltkreisen in →SMD mit geringem Pinabstand
QSS Quality System Standard
QSS Qualitäts-Sicherungs-System
QSV Qualitäts-Sicherungs-Verfahren(-Vereinbarung)
QTA Quick Turn Around-(→ASIC), Anwenderspezifischer Schaltkreis mit den positiven Eigenschaften von Gate-Arrays und →EPLDs
QUICC Quad Integrated Communication Controller, integrierter Multiprotokoll-Prozessor
QVZ Quittungsverzug beim Datenaustausch mit der Peripherie; Störungs-Anzeige im →U-STACK der →SPS
QZ Qualität und Zuverlässigkeit, Zeitschrift vom Carl Hanser Verlag

R Dritte Bewegung parallel zur Z-Achse oder Eilgang in Richtung Z-Achse nach →DIN 66025
R Encoder Reference Signal R, Nullmarke, Signal von Wegmeßgebern
R20mA Linienstromquelle des Empfängers bei seriellen Daten-Schnittstellen →TTY
RA Recognition Arrangement
RAC Random Access Controller, Speicher-Steuerung
RACE Research and Development in Advanced Communications Technologies for Europe, Forschungs- und Entwicklungs-Rahmenprogramm der →EU
RAD Radial, Zusatzbezeichnung bei Bauteilen mit radialen Anschlußdrähten, z.B. →MKT-RAD
RAID Redundant Array of Inexpensive Disk, fehlertoleranter Speicher von Rechnern
RAL Reichs-Ausschuß für Lieferbedingungen und Gütesicherung in Bonn
RAL Reprogrammable Array Logic, mehrfach programmierbare anwenderspezifische Bauelemente
RALU Registers and Arithmetic and Logic Unit, Speicher und Operationseinheit von Rechnern
RAM Random Access Memory, wahlfreier Schreib-und Lesespeicher
RAPT Robot-APT, Roboter-Programmiersystem auf Basis von →APT
RARP Reverse Address Resolution Protocol, Variante der Netzübertragung
RAS Reliability Availability Serviceability (Safety)
RBP Regitered Business Programmer, Programmierer in den USA
RBW Resolution Bandwidth, Auflösungsbandbreite von Analysatoren

RC Redundancy Check, Prüfung einer Daten-Information auf Fehlerfreiheit
RC Remote Control
RC Resistor Capacitor, Widerstands-Kondensator-Schaltung
RC Robot Control, Roboter-Steuerung z.B. von Siemens
RCA Row Column Address
RCC Remote Center Compliance, Komponente des Roboter-Greifwerkzeuges
RCD Residual Current Protective Device
RCD Resistor Capacitor Diode, Widerstands-Kondensator-Dioden-Schaltung
RCM Robot Control Multiprocessing, Roboter-Steuerung von Siemens
RCP Robot Control Panel, Roboter-Steuertafel
RCTL Resistor Capacitor Transistor Logic, schnelle Logikfamilie mit Widerstands-Verknüpfungen und Ausgangs-Transistor
RCWV Rated Continuous Working Voltage, Nennspannung
R&D Research and Development
RD Reference Document
RDA Remote Database Access, Datenzugriff
RDA Remote Diagnostic Access, Zugriff über Diagnose-Software
RDC Resolver-/ Digital-Converter, Analog-/Digital-Umsetzer von Lagegebern
RDK Realtime Development Kit
RDPMS Relational Data Base Management System
RDR Request Data with Reply, Daten-Anforderung mit Daten-Rückantwort beim →PROFIBUS
RDRAM Rambus Dynamic →RAM, Speicherverwaltung für dynamische RAMs
RDTL Resistor Diode Transistor Logic, Schaltkreisfamilie mit Widerstand-Diode-Transistor-Schaltung
RECI Recycling Circle der Universität Erlangen-Nürnberg
REF Reference Point Approach, Referenzpunkt anfahren, Betriebsart von Werkzeugmaschinen-Steuerungen
REK Rechnerkopplung
REL-SAZ Relativer →SAZ, Enthält im →U-STACK der →SPS die Relativ-Adresse des zuletzt bearbeiteten Befehls
REM Raster-Elektronen-Mikroskop
REN Remote Enable, Einschaltung des Fernsteuerbetriebes der am →IEC-Bus angeschlossenen Geräte
REPOS Repositionierung, Zurückfahren an die Unterbrechungsstelle, z.B. bei numerisch gesteuerten Werkzeugmaschinen
REPROM Reprogrammable →ROM, mehrfach programmierbares →PROM, →EPROM
REQ Request

RES Residenter Programmteil, Datei-Ergänzung

RF Radio Frequency, Bereich der elektromagnetischen Wellen für die drahtlose Nachrichtenübertragung

RFI Radio Frequency Interference, englischer Ausdruck für →EMV

RFS Remote File Service, Netzwerkprotokoll, mit dessen Hilfe Rechner auf Daten anderer Rechner zugreifen können

RFTS Remote Fiber Testing System, Glasfaser-Testsystem

RFZ Regal-Förder-Zeuge

RGB Rot-Grün-Blau, RGB-Schnittstelle zur Monitor-Anschaltung

RGP Raster Graphics Processor

RGW Rat für gegenseitige Wirtschaftshilfe der 8 Staaten des ehemaligen Warschauer Paktes

RI Ring Indicator, ankommender Ruf von seriellen Daten-Schnittstellen

RIA Robot Industries Association, Verband für Industrie-Roboter

RID Rechner-interne Darstellung, Darstellung eines realen Objektes im Speicher eines Rechners

RIOS →RISC Operating System

RIOS Remote →I/O-System, →SPS-System von Philips

RIP Routing Information Protocol, Netzwerk Protokoll zum Austausch von Routing-Informationen

RIS Requirements Planning and Inventury Control System, Bedarfsplanung und Bestands-Steuerung

RISC Reduced Instruction Set Computer, schneller Rechner mit geringem Befehlsvorrat

RIU Rate Adaption Interface Unit, Baustein für →ISDN

RK Rechner-Kopplung, →RKP

RKP Rechner-Kopplung z.B. über die Schnittstellen →V24, →RS-422, →RS-485, →SINEC usw.

RKW Rationalisierungs-Kuratorium der Deutschen Wirtschaft e.V. in Eschborn

RLAN Radio →LAN, funkgestütztes lokales Netzwerk

RLE Run Length Encoded, Datei-Ergänzung

RLG Rotor-Lage-Geber, Rotatorisches Meßsystem zur Bestimmung der Lage von Werkzeugmaschinen-Schlitten

RLL Run Lenght Limited, →PC-Controller-Schnittstelle

RLT →RAM-Logic-Tile, Gate-Array-Zellen

RLT Rückwärts leitender Thyristor

RMOS Refractory Metal Oxide Semiconductor, hitzebeständiger Metalloxyd-Halbleiter

RMS Root Mean Square

RMW Read Modify Write, Schreib-Lese-Vorgang

RNE Réseau National d'Essais, nationaler französischer Akkreditierungsverband für Prüflaboratorien

ROBCAD Roboter-→CAD, CAD-System zur Programmierung von Schweißrobotern bei BMW von Tecnomatix

ROBEX Programmier-System für Roboter von der Universität Aachen

ROD Rewritable Optical Disk

ROM Read Only Memory

ROSE Remote Operation Service, Serviceleistung im Rechner-Netz

ROT Rotor-Lagegeber von Werkzeugmaschinen-Achsen

ROV Rapid Override, Eilgang-Korrektur einer Werkzeugmaschinen-Steuerung

RPA R-Parameter Aktiv, z.B. bei einer Werkzeugmaschinen-Steuerung

RPC Remote Procedure Call, Betriebssystem-Erweiterung für Netzwerke

RPK Institut für Rechneranwendung in Planung und Konstruktion der Universität Karlsruhe

RPL Robot Programming Language, Programmier-Sprache für Roboter von der Universität Berlin

RPP →RISC Peripheral Processor

RPS Repositioning, Wiederanfahren an die Kontur, Betriebsart von Werkzeugmaschinen-Steuerungen

RPSM Resources Planning and Scheduling Method, Methode der Betriebsmittel-Planung und Verfahrens-Steuerung

RS Reset-Set, Rücksetz- und Setzeingang von Flip-Flops

RS Recommended Standard, empfohlener Standard von →EIA

RS-232-C Recommended Standard 232 C, Serielle Daten-Schnittstelle nach →EIA Standard RS-232

RS-422-A Recommended Standard 422 A, Serielle Daten-Schnittstelle nach →EIA Standard RS-422

RS-485 Recommended Standard 485, Serielle Daten-Schnittstelle nach →EIA Standard RS 485

RSL Reparatur-Service-Leistung der Siemens AG für Werkzeugmaschinen-Steuerungen

RSS Rotations-Symmetrisch Schruppen, Bearbeitungsgang von Werkzeugmaschinen

RST Roboter-Steuer-Tafel

RSV Reparatur-Service-Vertrag der Siemens AG für Werkzeugmaschinen-Steuerungen

RT Regel-Transformator

RTC Real Time Clock

RTC Real Time Computer

RTC Real Time Controller

RTD Real Time Display

RTD Resistance Temperature Detector

RTE Regenerater Terminating Equipment, Funktion von →SDH

RTF Rich Text Format, Dokumentenaustausch, Datei-Ergänzung

RTK   Real Time Kernel, applikationsbezogenes Betriebs-System

RTL   Real Time Language, Programmiersprache für Echtzeit-Datenverarbeitung

RTL   Resistor Transistor Logic, Logikfamilie mit Widerstands- Verknüpfungen und Ausgangs-Transistor

RTP   Real Time Program

RTS   Real Time System

RTS   Request To Send, Sendeteil einschalten, Steuersignal von seriellen Daten-Schnittstellen

RTXPS   Real Time Expert System

RUMA   Reuseable Software for Manufacturing Application, mehrfach verwendbare Software

RvC   Raad voor de Certificatie, holländischer Rat für die Zertifizierung

RWL   Rest-Weg-Löschen, Funktion der →SINU-MERIK

RWTH   Rheinisch Westfälische Technische Hochschule in Aachen

RxC   Receive Clock, Empfangstakt von seriellen Daten-Schnittstellen

RxD   Receive Data, Empfangs-Daten von seriellen Daten-Schnittstellen

S   Spindel-Drehzahl nach DIN 66025

S5   →SIMATIC 5, →SPS der Siemens AG

S7   →SIMATIC 7, →SPS der Siemens AG

SA   Structured Analysis, Software-Spezifikationstechnik

SAA   System Application Architecture, Schnittstelle von →IBM

SAA   Standards Association of Australia, Normenverband von Australien

SABS   South African Standards Institution, südafrikanisches Normenbüro, zugleich Bezeichnung für Norm und Normenkonformitätszeichen

SAC   Single Attachment Concentrator, →FDDI-Anschluß

SADC   Sequential Analog-Digital Computer, Computer für serielle Bearbeitung von analogen und digitalen Daten

SADT   Structural Analysis and Design Tool (Technique)

SAF   Scientific Arithmetic Facility, sichere numerische Berechnung

SAM   Serial Access Memory, Bildspeicher-Baustein

SAN   System Area Network

SAP   System Anwendungen Produkte in der Datenverarbeitung

SAP   Service Access Point, Software-Schnittstelle von →MAP

SAP   Schnittstellen-Anpassung der Centronics-Schnittstelle am Siemens-Drucker PT88

SAQ   Schweizerische Arbeitsgemeinschaft für Qualitätsförderung

SASE   Specific Application Service Elements, Teil der Schicht 7 des →OSI-Modelles

SASI   Shugart Association Systems Interface, →SCSI

SAST   System-Ablauf-Steuerung nach →DIN 66264

SAZ   Step- Adress- Zähler, enthält im →U-STACK der →SPS die Absolut-Adresse des zuletzt bearbeiteten Befehls

SB   Schritt-Baustein, Steuerbaustein des →SPS-Programmes

SB   Steuer-Block, Speicherbereich (16 Byte) im Übergabespeicher beim Informationsaustausch mit Arbeitsmaschinen nach →DIN 66264

SBC   Single Board Computer, Einplatinen-Computer

SBI   Serial Bus Interface

SBQ   Stilbenium Quarternized, Fotopolymer-Siebdruckverfahren

SBS   Siemens Bauteile Service, Dienstleistungsbetrieb der Siemens AG

SC   Serial Controller, →IC für serielle Schnittstelle, z.B. →RS-232, →RS 422 usw.

SC   System Controller, System-Steuerung

SC   Symbol Code, Zeichen-Verschlüsselung

SC   Sub-Committee, Unter-Komitee, z.B. in Normen-Gremien

SCA   Synchronous Communications Adapter, Schnittstelle für synchrone Datenübertragung

SCADA   Supervisory Control and Data Aquisition

SCAN   Serially Controlled Access Network

SCARA   Selective Compliance Assembly Robot Arm, Schwenkarm-Montage-Roboter

SCAT   Single Chip →AT(-Controller), →PC-Steuerbaustein

SCB   Supervisor Circuit Breaker, Stromkreis-Überwachung und -Abschaltung

SCB   System Control Board, →PC-Überwachungs-System

SCC   Standard Council of Canada, nationales Normungsinstitut von Kanada

SCC   Serial Communication Controller, serielle Steuerung von Information

SCFL   Source Coupled Fet Logic, →ASIC-Zellen-Architektur

SCI   Scalable Coherent Interface, →IEEE-Standard-Schnittstelle für schnelle Bussysteme

SCI   Siemens Communication Interface, Informations-Schnittstelle von Siemens

SCIA   Steering Committee Industrial Automation, Lenkungskomitee für industrielle Automatisierung von →ISO und →IEC

SCL   Structured Control Language, Programmier-Hochsprache z.B. für →SPS

SCM   Streamline Code Simulator, rationeller Kode-Simulator

SCN   Siemens Corporate Network, Siemens-Dienststelle für Kommunikation mit öffentlichen Netzen

SCOPE System Cotrollability Observability Partitioning Environment, integrierter Schaltkreis mit Testpins

SCOPE Software Certification Programme in Europe

SCP System Control Processor, Rechner für die System-Steuerung

SCPI Standard Commands for Programmable Instruments, Befehls-Sprache für programmierbare Meßgeräte

SCR Silicon Controlled Rectifier, Thyristor

SCR Script-(Screen-)Datei, Datei-Ergänzung

SCS Siemens Components Service, Siemens Bauteile Service, →SBS

SCS Service Control System

SCSI Small Computer System Interface, Parallele E/A-Schnittstelle auf System-Ebene. Nachfolger von SASI

SCT Screen-Table, Datei-Ergänzung

SCT Surface Charge Transistor, ladungsgekoppelter Transistor

SCT System Component Test

SCTR System Conformance Test Report

SCU Scan Control Unit

SCU Secondary Control Unit, Hilfs-Steuereinrichtung

SCU System Control Unit, System-Steuereinheit

SCXI Signal Conditioning Extensions for Instrumentation, Meßgeräte-Standard

SD Super Density -Disk, Massenspeicher mit Phase-Change-Verfahren

SD Structured Design, Software-Spezifikationstechnik

SD Setting Data, maschinenspezifische Daten der →NC

SD Shottky Diode

SD Standard

SDA Send Data with Acknowledge, Daten-Sendung mit Quittungs-Antwort beim →PROFIBUS

SDA System Design Automation

SDAI Standard Data Access Interface, in der →ISO spezifizierter Mechanismus für den Datenaustausch zwischen Rechnern

SDB Silicon Direct Bonding, Direktverdrahtung von Halbleiter-Chips auf der Leiterplatte

SDC Semiconductor Distribution Center, Halbleiter-Service von Siemens

SDF Standard Data Format, Datei-Ergänzung

SDH Synchronous Digital Hierarchy, Telekommunikations-Standard

SDI Serial Data Input

SDI Serial Device Interface

SDK Software Development Kit, Software-Entwicklungswerkzeug von WINDOWS

SDL System Description Language, systembeschreibende Programmiersprache

SDLC Synchronous Data Link Control, Bitorientiertes Protokoll zur Datenübertragung von →IBM

SDN Send Data with No Acknowledge, Daten-Sendung ohne Quittungs-Antwort beim →PROFIBUS

SDRAM Synchronous Dynamic →RAM zur Ausführung von taktsynchronen speicherinternen Operationen

SDU Service Data Unit, Software-Schnittstelle von →MAP

SE Setting, maschinenspezifische Daten der →NC

SE Software Engineering, Software-Betreuung bzw. -Beratung

SE Simultaneous Engineering

SE Societas Europea, europäische Aktiengesellschaft, Rechtsform der Europäischen Gemeinschaft

SEA Setting Data Activ, →NC-Settingdaten aktiv

SEB Sicherheit Elektrischer Betriebsmittel, Sektorkomitee der →DAE

SEC Schweizerisches Elektrotechnisches Comitée

SECAM Sequential Couleur a Memory, TV-Standard mit 25 Bildern pro Sekunde

SECT Software Environment for →CAD Tools

SEDAS Standardregelungen Einheitlicher Daten-Austausch-Systeme

SEE Software Engineering Environment, Software-Entwicklungs-Bereich

SEED Self Electro-Optic Effect Device, optischer Schalter

SEK Svenska Elektriska Kommissionen, schwedische elektrotechnische Kommission in Stockholm

SELV Safety Extra-Low Voltage

SEMI Semiconductor Equipment and Materials International, internationaler Handelsverband

SEMKO Svenska Elektriska Materialkontrollanstanten, schwedische Prüfstellen für elektrotechnische Erzeugnisse in Stockholm

SEP Standard-Einbau-Platz im →ES902- System mit 15,24 mm Breite

SERCOS Serial Realtime Communication System, offenes, serielles Kommunikations-System, z.B. zwischen →NC und Antrieb

SESAM System zur elektronischen Speicherung alphanumerischer Merkmale

SESAM Symbolische Eingabe-Sprache für Automatische Meßsysteme

SET Standard d'Echange et de Transport, Normung von Produkt-Daten-Formaten nach →AFNOR

SET Software Engineering Tool, Software-Entwicklungs-Werkzeug

SEV Schweizerischer Elektrotechnischer Verein

SF Schalt-Frequenz, z.B. von Stromversorgungen

SFB System Field Bus

SFC Sequentual Function Chart, sequentielle Darstellung der Funktion

SFDR Spurous Free Dynamic Range, Dynamik von A/D-Umsetzern

SFE Société Française des Electriciens, französische Gesellschaft für Elektrotechniker

SFS Suomen Standardisoimiliito, finnischer Normenverband , zugleich finnische Norm und Normenkonformitätszeichen

SFU Spannungs-Frequenz-Umsetzer

SG Strategie Gruppe, z.B. in Normen-Gremien

SGML Standard Generalized Markup Language, Standard-Programmiersprache für die Datenverwaltung

SGMP Simple Gateway Monitoring Protocol, Netzwerk-Management-Protokoll von Internet

SGS Studien-Gruppe für Systemforschung in Heidelberg

SGT Silicon Gate Technology, Halbleiter-Herstellungsverfahren

S&H Sample & Hold, Baustein zum Speichern von Analog-Spannungen

SHA Sample- and Hold- Amplifier, S&H-Verstärker

SHF Super High Frequency, Zentimeterwellen (Mikrowelle)

SI International System of Units, internationales Einheiten-System

SIA Semiconductor Industry Association, Verband der Halbleiter-Hersteller

SIA Serial Interface Adapter, Anpassung serieller Schnittstellen

SIA Siemens Industrial Automation, Siemens AUT-Tochter in USA

SIBAS Siemens Bahn-Antriebs-Steuerung

SIC Semiconductor Integrated Circuit, Halbleiter-Schaltung

SICAD Siemens Computer Aided Design, Siemens-Programmsystem zur Rechnerunterstützten Darstellung von graphischen Informationen

SICOMP Siemens Computer

SIG Sichtgerät

SIG Special Interest Group, z.B. Normen-Arbeits-Gruppe

SIGACT Special Interest Group on Automation and Computability Theory, Arbeitsgruppe des →ACM für Automatisierung

SIGARCH Special Interest Group on Computer Architecture, Arbeitsgruppe des →ACM für Rechner-Architektur

SIGART Special Interest Group on Artificial Intelligence, Arbeitsgruppe des →ACM für Künstliche Intelligenz

SIGBDP Special Interest Group on Business Data Processing, Arbeitsgruppe des →ACM für kommerzielle Datenverarbeitung

SIGOMM Special Interest Group on Data Communications, Arbeitsgruppe des →ACM für Datenübertragung

SIGCOSIM Special Interest Group on Computer Systems Inatallation Management, Arbeitsgruppe des →ACM für Computer-Installation

SIGDA Special Interest Group on Design Automation, Arbeitsgruppe des →ACM für Entwurfs-Automatisierung

SIGDOC Special Interest Group on Documentation, Arbeitsgruppe des →ACM für Dokumentation

SIGGRAPH Special Interest Group on Computer Graphics, Arbeitsgruppe des →ACM für Computergraphik

SIGIR Special Interest Group on Information Retrieval, Arbeitsgruppe des →ACM für Informations-Speicherung und -wiedergewinnung

SIGLA Systema Integrato Generico per la Manipolacione Automatica, von Olivetti entwickelte Programmier-Sprache für Montage-Roboter

SIGMETRICS Special Interest Group on Measurement and Evaluations, Arbeitsgruppe des →ACM für Messen und Auswerten

SIGMICRO Special Interest Group on Microprogramming, Arbeitsgruppe des →ACM für Mikroprogrammierung

SIGMOND Special Interest Group on Management of Data, Arbeitsgruppe des →ACM für die Datenverwaltung

SIGNUM Special Interest Group on Numerical Mathematics, Arbeitsgruppe des →ACM für numerische Mathematik

SIGOPS Special Interest Group on Operating Systems, Arbeitsgruppe des →ACM für Betriebssysteme

SIGPC Special Interest Group on Personal Computing, Arbeitsgruppe des →ACM für →PC

SIGPLAN Special Interest Group on Programming Language, Arbeitsgruppe des →ACM für Programmiersprachen

SIGRAPH Siemens-Graphik, maschinelles Programmier-System für Dreh- und Fräsbearbeitung

SIGSAM Special Interest Group on Symbolic and Algebraic Manipulation, Arbeitsgruppe des →ACM für Symbol- und algebraische Verarbeitung

SIGSIM Special Interest Group on Simulation, Arbeitsgruppe des →ACM für Simulation

SIGSOFT Special Interest Group on Software Engineering, Arbeitsgruppe des →ACM für die Software-Erstellung

SII The Standard Institution of Israel, israelisches Normen-Gremium

SIK Sicherungs-Kopie (Datei), Datei-Ergänzung

SIL Safety Integrity Level, sicherheitsbezogene Zuverlässigkeits-Anforderung

SIM Simulation (Simulator)

SIMATIC Siemens-Automatisierungstechnik

SIMD Single Instruction-Stream Multiple Data-Stream

SIMICRO Siemens Micro-Computer-System

SIMM Single Inline Memory Modul, Speicher, die auf einer Platine aufgebaut sind

SIMOCODE Siemens Motor Protection and Control Device, elektronisches Motorschutz- und Steuergerät von Siemens

SIMODRIVE Siemens Motor Drive, Siemens-Antriebs-Steuerung

SIMOREG Siemens Motor Regelung

SIMOVIS Siemens Motor Visualisierungs-System

SIMOX Separation by Implantation of Oxygen, Silicium-Wafer für hohe Temperaturen

SIMP Simulations-Programm

SINAL Sistema Nationale di Accreditamento di Laboratorie, nationales Akkreditierungssystem für Prüflaboratorien von Italien

SINAP Siemens Netzanalyse Programm

SINEC Siemens Network Communication, lokale Netzwerk-Architektur mit Busstruktur von Siemens

SINET Siemens Netzplan

SINI System-Initalisierung nach →DIN 66264

SINUMERIK Siemens Numerik, Werkzeug-Maschinen- und Roboter-Steuerungen der Siemens AG

SIO Simultaneous Interface Operation

SIOV Siemens Over Voltage, Überspannungs-Ableiter (Varistor) von Siemens

SIP Single In-line Package, Gehäuseform von integrierten Schaltkreisen

SIPAC Siemens Packungs-System, mechanisches Aufbausystem für Elektronik-Baugruppen

SIPAS Siemens Personal-Ausweis-System, Ausweis-Lese- und Auswerte-System

SIPE System Internal Performance Evaluator, Programm zur Bestimmung der Rechnerleistung

SIPMOS Siemens Power →MOS, Leistungs-Transistor

SIPOS Siemens Positionsgeber, Lagegeber für Werkzeugmaschinen-Steuerungen

SIRL Siemens-Industrial Robot Language, Hochsprache von Siemens für die Programmierung von Robotern

SIROTEC Siemens Roboter Technik

SIS Standardiserinskommissionen i Sverige, schwedische Normenkommission, zugleich Bezeichnung für Norm und Normenkonformitätszeichen

SISCO Siemens Selftest Controller, Baustein für Baugruppen-Test von Siemens

SISD Single Instruction-Stream Single Data-Stream

SISZ Software Industrie Support Zentrum, Zentrum für offene Systeme

SITOR Siemens Thyristor

SIU Serial Interface Unit, Einheit für serielle Übertragung

SIVAREP Siemens Wire Wrap Technik, Siemens Verdrahtungs-Technik

SK Soft Key, Software-Schalter oder -Taster

SKP Skip, Satz ausblenden, Betriebsart von Werkzeugmaschinen-Steuerungen

SKZ Süddeutsches Kunststoff-Zentrum (Zertifizierungsstelle)

SL Schnell-Ladung, z.B. von Batterien nach →VDE 0557

SLDS Siemens Logic Design System

SLIC Subscriber Line Interface Circuit

SLICE Simulation Language with Integrated Circuit Emphasis, Sprach- oder Befehls-Simulation mit →IC-Unterstützung

SLIK Short Line Interface Kernel(-Architecture)

SLIMD Single Long Instruction Multiple Data

SLIP Serial Line Internet Protocol, Zugangs-Software für →WWW-Netze

SLP Selective Line Printing

SLPA Solid Logic Process Automation, Automatisierung der →IC-Herstellung

SLS Selective Laser Sintering, Sinterprozeß mit Laser-Unterstützung

SLT Solid Logic Technology, →IC-Schaltungstechniken

SM Surface Mounted, Oberflächen-montierbar, →SMA, →SMC, →SMD, →SME, →SMP, →SMT

S&M Sales and Marketing

SMA Surface Mounted Assembly, Herstellungs-Prozeß von Leiterplatten in →SMD

SMC Surface Mounted Components, →SMD

SMD Surface Mounted Device, Oberflächen-montierbare Bauelemente

SME Surface Mounted Equipment, Geräte für die Montage von Leiterplatten in →SMD

SME Siemens-Mikrocomputer-Entwicklungssystem

SME Society of Manufacturing Engineers, schwedischer Maschinenbau-Verband

SMI Small and Medium Sized Industry

SMIF Standard Mechanical Interface, mechanische Standard-Verbindungstechnik

SMM System Management Mode

SMMT Society of Motor Manufacturers and Traders

SMP Surface Mounted Packages, Oberbegriff für alle Gehäuseformen von →SM-Bauelementen

SMP Symmetric Multi Processing, Multiprozessor-Architektur

SMS Small Modular System, →SPS-System von Philips

SMT Surface Mounted Technology, Technologie der Oberflächen-montierbaren Bauelemente

SMT Station Management, Element von →FDDI für Ring-Überwachung, -Management, -Konfiguration und Verbindungs-Management

SMTP Simple Mail Tranfer Protocol, einfaches Mail-Protokoll

SN Signal to Noise, Pegelabstand zwischen Nutz- und Rauschsignal

SN Siemens Norm, verbindliche Festlegungen über alle Siemens-Bereiche

SNA System Network Architecture, Kommunikationsnetz von →IBM

SNAK Siemens-Normen-Arbeits-Kreis

SNC Special National Conditions, besondere nationale Bedingungen, z.B. in der Normung

SNI Siemens Nixdorf Informationssysteme AG

SNMP Simple Network Management Protocol, Verwaltung von komplexen Netzwerken

SNR Signal to Noise Ratio, Signal-Rausch-Abstand z.B. von D/A-Umsetzern

SNT Schalt-Netz-Teil, getaktete Stromversorgung

SNV Schweizerische Normen-Vereinigung

SO Small Outline (Package), Gehäuseform von integrierten Schaltkreisen in →SMD, →SOP

SOEC Statistical Office of the European Communities, Büro für Statistik der →EU in Luxemburg

SOGITS Senior Officials Group Information Technology Standardization, Gruppe hoher Beamter für Informations-Technik der →EU

SOGS Senior Officials Group on Standards, Gruppe hoher Beamter für Normen der →EU

SOGT Senior Officials Group Telecommunication, Gruppe hoher Beamter für Telekommunikation der →EU

SOH Start Of Header, Übertragungs-Steuerzeichen für den Beginn eines Vorspannes

SOH Section Over-Head, Funktion von →SDH

SOI Silicon on Insulator, Material für hochintegrierte Halbleiter und Leistungs-→ICs

SOIC Small Outline Integrated Circuit, SMD-Bauelement im Standard-Gehäuse

SOL Small Outline Large (Package), Gehäuseform von integrierten Schaltkreisen in →SMD

SONET Synchronous Optical Network, Standard für schnelle optische Netze

SOP Small Outline Package, Gehäuseform von integrierten Schaltkreisen in →SMD, →SO

SOS Silicon on Saphire, Halbleiter-→MOS-Technologie

SOT Small Outline Transistor, →SMD-Transistor-Gehäuse

SPAG Standard Promotion and Application Group, →ISO Standardisierungs-Organisation

SPAG Strategic Planning Advisory Group, Gruppe des →ISO/TC

SPARC Scalable Processor Architecture, Standardisierung bei →RISC-Prozessoren

SPC Stored Program Controlled, Programmgesteuerte Einheit

SPC Statistical Process Control, Statistische Prozeßregelung

SPDS Smart Power Development System, Entwicklungs-Tool für Smart-Power-→ICs

SPDT Single-Pole Double-Throw

SPEC Systems Performance Evaluation Cooperative, Konsortium namhafter Computer-Hersteller

SPF Sub Program File, Unterprogramm

SPF Software Production Facilties, Software-Häuser bzw. -Fabriken

SPICE Simulation Program Circuit with Integrated Emphasis, Simulation von elektronischen Schaltungen

SPIM Single Port Interface Modul von →ETHERNET

SPM Stopping Performance Monitor, Nachlaufzeit-Überwachung z.B. von Werkzeugmaschinen

SPP System Programmers Package, →SW-Entwicklungs-Werkzeug

SPS Speicher-programmierbare Steuerung, z.B. →SIMATIC S5 von Siemens

SPS Siemens Prüf-System

SPT Smart Power Technology, →BICMOS-Prozeß von Siemens

SpT Spar-Transformator

SQ Squelch, Rauschsperre zur Ausblendung des Grundrauschpegels

SQA Selbstverantwortliches Qualitätsmanagement am Arbeitsplatz

SQA Software Quality Assurance

SQC Statistical (Process) Quality Control

SQFP Shrink Quad Flat Package, Gehäuseform von integrierten Schaltkreisen in →SMD

SQL Structured Query Language

SQS Schweizerische Vereinigung für Qualitäts-Sicherungs-Zertifikate in Bern

SQUID Superconduction Quantum Interference Device, Sensor für magnetische Signale

SR Set-Reset, Setz- und Rücksetz-Eingang von Flip-Flops

SR Switched Reluctance, vektorgesteuerter AC-Motor

SRAM Static →RAM, statischer Schreib-Lese-Speicher

SRCL Siemens Robot Control Language, Programmiersprache für Siemens Roboter-Steuerungen

SRCLH Siemens Robot Control Language High-Level, verbesserte Programmiersprache →SRCL

SRCS Sensory Robot Control System

SRCI Sensory Robot Control Interface, schnelle Kopplung zwischen Personal-Computer und Roboter-Steuerung

SRD Send and Request Data, Daten-Sendung mit Daten-Anforderung und Daten-Rück-Antwort beim →PROFIBUS

SRG Stromrichtergerät, z.B. Antriebssteuerung von Werkzeugmaschinen

SRI Stanford Research Institut, amerikanisches Roboterlabor mit Niederlassung in Frankfurt

SRK Schneiden Radius Korrektur, Funktion einer Werkzeugmaschinen-Steuerung

SRPR Standard Reliability Performance Requirement

SRQ Service Request, Datenanforderung durch die Geräte am →IEC-Bus

SRTS Signal Request To Send, Steuersignal zum Einschalten des Senders bei seriellen Daten-Schnittstellen

SS Simultaneous Sampling

SS Schnitt-Stelle

SSDD Solid-State Disk Drive

SSFK Spindel-Steigungs-Fehler-Kompensation, Funktion einer Werkzeugmaschinen-Steuerung, auch Maschinendaten-Bit

SSI Small Scale Integration, Bezeichnung von integrierten Schaltkreisen mit niedrigem Integrationsgrad

SSI Synchron Serial Interface, Istwertschnittstelle von Werkzeugmaschinen

SSM Shuttle Stroking Method, Verzahnungs-Methode auf Werkzeugmaschinen

SSO Spindle Speed Override, Spindel-Drehzahl-Korrektur, Funktion einer Werkzeugmaschinen-Steuerung

SSOP Shrink Small Outline Package, Gehäuseform von Integrierten Schaltkreisen in →SMD

SSP Super Smart-Power(-Controller), Mikro-Controller und Leistungsteil auf einem Chip

SSR Solid State Relais

SSS Sequential Scheduling System

SSS Switching Sub-System

SST Schnittstelle, allgemeine Bezeichnung in der →SW und →HW

ST Steuerung

ST Strukturierter Text, Sprache der →SPS

STC Scientific Technical Committee

STD Synchronous Time Division, Netzwerk-Verfahren

STEP Standard for the Exchange of Product, Normung von Produkt-Daten-Formaten nach →ISO

STEPS Stetige Produktions-Steigerung, Baustein von →TQM

STF SINEC Technologische Funktion, Ebene 7-Protokoll, funktionskompatibel zu →ISO 9506

STF-ES →SINEC Technologische Funktion-Enhanced Syntax

STFT Short Time Fast Fourier Transformation

STG Synchronous Timing Generator

STL Schottky Transistor Logic, Schaltkreistechnik

STL Short Circuit Testing Liaison

STM Scanning Tunneling Microscope

STM Synchronous Transfer Mode, synchroner Transfer-Modus

STM Synchronous Transfer Mode, Übertragungs-Modus der Telekommunikation

STN Super Twisted Nematic(-Display), Flüssigkristall-Anzeige

STP Statens Tekniske Provenaen, staatliche dänische technische Prüfanstalt zur Prüfstellenanerkennung

STP Steuer-Programm

STP Stop-Zustand der →SPS, Störungs-Anzeige im →USTACK

STP Shielded Twisted Pair, geschirmte verdrillte Doppelleitung

STS Ship To Stock, Ware ohne Eingangsprüfung aufgrund guter Qualität

STUEB Baustein-→STACK-Überlauf, Anzeige im →USTACK der →SPS

STUEU Unterbrechungs-→STACK-Überlauf, Anzeige im →USTACK der →SPS

STW Steuerwerk

STX Start of Text, Anfang des Textes, Steuerzeichen bei der Rechnerkopplung

SUB-D Subminiatur-Stecker Bauform D, genormte Stecker

SUCCESS Supplier Customer Cooperation to Efficiently Support mutual Success, Logistik-Programm für die Auftragsabwicklung von Siemens

SV Strom-Versorgung

SUT System Under Test

SVID System V Interface Definition, Schnittstelle von AT&T für →Unix

SVRx System V Release x, aktuelle Version von →Unix

SW Soft-Ware, Gesamtheit der Programme eines Rechners

SWINC Soft Wired Integrated Numerical Control, numerische Steuerung von Maschinen mit festverdrahteten Programmen

SWR Standing Wave Ratio, Stehwellenverhältnis zwischen Sende- und Empfangsimpedanz

SWT Sweep Time, Zeit für einen vollen Wobbeldurchlauf bei Signal- und Frequenzgeneratoren

SW/WS Schwarz/Weiß, z.B. Darstellung auf dem Bildschirm

SX Simplex, Datenübertragung in einer Richtung

SYCEP Syndicat des Industries de Composants Electroniques Passifs, Verband der französischen Hersteller passiver Bauelemente

SYNC Synchronisation

SYMAP Symbolsprache zur maschinellen Programmierung für →NC-Maschinen von der ehemaligen DDR

SYMPAC Symbolic Programming for Automatic Control, symbolische Programmierung für Steuerungen

SYS System

SYS Systembereich der →SINUMERIK-Mehr-Kanal-Anzeige

SYS Systeminformations-Datei, Datei-Ergänzung

SYST System-Steuerung, oberste hierarchische
Ebene in einem →MPST-System nach →DIN
66264

T Werkzeugnummer im Teileprogramm nach
→DIN 66025

T Turning, Steuerungsversion für Drehen

TA Terminal-Adapter, Endgeräte-Adapter

TA Technischer Ausschuß, z.B. von Normen-
Gremien

TAB Tabulator, Taste auf Schreibmaschinen und
auf der Rechner-Tastatur, mit der definierte
Spaltensprünge durchgeführt werden können

TAB Tape Automatical Bonding, Halbleiter-
Anschlußtechnik; Begriff aus der →SM-
Technik

TACS Total Access Communication System

TAE Telekommunikations-Anschluß-Einheit

TAP Test Access Port, Schnittstelle der Boundary Scan Architektur

TAP Transfer und Archivierung von Produktda-
ten, Normung auf dem Gebiet der äußeren
Darstellung produktdefinierender Daten bei
der rechnergestützten Konstruktion, Fertigung und Qualitäts-Kontrolle

TB Technologie-Baustein, →SIMATIC-Baustein
zur Anbindung von →FMs

TB Technisches Büro

TB Technische Beschreibung

TB Time Base, Zeitbasis

TB Terminal Block, Anschlußblock für Binär-
Signale, z.B. einer →SINUMERIK- oder →SI-
MATIC-Steuerung

TBG Test-Baugruppe

TBINK Technischer Beirat für Internationale
Koordinierung, Leitungsgremium der →DKE

TBKON Technischer Beirat Konformitätsbewer-
tung, Gremium der →DKE

TBM Time Based Management, Zeitbasis-Ma-
nagement

TBS Textbaustein, Datei-Ergänzung

TC Technical Committee

TC Turning Center, Bezeichnung z.B. von Dreh-
Automaten

TC Tele Communication

T&C Testing and Certification, Testen und Zer-
tifizieren, auch Typprüfung

TC ATM Technical Committee on Advanced
Testing Methods to →TC MTS, technisches
Normen-Komitee

TC-APT Teile-Programmier-System auf Basis
von →APT

TCAQ Testing Certification Accreditation Qua-
lity-Assurance

TCB Trusted Computing Base, Begriff der Datensicherung

TCC Time-Critical Communications

TCCA Time-Critical Communications Architecture

TCCE Time-Critical Communications Entities

TCCN Time-Critical Communications Network

TCCS Time-Critical Communications System

TCE Temperature Coefficient of Expansion,
Wärmedehnungskoeffizient

TCIF Tele-Communication Industry Forum

TCMDS Timer Counter Merker Data Stack,
Laufzeit-Datenbereich einer →SPS

TC MTS Technical Committee on Methods for
Testing and Specification, technisches Komitee

TCP Tool Centre Point, Arbeitspunkt des Werk-
zeuges bei Robotern

TCP Transmission Control Protocoll, Ebene 4
vom →ISO/OSI-Modell

TCS Tool Coordinate System, Werkzeug-Koor-
dinaten-System

TCT Total Cycle Time

TDCS Transaction- and Dialog-Communicati-
on-System

TDD Timing Driven Design, Verarbeitung zeit-
kritischer Signale im IC

TDED Trade Data Elements Directory

TDI Trade Data Interchange

TDI Test Data Input, Steuersignal vom Test Access Port

TDID Trade Data Interchange Directory

TDL Task Description Language, Roboter-spe-
zifische Programmiersprache

TDM Time Division Multiplexor, Gerät, das
mehrere Kanäle zu einer Übertragungleitung
zusammenfaßt

TDMA Time Division Multiple Access, Zu-
gangsmodus für ein Frequenzspektrum beim
Halbduplex-Betrieb

TDN Telekom-Daten-Netz

TDO Test Data Output, Steuersignal vom Test-
Access-Port

TDR Time Domain Reflectometer, Impedanz-
Meßgerät z.B. für →EMV-Messungen

TE Teil-Einheit, Angabe der Baugruppenbreite
im 19"-System. Eine TE = 5,08 mm

TE Testing, z.B. maschinenspezifische Test-
Daten der →NC

TE Turning Export, Exportversion der →SINU-
MERIK-Drehmaschinen-Steuerungen

TE Teil-Entladung bei Hochspannungs-Prüfun-
gen

TE Test Equipment, Testeinrichtung

TEDIS Trade Electronic Data Interchange Systems

TELEAPT 2 Teile-Programmier-System von
→IBM auf Basis von →APT

TELEX Teleprinter Exchange, öffentlicher Fern-
schreibverkehr

TEM Transmissions-Elektronen-Mikroskop

TEMEX Telemetry Exchange, Datenübermitt-
lungsdienst zur Maschinen-Fernüberwachung

TF Technologische Funktion

TFD Thin Film Diode, Foliendioden in der
→LCD-Technik

TFEL Thin Film Electro-Lumineszenz, Technologie für Displays

TFM Trusted Facility Management, Begriff der
Datensicherung

TFS Transfer-Straßen, Verbund von Werkzeugmaschinen für die Bearbeitung eines Werk-
stückes oder gleicher Werkstücke

TFT Thin Film Transistor, Transistor in Dünn-
schichttechnik

TFT Thin Film Technology, Dünnfilm-Techno-
logie für die Halbleiter-Herstellung

TFTLC Thin Film Transistor Liquid Crystal

TFTP Trivial File Transfer Protocol

Tfx Telefax

TGA Träger-Gemeinschaft für Akkreditierung
GmbH, Dienststelle der →EU in Frankfurt

TGL Technische Normen, Gütevorschriften und
Lieferbedingungen, ehemaliger DDR- Qua-
litäts-Standard

THD Total Harmonic Distortion, Klirrfaktor
z.B. von →D/A-Umsetzern

THZ →TEMEX-Haupt-Zentrale

TI Texas Instruments, u.a. Halbleiter-
Hersteller

TIF Tagged Image File, Scanformat, Datei-Ergänzung

TIFF Tag Image File Format, →PC-Datei-Format

TIGA Texas Instruments Graphics Architecture,
Graphik-Software-Schnittstelle

TIM Temperature Independent Material, Tem-
peratur-unabhängiges Material

TIO Test Input Output, Prüfung der Ein-Ausga-
be-Funktion

TIP Transputer Image Processing, Konzept für
Echtzeit-Verarbeitung

TIP Texas Instruments Power, Industrie-Stan-
dard-Bauelemente von Texas Instruments

TK Tele-Kommunikation

TK Temperatur-Koeffizient oder -Beiwert, z.B.
von Bauelementen

TKO Tele-Kommunikations-Ordnung

TLM Triple Layer Metal, Halbleiter-Technologie

TM Tape Mark, Bandmarke, z.B. eines Magnetbandes

TM Turing Machine, von Turing entwickelte
universelle Rechenmaschine

TMN Telecommunication Management Network, Rechnerunterstützte Netzwerke

TMP Temporäre Datei, Datei-Ergänzung

TMR Triple Modular Redundancy, dreifach modulare Redundanz

TMS Test Mode Select der Boundary-Scan-Ar-
chitektur

TMSL Test and Measurement Systems Language, Programmiersprache für Prüf- und Meßsysteme

TN Technische Normung

TN Twisted Nematic(-Display), Flüssigkristall
(-Anzeige)

TN Task Number, Auftrags-/Bearbeitungs-
Nummer

TNAE →TEMEX-Netz-Abschluß-Einrichtung

TNC The Network Center

TNV Telecommunication Network Voltage,
Fernmelde-Stromkreis

TO Tool Offset, Werkzeug-Korrektur, z.B. bei
Werkzeugmaschinen-Steuerungen, auch
Steuerungs-Eingabe

TOD Time of Day Clock, Uhrzeit-Anzeige eines
Rechners

TOP Technical and Office (Official) Protocol,
Konzept zur Standardisierung der Kommunikation im technischen und im Büro-Bereich,
auch Schnittstelle für Fertigungs-Automati-
sierung

TOP Tages-Ordnungs-Punkt

TOP Time Optimized Processes, zeitoptimierte
Prozesse von Entwicklung bis Vertrieb der
Siemens AG

TOPFET Temperature and Overload Protected
→FET

TOPS Total Operations Processing System, Betriebssystem von →IBM

TOT Total Outage Time

TP Totem Pole, Ausgang von →ICs

TP Tele Processing

TP Transaction Processing, Übertragung und
Verarbeitung von Aufgaben, Programmen
usw.

TPC Transaction Processing Council, Ausschuß
für die Themen des Transaction Processing

TPE Transmission Parity Error, Paritätsfehler
bei der Datenübertragung

TPI Tracks Per Inch, Pulse pro Zoll, z.B. bei
Wegmeßgebern

TPL Telecommunications Programming Language, Programmiersprache für Daten-Fernübertragung

TPS Technical Publishing System, Dokumenta-
tions-System, auch →SW zur Handhabung
von Normen

TPT Transistor-Pair-Tile, Gate-Array-Zellen

TPU Time Processing Unit

TPV Transport-Verbindung der Rechner-Kopplung

TQA Total Quality Awareness

TQC Total (Top) Quality Control

TQC Total Quality Culture, absolute Qualität

TQFP Thin Quad Flat Pack, Gehäuseform von
integrierten Schaltkreisen

TQM Total Quality Management, gesamtes
Qualitäts-Management eines Betriebes

TR Tape Recorder, Tonband-Gerät
TR Technical Report, Technischer Bericht
TR Technische Richtlinie
TRAM Transputer-Modul
TRANSMIT Transformation Milling Into Turning, Funktions-Transformation, um auf einer Drehmaschine Fräsarbeiten durchzuführen
TRL Transistor Resistor Logic, Schaltungs-Technologie mit Transistoren und Widerständen
TRM Terminal-Datei, Datei-Ergänzung
TRON The Realtime Operating System Nucleus, Rechner-Architektur mit Echtzeit-Betriebs-System
TS Tri-State, Ausgang von →ICs mit abschaltbarem Ausgangstransistor
TSL Tri-State Logic, →TS-Schaltkreis-Technologie
TSN Task Sequence Number, Auftrags-/Bearbeitungs-Nummernfolge
TSOP Thin Small Outline Package, Gehäuseform von integrierten Schaltkreisen in →SMD
TSOS Time Sharing Operating System, Zeit-Multiplex-Verfahren, →TSS
TSS Task Status Segment, Descriptor-Tabelle der Prozessoren 386 und 486 von Intel
TSS →TEMEX-Schnittstelle
TSS Time Sharing System, Zeit-Multiplex-Verfahren, →TSOS
TSSOP Thin Shrink Small Outline Package, Gehäuseform von integrierten Schaltkreisen in →SMD
TST Time Sharing Terminal, Sichtgerät für mehrere Benutzer
TSTN Triple Super Twisted Nematic, Flüssigkristall-Anzeige
TT Turning/Turning, Steuerungsversion für Doppelspindel-Drehmaschine
TTC Telecommunications Technology Committee in Japan
TTCN Tree and Tabular Combined Notation
TTD Technisches Trend Dokument, von der →IEC herausgegeben
TTL Transistor Transistor Logic, mittelschnelle digitale Standardbaustein-Serie mit 5V-Versorgung
TTLS Transistor Transistor Logic Schottky, schnelle →TTL-Bausteine mit Schottky-Transistor
TTRT Target Token Rotation Time
TTX Teletex
TTY Teletype, Fernschreiber-Schnittstelle mit 20mA-Linienstrom von Siemens
TU Tributary Unit, Funktion von →SDH
TUG Tributary Unit Group, Funktion von →SDH
TÜV Technischer Überwachungs-Verein, Prüfstelle für Geräte-Sicherheit
TÜV-Cert →TÜV-Certifizierungsgemeinschaft e.V. in Bonn
TÜV-PS →TÜV-Produkt Service, TÜV-Filialen im Ausland

TV Television
TVB →TEMEX-Versorgungs-Bereich
TVX Valid Transmission Timer, Überwachen, ob eine Übertragung möglich ist
TW Type-Writer, Schreibmaschine
TX Telex
TxC Transmit Clock, Sendetakt von seriellen Daten-Schnittstellen
TxD Transmit Data, Sende-Daten von seriellen Daten-Schnittstellen
TxD/RxD Transmit Data/Receive Data, Sende- und Empfangs-Daten von seriellen Daten-Schnittstellen
TXT Text-Datei, Datei-Ergänzung
TZ →TEMEX-Zentrale

U Zweite Bewegung parallel zur X-Achse nach →DIN 66025
U -Peripherie, →SIMATIC-Peripherie-Baugruppen der U-Serie
UA Unter-Ausschuß, z.B. von Normen-Gremien
UA Unavailability, Unverfügbarkeit, z.B. eines Systems bei dessen Ausfall
UALW Unterbrechungs-Anzeigen-Lösch-Wort, Anzeige im →USTACK der →SPS
UAMK Unterbrechungs-Anzeigen-Masken-Wort, Anzeige im →USTACK der →SPS
UAP Unique Acceptance Procedure, einstufige Annahmeverfahren
UART Universal Asynchronous Receiver Transmitter, Schnittstellen-Baustein für die asynchrone Datenübertragung
UB Unsigned Byte
UBC Universal Buffer Controller, universelle Puffer-Steuerung
UCIC User Configuerable Integrated Circuit, Anwender-Schaltkreis
UCIMU Unione Costruttori Italiano di Maccine Ustensili, Union der Werkzeugmaschinen-Hersteller Italiens
UCL Upper Confidence Level, →OVG
UCP Uninterruptable Computer Power
UCS Upper Chip Select, Auswahlleitung vom Prozessor für den oberen Adressbereich
UD Unsigned Doubleword
UDAS Unified Direct Access Standard, Standard für den direkten Datenzugriff
UDI Universal Debug Interface
UDP User Datagram Protocol, Protokoll zum Versenden von Datagrammen
UDR Universal Document Reader, Gerät für maschinenlesbare Zeichen
UHF Ultra High Frequency
UI User Interface, Benutzeroberfläche bzw. Schnittstelle zum Benutzer
UIDS User Interface Development System, Framework- Architektur für Produktentwicklung

UIL User Interface Language, Programmiersprache für Anwender-Schnittstellen

UILI Union Internationale des Laboratoires Indépendants, internationale Union unabhängiger Laboratorien in Paris

UIMS User Interface Management System, Framework-Architektur für die Produkt-Entwicklung

UIT Union Internationale des Télécommunications, internationale Fernmeldeunion in Genf

UK Unter-Komitee von →DKE

UL Underwriters Laboratories, Prüflaboratorien der amerikanischen Versicherungs-Unternehmen. UL ist ein Gütezeichen der US-Industrie

ULA Universal (Uncommitted) Logic Array, allgemein gebräuchliche Abkürzung für einen universell einsetzbaren Kundenschaltkreis

ULSI Ultra Large Scale Integration, Bezeichnung von integrierten Schaltkreisen mit sehr hoher Integrationsdichte

ULSI User →LSI, Anwender-spezifische LSI-Schaltkreise

UMB Upper Memory Block, höherer Speicherbereich beim →PC

UMR Ultra Miniatur Relais, Kleinst-Relais

UNI User to Network Interface, Nutzer-Netzwerk-Schnittstelle von →ISDN

UNI Unificazione Nazionale Italiano, italienisches Normen-Gremium

UNICE Union des Industries de la Communauté Economique, Union der Industrie-Verbände der →EU

UNIX Betriebs-System für 32-Bit-Rechner von AT&T

UNMA Unified Network Management Architecture

UP Under Program, Unterprogramm, z.B. vom Anwenderprogramm

UP User Programmer

UPI Universal Peripheral Interface

UPIC User Programmable Integrated Circuit

UPL User Programming Language

UPS Uniterruptable Power Supply

USA User Specific Array, ähnlich einem Standard-Zell-Design

USART Universal Synchronous / Asynchronous Receiver / Transmitter, Ein-Ausgabe-Baustein zur seriellen Datenübertragung. Anwendung bei den Normschnittstellen →RS232-C, →RS422 und →RS485

USASI United States of America Standards Institute, Vorgänger von →ANSI

USB Universal Serial Bus, serieller →PC-Bus

USC Under-Shoot Corrector, Unterschwingungs-Dämpfung bei →ICs

USIC Universal System Interface Controller, Multifunktions-Controller für serielle und paralelle Schnittstellen

USIC User Specific →IC, andere Bezeichnung für →ASIC

USTACK Unterbrechungs-STACK, Speicher in der →SPS zur Aufnahme der Unterbrechungs-Ursachen

USV Unterbrechungsfreie Strom-Versorgung

UTE Union Technique de l'Electricité, französische Elektrotechnische Vereinigung

UTP Unshielded Twisted Pair, ungeschirmte →ETHERNET-Leitungen

UUCP Unix to Unix Copy, weltweites Netz für den Datenaustausch zwischen →UNIX-Rechnern

UUG →UNIX User Group, Vereinigung der UNIX-Anwender

UUT Unit Under Test

UVEPROM Ultra Violet Eraseable Programmable Read Only Memory, mit UV-Licht löschbares →EPROM

UVV Unfall-Verhütungs-Vorschrift der Berufsgenossenschaften

UW Unsigned Word

UZK Zwischenkreisspannung, z.B. von Stromrichtern

V Zweite Bewegung parallel zur Y-Achse nach →DIN 66025

V.24 Schnittstelle vom →CCITT für die serielle Datenübertragung. Weitgehende Übereinstimmung mit →RS-232-C

VA Value Analysis, →WA

VA Volt Ampere

VAC Voltage Alternating Current

VAD Value Added Distributor

VAL Variable Language, Programmier-System für Roboter von Unimation USA

VAN Value Added Network, Daten-Fernübertragung

VANS Value Added Network Services, Daten-Fernübertragungs-Service

VAR Variable

VAS Value Added Services, Daten-Übertragungs-Service

VASG →VHDL Analysis and Standardization Group im →IEEE

VBG Vorschrift der Berufs-Genossenschaft

VBM Verband der Bayerischen Metallindustrie

VBMI Verein der bayerischen metallverarbeitenden Industrie

VC Validity Check, Gültigkeitsprüfung

VCCI Voluntary Control Council for Interference by Data Processing Equipment and Electric Office Machines in Japan

VCE Virtual Channel Extension, Optimierung der Pin-Zuordnung von →FBG-Testern

VCEP Video Compression/Expansion Processor

VCI Verband der Chemischen Industrie e.V. Deutschlands

VCO Voltage Controlled Oscillator

VCPI Virtual Control Program Interface, PC-Standard zur Nutzung von 16 MByte Arbeits-Speicher

VCR Video Cassette Recorder, Videorecorder

VDA Verband der Automobil-Industrie e.V., erstellt u.a. auch Vorschriften für →SPS-Anwendung

VDA-FS →VDA-Flächen-Schnittstelle, Normung von Produkt-Daten-Formaten nach →DIN für die Automobil-Industrie

VDA-IS →VDA-Iges-Subset, nach →VDMA/VDA 66319

VDA-PS →VDA-Programm-Schnittstelle, nach →DIN V 66304

VDC Voice Data Compressor/Expander, Baustein für →ISDN

VDC Voltage Direct Current

VDE Verband Deutscher Elektrotechniker e.V., Normen-Verband, zugleich auch sicherheitstechnisches Konformitätszeichen

VDEPN Vereinigung der Deutschen Elektrotechnischen Prüffelder für Niederspannung e.V.

VDE-PZI VDE-Prüf- und Zertifitierungs-Institut in Offenbach

VDEW Vereinigung Deutscher Elektrizitätswerke e.V.

VDI Verein Deutscher Ingenieure, Normen-Verband, vorwiegend für die Industrie tätig

VdL Verband der deutschen Leiterplatten-Industrie

VDMA Verband Deutscher Maschinen- und Anlagenbauer e.V. in Frankfurt / M

VDR Voltage Dependent Resistor

VDRAM Video →DRAM, Video-Speicher mit serieller und paralleler Schnittstelle

VDT Video (Visual) Display Terminal, Daten-Sichtgerät, →VDU

VdTÜV Vereinigung der Technischen Überwachungs-Vereine e.V.

VDU Visual Display Unit, Daten-Sichtgerät, →VDT

VDW Verein Deutscher Werkzeugmaschinen-Hersteller

VEA (Bundes-)Verband der Energie-Abnehmer in Hannover

VEE Visual Engineering Environment, Symbole für die Softwareumgebung von Entwicklung und Prüffeld

VEI Vocabulaire Electrotechnique International, internationales technisches Wörterbuch

VEL Velocity, Geschwindigkeit, →VELO

VELO Velocity, Geschwindigkeit, auch Einheit von Maschinendaten bei Werkzeugmaschinen-Steuerungen

VEM Vereinigung Elektrischer Montageeinrichtungen, Vereinigung von ehemaligen DDR-Firmen, u.a. NUMERIK Chemnitz

VERA →VME-Bus and Extensions Russian Association, russische VME-Bus-Vereinigung

VESA Video Electronics Standard Association, Zusammenschluß führender Graphikfirmen

VFC Voltage Frequency Converter

VFD Virtual Field Device

VFD Vakuum Fluoreszenz Display

VFEA →VME Futurebus+Extended Architecture, Bussystem für Multiprozessor-Systeme

VG Verteidigungs-Geräte-Norm, Bauelemente-Norm der NATO

VGA Video Graphics Adapter, Farbgraphik-Anschaltung für Monitore

VGAC Video Graphics Array Controller, Baustein (Prozessor) zur Ansteuerung von Farb-Monitoren

VGB (Technische) Vereinigung der Großkraftwerk-Betreiber

VHDL →VHSIC Hardware Description Language, Hardware-Beschreibungssprache für →VLSI

VHF Very High Frequency, Meterwellen

VHSIC Very High Speed Integrated Circuit, Bezeichnung einer Schaltkreisfamilie mit sehr hoher Verarbeitungsgeschwindigkeit

VID Video-Treiber, Datei-Ergänzung

VIE Visual Indicator Equipment, optische Anzeige-Einrichtung

VIK Vereinigung Industrielle Kraftwirtschaft e.V.

VIMC →VME-Bus Intelligent Motion Controller

VINES Virtual Networking Software, Netzwerk-Betriebssystem auf →UNIX-Basis

VIP Vertically Integrated →PNP, Technologie für extrem schnelle monolithische integrierte Schaltungen

VIP Vertical Integrated Power, Bezeichnung für verschiedene "smart power"-Technologien

VIP Visual Indicator Panel

VIP →VHDL Instruction Processor, Netzwerk von VHDL-Beschleunigern

VISRAM Visual →RAM

VIT Virtual Interconnect Test, Virtueller In-Circuit-Test

VITA →VME-Bus International Trade Association, internationale Vereinigung der VME-Bus-Betreiber

VKE Verknüpfungs-Ergebnis im →SPS-Anwender-Programm

VLB →VESA Local Bus

VLD Visible Laser Diode

VLF Very Low Frequencies

VLIW Very Long Instruction Word-Architecture, gleichzeitige Verarbeitung von mehreren gleichartigen Befehlen in einem Prozessor

VLN Variable Header with Local Name

VLR Visitor Location Register

VLSI Very Large Scale Integration, Bezeichnung von integrierten Schaltkreisen (IC) mit sehr hohem Integrationsgrad

VMD Virtual Manufacturing Device

VME Versa Module Europe, Bussystem für Platinen im Europaformat

VMEA Variant Mode and Effects Analysis, Planung und Kontrolle von Teile- und Produkt-Varianten

VML Virtual Memory Linking

VMM Virtual Memory Manager, virtuelle Speicherverwaltung

V-MOS Vertical →MOS

VMPA Verband der Material-Prüfungs-Anstalten Deutschlands

VNS Verfahrens-neutrale Schnittstelle für Schaltplandaten nach →DIN 40950

VO Verordnung

VPS Videomat Programmable Sensor

VPS Voll Profil Schruppen, Bearbeitungsgang von Werkzeugmaschinen

VPS Verbindungs-programmierte Steuerung

VR Virtual Reality, Interaktive Computer-Simulation

VRAM Video Random Access Memory, Video-→RAM von PCs

VRC Vertical Redundancy Check, Fehlerprüfverfahren zur Erhöhung der Datenübertragungs-Sicherheit

VRMS Volt Root Mean Square

VS Virtual Storage

VSA Vorschub-Antrieb, z.B. einer Werkzeugmaschine

VSD Variable Speed Drives

VSI Verband der Software-Industrie Deutschlands e.V.

VSM Verein Schweizerischer Maschinen-Industrieller

VSO Voltage Sensitive Oscilloscop

VSOP Very Small Outline Package, Gehäuseform von integrierten Schaltkreisen in →SMD

VSS →VHDL System Simulation

VSYNC Vertical Synchronisation, vertikale Bild-Synchronisation bei Kathodenstrahlröhren

VT Video Terminal, Daten-Sichtgerät

VTAM Virtual Telecommunications Access Method, Netware-Router durch Mainframes

VTCR Variable Track Capacity Recording, Steuerung der variablen Spurkapazität von Festplatten

VTW Verlag für Technik und Wirtschaft

VXI →VME Bus Extension for Instrumentation, Untermenge vom VME-Bus für die Meßtechnik

VXI Very Expensive Instrumentation, Standard in der Meßtechnik

W Zweite Bewegung parallel zur Z-Achse nach →DIN 66025

W Encoder Warning Signal, Verschmutzungs-Signal vom Lage-Meßgeber

WA Wert-Analyse, →VA

WAN Wide Area Network, Weitverkehrsnetz

WARP Weight Association Rule Processor, Fuzzy-Controller-Baustein

WATS Wide Area Telecommunications Services, Datenübertragungs-Dienste von AT&T

WB Wechselrichter-Betrieb von Stromrichtern

WCM World Class Manufacturing

WD Winchester Disk, Festplatten-Datenspeicher für Rechner

WD Working Draft, Normen-Arbeitsgruppe

WDA Werkstatt-Daten-Auswertung über die →CIM-Kette

WDD Winchester Disk Drive

WECC Western European Calibration Cooperation, Zusammenschluß der →EU- und →EFTA-Staaten, mit Ausnahme von Island und Luxemburg

WECK Weckfehler, Anzeige im →USTACK der →SIMATIC bei Weckalarmbearbeitung während der Bearbeitung des →OB 13

WELAC Western European Laboratory Accreditation Cooperation

WEM West European Metal Trades Employers Associations, Vereinigung der Arbeitgeber-Verbände der Metall-Industrie in West-Europa

WF Werkzeugmaschinen-Flachbaugruppen der →SIMATIC

WFM World Federation for the Metallurgic Industry, Weltverband der Metall-Industrie

WFMTUG World Federation of →MAP/TOP User Groups

WG Working Group, Bezeichnung der Normung-Arbeitsgruppen

WGP Wissenschaftliche Gesellschaft für Produktionstechnik

WI Work Item

WIP Work In Process

WK Werkzeug-Korrektur, Eingabe im Anwenderprogramm

WKS Werkstück-Koordinaten-System, z.B. von Werkzeugmaschinen

WLAN Wireless Local Area Network, drahtlose →LANs, z.B. für portable →PCs

WLB Wechsel-Last-Betrieb z.B von Maschinen nach →DIN VDE 0558

WLRC Wafer Level Reliability Control

WLTS Werkzeug-, Lager- und Transport-System

WMF WINDOWS Meta File, →PC-Datei-Format, Datei-Ergänzung

WOIT Workshop on Optical Information Technology, Nachfolger der →EJOB

WOP Wort-Prozessor

WOP Werkstatt-orientierte (optimierte) Programmierung, Funktion von Werkzeugmaschinen-Steuerungen

WOPS Werkstatt-orientiertes Programmiersystem für Schleifen, Funktion von Werkzeugmaschinen-Steuerungen

WORM Write Once Read Multiple (Many), optischer Speicher, der nur einmal beschrieben werden kann

WP Word Processing, Textbe- und -verarbeitung

WPABX Wireless Private Automatic Branch Exchange, Anwendung der schnurlosen Telefonie, z.B. bei →DECT

WPC Wired Program Controller, festverdrahteter (-programmierter) Rechner

WPG Wordperfect-Grafik, Datei-Ergänzung

WPL Wechsel-Platten-Speicher

WPP Wirtschaftlicher Produkt-Plan zur Beurteilung der Wirtschaftlichkeit anhand der Marginalrendite

WPD Work Piece Directory, Werstückverzeichnis, z.B. von numerisch gesteuerten Werkzeugmaschinen

WR Wagen-Rücklauf, →CR

WR Wechsel-Richter, Stromrichter in der Antriebstechnik

WRAM WINDOWS-→RAM, spezielle →VRAMs für WINDOWS

WRI (WINDOWS-)Write, Textdatei, Datei-Ergänzung

WRK Werkzeug Radius Korrektur, Funktion von Werkzeugmaschinen-Steuerungen

WS Wait State, Wartezeit beim Speicherzugriff

WS Work Station, Arbeitsplatz-Rechner

WS Work Scheduling, →DV-Arbeitsvorbereitung

WS800 Work Station 800, Programmierplatz von Siemens, zur Erstellung von Bearbeitungszyklen für eine numerisch gesteuerte Werkzeugmaschine

WSG Winkel-Schritt-Geber, Lagegeber für Werkzeugmaschinen-Steuerungen

WSP Wende-Schneid-Platten für Zerspanungs-Werkzeuge

WSS Werkstatt-Steuer-System

WSTS World Semiconducdor Trade Statistics, Marktforschungszweig des Welt-Halbleiterverbandes

WT Werkstatts-Technik, Zeitschrift für Produktion und Management vom →VDI

WTA World Teleport Association

WUF Wasser- Umlauf- Fremdlüftung von Halbleiter-Stromrichter-Geräten

WUW Wasser-Umlauf-Wasserkühlung von Halbleiter-Stromrichter-Geräten

WVA Welt-Verband der Metall-Industrie

WW Wire Wrap, Verdrahtungstechnik durch Drahtwickelung

WWW World Wide Web, Multimediafähige Computer-Benutzer-Oberfläche

WYSIWYG What you see is what you get, Darstellung am Bildschirm, wie sie über Drucker ausgegeben wird

WZ Werkzeug

WZFS Werkzeug-Fluß-System z.B. an Werkzeugmaschinen

WZK Werkzeugkorrektur, Funktion von Werkzeugmaschinen-Steuerungen

WZL Werkzeugmaschinen- und Betriebe-Lehre, Studienfach an der RWTH in Aachen

WZM Werkzeugmaschine

WZV Werkzeugverwaltung

X Bewegung in Richtung X-Achse nach →DIN 66025

XENIX Hardware-unabhängiges Betriebssystem von Microsoft

XGA Extended Graphic Adapter (Array), neuer Graphik-Standard von →IBM

XLC Excel-Chart, Datei-Ergänzung

XLM Excel-Makro, Datei-Ergänzung

XLS Excel-Worksheet, Datei-Ergänzung

XMA Expanded Memory Architecture, Architektur des →PC-Erweiterungs-Speichers

XMS Extended Memory Specification, →PC-Standard zur Nutzung von 16 MByte Arbeits-Speicher

XNS Xerox Network System, →Ethernet-Protokol

XT Extended Technology, →PC-Technologie

Y Bewegung in Richtung Y-Achse nach →DIN 66025

YAG Yttrium-Aluminium-Granat(-Laser)

YP Yield Point, Sollbruchstelle

Z Bewegung in Richtung Z-Achse nach →DIN 66025

ZAM Zipper Associative Matrix, assoziative Reißverschlußmatrix für Datenbanken

ZCS Zero Current Switching

ZD Zeitmultiplex-Daten-Übertragungs-System

ZDE Zentralstelle Dokumentation Elektrotechnik e.V. beim →VDE

ZDR Zeilen-Drucker, →LPT

ZE Zentral-Einheit, z.B. eines Rechners

ZER Zertifizierungsstelle

ZF Zero Flag, Bit vom Prozessor-Status-Wort

ZFS Zentrum Fertigungstechnik Stuttgart

ZG Zentral-Gerät, z.B. der →SIMATIC

ZG Zeichen-Generator, Baustein auf Video-Baugruppen

ZGDV Zentrum für Grafische Daten-Verarbeitung in Darmstadt

ZIF Zero Insertion Force

ZIP Zigzag In-line Package, Gehäuseform von integrierten Schaltkreisen

ZIR Zirkular, z.B. Bewegung von Robotern

ZK Zwischenkreis, z.B. Spannungs-Zwischenkreis von Stromrichtern

ZKZ Zeit-Kenn-Zahl, Roboter-Begriff

ZLS Zentralstelle der Länder für Sicherheitstechnik

ZN Zweig-Niederlassung, Siemens-Vertretung
im Inland

ZO Zero Offset, Nullpunkt-Verschiebung bei
Werkzeugmaschinen-Steuerungen

ZPAL Zero Power PAL, →PAL mit geringer
Stromaufnahme

ZRAM Zero Random Access Memory, Halblei-
ter-Speicher mit Lithium-Batterie

ZS Zertifizierungs-Stelle, akkreditierte Prüflabors

ZST Zeichen-Satz-Tabelle

ZV Zeilen-Vorschub, →LF

ZVEH Zentralverband der Deutschen Elektro-
handwerke

ZVEI Zentralverband Elektrotechnik- und
Elektroindustrie e.V.

ZVP Zuverlässigkeits-Prüfung

ZVS Zero Voltage Switching

ZWF Zeitschrift für wirtschaftlichen Fabrikbetrieb vom Carl Hanser Verlag

ZWSPE Zwischen-Speicher-Einrichtung der Telekommunikation

ZYK Zykluszeit überschritten, Störungs-Anzeige im →USTACK der →SPS

ZZF Zentralamt für Zulassungen im Fernmel-
dewesen

Sachverzeichnis

A

Abdichtung 48, 51, 56, 58, 60, 62, 140
AC-Servomotoren 101
Aktor
-, elektrochemischer 128, 129
 - für Rotation 150
 - für Translation 154
-, Linear- 136
-, magnetostriktiver 134
-, Mikro- 135
-, piezoelektrischer 129
Ankerinduktivität 88, 89
Ankerzeitkonstante 89
Anode 170
Anpassungsgetriebe 116
Anschluß
-, Lötstift- 184
-, Schraub- 184
-, Steck- 184
Anschlußtechnik 184
Ansprechleistung 167
Ansprechzeiten 175
Ansteuerverfahren 98
Anstiegsantwort 15
Anstiegsfunktion 15
Antrieb
-, Direkt- 116, 121
-, doppelt wirkender 140
-, elektromagnetischer 165
-, Kolben- 140, 144
-, Membran- 140, 142
-, Rollmembran- 140
-, Schwenk- 140
-, Stell- 33, 35
-, Tandem- 142
Ausgangsgröße 9, 10
Ausgangssignal 13, 183
Ausgleichsvorgänge 184, 190
Austenit 126
Automaten 3, 9, 16
Automatisierungsmittel 3

B

Befehlsgeber 184
Befehlsgeräte 184
-, Kapselungen 184
-, Einbaumaße 184

Beharrungsverhalten 12
Bemessungsbetriebsspannung 184
Bemessungsbetriebsstrom 184, 186
Bemessungssteuerspeisespannung 188
Bernoulli-Druckziffer 71
Bernoulli-Gleichung 70
Betätigungselement 184
Betriebskennlinien 80
-, gleichprozentige 81
-, lineare 81
Betriebsspannungsbereich 175
Betriebsverhalten 103, 114
-, dynamisches 92, 109
-, stationäres 89Bewegung
-, rotatorische 116
-, translatorische 116
Biegewandler
-, bimorph 132
-, unimorph 132
Bimetall 127
Blei-Zirkonat-Titanat (PZT) 129
Blockschaltbild 9
Blockstromverfahren 98
Bremsmotor 110
Brückenkontakte 173
Bus 3

C

camflex-Stellventil 59
CE-Kennzeichen 29
Cu-Kurzschlußring 168
Curie-Temperatur 130, 134

D

Dämpfungskonstante 115
Dämpfungszeitkonstante
-, mechanische 115
Dehnstoff-Element 127, 128
Delta-Funktion 14
Depolarisierung 130
Dichtheitsanforderungen 145
Dichtung
-, Ab- 48, 51, 56, 58, 60, 62, 140
-, Faltenbalg- 48
-, metallische 47
-, Weich- 47
Differentialgleichung 16
-, gewöhnliche 16
-, partielle 16
Direktantrieb 116, 121
Doppelmotor 144
Doppelsitzventil 43
Drehfeld 103
Drehfeldsystem
-, ideales 100, 101
Drehflügelmotor 149
Drehkegel 55
Drehkegelstellventil 55, 59
Drehkegelventil 35

Drehkugelsegmentstellventil 60
Drehkugelstellventil 56, 57
Drehmelder 101
Drehmoment 105
-, inneres 90
-, nutzbares 90
Drehstromanwendungen 174
Drehstrom-Asynchronmotor 103, 105, 109
Drehzahl 116
Drehzahlregelung 87
Drehzahlstellung 91, 106
Drei-Phasen-Schrittmotor 137
Drei-Punkt-Regelverhalten 129
Dreiwegeventil 43
Drosselklappe 35
Drosselkörper 43, 45
-, nicht druckentlasteter 43
Druckentlastung 46
Druckfestigkeit 40
Druckrückgewinnungsfaktor 72, 78
Drucktaster 184
Druckverhältnis
-, kritisches 40
Durchflußbegrenzung 40
Durchflußgleichungen 76
Durchflußkennlinie
-, gleichprozentige 38, 50, 79
-, ideale 38
-, inhärente 38
-, lineare 38, 50, 79
Durchflußkoeffizient 37, 67, 70, 71, 74, 77, 79
-, relativer 38
Durchgangsventil 43

E

Eckventil 43
EC-Motor 96
Edelmetallelektrode
-, Memory- 126
-, piezoelektrischer 129, 130
EG-Konformität 28
Eigenkreisfrequenz 115
Eigensicherheit 25
Einbau 22
 - am Meßort 22
 - am Stellort 22
 - in der Zentrale 22
Einbauort 21
Einfachstarter 192
Eingangsgröße 9, 10
Eingangssignal 13
Einheitssignal 3, 7
Einheitssprungfunktion 13
Einsatzbedingungen 162
Einsitzventil 43
Elektrochemischer Aktor 128, 129
Elektromagnete 122
-, Drehmagnet 122
-, Drehstrommagnet 123

-, Gleichstrommagnet 122
-, Hubmagnet 122
-, Schlagmagnet 122
-, Schwingmagnet 122
-, Wechselstrommagnet 123
elektromagnetische Störung 28
elektromagnetische Verträglichkeit (EMV) 28
elektromagnetischer Antrieb 165
Elektronikmotor 96
Elektronik-Signalniveau 184
elektropneumatische Umformer 145
-, Betätigungs- 184
-, Dehnstoff 127, 128
-, Hall- 97, 102
-, Schalt- 184
EMV 184
-, Gesetz 28
Energiefluß 5, 183
Energiepegel 5
Energieströme 33
Enkoder 96, 99
Entsorgung 181
Erregung 167
Erwärmung 175
Expansionsfaktor 77
Explosionsschutz 8, 24
-, primärer 24
-, sekundärer 24

F

Faktor
-, Druckrückgewinnungs- 72, 78
-, Expansions- 77
-, Realgas- 77
-, Reynolds-Zahl- 74
-, Rohrgeometrie- 71, 74
-, Rohrleitungsgeometrie- 71
-, Übertragungs- 81
-, Ventilform- 74
Faltenbalgdichtung 48
Federklemmen 184
Federsatz 167
Feldschwächbereich 108
Ferritmagnete 88
Ferroelektrika 130
Flammschutzmittel 181
Fluide 33
-, inkompressible 67, 70
-, kompressible 67, 76
-, Newtonsche 67
Förderstrom 33
Formgedächtnis-Legierung 126
Fremdkörperschutz 23
Fremdschichten 174
Frequenz
-, Eigenkreis- 115
-, Kreis- 16
-, Ständer- 107
-, Träger- 6

Frequenzbereich 17
Frequenzgang 15, 16, 18
Frequenzgangortskurve 16
Frequenzumrichter 107, 109, 193
Führungsgröße 9
Führungsverhalten
- des Antriebs 94
Funktion
-, Anstiegs- 15
-, Delta- 14
-, Einheitssprung- 13
-, Gewichts- 14, 15
-, harmonische 13
-, Impuls- 13
-, Rampen- 13
-, Sinus- 15
-, Sprung- 13
-, Übergangs- 13, 17
-, Übertragungs- 16, 17
-, Verstärker 183
Funktionseinheit 11
Funktionsprinzip 167
Fußschalter 184

G
Gebläse 33
Gebrauchskategorie 184
Gehäusesysteme 19
-, 19 Zoll- 19
-, individuelle 19
-, metrische 19
-, universelle 19
Generator
-, Tacho- 99
Gesamtwiderstandsbeiwert 71
Getriebe 116
-, Anpassungs- 116
-, Gewindespindel- 120
-, Kegelrad- 118
-, Ketten- 120
-, Linear- 120
-, Reib- 119
-, Riemen- 119
-, Schnecken- 118
-, Schraubrad- 119
-, Stirnrad- 117
-, Zahnrad- 117
-, Zahnriemen- 120
-, Zahnstangen- 121
-, Zugmittel- 119
Gewichtsfunktion 14, 15
Gewindespindelgetriebe 120
Gleichpolmotor 114
Gleichrichtung 6
-, phasenempfindliche 6
-, Synchron- 6
Gleichspannungsrelais 168
Gleichstromlasten 170
Gleichstromlichtbogen 170

Gleichstrommotor 87, 90, 96
-, bürstenloser 96
- mit Kommutator 87
Gleitschieber-Stellventil 49
Glied
-, zeitinvariantes 13
-, zeitvariantes 13
Glockenläufer 89
Grenzdauerstrom 176
Grenzrisiko 23
Grundkennlinien 79
-, gleichprozentige 79
-, lineare 79

H
Halbleiterrelais 179
Halbleiterschalter 179
Halbleiterschütze 191
Hall-Elemente 97, 102
Hall-Sensor 97, 102
Haltemoment 87, 112
harmonische Funktion 13
Hauptschalter 188, 191
Hauptstromkreis 183, 188
Hilfsenergie 3, 7
Hilfsenergiequelle 5
Hilfsschalter 186
Hilfsschütze 186, 188, 191
-, Einschaltstrom 187
-, Magnetsystem 187
-, Schaltzeiten 187
-, Sicherheitsaspekt 186
Hilfsstromkreis 183, 188
Hilfsstromschalter 184
H-Schwenkmotor 149
Hubventil 36
Hybridrelais 179
hydraulische Schwenkmotoren 149
Hydroachsen 154
Hydrozylinder 152, 155
H-Zylinder 152

I
Impulsantwort 14
Impulsfunktion 13
Inchworm-Motor 132
-, Anker- 88, 89
Industrierelais 174
Information 4, 11
Informationsfluß 3
Informationsgewinnung 3
Informationsinhalt 5
Informationsübertragung 3, 4
Informationsverarbeitung 3
Isolation 167
Isolationswiderstand 161

K

Kaskadenregelung 95
Kathode 170
Kavitation 43, 73
Kegel
-, Dreh- 55
-, Loch- 43
-, Parabol- 43
-, Schlitz- 43
-, Teller- 43
Kegelradgetriebe 118
Kennlinie
-, Betriebs- 80
-, Durchfluß- 79
-, gleichprozentige 67
-, Grund- 79
-, lineare 67
-, Ventil- 81
- von Stellgliedern 67, 79
Keramik
-, Multilayer- 130, 131
-, Sinter- 129
Kettengetriebe 120
Kippmoment 105, 108
Kippschlupf 105
Kodierer 99
Koeffizient
-, Durchfluß- 37, 38, 67, 70, 71, 74, 77, 79
-, Nenndurchfluß 38
-, Temperatur- 88
-, Verlust- 67
Koerzitivfeldstärke 168
Kolbenantriebe 140, 144
Konformitätsbescheinigung 26
Konformitätstest 28
Konstantflußbereich 108
Kontaktabstand 161, 170
Kontaktmaterialien 170
Kontaktsatz 167
Kontaktseite 170
Kontaktwiderstand 174
Koppelglieder 187
-, Bauformen 188
Koppelstellen 3
Koppler
-, Opto- 188
Kreisfrequenz 16
Kugelventil 35
Kuppelschalter 189
Kurzschluß 188, 189
Kurzschlußstrom 190

L

Lagerung
-, exzentrische 64
Langzeitschädigung 174
Laplace-Operator 17
Laplace-Transformation 17
Last

-, induktive 172
- mit Selbstinduktion 172
- mit kapazitivem Anteil 172
-, rein ohmsche 172
Lastmoment 92, 93, 115, 116
Lastseite 174
Lasttrennschalter 188
Lebensdauer 171
Leckage 51
Leckrate 62, 79
Leistungsgrenzen 174
Leistungsrelais 167
Leistungsschalter 188
-, Fehlerstromauslöser 189
-, Fernantrieb 189
-, Kurzschlußauslöser 189
-, Schaltschloß 189
-, Strombegrenzung 189
-, Überlastauslöser 189
Leuchtmelder 184
Lichtbogen 170, 190
-, stehender 173
Lichtbogengrenzspannung 170
Lichtbogenlöschung 190
LIGA-Verfahren 136
Linearaktor
-, elektrostatischer 136
Lineargetriebe 120
Lochkegel 43
Löscheinrichtung 190
Lötprozeß 165
Lötrelais 165
Lötstiftanschluß 184
Luft- und Kriechstrecken 161
Luftschütze 190

M

Magnet
-, Elektro- 122, 123
-, Ferrit- 88
-, Permanent- 87
-, Seltenerd- 88
-, -Werkstoffe 88
magnetostriktiver Aktor 134
magnetostriktiver Wandler 134, 135
Magnetwerkstoffe 88
Martensit 126
Massenstrom 33
Massenträgheitsmoment 87, 89, 92, 98, 103, 116, 152
Materialwanderung 171
Maximaltemperatur 175
Membranantriebe 140, 142
Membranventil 35, 48
Memory-Effekt
-, einmaliger 126
-, wiederholbarer 126
Memory-Metalle 127
Mensch-Maschine-Kommunikation 3

Metall
-, Bi- 127
-, Memory- 127
-, Thermobi- 125
metallische Dichtung 47
Mikroaktor 135
Mikroventil 136
Modell 13
Montagetechnik 184
Motor
-, AC-Servo- 101
-, Doppel- 144
-, Drehflügel- 149
-, Drehstrom-Asynchron- 103, 105, 109
-, EC- 96, 111
-, Elektronik- 96
-, Gleichpol- 114
-, Gleichstrom- 87, 90
-, H-Schwenk- 149
-, Inchworm- 132
-, Niederdruck- 149
-, Reluktanz- 102
-, Schritt- 111, 112, 113, 137
-, Schwenk- 149, 151
-, Schwinganker- 123, 124
-, Servo- 89, 103
-, Servoschwenk- 151
-, SR- 102
-, Synchron- 111
-, Ultraschall- 133
-, Verschiebeanker- 110
-, Voice-Coil- 125
-, Wechselstrom-Asynchron- 105
-, Wurm- 134
Motorschutz 189
Motorsteuergeräte
-, elektronische 193
Multifunktionsrelais 180
Multilayer-Keramik 130, 131

N
Näherungsschalter 186
ND 37
Nebenschlußverhalten 105
Nenndruckstufe (PN) 37
Nenndurchflußkoeffizient 38
Nennhub 37
Nennventilkapazität 38
Nennweite (ND) 37
Niederdruckmotor 149
Niederohmigkeit 161
Niederspannungsschaltgeräte
-, Bestimmungen 193
-, Funktion der 183
-, Prüfbedingungen 184
Normbedingungen 67, 70
NOT-AUS-Schalter 188, 191

O
Öffner 186
Optokoppler 188

P
Parabolkegel 43
Parallelschaltung 17
Permanentmagnet 87
Personenschutz 188
Phasenanschnitt 193
phasensynchron 171
Phasenverschiebung 16
Piezoeffekt
-, direkter 134
-, inverser 134
Piezoelektrischer Aktor 129
piezoelektrischer Effekt 129
-, anisotroper 130
-, direkter 129
-, inverser 129
-, längs- oder longitudinaler 130
-, quer- oder transversaler 130
Piezowandler 131, 133, 135
PMMA 136
PN 37
Polzahl
-, Änderung 107
Positioniergenauigkeit 152
Positionsregelkreis 87
Positionsregelung 95
Positionsschalter 184
-, Funktionsmaße 186
Potential 170
Potentialtrennung 161
Prozeß
-, kontinuierlicher 13
-, nichtkontinuierlicher 13
Pumpe 33
PZT 129

Q
Qualität 181
Quecksilberrelais 165
Quetschventil 49
Quotient $\Delta p_{100}/\Delta p_0$ 80

R
Rampenfunktion 13
Rasterabstand 165
RC-Glied 174
Realgasfaktor 77
Reedrelais 165
Regelung 9
-, Drehzahl- 87
-, Kaskaden- 95
-, Positions- 95
-, Vektor- 110
Regler
-, Stellungs- 145

Reibgetriebe 119
Reibungsmoment 115
Reihenschaltung 17
Relais 186,188
-, bistabile 163
-, gepolte bistabile 169
-, gepolte monostabile 169
-, Gleichspannungs- 168
-, Halbleiter- 179
-, Hybrid- 179
-, Industrie- 174
-, Leistungs- 167
-, Löt- 165
-, monostabile 163
-, Multifunktions- 180
-, neutrale bistabile 168
-, neutrale monostabile 167
-, Quecksilber- 165
-, Reed- 165- Remanenz- 168
-, Schwachstrom- 167
-, Sicherheits- 174
-, SMD- 166
-, Steck- 166
-, Stromstoß- 168
-, Überlast- 191
-, Wechselspannungs- 168
-, Zeit- 187
Relaismagnetkreis 167
Relaismarkt 161
Relaistypen 163
 - nach DIN 163
Reluktanzmotor 102
Remanenzrelais 168
Resolver 7,96,101
Reststrom 187
Reynolds-Zahl 69
Reynolds-Zahl-Faktor 74
Riemengetriebe 119
Risiko 23
-, Grenz- 23
Rohrgeometriefaktor 71,74
Rohrleitungsgeometriefaktor 71
Rollmembranantrieb 140
Rückfallzeiten 175
Rückführschaltung 17
Rückwirkungsfreiheit 4,11
Ruhelage 186,189

S
Säulenspannung 170
Schalldruckpegel 40
Schallemission 82
Schaltelemente 184
Schalten 189
Schalter
-, Fuß- 184
-, Halbleiter- 179
-, Haupt- 188,191
-, Hilfs- 186

-, Hilfsstrom- 184
-, Kuppel- 189
-, Lasttrenn- 188
-, Leistungs- 188,189
-, Näherungs- 186
-, NOT-AUS- 188,191
-, Positions- 184
-, Steuer- 191
-, Verbraucher- 189
-, Verteiler- 189
Schaltgeräte 183
-, handbetätigte 191
-, Umgebungsbelastungen 184
-, Überlastfestigkeit 184
Schaltprogramme 191
Schaltung
-, Parallel- 17
-, Reihen- 17
-, Rückführ- 17
Schaltzeiten 175
Scheibenläufer 89
Schieber 33,35
Schlauchventil 35,49
Schließer 171,186
Schlitzkegel 43
Schmelze 171
Schneckengetriebe 118
Schraubanschluß 184
Schraubradgetriebe 119
Schraubverbindung 166
Schrittmotor 111
-, Drei-Phasen- 137
-, Hybrid- 112,113
-, PM- 112
-, Reluktanz- 113
-, Scheibenläufer- 113
-, VR- 112
Schutzarten 19,21,22
Schutzbeschaltung 169,174
Schütze 183,188,189
-, Bemessungsbetriebsstrom 190
-, Elektromagnetsystem 190
-, Halbleiter- 191
-, Hilfs- 186,188,191
-, Hilfsschalter 191
-, Kontaktstücke 190
-, Luft- 190
-, Magnetsystem 190
-, Sparschaltung 191
-, Vakuum- 190
Schützen 188
Schwachstromrelais 167
Schwenkantrieb
-, direkt wirkend 140
-, umgekehrt wirkend 140
Schwenkmotoren
-, hydraulische 149
-, Servo- 151
Schwingankermotor 123,124

Selbsthaltemoment 103, 110, 113
Seltenerd-Magnete 88
Sensoren
-, Hall- 97, 102
Servomotor 89, 103
Servoschwenkmotor 151
shape memory alloy (SMA) 126
Sicherheitsrelais 174
Sicherheitsstellung 34
Sicherheitsstromkreis 186
Sicherungen 188
-, Betriebsklassen 188
-, Strom-Zeit-Kennlinien 188
Signal 4, 11
-, amplitudenanaloges 6
-, -Ausgabe 186
-, Ausgangs- 13, 183
-, digitales 6
-, Eingangs- 13
-, Einheits- 3, 7
-, frequenzanaloges 6
-, Test- 13
-, -Verknüpfung 186
-, zyklisch-absolutes 7
Signalarten 5
Signalausgabe 186
Signalfluß 5
Signalgabe
-, Zuverlässigkeit 184
Signalumformung 5
Signalverarbeitung 184
Signalverknüpfung 186
Sinterkeramik 129
Sinusfunktion 15
Sinusstromverfahren 100
Sitzleckage 38
Sitzleckrate 37, 38
Sitzring 45
SMA 126
SMD-Relais 166
Spannung
-, Bemessungsbetriebs- 184
-, Bemessungssteuerspeise- 188
--, Lichtbogengrenz- 170
-, Säulen- 170
-, Ständer- 107
-, Über- 188
-, Wechselspannungs-Null- 6
Spannungsabfall 177
speicherprogrammierbare Steuerung 187
Split-Body-Form 45
Sprungantwort 13, 17
Sprungfunktion 13
SR-Motor 102
Stabläufer 89
Ständerfrequenz
-, Änderung 107
Ständerspannung
-, Änderung 107

Stapeltranslatoren 131
Starter
-, Einfach- 192
-, Sterndreieck- 191, 192, 193
-, Wende- 192
Steckanschluß 184
Stecker 166
Steckrelais 166
Stellantriebe 33, 35
-, direkt wirkende 139
-, doppelt wirkende 140
- für Linearbewegung 153
- für Schwenkbewegung 149
-, hydraulische 149, 152, 153
- mit elektrischer Hilfsenergie 87
- mit hydraulischer Hilfsenergie 149
- mit pneumatischer Hilfsenergie 139
-, umgekehrt wirkende 139
Sicherheitsendlage
-, drucklos auf 139
-, drucklos zu 139
Stelleinrichtungen 33
Stellglieder 33, 35, 67
-, Berechnung von 67, 75
- mit Drehbewegung 55
- mit Hubbewegung 43
-, Übertragungsfaktor 80
Stellklappe 61
-, anschlagend 61
-, doppelexzentrisch 61
-, durchschlagend 61
-, exzentrisch 61
Stellmotor
-, Zeitverhalten eines pneumatischen 141
Stellungsregler 145
Stellventile
- mit Hubbewegung 43
Stellventilgarnitur 45
Stellventilkörper 44
Stellverhältnis
-, inhärentes 39
-, reales 79
-, theoretisches 79
Sterndreieck-Starter 191, 192
Stetigventile 157
Steuerleitungen
-, Kapazität der 187
Steuerschalter 191
-, Schaltelemente 191
Steuerstromkreis 186, 189
Steuerung 9, 183
-, speicherprogrammierbare 187
Stirnradgetriebe 117
Stoffströme 33
Störabstand 5
Störfestigkeit 28
Störgröße 4, 9
Störpegel 5
Störstrahlung 28

Störung
-, elektromagnetische 28
Störungsverhalten
 - des Antriebs 94
Streifentranslatoren 131
Strombahn 186
Strombegrenzung 188
Stromkreis 179
-, Haupt- 183, 188
-, Hilfs- 183, 188
-, Sicherheits- 186
-, Steuer- 186, 189
Stromnulldurchgang 170
Stromstoßrelais 168
Superelastizität 126
Synchro 101
Synchrongleichrichtung 6
Synchronmotor 111
System 4, 10
Systemrand 10

T

Tachogenerator 99
Tandem-Antrieb 142
Tauchspulprinzip 125
Tellerkegel 43
-, Curie- 130, 134
-, Maximal- 175
-, Umgebungs- 175
Temperaturkoeffizient 88
Terfenol-D 134
Testsignal 13
Thermistor-Motorschutz 192
Thermobimetall 125
Trägerfrequenz 6
Translatoren
-, Stapel- 131
-, Streifen- 131
Trennen 188
Trenner 190
Trennstrecke 188
Trennung 183
-, galvanische 186, 188
-, sichere 187, 191

U

Übergangsfunktion 13, 15, 17
Überlast 189
Überlastrelais 191
-, Auslösegenauigkeit 192
-, Einstellbereich 191, 192
-, Phasenausfallempfindlichkeit 192
-, Selbstüberwachung 192
-, Strom-Zeit-Kennlinie 191
-, Temperaturkompensation 191
-, Wiedereinschaltsperre 192
Überspannung 184, 188
Überströme 184
Übertragungsfaktor 81

Übertragungsfunktion 16, 17
Übertragungsglied 4, 5, 12
-, lineares 12
 - mit Totzeit 12
-, nichtlineares 11
Übertragungsverhalten 12
Überwachen 191
Ultraschall-Motor 133
Umformer
--, elektro-hydraulischer 8
-, elektro-pneumatischer 8, 145
Umgebungsbedingungen 3, 188
Umgebungstemperatur 175
Umrichter
-, Frequenz- 107, 109, 193
Umsetzer
Umweltanforderungen 185
Umweltaspekte 184
Umweltgesetzgebung 181
Ursache - Wirkung 9, 11
Ursache 4

V

Vakuumschütze 190
Vektor 9
Vektor-Regelung 110
Ventil 33, 35
-, camflex-Stell- 59
-, Doppelsitz- 43
-, Drehkegel- 35
-, Drehkegelstell- 55, 59
-, Drehkugelstell- 56, 57
-, Drehkugelsegmentstell- 60
-, Dreiwege- 43
-, Durchgangs- 43
-, Eck- 43
-, Einsitz- 43
-, -Garnitur 37
-, Gleitschieber-Stell- 49
-, Hub- 36
-, Kugel- 35
-, Membran- 35, 48
-, Mikro- 136
-, Quetsch- 49
-, Schlauch- 35, 49
-, Stell- 43
-, Stetig- 157
Ventilformfaktor 74
Ventil-Garnitur 37
Ventilkennlinie 81
Verbindungstechnik 166
Verbraucherabzweige 189, 192
Verbraucherschalter 189
Verfahren
-, Ansteuer- 98
-, Blockstrom- 98
-, LIGA- 136
-, Sinusstrom- 100
Verlustkoeffizient 67

Verschiebeankermotor 110
Verschweißen 171
Verschweißverhalten 171
Verstärkerfunktionen 183
Verteilerschalter 189
Verträglichkeit
-, elektromagnetische (EMV) 28
Vibrator 122, 123, 124
Vierquadrantenbetrieb 92
Viskosität 67, 74
-, dynamische 69, 74
Voice-Coil-Motor 125

W
Wandler
-, Biege- 132
-, magnetostriktiver 134, 135
-, Piezo- 131, 133, 135
Wärmewiderstand 175
Wechselspannungs-Nullspannung 6
Wechselspannungsrelais 168
Wechselstrom-Asynchronmotor 105
Wechsler 173
Weichdichtung 47
Wendestarter 192
Werkstoffe
- für Gehäuse 84
- für Stellglieder 83
- für Stellgliedgarnituren 84
Wicklungen 169
-, Isolations- 161
-, Kontakt- 174
-, Wärme- 175
Widerstandsbeiwert 69, 71
Wiederholgenauigkeit 187
Windungen 167
Wirkung 4
Wirkungsablauf
-, geschlossener 4
-, offener 4

Wirkungsgrad 91
Wirkungslinie 11
Wirkungsrichtung 11
Wirkungsweg 11
Wolfram-Vorlaufkontakte 172
Wurmmotor 134

Z
Zähler
-, Modulo-10-
Zahnradgetriebe 117
Zahnriemengetriebe 120
Zahnstangengetriebe 121
Zeitbereich 17
Zeitkonstante 142
-, Anker- 89
-, Dämpfungs- 115
-, elektrische 87, 89, 93
-, mechanische 87, 93
Zeitrelais 187
-, Einstellzeiten 187
-, Funktionen der 187
Zeitverhalten 12
- eines pneumatischen Stellmotors 141
Zenerdiode 169
Zugmittelgetriebe 119
Zündenergie 24, 25
Zündschutzarten 25
Zustandsgröße 9
Zustandsraumbeschreibung 16
Zwangsführung 186, 191
Zwangsöffnung 186
Zylinder
-, Differential- 154
-, doppeltwirkender 153
-, Druck- 154
-, H- 152
-, Hydro- 152, 155
-, Zug- 154